欧姆龙PLC技术一看就懂

蔡杏山　主编

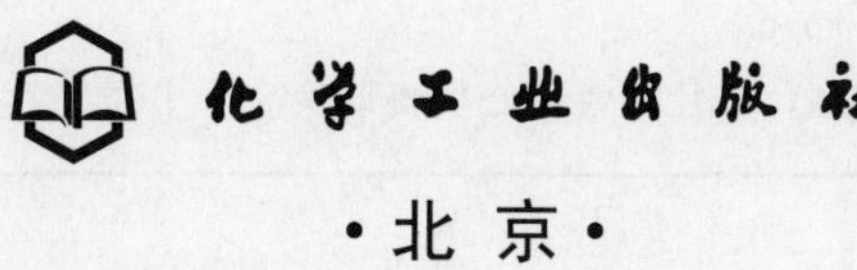
化学工业出版社

·北京·

本书以图文并茂的形式介绍了欧姆龙 PLC 技术，主要内容包括：PLC 技术概述、PLC 的组成与原理、欧姆龙 CP1H 型 PLC 的硬件系统、PLC 的软件编程与应用系统开发、基本指令及应用实例、顺序控制指令及应用实例、高级功能及有关指令的使用和其他功能指令的使用等内容。本书基础起点低、内容由浅入深、语言通俗易懂，读者通过阅读本书能够轻松掌握欧姆龙 PLC 技术。

本书适用于初中级 PLC 技术人员自学使用，也适合用作职业院校相关专业的教材和参考书。

图书在版编目（CIP）数据

欧姆龙 PLC 技术一看就懂/蔡杏山主编. —北京：化学工业出版社，2013.9

ISBN 978-7-122-17782-7

Ⅰ.①欧… Ⅱ.①蔡… Ⅲ.①plc 技术 Ⅳ.①TM571.6

中国版本图书馆 CIP 数据核字（2013）第 137801 号

责任编辑：李军亮 耍利娜

责任校对：边 涛　　装帧设计：尹琳琳

出版发行：化学工业出版社（北京市东城区青年湖南街 13 号 邮政编码 100011）

印 刷：北京永鑫印刷有限责任公司

装 订：三河市万龙印装有限公司

787mm×1092mm 1/16 印张 17 字数 419 千字 2014 年 1 月北京第 1 版第 1 次印刷

购书咨询：010-64518888（传真：010-64519686） 售后服务：010-64518899

网 址：http://www.cip.com.cn

凡购买本书，如有缺损质量问题，本社销售中心负责调换。

定 价：49.00 元

前言

PREFACE

欧姆龙公司（OMRON）是世界著名PLC生产厂商之一，与三菱和西门子PLC一样，欧姆龙PLC在我国使用较为广泛，欧姆龙公司的PLC小型机与其他日本品牌的小型机一样非常有特色，某些欧美中、大型机能实现的控制功能，用欧姆龙小型机就可以实现。

欧姆龙公司PLC产品分为大型、中型和小型机，大、中型机采用模块式结构，小型机采用整体式结构。CP1、CJ1和CS1系列分别是欧姆龙公司目前主推的小、中、大型PLC。CP1系列具有与CJ1、CS1系列兼容的程序结构、指令系统和统一的编程软件。CP1H型是CP1系列中功能最为强大的PLC，学习CP1H型PLC不但可以全面掌握CP1系列PLC，以此为基础进一步学习中大型CJ1、CS1系列PLC也非常容易。

本书共分8章，各章内容简介如下。

第1章　PLC技术概述。本章介绍PLC的定义、分类、特点，还将PLC控制与继电器控制进行比较，以便读者能迅速了解PLC控制，最后对欧姆龙PLC进行概述性的说明。

第2章　PLC的组成与原理。本章主要介绍PLC的基本组成单元、PLC的工作方式和PLC执行用户程序的基本过程。

第3章　欧姆龙CP1H型PLC的硬件系统。本章先介绍CP1H型PLC的主机单元、扩展单元和主机单元与外设的接线，然后对PLC的I/O存储区的各功能区块进行说明。

第4章　PLC的软件编程与应用系统开发。本章先介绍CX-Programmer编程软件的使用，然后通过开发一个PLC控制电动机正反转系统来说明PLC应用系统的开发方法与过程。

第5章　基本指令及应用实例。本章先介绍编程基础知识、时序输入指令、时序输出指令、定时器指令和计数器指令，然后对一些PLC基本控制线路及梯形图的工作原理进行详细说明，最后通过喷泉控制、交通信号灯控制、多级传送带控制和车库门控制四个开发实例进一步说明在实际中如何使用基本指令。

第6章　顺序控制指令及应用实例。本章先介绍顺序控制指令的使用和三个顺序控制方式，然后通过液体混合装置、简易机械手和大小铁球分拣机三个PLC控制的开发实例来说明在实际中如何使用顺序控制指令。

第7章　高级功能及有关指令的使用。本章主要介绍PLC的键盘输入电路、输出显示电路、PID控制功能、子程序、中断功能、高速计数器、脉冲输出功能和模拟量输入输出功能及有关指令的使用。

第8章　其他功能指令的使用。本章介绍数据传送指令、数据比较指令、数据移位指令、自加/自减指令、四则运算指令、数据转换指令、逻辑运算指令、特殊运算指令、浮点转换运算指令、双精度浮点转换运算指令、表格数据处理指令、数据控制指令、时序控制指令、显示功能指令、时钟功能指令、特殊功能指令和字符串处理指令的使用。

PLC 技术是一门中、高级的电气控制技术，本书可让您从零开始学习 PLC 技术，轻松快速掌握 PLC 技术。为了让读者能逐渐成为电气控制领域的高手，可以继续学习我们后续推出的图书，有关新书信息可登录我们的学习辅导网站 www.eTV100.com 了解，读者在学习过程中遇到问题也可在该网站向我们提问。

本书由蔡杏山主编，在编写过程中还得到了很多老师的支持，其中蔡玉山、詹春华、何慧、黄晓玲、朱球辉、蔡春霞、邓艳姣、黄勇、刘凌云、邵永亮、刘元能、何彬、刘海峰、何宗昌、李清荣、万四香、蔡任英和邵永明等参与了部分章节的编写工作。

由于编者水平有限，书中不当之处在所难免，望广大读者和同仁予以批评指正。

编者

目录

CONTENTS

PLC技术概述

1.1 初识 PLC

1.1.1 什么是 PLC

PLC 是英文 Programmable Logic Controller 的缩写，意为可编程序逻辑控制器，是一种专为工业应用而设计的控制器。世界上第一台 PLC 于 1969 年由美国数字设备公司（DEC）研制成功，随着技术的发展，PLC 的功能越来越强大，不仅限于逻辑控制，因此美国电气制造协会 NEMA 于 1980 年对它进行重命名，称为可编程控制器（Programmable Controller），简称 PC，但由于 PC 容易和个人计算机 PC（Personal Computer）混淆，故人们仍习惯将 PLC 当作可编程控制器的缩写。

图 1-1 列出了几种常见的 PLC。

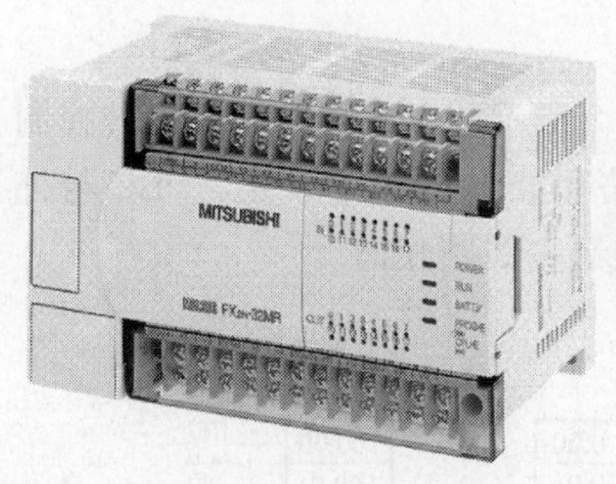

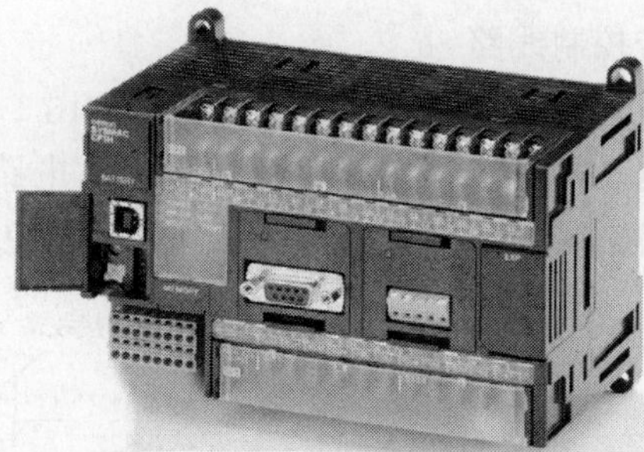

图 1-1　几种常见的 PLC

PLC 的定义

由于可编程序控制器一直在发展中，至今尚未对其下最后的定义。国际电工学会（IEC）对 PLC 最新定义为：

可编程控制器是一种数字运算操作电子系统，专为在工业环境下应用而设计，它采用了可编程序的存储器，用来在其内部存储执行逻辑运算、顺序控制、定时、计数和算术运算等操作的指令，并通过数字的、模拟的输入和输出，控制各种类型的机械或生产过程，可编程控制器及其有关的外围设备，都应按易于与工业控制系统形成一个整体、易于扩充其功能的原则设计。

1.1.2 PLC 控制与继电器控制比较

PLC 控制是在继电器控制基础上发展起来的，为了让读者能初步了解 PLC 控制方式，下面以电动机正转控制为例对两种控制系统进行比较。

（1）继电器电动机正转控制线路

图 1-2 是一种常见的继电器电动机正转控制线路，可以对电动机进行正转和停转控制，图 1-2（a）为主电路，图 1-2（b）为控制电路。

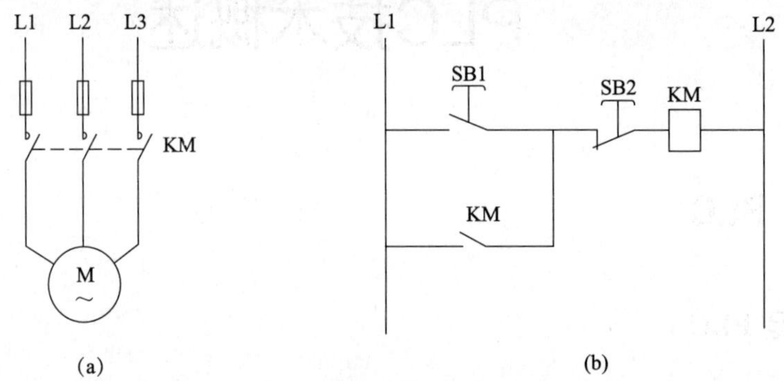

图 1-2　继电器电动机正转控制线路

电路工作原理说明如下：

按下启动按钮 SB1，接触器 KM 线圈得电，主电路中的 KM 主触点闭合，电动机得电运转，与此同时，控制电路中的 KM 常开自锁触点也闭合，锁定 KM 线圈得电（即 SB1 断开后 KM 线圈仍可得电）；按下停止按钮 SB2，接触器 KM 线圈失电，KM 主触点断开，电动机失电停转，同时 KM 常开自锁触点也断开，解除自锁（即 SB2 闭合后 KM 线圈无法得电）。

（2）PLC 电动机正转控制线路

图 1-3 是 PLC 电动机正转控制线路，它可以实现如图 1-2 所示的继电器电动机正转控制线路相同的功能。PLC 电动机正转控制线路也可分作主电路和控制电路两部分，PLC 与外接的输入、输出部件构成控制电路，PLC 主电路与继电器控制主线路相同。

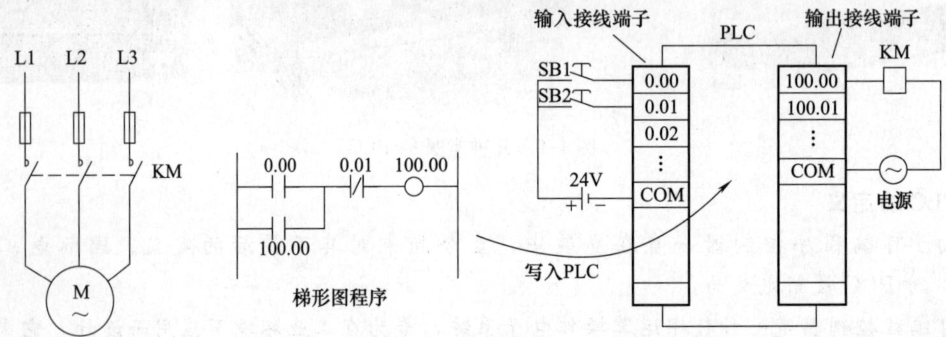

图 1-3　PLC 电动机正转控制线路

在组建 PLC 控制系统时，先要进行硬件连接，再编写控制程序。PLC 正转控制线路的硬件接线如图 1-3 所示，PLC 输入端子连接 SB1（启动）、SB2（停止）按钮和电源，输出端子连接接触器线圈 KM 和电源。PLC 硬件连接完成后，再在计算机中使用 PLC 编程软件编写图示的梯形图程序，然后通过电脑与 PLC 之间的连接线将程序写入 PLC。

PLC 软、硬件准备好后就可以操作运行。操作运行过程说明如下：

按下启动按钮 SB1，24V 电源、SB1 与 PLC 的 0.00、COM 端子之间的内部电路构成回路，有电流流过0.00、COM端子间的内部电路，PLC内部程序运行，运行结果使PLC的100.00、COM端子之间的内部电路导通，接触器线圈KM得电，主电路中的KM主触点闭合，电动机运转，松开SB1后，内部程序维持100.00、COM端子之间的内部电路导通，让KM线圈继续得电（自锁）；按下停止按钮SB2，PLC的0.01、COM端子之间的内部电路与24V电源、SB2构成回路，有电流流过0.01、COM端子间的内部电路，PLC内部程序运行，运行结果使PLC的100.00、COM端子之间的内部电路断开，接触器线圈KM失电，主电路中的KM主触点断开，电动机停转，松开SB2后，内部程序让100.00、COM端子之间的内部电路维持断开状态。

（3）PLC控制、继电器和单片机控制的比较

PLC控制与继电器控制相比，具有改变程序就能变换控制功能的优点，但在简单控制时成本较高，另外，利用单片机也可以实现控制。PLC、继电器和单片机控制系统比较见表1-1。

表1-1　PLC、继电器和单片机控制系统的比较

比较内容	PLC控制系统	继电器控制系统	单片机控制系统
功能	用程序可以实现各种复杂控制	用大量继电器布线逻辑实现循序控制	用程序实现各种复杂控制，功能最强
改变控制内容	修改程序较简单容易	改变硬件接线，工作量大	修改程序，技术难度大
可靠性	平均无故障工作时间长	受机械触点寿命限制	一般比PLC差
工作方式	顺序扫描	顺序控制	中断处理，响应最快
接口	直接与生产设备相连	直接与生产设备相连	要设计专门的接口
环境适应性	可适应一般工业生产现场环境	环境差，会降低可靠性和寿命	要求有较好的环境，如机房、实验室、办公室
抗干扰	一般不用专门考虑抗干扰问题	能抗一般电磁干扰	要专门设计抗干扰措施，否则易受干扰影响
维护	现场检查，维修方便	定期更换继电器，维修费时	技术难度较高
系统开发	设计容易、安装简单、调试周期短	图样多，安装接线工作量大，调试周期长	系统设计复杂，调试技术难度大，需要有系统的计算机知识
通用性	较好，适用面广	一般是专用	要进行软、硬件技术改造才能作其他用
硬件成本	比单片机控制系统高	少于30个继电器时成本较低	一般比PLC低

1.2 PLC分类与特点

1.2.1 PLC的分类

PLC的种类很多，下面按结构形式、控制规模和实现功能对PLC进行分类。

（1）按结构形式分类

按硬件的结构形式不同，PLC可分为整体式和组合式。

整体式PLC又称箱式PLC、一体式PLC，如图1-1所示的3个PLC均为整体式PLC，其外形像一个方形的箱体，这种PLC的CPU、存储器、输入输出（I/O）接口和电源等都

做在一个箱体内。整体式 PLC 的结构简单、体积小、价格低。小型 PLC 一般采用整体式结构。

组合式 PLC 又称模块式 PLC，图 1-4 列出了两种常见的组合式 PLC。组合式 PLC 的电源、CPU、I/O 接口等都分别做成独立的模块，称为电源模块、CPU 模块和 I/O 模块等，在组建 PLC 系统时，将这样的模块安装在导轨或机架上，再用专用电缆将它们连接起来。组合式 PLC 配置灵活，可通过增减模块而组成不同规模的系统，安装维修方便，但价格较贵。大、中型 PLC 一般采用组合式结构。

图 1-4　组合式 PLC

（2）按控制规模分类

I/O 点数（输入/输出端子的个数）是衡量 PLC 控制规模重要参数，根据 I/O 点数多少，可将 PLC 分为小型、中型和大型三类。

① 小型 PLC。其 I/O 点数小于 256 点，采用 8 位或 16 位单 CPU，用户存储器容量 4K 字以下。

② 中型 PLC。其 I/O 点数在 256～2048 点，采用双 CPU，用户存储器容量2～8K。

③ 大型 PLC。其 I/O 点数大于 2048 点，采用 16 位、32 位多 CPU，用户存储器容量 8～16K

（3）按功能分类

根据 PLC 具有的功能不同，可将 PLC 分为低档、中档、高档三类。

① 低档 PLC。它具有逻辑运算、定时、计数、移位以及自诊断、监控等基本功能，有些还有少量模拟量输入/输出、算术运算、数据传送和比较、通信等功能。低档 PLC 主要用于逻辑控制、顺序控制或少量模拟量控制的单机控制系统。

② 中档 PLC。它具有低档 PLC 的功能外，还具有较强的模拟量输入/输出、算术运算、数据传送和比较、数制转换、远程 I/O、子程序、通信联网等功能，有些还增设有中断控制、PID 控制等功能。中档 PLC 适用于比较复杂控制系统。

③ 高档 PLC。它除了具有中档机的功能外，还增加了带符号算术运算、矩阵运算、位逻辑运算、平方根运算及其他特殊功能函数的运算、制表及表格传送功能等。高档 PLC 机具有很强的通信联网功能，一般用于大规模过程控制或构成分布式网络控制系统，实现工厂控制自动化。

1.2.2　PLC 的特点

PLC 是一种专为工业应用而设计的控制器，它主要有以下特点。

（1）可靠性高，抗干扰能力强

为了适应工业应用要求，PLC 从硬件和软件方面采用了大量的技术措施，以便能在恶劣环境下长时间可靠运行。现在大多数 PLC 的平均无故障运行时间已达到几十万小时。

（2）通用性强，控制程序可变，使用方便

PLC 可利用各种齐全的硬件装置来组成各种控制系统，用户不必自己再设计和制作硬件装置。用户在硬件确定以后，在生产工艺流程改变或生产设备更新的情况下，无需大量改变 PLC 的硬件设备，只需更改程序就可以满足要求。

（3）功能强，适用范围广

现代 PLC 不仅有逻辑运算、计时、计数、顺序控制等功能，还具有数字和模拟量的输入输出、功率驱动、通信、人机对话、自检、记录显示等功能，既可控制一台生产机械、一条生产线，又可控制一个生产过程。

（4）编程简单，易用易学

目前，大多数 PLC 采用梯形图编程方式，梯形图语言的编程元件符号和表达方式与继电器控制电路原理图相当接近，这样使大多数工厂企业电气技术人员非常容易接受和掌握。

（5）系统设计、调试和维修方便

PLC 用软件来取代继电器控制系统中大量的中间继电器、时间继电器、计数器等器件，使控制柜的设计安装接线工作量大为减少。另外，PLC 的用户程序可以通过电脑在实验室仿真调试，减少了现场的调试工作量。此外，由于 PLC 结构模块化及很强的自我诊断能力，维修也极为方便。

1.2.3 欧姆龙 PLC 简介

日本欧姆龙公司（OMRON）是世界著名 PLC 生产厂商之一，欧姆龙公司的 PLC 小型机与其他日本品牌的小型机一样非常有特色，某些欧美中大型机能实现的控制功能，用欧姆龙小型机就可以实现。

欧姆龙公司 PLC 产品分为大型、中型和小型机，大、中型机采用模块式结构，小型机采用整体式结构。

小型机：我国早期使用较多的欧姆龙小型 PLC 主要有 CPM1A、CPM2A 系列，其性价比高、社会拥有量大，现在已逐渐被功能更为强大的升级产品 CP1H、CP1L 系列小型 PLC 取代。

中型机：欧姆龙中型 PLC 主要有 C200H、C200Hα、CQ1M、CJ1M、CJ1 和 CJ2 等系列，C200Hα 是 C200H 的升级产品，有品种齐全的通信模块，CJ 系列 PLC 结构紧凑、功能强大，是近年来较畅销的机型。

大型机：欧姆龙大型 PLC 主要有 CV、CVM1、CVM1D、CS1 和 CS1D 系列，CS1 是大、中型机的代表，尽管 CS1 是中型机 C200Hα 的后续机型，但在大型机场合也可胜任，故归为大型机。

CP1、CJ1 和 CS1 系列分别是欧姆龙公司目前主推的小、中、大型 PLC。CP1 系列具有与 CJ1、CS1 系列兼容的程序结构、指令系统和统一的编程软件。CP1H 型 PLC 在 CP1 系列中功能最为强大，学习 CP1H 型 PLC 不但可以全面掌握 CP1 系列 PLC，以此为基础进一步学习中大型 CJ1、CS1 系列 PLC 也非常容易。

PLC的组成与原理

2.1 PLC 的基本组成

PLC 种类很多，但结构大同小异，图 2-1 为典型的 PLC 控制系统组成方框图。在组建 PLC 控制系统时，需要给 PLC 的输入端子连接有关的输入设备（如按钮、触点和行程开关等），给输出端子接有关的输出设备（如指示灯、电磁线圈和电磁阀等），如果需要 PLC 与其他设备通信，可在 PLC 的通信接口连接其他设备，如果希望增强 PLC 的功能，可给 PLC 的扩展接口接上扩展单元。

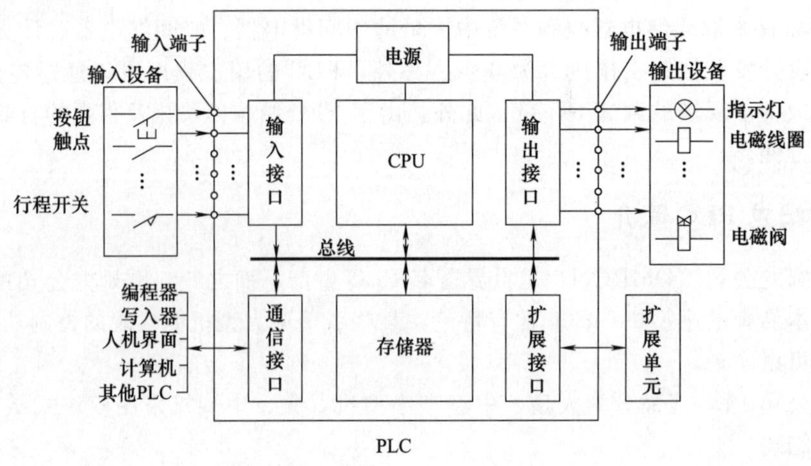

图 2-1　典型的 PLC 控制系统组成方框图

从图 2-1 可以看出，PLC 内部主要由 CPU、存储器、输入接口、输出接口、通信接口和扩展接口等组成。

2.1.1 CPU 和存储器

(1) CPU

CPU 又称中央处理器，它是 PLC 的控制中心，它通过总线（包括数据总线、地址总线和控制总线）与存储器和各种接口连接，以控制它们有条不紊地工作。CPU 的性能对 PLC 工作速度和效率有很大的影响，故大型 PLC 通常采用高性能的 CPU。

CPU 的主要功能有：

① 接收通信接口送来的程序和信息，并将它们存入存储器；

② 采用循环检测（即扫描检测）方式不断检测输入接口送来的状态信息，以判断输入设备的输入状态；

③ 逐条运行存储器中的程序，并进行各种运算，再将运算结果存储下来，然后通过输出接口输出，以对输出设备进行有关的控制；

④监测和诊断内部各电路的工作状态。

(2) 存储器

存储器的功能是存储程序和数据。PLC 通常配有 ROM（只读存储器）和 RAM（随机存储器）两种存储器，ROM 用来存储系统程序，RAM 用来存储用户程序和程序运行时产生的数据。

系统程序由厂家编写并固化在 ROM 存储器中，用户无法访问和修改系统程序。系统程序主要包括系统管理程序和指令解释程序。系统管理程序的功能是管理整个 PLC，让内部各个电路能有条不紊地工作。指令解释程序的功能是将用户编写的程序翻译成 CPU 可以识别和执行的程序。

用户程序是由用户编写并输入存储器的程序，为了方便调试和修改，用户程序通常存放在 RAM 中，由于断电后 RAM 中的程序会丢失，所以 RAM 专门配有后备电池供电。有些 PLC 采用 EEPROM（电可擦写只读存储器）来存储用户程序，由于 EEPROM 存储器中的信息可使用电信号擦写，并且掉电后内容不会丢失，因此采用这种存储器后可不要备用电池。

2.1.2 I/O 接口

I/O 接口又称输入/输出接口，或称 I/O 模块，是 PLC 与外围设备之间的连接部件。PLC 通过输入接口检测输入设备的状态，以此作为对输出设备控制的依据，同时 PLC 又通过输出接口对输出设备进行控制。

PLC 的 I/O 接口能接受的输入和输出信号个数称为 PLC 的 I/O 点数。I/O 点数是选择 PLC 的重要依据之一。

PLC 外围设备提供或需要的信号电平是多种多样的，而 PLC 内部 CPU 只能处理标准电平信号，所以 I/O 接口要能进行电平转换；另外，为了提高 PLC 的抗干扰能力，I/O 接口一般采用光电隔离和滤波功能；此外，为了便于了解 I/O 接口的工作状态，I/O 接口还带有状态指示灯。

(1) 输入接口

PLC 的输入接口分为数字量输入接口和模拟量输入接口，数字量输入接口用于接受“1”、“0”数字信号或开关通断信号，又称开关量输入接口；模拟量输入接口用于接受模拟量信号。模拟量输入接口采用 A/D 转换电路，将模拟量信号转换成数字信号。欧姆龙 CP1H-X/XA 型 PLC 的数字量输入接口电路如图 2-2 所示。

图 2-2 (a) 为 0.00～0.03 和 1.00～1.03 端子的内部接口电路，3.0kΩ 电阻为限流电阻，910Ω 电阻和 1000pF 的电容为滤波电路，用于滤除输入端子窜入的高频干扰信号，COM 端为输入端子的公共端。当需要给 PLC 输入信号时，可在 COM 端和输入端子之间串接 24V 电源和按钮，闭合按钮后，电源产生电流流经接口电路的光电耦合器中的发光二极管，发光二极管的光线使光敏管导通，给内部电路输入信号，输入指示 LED 灯同时点亮。由于光电耦合器内部是通过光线传递，故可将外部电路与内部电路有效隔离开来。由于输入接口电路的光电耦合器采用正反向并联的两个发光二极管，不管 24V 电源极性如何改变，在按钮闭合时均有电流流入接口电路。

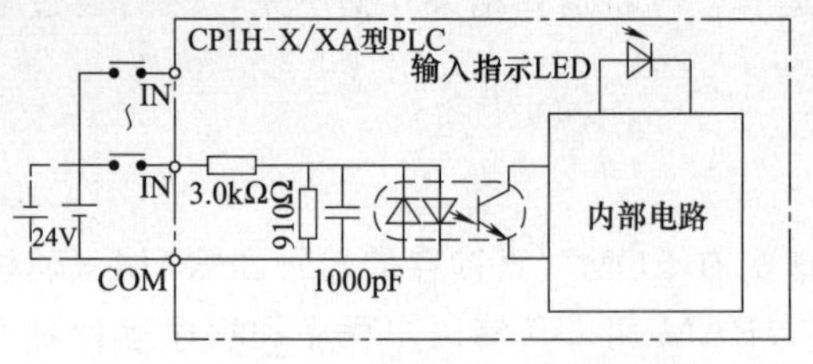

(a) 0.00～0.03和1.00～1.03端子的内部接口电路

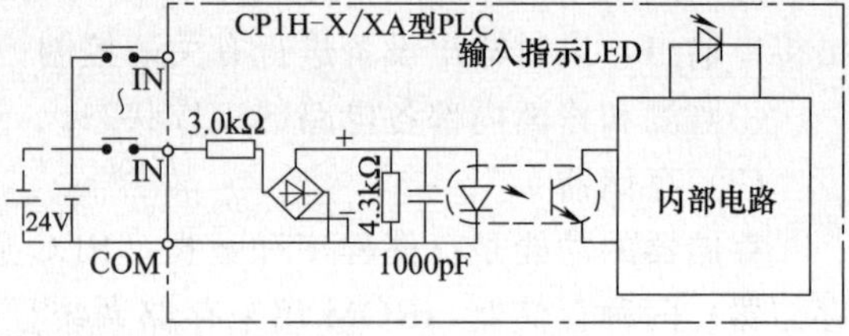

(b) 0.04～0.11端子的内部接口电路

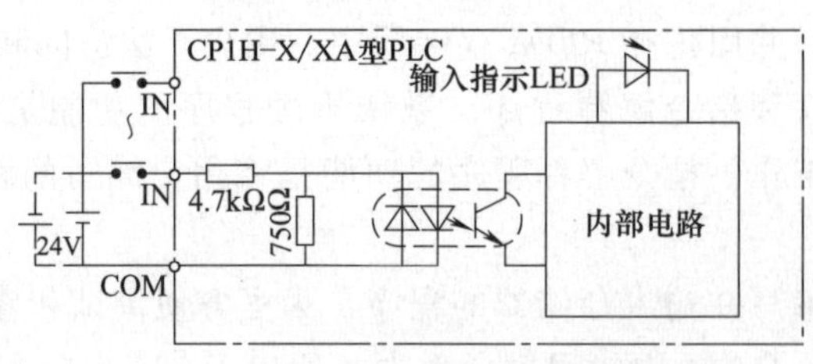

(c) 1.04～1.11端子的内部接口电路

图 2-2　数字量输入接口电路

图 2-2（b）为 0.04～0.11 端子的内部接口电路，它采用桥式整流电路来实现输入电源极性转换，不管 IN、COM 端连接的电源极性如何，给桥式整流电路后，光电耦合器的发光二极管上端始终为“+”，下端始终为“－”，这样光电耦合器只需一个发光二极管。

图 2-2（c）为 1.04～1.11 端子的内部接口电路，其输入电阻较图 2-2（a）、图 2-2（b）接口略大，因为它采用一个 4.7kΩ 电阻作为限流电阻。

（2）输出接口

PLC 的输出接口也分为数字量输出接口和模拟量输出接口。模拟量输出接口采用 D/A 转换电路，将数字量信号转换成模拟量信号，数字量输出接口采用的电路形式较多，欧姆龙 CP1H PLC 的输出接口有两种形式：继电器输出接口和晶体管输出接口。

① 继电器输出接口。继电器输出接口如图 2-3 所示，它采用继电器作为输出开关器件，当 PLC 内部电路产生电流流经继电器 KA 线圈时，继电器常开触点 KA 闭合，负载有电流通过。继电器输出接口的特点是可驱动交流或直流负载，允许通过的电流大，但其响应时间长，通断变化频率低。

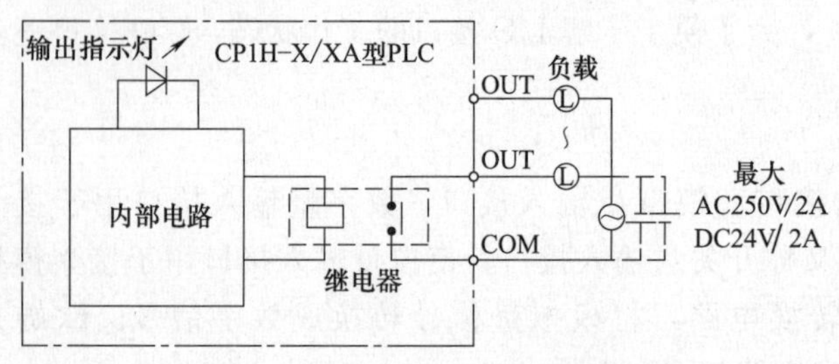

图 2-3　PLC 的继电器输出接口电路

② 晶体管输出接口。晶体管输出接口电路采用场效应管或三极管作为输出开关器件，根据输出端子的公共端（COM 端）连接电源极性不同，晶体管输出接口电路可分为漏型输出和源型输出两种。

晶体管漏型输出接口电路如图 2-4（a）所示，PLC 的 COM 端（输出公共端）与 DC24V 电源的负极连接，当输出端子内的晶体管导通时，会形成 DC24V 正极→负载 L→OUT 端子→晶体管→COM 端子→DC24V 负极的回路。在使用晶体管漏型输出接口输出数据时，输出数据与内部数据相反，如内部输出数据 1（高电平）时，晶体管导通，OUT 端为低电平，即输出 0。

晶体管源型输出接口电路如图 2-4（b）所示，PLC 的 COM 端（输出公共端）与 DC24V 电源的正极连接，当输出端子内的晶体管导通时，会形成 DC24V 正极→COM 端子→晶体管→OUT 端子→负载 L→DC24V 负极的回路。在使用晶体管源型输出接口输出数据时，输出数据与内部数据相同，如内部输出数据 1（高电平）时，晶体管导通，OUT 端为高电平，即输出 1。

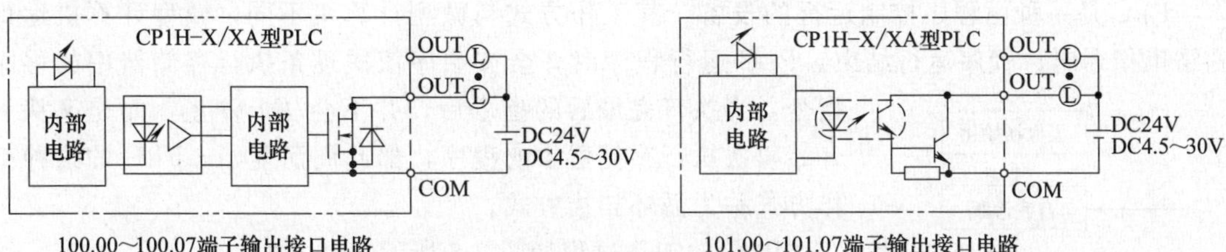

(a) 晶体管漏型输出接口电路

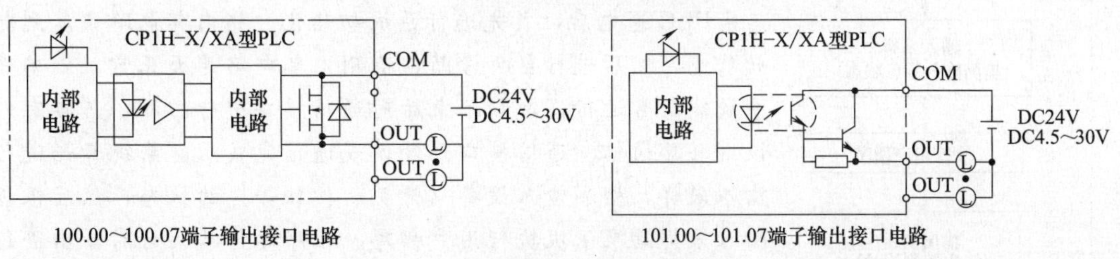

(b) 晶体管源型输出接口电路

图 2-4 晶体管输出接口电路

晶体管输出接口响应速度快，通断频率高，但只能用于驱动直流负载（即输出端子只能外接直流电源），且过流能力差。

2.1.3 通信接口和扩展接口

（1）通信接口

PLC 配有通信接口，PLC 可通过通信接口与编程器、打印机、其他 PLC、计算机等设备实现通信。PLC 与编程器或写入器连接，可以接收编程器或写入器输入的程序；PLC 与打印机连接，可将过程信息、系统参数等打印出来；PLC 与人机界面（如触摸屏）连接，可以在人机界面直接操作 PLC 或监视 PLC 工作状态；PLC 与其他 PLC 连接，可组成多机系统或连成网络，实现更大规模控制；与计算机连接，可组成多级分布式控制系统，实现控制与管理相结合。

（2）扩展接口

为了提升 PLC 的性能，增强 PLC 的控制功能，可以通过扩展接口给 PLC 增接一些专用功能模块，如高速计数模块、闭环控制模块、运动控制模块、中断控制模块等。

2.1.4 电源

PLC 一般采用开关电源供电，与普通电源相比，PLC 电源的稳定性好、抗干扰能力强。PLC 的电源对电网提供的电源稳定度要求不高，一般允许电源电压在其额定值±15%的范围内波动。有些 PLC 还可以通过端子往外提供直流 24V 稳压电源。

2.2 PLC的工作原理

2.2.1 PLC的工作方式

PLC是一种由程序控制运行的设备，其工作方式与微型计算机不同，微型计算机运行到结束指令时，程序运行结束。PLC运行程序时，会按顺序依次逐条执行存储器中的程序指令，当执行完最后的指令后，并不会马上停止，而是又从头开始再次执行存储器中的程序，如此周而复始，PLC的这种工作方式称为循环扫描方式。

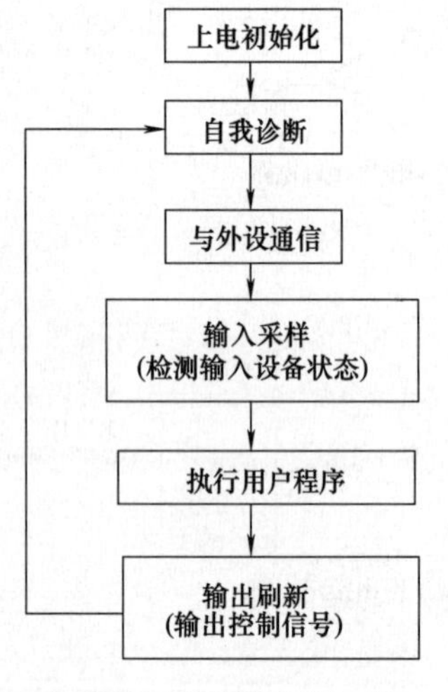

图2-5 PLC的工作过程

PLC的工作过程如图2-5所示。

PLC的工作过程

PLC通电后，首先进行系统初始化，将内部电路恢复到起始状态，然后进行自我诊断，检测内部电路是否正常，以确保系统能正常运行，诊断结束后对通信接口进行扫描，若接有外设则与其通信。通信接口无外设或通信完成后，系统开始进行输入采样，检测输入设备（开关、按钮等）的状态，然后根据输入采样结果依次执行用户程序，程序运行结束后对输出进行刷新，即输出程序运行时产生的控制信号。以上过程完成后，系统又返回，重新开始自我诊断，以后不断重新上述过程。

PLC有两个工作状态：RUN（运行）状态和STOP（停止）状态。当PLC工作在RUN状态时，系统会完整执行图2-5过程；当PLC工作在STOP状态时，系统不执行用户程序。PLC正常工作时应处于RUN状态，而在编制和修改程序时，应让PLC处于STOP状态。PLC的两种工作状态可通过开关进行切换。

PLC工作在RUN状态时，完整执行图2-5过程所需的时间称为扫描周期，一般为1～100ms。扫描周期与用户程序的长短、指令的种类和CPU执行指令的速度有很大的关系。

2.2.2 PLC执行用户程序的过程

PLC的用户程序执行过程很复杂，下面以PLC正转控制线路为例进行说明。图2-6是PLC正转控制线路，为了便于说明，图中画出了PLC内部等效图。

PLC内部等效图中的0.00、0.01、0.02称为输入继电器，它由线圈和触点两部分组成，由于线圈与触点都是等效而来，故又称为软线圈和软触点；100.00称为输出继电器，它也包括线圈和触点，与输出端子100.00连接的常开触点由继电器触点、场效应管或晶闸管等效而来，称为硬触点。PLC内部中间部分为用户程序（梯形图程序），程序形式与继电器控制电路相似，两端相当于电源线，中间为触点和线圈。

PLC执行用户程序的过程说明如下：

当按下启动按钮SB1时，输入继电器0.00线圈得电，它使用户程序中的0.00常开触点闭合，由于程序中的0.01、0.02均为常闭触点，故输出继电器100.00线圈得电，该线圈得电一方面使用户程序中的100.00常开自锁触点闭合，锁定100.00线圈的供电，另一方面使与输出端子100.00连接的常开触点闭合，接触器KM线圈得电，主电路中的KM主触点

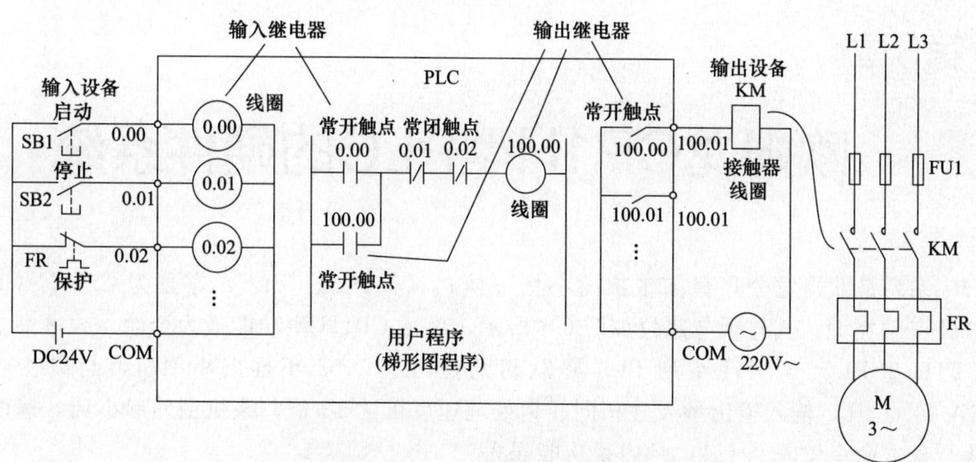

图 2-6 PLC 执行用户程序的过程说明图

闭合，电动机得电运转；当按下停止按钮 SB2 时，输入继电器 0.01 线圈得电，它使用户程序中的 0.01 常闭触点断开，输出继电器 100.00 线圈失电，用户程序中的 100.00 常开自锁触点断开，解除自锁，另外与输出端子 100.00 连接的常开触点也断开，接触器 KM 线圈失电，KM 主触点断开，电动机失电停转。

若电动机在运行过程中电流过大，热继电器 FR 动作，FR 触点闭合，输入继电器 0.02 线圈得电，它使用户程序中的 0.02 常闭触点断开，输出继电器 100.00 线圈失电，与输出端子 100.00 连接的常开触点断开，接触器 KM 线圈失电，KM 主触点闭合，电动机失电停转，从而避免电动机长时间过流运行。

第3章

欧姆龙CP1H型PLC的硬件系统

CP1 系列是欧姆龙公司目前主推的小型一体式（整体式）PLC，它分为 CP1E、CP1L 和 CP1H 三种类型，其外观与定位如图 3-1 所示，由于 CP1H 型功能最为全面，故本书主要介绍 CP1H 型 PLC。CP1H 系列 PLC 是欧姆龙公司于 2005 年推出小型机，与以往产品 CPM2A 40 点 PLC 输入输出型尺寸相同，但处理速度可达 10 倍。该机型外形小巧，速度极快，执行基本命令仅需 0.1μs，且内置功能强大。

CP1H 系列 PLC 配备与 CS/CJ 系列共通的体系结构，最多同时可带 7 台欧姆龙 CPM1A 系列的扩展 I/O 及 2 台 CJ1 系列的高功能 I/O 或高功能 CPU 单元，大大增强了开关量和模拟量的扩展能力。另外，CP1H 系列 PLC 取消了手持编程器的支持，它采用 USB 接口与编程计算机连接，还提供了 RS-232C 和 RS-485 接口与外设连接通信。

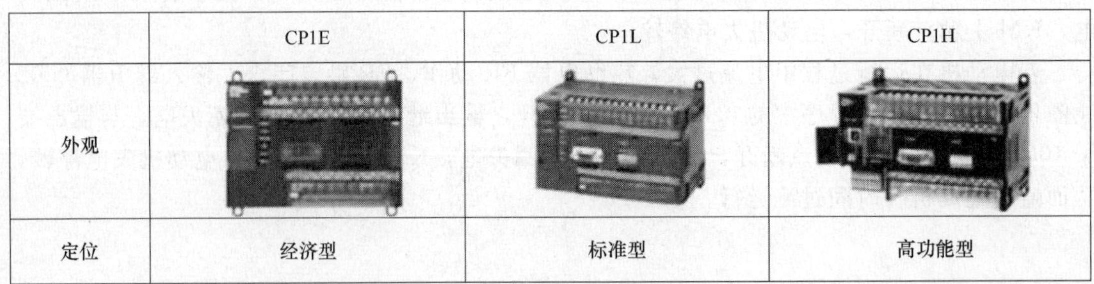

	CP1E	CP1L	CP1H
外观			
定位	经济型	标准型	高功能型

图 3-1　CP1 系列的三种类型 PLC

3.1　主机单元（CPU 单元）

3.1.1　主机单元的外形与面板说明

欧姆龙 CP1H PLC 的主机单元又称 CPU 单元，它包括 X 型（基本型）、XA 型（带内置模拟量输入输出端子）和 Y 型（带脉冲输入输出专用端子）3 种类型。在这些类型的主机单元中，XA 型主机单元最具代表性，下面以该类型的主机单元为例进行说明。

（1）实物外形

CP1H XA 型 PLC 主机单元实物外形如图 3-2 所示。

（2）面板说明

CP1H-XA 型 PLC 主机单元面板的结构如图 3-3 所示。

面板各部分功能说明如下。

① 电池盒。用于安装电池，在 PLC 断电时为存储器提供后备电源。

② 输入端子台。用于连接输入设备和主机单元电源。输入端子台（以 AC 电源供电型主机单元为例）如图 3-4 所示，L1、L2 端用于连接 AC100～240V、50/60Hz 的电源，⏚

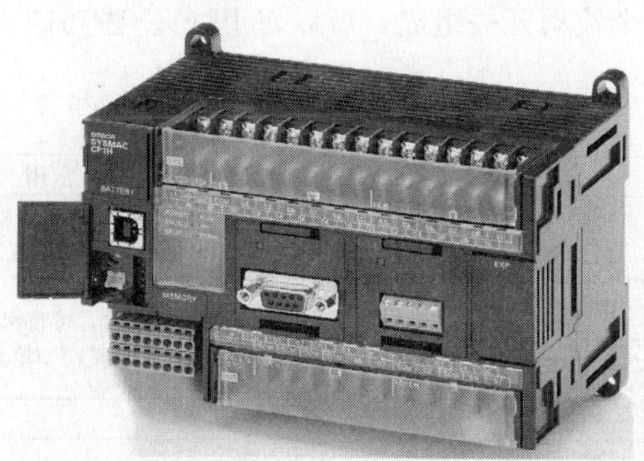

图 3-2 CP1H XA 型 PLC 主机单元实物外形

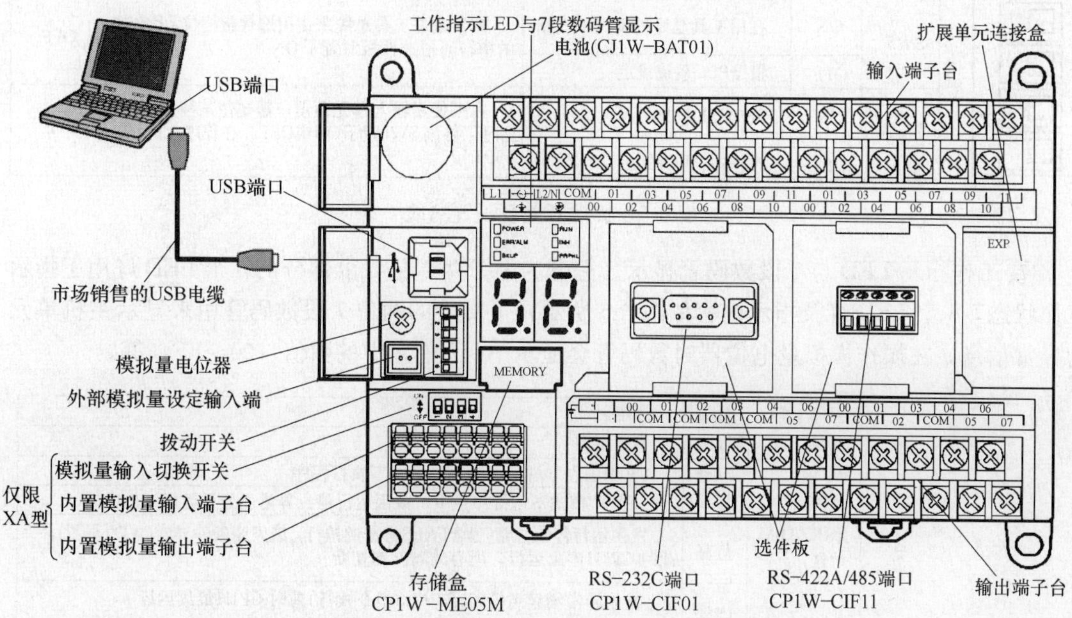

图 3-3 CP1H-XA 型 PLC 主机单元面板的结构

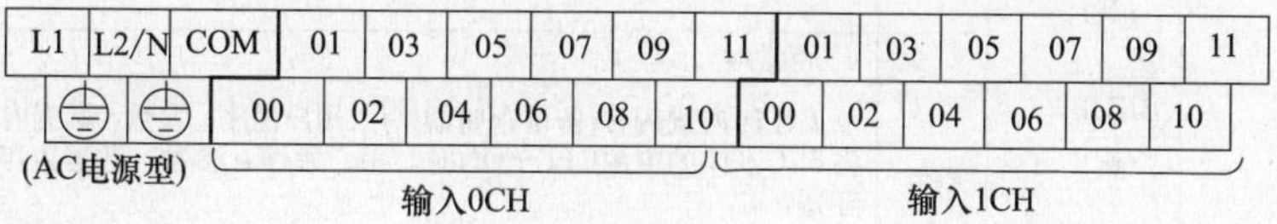

L1	L2/N	COM	01	03	05	07	09	11	01	03	05	07	09	11
⏚	⏚	00	02	04	06	08	10	00	02	04	06	08	10	

(AC电源型)　　输入0CH　　输入1CH

图 3-4 输入端子台

端为保护接地端，COM 端为输入端子公共端。输入端子台的输入端子为 0CH、1CH 两个通道，每个通道有 12 个端子，编号分别为 0.00～0.11 和 1.00～1.11。

③ USB 端口。该端口通常用作与编程计算机（安装 CX-P 编程软件的计算机）连接。

④ 模拟量电位器。调节该电位器，可使 PLC 存储器的 A642 单元中的数据在 0～255 变化。

⑤ 外部模拟量设定输入端。在该端输入 0～10V 电压，可使 PLC 存储器的 A643 单元中的数据在 0～255 变化。

⑥ 拨动开关。它由 6 个拨动开关组成，可以对 PLC 一些功能进行设置。拨动开关及设置功能如图 3-5。

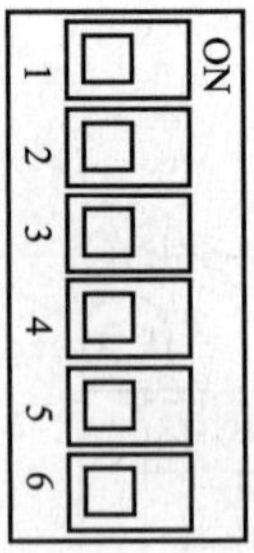

No.	设定	设定内容	用途	初始值
SW1	ON	不可写入用户存储器	在需要防止由外围工具(CX-Programmer)导致的不慎改写程序的情况下使用	OFF
	OFF	可写入用户存储器		
SW2	ON	电源为ON时，执行从存储盒的自动传送	在电源为ON时，可将保存在存储盒内的程序、数据内存、参数向CPU单元展开	OFF
	OFF	不执行		
SW3	—	未使用	—	OFF
SW4	ON	在用工具总线的情况下使用	需要通过工具总线来使用选件板槽位1上安装的串行通信选件板时置于ON	OFF
	OFF	根据PLC系统设定		
SW5	ON	在用工具总线的情况下使用	需要通过工具总线来使用选件板槽位2上安装的串行通信选件板时置于ON	OFF
	OFF	根据PLC系统设定		
SW6	ON	A395.12为ON	在不使用输入单元而用户需要使某种条件成立时，将该SW6置于ON或OFF，在程序上应用A395.12	OFF
	OFF	A395.12为OFF		

图 3-5　拨动开关及设置功能

⑦ 工作指示 LED 与 7 段数码管显示。它分为上下两部分，上部分的 6 个 LED 灯用于指示工作状态，6 个 LED 灯及指示内容如图 3-6 所示；下部分的两位 7 段数码管用来显示主机单元的异常信息，在操作模拟量电位器时数码管会显示 A642 单元中的数值（00～FF）等。

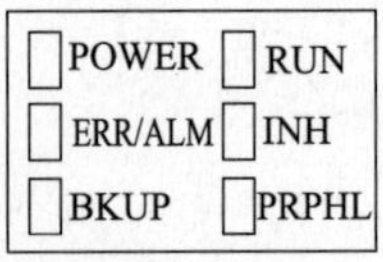

LED	状态	指示内容
POWER（绿）	灯亮	通电时
	灯灭	未通电时
RUN（绿）	灯亮	CP1H正在“运行”或“监视”模式下执行程序
	灯灭	“程序”模式下运行停止中，或因运行停止异常而处于运行停止中
ERR/ALM（红）	灯亮	发生运行停止异常(包含FALS指令的执行)，或发生硬件异常(WDT异常)，此时,CP1H停止运行，所有的输出都切断
	闪烁	发生异常继续运行(包含FALS指令执行)此时,CP1H继续运行
	灯灭	正常时
INH（黄）	灯亮	输出禁止特殊辅助继电器(A500.15)为ON时灯亮，所有的输出都切断
	灯灭	正常时
BKUP（黄）	灯亮	正在向内置闪存(备份存储器)写入用户程序、参数、数据内存或访问中。此外，将PLC本体的电源OFF→ON时，用户程序、参数、数据内存复位过程中也灯亮。 注:在该LED灯亮时，不要将PLC本体的电源OFF
	灯灭	上述情况以外
PRPHL（黄）	闪烁	外围设备USB端口处于通信中(执行发送、接收中的一种过程中)时，闪烁
	灯灭	上述情况以外

图 3-6　6 个 LED 灯及指示内容

⑧ RS-232C 端口。该端口为选件，其型号为 CP1W-CIF01，安装在选件板槽位 1 处。

⑨ RS-422A/485 端口。该端口为选件，其型号 CP1W-CIF11，安装在选件板槽位 2 处。

⑩ 扩展单元连接盒。当主机单元需要连接扩展单元时，可打开该连接盒，将扩展单元的连接电缆插入该连接盒的插座中。

⑪ 存储盒。安装 CP1W-ME05M 存储卡（512KB），在需要时，可将 CP1H 主机单元的梯形图程序、参数和数据内存（DM）等传送并保存到存储卡中。

⑫ 内置模拟量输入及输出端子台。CP1H-XA 型主机单元本身带有模/数（A/D）转换和数/模（D/A）转换模块，外界的模拟量信号由模拟量输入端子送入，经 A/D 转换模块转换成数字量送入 PLC 内部电路处理；PLC 内部的数字量经 D/A 转换模块转换成模拟量信号，从模拟量输出端子送出。

模拟量输入/输出端子台可输入 4 路模拟量信号、输出 2 路模拟量信号。各端子排列及功能如图 3-7 所示。

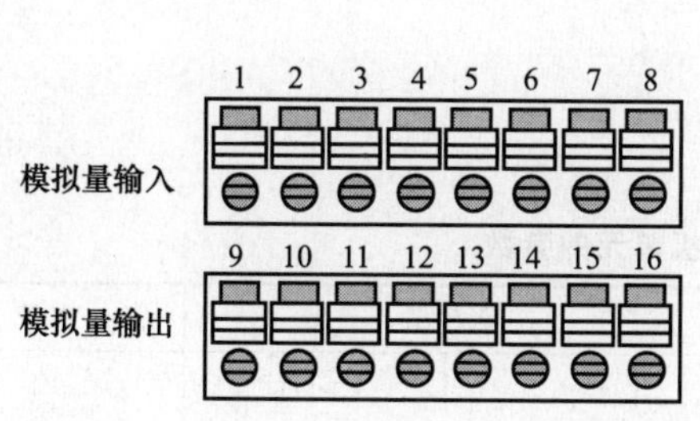

引脚NO.	功能	引脚NO.	功能
1	IN1+	9	OUT V1+
2	IN1−	10	OUT I1+
3	IN2+	11	OUT1−
4	IN2−	12	OUT V2+
5	IN3+	13	OUT I2+
6	IN3−	14	OUT2−
7	IN4+	15	IN AG*
8	IN4−	16	IN AG*

*:不连接屏蔽线。

图 3-7　模拟量输入/输出端子排列及功能

⑬ 模拟量输入切换开关。它由 4 个拨动开关组成，用来设置模拟量输入端子的模拟量输入形式（电压输入或电流输入）。模拟量输入切换的各个开关的功能如图 3-8 所示。

NO.	设定	设定内容	出厂时的设定
SW1	ON	模拟输入1　电流输入	OFF
	OFF	模拟输入1　电压输入	
SW2	ON	模拟输入2　电流输入	
	OFF	模拟输入2　电压输入	
SW3	ON	模拟输入3　电流输入	
	OFF	模拟输入3　电压输入	
SW4	ON	模拟输入4　电流输入	
	OFF	模拟输入4　电压输入	

图 3-8　模拟量输入切换的各个开关的功能

⑭ 输出端子台。用于连接输出设备。输出端子台（以晶体管输出型主机单元为例）如图 3-9 所示，NC 端为空脚，COM 端为输出端子的公共端，在特殊情况下（如负载需要较大电流时），输出端子应与本区域的 COM 端连接使用。输出端子台的输出端子为 100CH、101CH 两个通道，每个通道有 8 个输出端子，编号分别为 100.00～100.07 和 101.00～100.07。

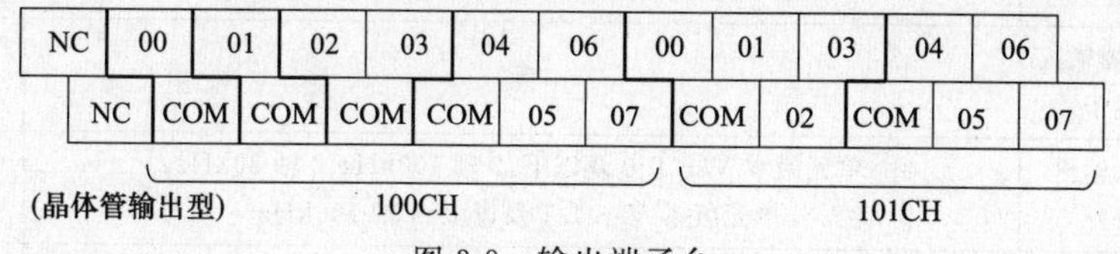

图 3-9　输出端子台

3.1.2　主机单元命名方法与参数

（1）主机单元命名方法

CP1H 系列主机单元命名方法如下：

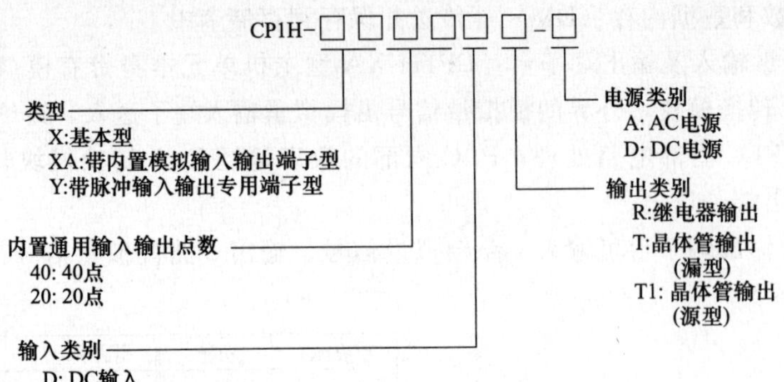

（2）主机单元的参数

CP1H 系列主机单元的参数见表 3-1。

表 3-1　CP1H 系列主机单元的参数

		X 型		XA 型		Y 型
单元型号		CP1H-X40DR-A（继电器输出）	CP1H-X40DT-D（晶体管输出·漏型） CP1H-X40DT1-D（晶体管输出·源型）	CP1H-XA40DR-A（继电器输出）	CP1H-XA40DT-D（晶体管输出·漏型） CP1H-XA40DT1-D（晶体管输出·源型）	CP1H-Y20DT-D（晶体管输出·漏型）
电源		AC 100～240V 50/60Hz	DC 24V	AC 100～240V 50/60Hz	DC 24V	DC 24V
程序容量		20K 步				
最大输入输出点数×1		320 点				300 点
通用输入输出	输入输出点数	40 点				20 点
	输出点数	24 点				12 点
	输出规格	DC 24V				
	中断、脉冲接收输入	最大 8 点				最大 6 点
	输出点数	16 点				8 点
	输出规格	继电器输出	晶体管输出	继电器输出	晶体管输出	晶体管输出
高速计数器输入	高速计数器输入	4 轴 100kHz(单相)/50kHz(相位差)				2 轴 1MHz(单相)/50kHz(相位差)
	高速计数器输入专用端子	无				2 轴 100kHz(单相)/500kHz(相位差)
脉冲输出	内置输入输出端子分配	单元版本 Ver. 1. 0 及以下:2 轴 100kHz、2 轴 30kHz 单元版本 Ver. 1. 1 及以上:4 轴 100kHz				2 轴 100kHz
	脉冲输出专用端子	无				2 轴 1MHz
内置模拟输出		无		模拟电压/电流输入:4 点 模拟电压/电流输出:2 点		无

3.2 扩展单元

CP1H 系列 PLC 是整体式结构，其输入/输出点数及功能有限，如果希望进一步增强其点数和功能，可给主机单元连接扩展单元。CP1H 系列 PLC 最多可连接 7 台 CPM1A 系列扩展单元，也可以通过 CJ 单元适配器 CP1W-EXT01 连接 2 台 CJ 系列中型机的高功能单元（特殊 I/O 单元或 CPU 总线单元）。

3.2.1 CPM1A 扩展单元及连接

（1）CPM1A 扩展单元

CP1H 系列 PLC 可连接的 CPM1A 扩展单元见表 3-2。CP1H-X 型主机单元不带模拟量输入/输出功能，通过给它连接 CPM1A-MAD01 扩展单元（模拟量 I/O 单元），可增加 2 路模拟量输入、1 路模拟量输出功能。

表 3-2 CPM1A 扩展单元规格

<table>
<tr><th>名称</th><th>型号</th><th colspan="3">规 格</th></tr>
<tr><td>模拟量输入单元</td><td>CPM1A-AD041</td><td>模拟输入:2 点</td><td>电压:0～5V/1～5V/0～10V/－10～＋10V
电流:0～20mA/4～20mA</td><td>分辨率
6000</td></tr>
<tr><td>模拟量输出单元</td><td>CPM1A-DA041</td><td>模拟输出:4 点</td><td>电压:1～5V/0～10V/－10～＋10V
电流:0～20mA/4～20mA</td><td>分辨率
6000</td></tr>
<tr><td rowspan="4">模拟量 I/O 单元</td><td rowspan="2">CPM1A-MAD01</td><td>模拟输入:2 点</td><td>电压:0～10V/1～5V
电流:4～20mA</td><td rowspan="2">分辨率
256</td></tr>
<tr><td>模拟输出:1 点</td><td>电压:0～10V/－10～＋10V
电流:4～20mA</td></tr>
<tr><td rowspan="2">CPM1A-MAD11</td><td>模拟输入:2 点</td><td>电压:0～5V/1～5V/0～10V/－10～＋10V
电流:0～20mA/4～20mA</td><td rowspan="2">分辨率
6000</td></tr>
<tr><td>模拟输出:1 点</td><td>电压:1～5V/0～10V/－10～＋10V
电流:0～20mA/4～20mA</td></tr>
<tr><td rowspan="4">温度传感器单元</td><td>CPM1A-TS001</td><td>输入:2 点</td><td colspan="2" rowspan="2">热电偶输入 K、J 之间选一</td></tr>
<tr><td>CPM1A-TS002</td><td>输入:4 点</td></tr>
<tr><td>CPM1A-TS101</td><td>输入:2 点</td><td colspan="2" rowspan="2">铂热电阻输入
Pt100、JPt100 之间选一</td></tr>
<tr><td>CPM1A-TS102</td><td>输入:4 点</td></tr>
<tr><td>DeviceNet I/O 链接单元</td><td>CPM1A-DRT21</td><td colspan="3">DeviceNet 从站
I/O 点数:输入 32 点,输出 32 点</td></tr>
<tr><td>CompoBus/S I/O 链接单元</td><td>CPM1A-SRT21</td><td colspan="3">CompoBus/S 从站
I/O 点数:输入 8 点,输出 8 点</td></tr>
</table>

（2）CPM1A 扩展单元的连接

CPM1A 扩展单元与 CP1H 主机单元的连接如图 3-10（a）所示，如果使用连接电缆 CP1W-CN811，可使主机单元与扩展单元的距离延长至 80cm，并可两排扩展连接，如图 3-10（b）所示。

（3）CPM1A 扩展单元的通道分配

CP1H 主机单元的输入通道（端子）编号为 0.00～0.11（0CH）和 1.00～1.11（1CH），输出通道编号为 100.00～100.07（100CH）和 101.00～100.07（101CH）。当 CP1H 主机单元连接 CPM1A 扩展单元后，CP1H 主机单元的输入/输出通道编号不变，扩

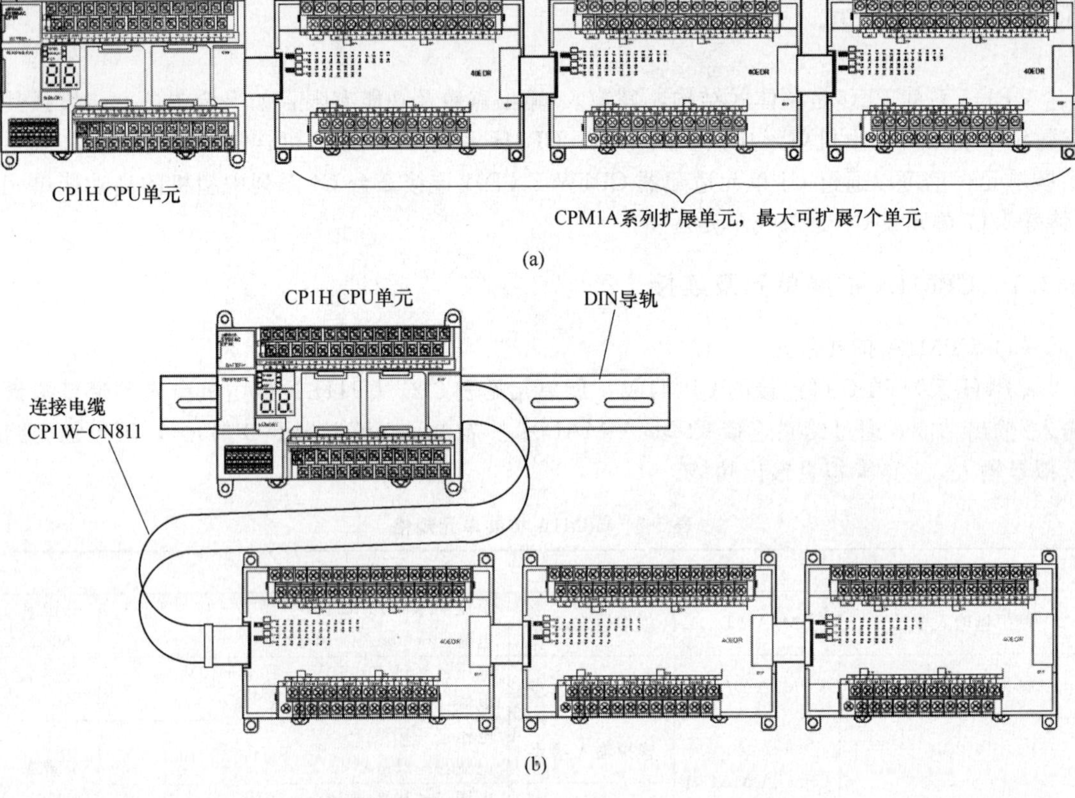

图 3-10　CPM1A 扩展单元与 CP1H 主机单元的连接

展单元通道编号则按连接顺序分配，扩展单元的通道分配如图 3-11 所示。

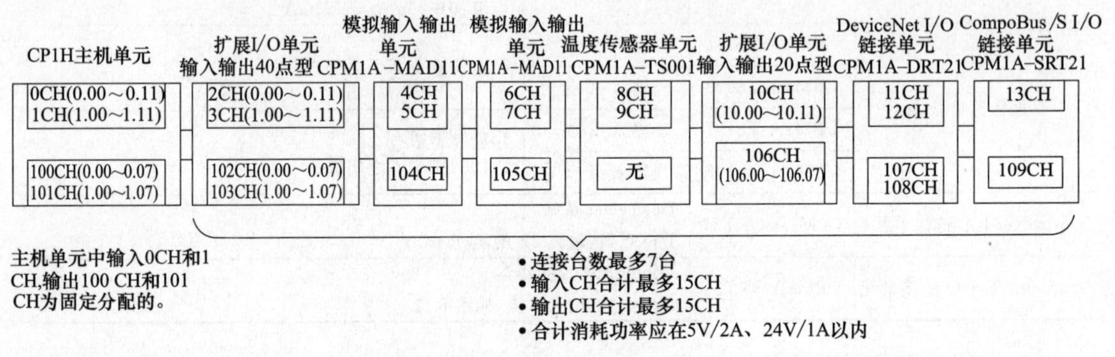

图 3-11　扩展单元的通道分配

3.2.2　CJ 扩展单元及连接

CP1H 系列 PLC 除了可以连接小型机 CPM1A 系列 PLC 的扩展单元外，还可连接中型机 CJ1 系列 PLC 的高功能单元。图 3-12 是 CP1H 主机单元与 CJ1 系列高功能单元的连接图。CP1H 主机单元可连接的 CJ1 系列高功能单元见表 3-3。

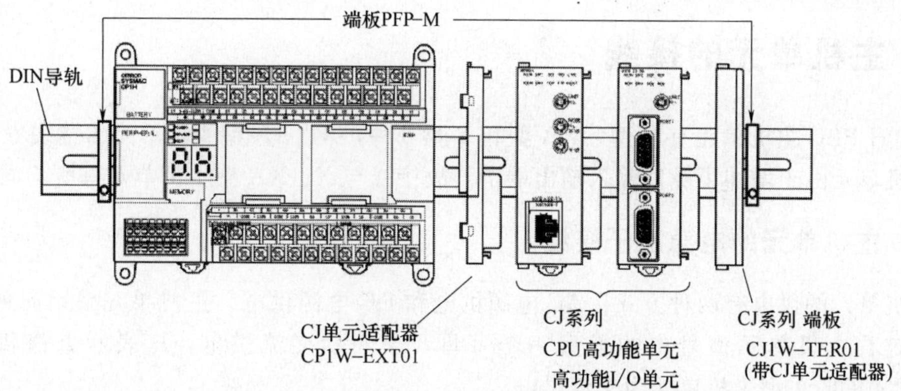

图 3-12 CP1H 主机单元与 CJ1 系列高功能单元的连接

表 3-3 CP1H 主机单元可连接的 CJ1 系列高功能单元

单元种类	单元名称	型号	电流消耗(DC 5V)
CPU 高功能单元	Ethernet 单元	CJ1W-ETN11/21	0.38A
	Controller Link 单元	CJ1W-CLK21-V1	0.35A
	串行通信单元	CJ1W-SCU21-V1	0.28A
		CJ1W-SCU41-V1	0.38A
	DeviceNet 单元	CJ1W-DRM21	0.29A
高功能 I/O 单元	CompoBus/S 主站单元	CJ1W-SRM21	0.15A
	模拟输入单元	CJ1W-AD081/081-V1/041-V1	0.42A
	模拟输出单元	CJ1W-DA041/021	0.12A
		CJ1W-DA08V/08C	0.14A
	模拟输入输出单元	CJ1W-MAD42	0.58A
	处理输入单元	CJ1W-PTS51/52	0.25A
		CJ1W-PTS15/16	0.18A
		CJ1W-PDC15	0.18A
	温度调节单元	CJ1W-TC□□□	0.25A
	位置控制单元	CJ1W-NC113/133/213/233	0.25A
		CJ1W-NC413/433	0.36A
	高速计数器单元	CJ1W-CT021	0.28A
	ID 传感器单元	CJ1W-V600C11	0.26A(DC 24V/0.12A)
		CJ1W-V600C12	0.32A(DC 24V/0.24A)

当 CP1H 主机单元与 CJ1 系列 CPU 高功能单元（又称 CPU 总线单元）连接时，为其分配 400 个通道，通道范围为 1500～1899CH，分为 16 个单元，每个单元占用 25 个通道，如 0 单元占用 1500～1524CH。

当 CP1H 主机单元与 CJ1 系列高功能 I/O 单元连接时，为其分配 960 个通道，通道范围为 2000～2959CH，分为 96 个单元，每个单元占用 10 个通道，如 0 单元占用 2000～2009CH。

3.3 主机单元的接线

CP1H PLC主机单元有X型、XA型和Y型3种，X、XA型主机单元的接线方式相同，Y型主机单元由于增加了脉冲输入输出端子，故接线与X、XA型主机单元有所不同。

3.3.1 主机单元的电源端子接线

主机单元的供电有两种方式：AC电源供电和DC电源供电。主机单元采用何种供电方式，可查看主机单元型号中的最后一个字母，A表示交流供电，D表示直流供电，如CH1H-X40DR-A型主机单元为交流供电。

（1）AC电源供电型

AC电源供电又称交流电源供电，采用AC电源供电的主机单元的电源接线如图3-13所示，将100～240V的交流电源接到主机单元的L1和L2/N端子，AC电源允许的电压波动范围为AC85～264V。

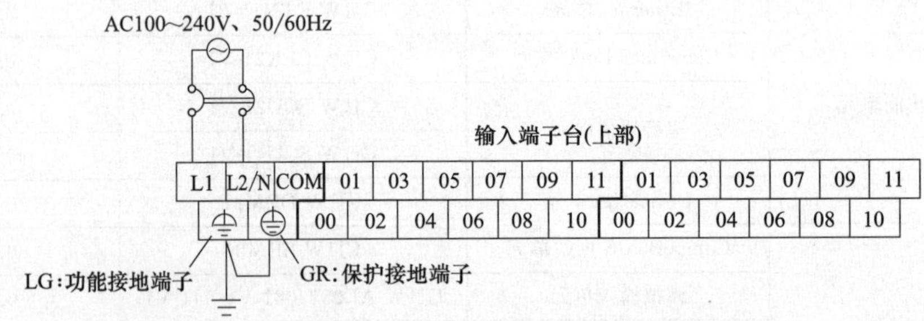

图3-13 采用AC电源供电的主机单元的电源接线

（2）DC电源供电型

DC电源供电又称直流电源供电，采用DC电源供电的主机单元的电源接线如图3-14所示，将24V直流电源的正负极分别接到主机单元的＋、－端子，DC电源允许的电源波动范围为DC 20.4～26.4V。

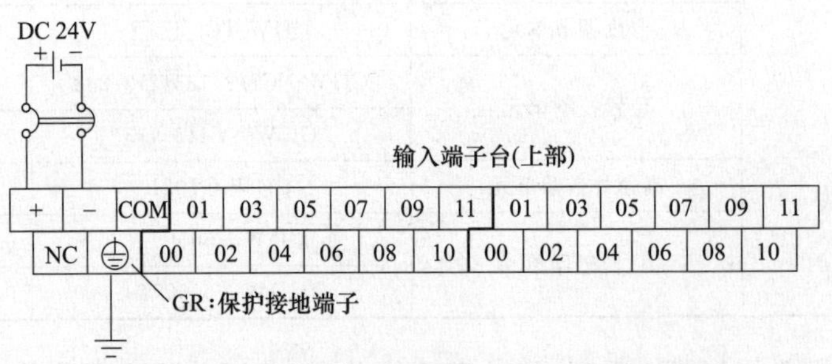

图3-14 采用DC电源供电的主机单元的电源接线

3.3.2 X/XA型主机单元的I/O端子接线

（1）输入端子的接线

X/XA型主机单元输入端子的接线如图3-15所示。由于很多端子共用一个COM端子，该端子连接的导线应选用电流容量足够的导线。在接线时，将外部 DC24V 电源的正极或负极接 COM 端，负极或正极接开关的一端，而开关另一端接主机单元的输入端子，如图 3-15（a）所示。

由于 AC 电源供电型主机单元的输出端子台含有 DC24V 输出端子，故输入端子接线所需的 DC 24V 可从该端子提取，如图 3-15（b）所示。

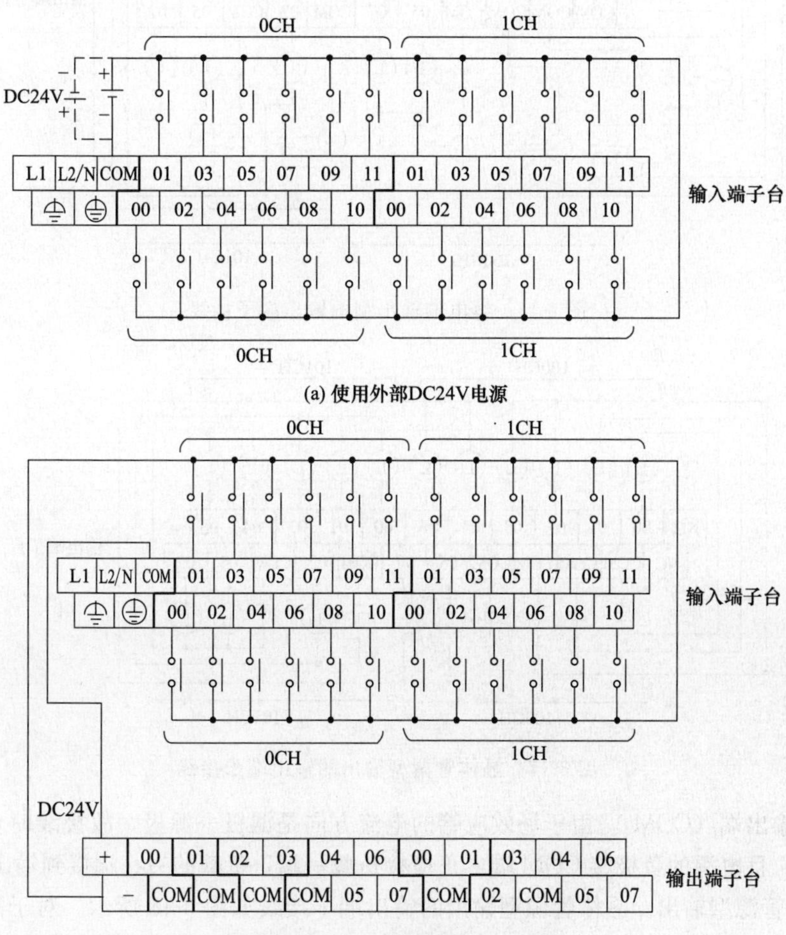

图 3-15 X/XA 型主机单元输入端子的接线

（2）输出端子的接线

X/XA 型主机单元输出接口有继电器输出型和晶体管输出型，晶体管输出又分为漏型输出和源型输出，它们的接线方式有一定的差别。从主机单元的型号可以了解其输出接口类型，如 CH1H-X40DR-A 型主机单元为继电器输出型接口，CH1H-X40DT-D 型主机单元为晶体管漏型输出接口，CH1H-X40DT1-D 型主机单元为晶体管源型输出接口。

① 继电器输出型。继电器输出型的输出端子接线如图 3-16 所示，由于输出端子内部的继电器触点闭合后正反向均能导通，故接线时负载电源既可以是交流，也可以是直流（接线时不用区分正负极），且电源电压范围可以很宽。

② 晶体管漏型输出。晶体管漏型输出的输出端子接线如图 3-17 所示。对于晶体管漏型输出接口，场效应管漏极（或三极管的集电极）接输出端子，场效应管源极（或三极管的发射

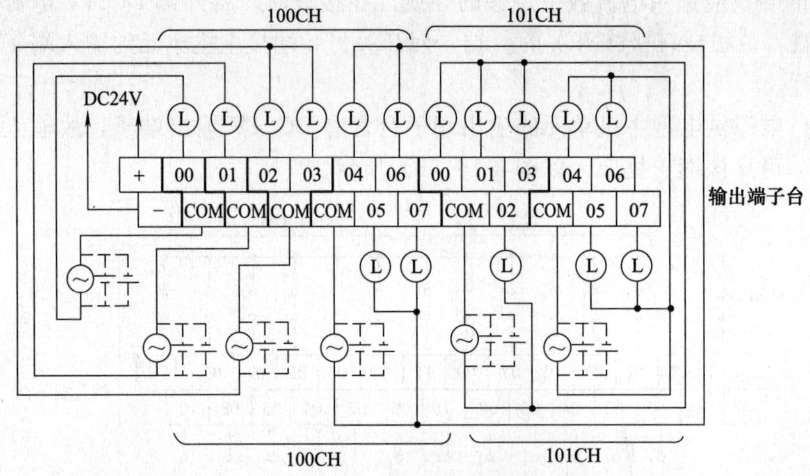

图 3-16 继电器输出型的输出端子接线

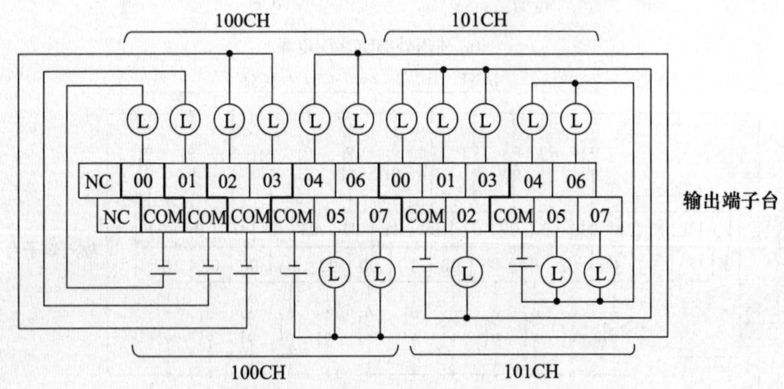

图 3-17 晶体管漏型输出的输出端子接线

极）接公共输出端（COM），由于场效应管的电流方向是漏极→源极，故接线时负载电源必须是直流电源，且电源的负极接 COM 端，正极接负载一端，负载的另一端接到输出端子。

③ 晶体管源型输出。晶体管源型输出的输出端子接线如图 3-18 所示。对于晶体管源型输出接口，场效应管源极（或三极管的发射极）接输出端子，场效应管漏极（或三极管的集电极）接公共输出端（COM），因为场效应管的电流方向是漏极→源极，在接线时负载电源必须是直流电源，且电源的正极接 COM 端，负极接负载一端，负载的另一端接到输出端子。

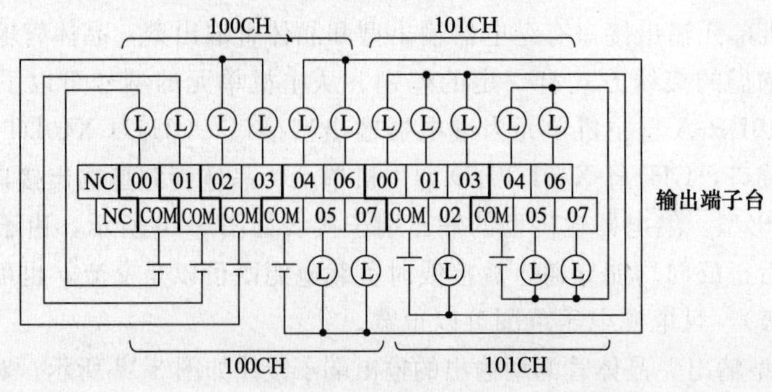

图 3-18 晶体管源型输出的输出端子接线

3.3.3 Y型主机单元的输入输出端子接线

与X/XA型主机单元相比，Y型主机单元在输入端子台增加了高速计数脉冲输入端子，在输出端子台增加了高速脉冲输出端子，故接线与X、XA型主机单元有所不同。

(1) 输入端子的接线

Y型主机单元的输入端子接线如图3-19所示。X、XA型主机单元的0CH、1CH均有12个普通输入端子，而Y型主机单元的0CH、1CH均只有6个普通输入端子，其他端子功能变为编码器脉冲输入端子，这些端子功能使用详见第7章的“高速计数器及有关指令的使用”一节内容。

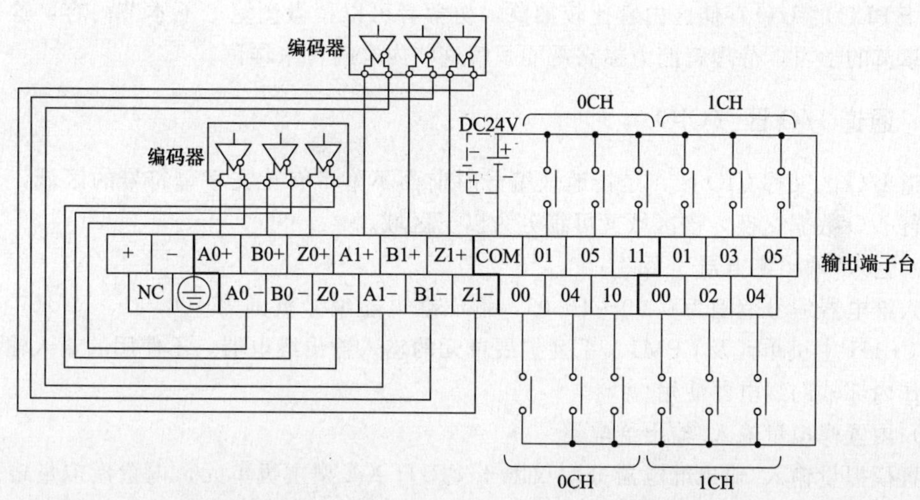

图3-19 Y型主机单元的输入端子接线

(2) 输出端子的接线

Y型主机单元的输出端子接线如图3-20所示。X、XA型主机单元的100CH、101CH均有8个普通输出端子，而Y型主机单元的100CH、101CH均只有4个普通输出端子，其他端子功能变为脉冲输出端子，这些端子功能使用详见第7章的“脉冲输出功能及有关指令的使用”一节内容。

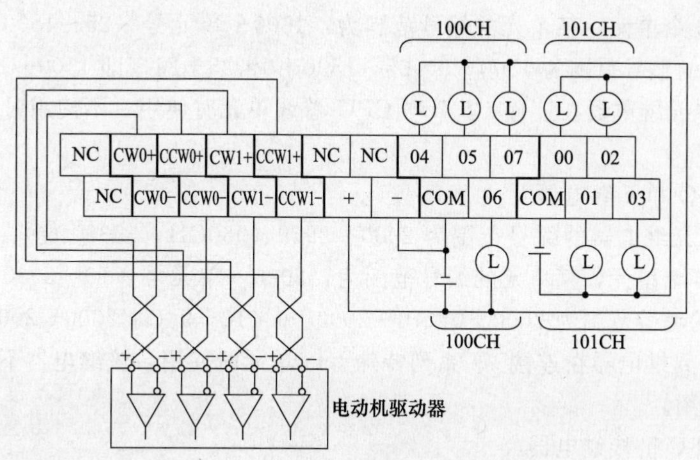

图3-20 Y型主机单元的输出端子接线

3.4 I/O存储区的分配与编号

PLC的I/O存储区又称编程器件区（或称软元件区），PLC编程过程可以看作是用指令对该区域进行操作的过程。

CP1H系列PLC的I/O存储区可分为通道I/O区（CIO区）、内部辅助继电器区（WR）、保持继电器区（HR）、特殊辅助继电器区（AR）、暂存继电器区（TR）、定时器区（TIM）、计数器区（CNT）、数据存储器区（DM）、变址寄存器区（IR）、数据寄存器区（DR）和任务标志区（TK）等。

由于PLC的I/O存储区内容比较抽象，初学者可以稍微浏览一下本节内容，这并不影响后续章节的学习，待理解能力提高需要了解这些内容时再来详读。

3.4.1 通道I/O区（CIO）

通道I/O区又称CIO区，是指地址编号时前面不附带有英文字母符号的区域，可与各单元进行I/O数据交换，该区域又可细分为以下区域。

（1）输入/输出继电器

输入继电器编号范围为0.00～16.07，输出继电器编号范围为100.00～116.07，用于分配给CP1H主机单元及CPM1A系列扩展单元的输入输出继电器。不使用的输入输出继电器可当作内部辅助继电器使用。

（2）内置模拟量输入/输出继电器

内置模拟量输入/输出继电器分配仅限于CP1H-XA型主机单元，内置模拟量输入继电器编号范围为200～203 CH（4CH），内置模拟量输出继电器编号范围为210～211 CH（2CH）。内置模拟量输入/输出继电器不可作为内部辅助继电器使用。

（3）数据链接继电器

数据链接继电器的编号范围为1000～1199（200CH，3200位），用作Controller链接网中的数据链接或PLC链接。数据链接继电器不使用时可作为内部辅助继电器使用。

（4）CPU总线单元继电器

CPU总线单元继电器的编号范围为1500～1899（400CH，6400位），每25CH归为1个单元，最多16个单元，某单元的编号范围为：1500＋单元号×25～1500＋单元号×25＋24，例如0单元的编号范围为1500＋0×25～1500＋0×25＋24（即1500～1524）。

CPU总线单元继电器在连接CJ系列CPU总线单元时使用，不使用时可作为内部辅助继电器使用。

（5）特殊I/O单元继电器

特殊I/O单元继电器的编号范围为2000～2959（960CH，15360位），每10CH归为1个单元，最多96个单元，某单元的编号范围为：2000＋单元号×10～2000＋单元号×10＋9，例如0单元的编号范围为2000＋0×10～2000＋0×10＋9（即2000～2009）。

特殊I/O单元继电器在连接CJ系列特殊I/O单元时使用，该继电器不使用时可作为内部辅助继电器使用。

（6）串行PLC链接继电器

串行PLC链接继电器的编号范围是3100～3189（90CH，1440位），在PLC串行链接中使用，用于与其他 CP1H 主机单元或 CJ1M 主机单元进行数据链接。该继电器不使用时可作为内部辅助继电器使用。

（7）DeviceNet 继电器

DeviceNet 继电器的编号范围为 3200～3799（600CH，9600 位），使用 CJ 系列 DeviceNet 单元的远程 I/O 主站功能时，该继电器被分配给各从站。DeviceNet 继电器不使用时可作为内部辅助继电器使用。

（8）内部辅助继电器

CIO 区的内部辅助继电器分作两部分：1200～1499（300CH，4800 位）和 3800～6143（2344CH，37504 位）。内部辅助继电器仅可在程序中使用，如果需要在程序中使用内部辅助继电器，应优先使用后面介绍的内部辅助继电器 WR，再考虑使用本区域（通道 I/O 区）的内部辅助继电器。

3.4.2 内部辅助继电器和保持继电器

（1）内部辅助继电器（WR）

内部辅助继电器（WR）的编号范围是 W000～W511（512CH，8192 位），内部辅助继电器仅可在程序中使用，在使用内部辅助继电器时，应优先使用 WR。

（2）保持继电器（HR）

保持继电器（HR）的编号范围是 H000～H511（512CH，8192 位）。保持继电器可用于各种数据的存储与操作，它可以字或位访问，但要在字号或位号前加“H”，以区别其他的区。当工作方式改变、电源中断或 PLC 操作停止时，该继电器的数据保持不变。

3.4.3 特殊辅助继电器和暂存继电器

（1）特殊辅助继电器（AR）

特殊辅助继电器（AR）的编号范围是 A000～A959（960CH，15360 位）。特殊辅助继电器主要用来存储 PLC 的工作状态信息。

（2）暂存继电器（TR）

暂存辅助继电器（TR）的编号范围是 TR00～TR15（16 位）。暂存辅助继电器用来存储程序分支点的数据。

3.4.4 定时器和计数器

（1）定时器（TIM）

定时器（TIM）的编号范围是 T0000～T4095（4096 个）。定时器用于需要定时或延时产生动作的场合。

（2）计数器（CNT）

计数器（CNT）的编号范围是 C0000～C4095（4096 个）。计数器用于需要计数达到一定值产生动作的场合。

3.4.5 数据存储器、变址寄存器和数据寄存器

（1）数据存储器（DM）

数据存储器（DM）的编号范围为 D00000～D32767，分作以下四个区：

① CJ 系列特殊 I/O 单元用区：D20000～D29599（96 单元，每单元 100CH）；

② CJ 系列 CPU 总线单元用区：D30000～D31599（16 单元，每单元 100CH）；

③ Modbus-RTU 简易主站用区：D32200～D32299（串行端口 1），D32300～D32399（串行端口 2）；

④ 普通 DM 区：在 D00000～D32767 中，除①～③已使用区域外为普通 DM 区。

数据存储器只能以字（16 位）为单位进行数据存取操作。在 PLC 上电（OFF→ON）或模式切换（编程、运行、监视模式间的切换）时也可保持数据。

（2）变址寄存器（IR）

变址寄存器（IR）的编号范围是 IR0～IR15（16 个），每个寄存器 32 位。变址寄存器用于间接寻址，每个变址寄存器存储一个存储单元地址，该地址是 I/O 存储区中一个字的绝对地址。

（3）数据寄存器（DR）

数据寄存器（DR）的编号范围是 DR0～DR15（16 个），每个寄存器 16 位。数据寄存器用于存储间接寻址的偏移量。在间接寻址时，可利用数据寄存器来偏移变址寄存器中的地址。

3.4.6 任务标志、状态标志和时钟脉冲

（1）任务标志（TK）

任务标志（TK）的编号范围是 TK00～TK21（32 个）。任务标志是只读标志，当某循环任务在执行时，则相应的任务标志为 ON（1），当该循环任务没有被执行或为待机状态时，标志位为 OFF。当 PLC 工作模式（编程、运行和监视）变更或电源复位（ON→OFF→ON）时，任务标志被清除。

（2）状态标志

状态标志主要反映指令执行的结果，如错误标志、进位标志和等于标志。CP1H PLC 的状态标志见表 3-4。

状态标志位不能用指令直接写入内容，仅可读取。状态标志用标记（如 CY、ER）或符号（如 P_CY、P_ER）来指定，而不是用地址指定。状态标志在任务切换时被清除，因此状态标志不能传递到下一个循环任务中，而 ER、AER 标志位只在出现错误的任务中保持。

表 3-4 CP1H PLC 的状态标志

名 称	标记	CX-P 软件中的符号	功 能
错误标志	ER	P_ER	指令中的操作数据不正确(指令处理错误)时,该标志置 ON,以指示指令因为错误而停止 如果在"PLC 设置"中设置为停止指令错误时停止操作(指令操作错误),则在错误标志置 ON 时停止程序的执行,并且指令处理错误标志(A29508)也置 ON
存取错误标志	AER	P_AER	出现非法存取错误时,该标志置 ON。非法存取错误指示某指令试图访问一个不应该被访问的存储区域 如果在"PLC 设置"设置为指令错误(指令操作错误)时停止操作,则在存取错误标志置 ON 时停止程序的执行,并且指令处理错误标志(A429510)也置 ON

续表

名 称	标记	CX-P 软件中的符号	功 能
进位标志	CY	P_CY	算术运算结果中出现进位或数据移位指令将一个“1”移进进位标志时，该标志置 ON 进位标志是某些算术运算和符号运算指令执行结果的一部分
大于标志	>	P_GT	当比较指令中的第一个操作数大于第二个操作数或一个值大于指定范围时，该标志置 ON
等于标志	=	P_EQ	当比较指令中的两个操作数相等或某一计算结果为 0 时，该标志置 ON
小于标志	<	P_LT	当比较指令中的第一个操作数小于第二个操作数或一个值小于指定范围时，该标志置 ON
负标志	N	P_N	当结果的最高有效位（符号位）为 ON 时，该标志置 ON
上溢标志	OF	P_OF	当计算结果溢出结果字容量的上限时，该标志置 ON
下溢标志	UF	P_UF	当计算结果溢出结果字容量的下限时，该标志置 ON
大于等于标志	>=	P_GE	当比较指令中的第一个操作数大于或等于第二个操作数时，该标志置 ON
不等于标志	<>	P_NE	当比较指令中的两个操作数不相等时，该标志置 ON
小于等于标志	<=	P_LE	当比较指令中的第一个操作数小于或等于第二个操作数时，该标志置 ON
常通标志	ON	P_On	该标志总是为 ON（总是 1）
常断标志	OFF	P_Off	该标志总是为 OFF（总是 0）

（3）时钟脉冲

时钟脉冲由系统产生，时钟脉冲有 5 种，分别是 P_0_02s（0.02s）、P_0_1s（0.1s）、P_0_2s（0.2s）、P_1s（1s）和 P_1m（1min）。各时钟脉冲的占空比为 50%，即 ON、OFF 各占一半时间。时钟脉冲说明见表 3-5。

表 3-5 时钟脉冲说明

名称	标记	CX-P 编程软件中的符号	说 明	
0.02s 时钟脉冲	0.02s	P_0_02s	0.01s 0.01s	ON：0.01s OFF：0.01s
0.1s 时钟脉冲	0.1s	P_0_1s	0.05s 0.05s	ON：0.05s OFF：0.05s
0.2s 时钟脉冲	0.2s	P_0_2s	0.1s 0.1s	ON：0.1s OFF：0.1s
1s 时钟脉冲	1s	P_1s	0.5s 0.5s	ON：0.5s OFF：0.5s

续表

名称	标记	CX-P 编程软件中的符号		说　明
1min 时钟脉冲	1min	P_1m	30s 30s	ON:30s OFF:30s

时钟脉冲的 ON/OFF 时间不能更改，仅可读取（作为接点使用），即使在编程软件 CX-Programmer 中也是如此。

3.4.7　I/O 存储区分配与编号一览表

CP1H 系列 PLC 的 I/O 存储区分配与编号见表 3-6。

表 3-6　CP1H 系列 PLC 的 I/O 存储区分配与编号

区域划分				通道编号及分配	说　明
通道 I/O 区 (CIO)	输入/输出继电器	内置	输入继电器	2CH,24 个点 (0.00～0.11,1.00～1.11)	内置输入继电器为 CPU 主机单元带有的内置输入继电器。可直接对外输入
			输出继电器	2CH,16 个点 (100.00～100.07, 101.00～101.07)	内置输出继电器为 CPU 主机单元带有的内置输出继电器,可直接对外输出
		扩展	输入继电器	15CH,120 个点 (2.00～16.07)	扩展输入继电器区,可直接对外输入
			输出继电器	15CH,120 个点 (102.00～116.07)	扩展输出继电器区,可直接对外输出
	内置模拟量输入/输出继电器(仅限 XA 型)			4CH(200～203CH)	内置模拟输入继电器,可直接对外输入
				2CH(210～211CH)	内置模拟输出继电器,可直接对外输出
	数据链接继电器			200CH,3200 位 (1000CH～1199CH)	用于 Controller Link 的数据链接
	CJ 系列 CPU 总线单元继电器			400CH,6400 位 (1500CH～1899CH)	连接 CJ 系列 CPU 总线单元时使用,每单元 25CH,最多 16 单元
	CJ 系列特殊 I/O 单元继电器			960CH,15360 位 (2000CH～2959CH)	连接 CJ 系列特殊 I/O 单元时使用,每单元 10CH,最多 96 单元
	串行 PLC 链接继电器			90CH,1440 位 (3100CH～3189CH)	串行 PLC 链接中使用的区域,用于与其他 CP1H CPU 单元或 CJ1M CPU 单元进行的数据链接
	DeviceNet 继电器			600CH,9600 位 (3200CH～3799CH)	使用 CJ 系列 DeviceNet 单元的远程 I/O 主站功能时,各从站被分配的继电器区域
	内部辅助继电器			300CH,4800 位 (1200CH～1499CH) 2344CH,37504 位 (3800CH～6143CH)	这些位用于编程,不能直接对外输入/输出。作为内部辅助继电器优先使用内部辅助继电器(WR)
内部辅助继电器(WR)				512CH,8192 位 (W000CH～W511CH)	用于编程,不能直接对外输入/输出; 作为内部辅助继电器优先使用该区
保持继电器(HR)				512CH,8192 位 (H000CH～H511CH)	保持继电器具有断电保持功能

续表

区域划分	通道编号及分配	说　明
特殊辅助继电器(AR)	只读:448CH,7168位 (A000CH～A447CH) 读/写:512CH,8192位 (A448CH～A959CH)	系统中被分配特定的功能的继电器
暂存继电器(TR)	16位(TR00～TR15)	在电路的分支点,暂时存储ON/OFF状态的继电器
定时器(TIM)	4096个(T0000～T4095)	作定时用
计数器(CNT)	4096个(C000～C4095)	作计数用
数据存储器(DM)	D00000～D32767 (除右列的用途外, 其他区域作为普通DM)	D20000～D29599(100CH×96单元):CJ系列特殊I/O单元用。D30000～D31599(100CH×16单元):CJ系列CPU总线单元用 Modbus-RTU简易主站用固定分配区域:D32200～D32299(串行端口1)、D32300～D32399(串行端口2)
变址寄存器(IR)	16个,IR0～IR15	储存间接寻址的PLC存储器的地址,一个寄存器32位
数据寄存器(DR)	16个,DR0～DR15	储存用于间接寻址的偏移值,一个寄存器16位
任务标志(TK)	32位,TK00～TK31	任务标志是只读标志,当相应的循环任务在执行时,则标志为ON;当对应任务没有执行或为待机状态时,标志为OFF
状态标志(CF区)	14位	反映指令执行结果的专用标志,出错(ER)标志、进位(CY)标志等14个标志
时钟脉冲(CF区)	5位(P_0_02s,P_0_1s, P_0_2s,P_1s,P_1m)	为系统产生的脉冲,在CX-P软件的全局符号中可查找到

第4章

PLC的软件编程与应用系统开发

4.1 编程语言

PLC 是一种由软件驱动的控制设备，PLC 软件由系统程序和用户程序组成。系统程序由 PLC 制造厂商设计编制，并写入 PLC 内部的 ROM，用户无法修改。用户程序是由用户根据控制需要编制的程序，再写入 PLC 存储器。

写一篇相同内容的文章，既可以采用中文，也可以采用英文，还可以使用法文。同样的，编制 PLC 用户程序也可以使用多种语言。PLC 常用的编程语言主要有梯形图语言和语句表语言，其中梯形图语言最为常用。

4.1.1 梯形图语言

梯形图采用类似传统继电器控制电路的符号来编程，用梯形图编制的程序具有形象、直观、实用的特点，因此这种编程语言成为电气工程人员应用最广泛的 PLC 编程语言。

下面对相同功能的继电器控制电路与梯形图程序进行比较，具体如图 4-1 所示。

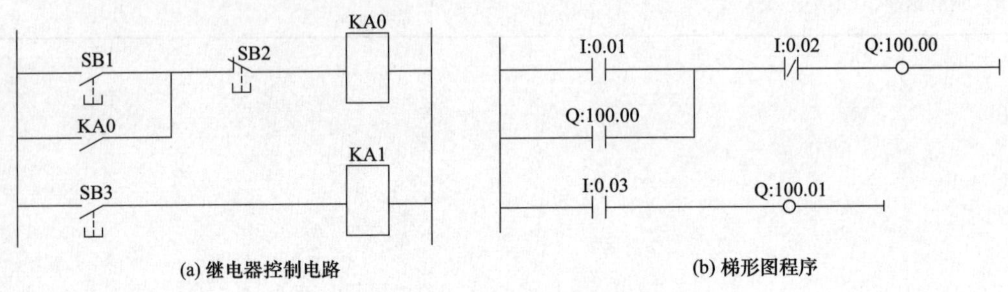

(a) 继电器控制电路　　(b) 梯形图程序

图 4-1　继电器控制电路与梯形图程序的比较

图 4-1（a）为继电器控制电路，当 SB1 闭合时，继电器 KA0 线圈得电，KA0 自锁触点闭合，锁定 KA0 线圈得电，当 SB2 断开时，KA0 线圈失电，KA0 自锁触点断开，解除锁定，当 SB3 闭合时，继电器 KA1 线圈得电。

图 4-1（b）为梯形图程序，当常开触点 0.01（图中的“I:”由编程软件自动生成）闭合时，左母线产生的能流（可理解为电流）经 0.01 和常闭触点 0.02 流经输出继电器 100.00 线圈到达右母线（欧姆 PLC 梯形图程序可省去右母线），100.00 线圈得电，100.00 自锁触点闭合，锁定 100.00 线圈得电；当常闭触点 0.02 断开时，100.00 线圈失电，100.00 自锁触点断开，解除锁定；当常开触点 0.03 闭合时，继电器 100.01 线圈得电。

不难看出，两种图的表达方式很相似，不过梯形图使用的继电器是由软件来实现的，使用和修改灵活方便，而继电器控制线路采用硬接线，修改比较麻烦。

4.1.2 语句表语言

语句表语言又称助记符语言，与微型计算机采用的汇编语言类似，采用助记符形式编程。在使用简易编程器对 PLC 进行编程时，一般采用语句表语言，这主要是因为简易编程器显示屏很小，难于采用梯形图语言编程。图 4-2 为功能相同的梯形图和指令语句表。不难看出，指令语句表就像是描述绘制梯形图的文字，指令语句表主要由指令助记符和操作数组成。

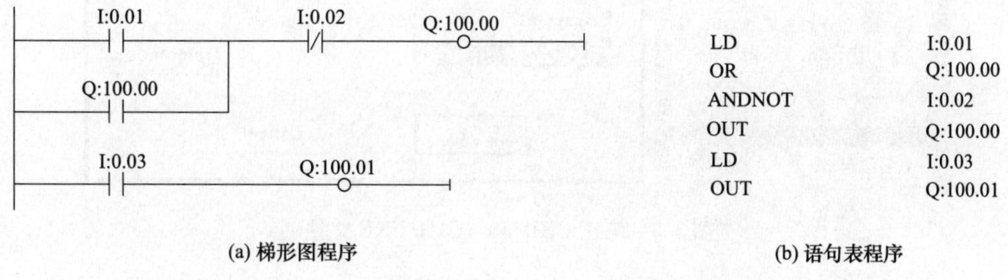

图 4-2 梯形图程序与指令语句表程序的比较

4.2 CX-Programmer 编程软件

要让 PLC 实现控制功能，需编写控制程序，并将程序写入 PLC。编程方式有手持编程器编程和计算机编程软件编程，不同厂家生产的 PLC 通常需要配套的编程器或编程软件进行编程。由于手持编程器操作不便，CP1H 系列 PLC 取消了对手持编程器的支持，而采用 CX-Programmer 软件编程。CX-Programmer 软件版本升级较快，本节以 CX-Programmer7.3 版本为例进行说明，这是一个较新的版本，其他版本的使用与它基本相似。在购买 CP1H 系列 PLC 时会配有该软件光盘，普通读者可登录易天教学网（www.eTV100.com）了解该软件的获取和安装信息。

4.2.1 软件的安装与启动

（1）软件的安装

打开 CX-Programmer 7.3 文件夹，该文件夹中有两个文件，CX-Programmer 7.3 软件的所有安装文件被压缩封装在 CXP730 _ CHI.EXE 文件中，双击该文件，弹出如图 4-3 所示的对话框，从中选择解压文件的存放位置，保持默认值“C:\CXP730 _ SCHI”，然后单击 OK 即开始解压。

解压完成后，打开 C:\CXP730 _ SCHI 文件夹，可看到 CX-Programmer 7.3 软件的安装文件，双击“Setup.exe”文件，软件开始安装，如图 4-4 所示，软件安装方法与大多数软件相同。

（2）软件的启动

单击电脑桌面左下角“开始”，然后执行“程序→OMRON→CX-One→CX-Programmer→CX-Programmer”，即可启动 CX-Programmer 软件，软件的窗口如图 4-5 所示，窗口中有一个信息窗口，显示常用操作的快捷键，如输入常开触点的快捷键为“C”、输入常闭

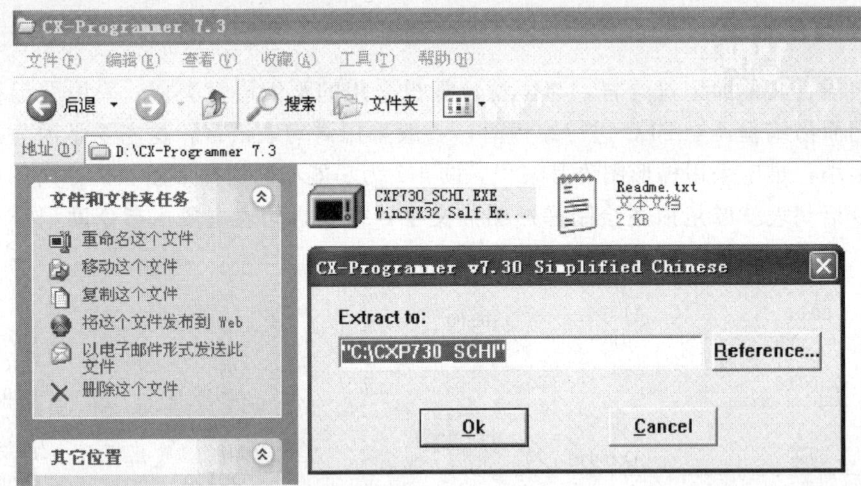

图 4-3　解压 CXP730 _ CHI. EXE 文件

图 4-4　安装 CX-Programmer 7.3 软件

触点的快捷键为“/”、进入运行模式的快捷键为“Ctrl+1”。如果要关闭信息窗口，可执行菜单命令“视图→信息窗口”，或直接操作快捷键“Ctrl+Shift+I（按下这 3 个键）”。

4.2.2　软件主窗口介绍

CX-Programmer 软件的主窗口如图 4-6 所示，它主要由标题栏、菜单栏、工具栏、工程区、编程区、符号栏、输出窗口和状态栏等组成。

① 标题栏。用于显示当前工程文件名称、编程软件名称和其他信息。

② 菜单栏。将 CX-P 软件的大多数功能按用途分成几大类，并以菜单形式显示，单击菜单下的命令执行相应的操作。

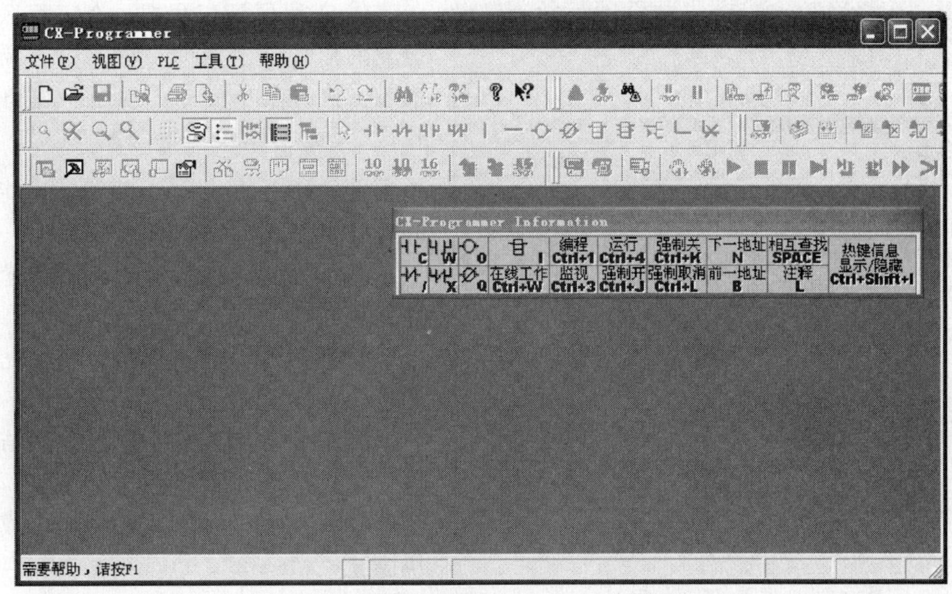

图 4-5　启动后的 CX-Programmer 软件窗口

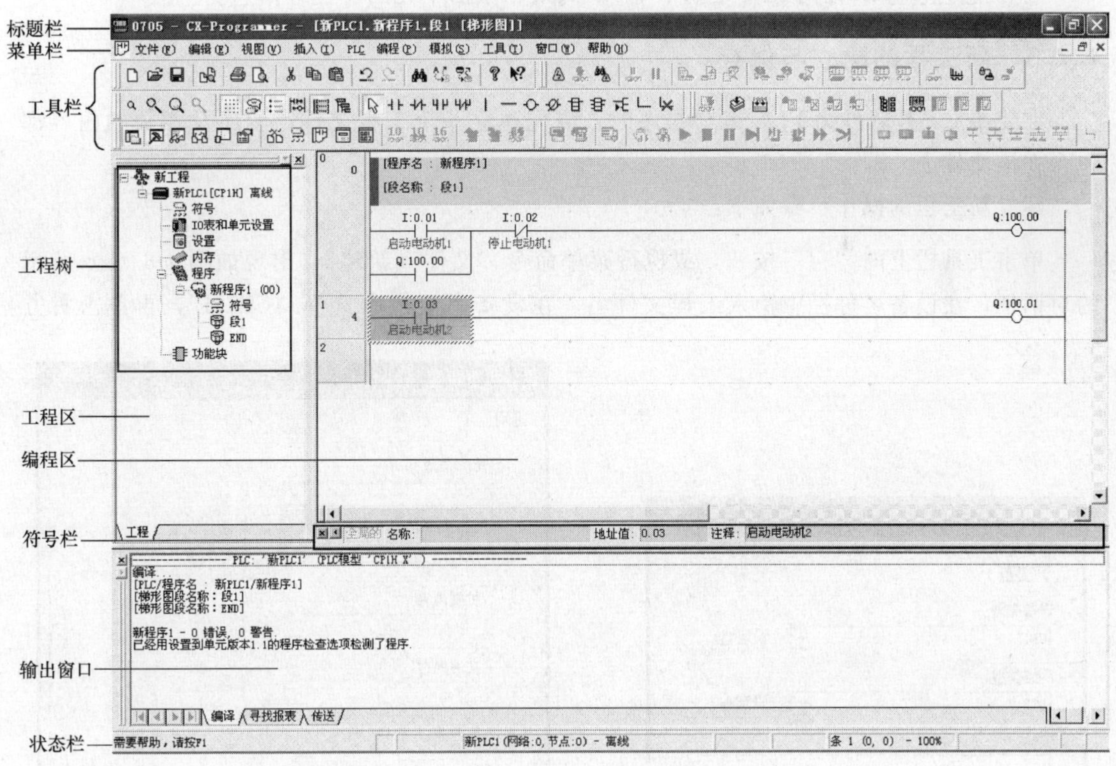

图 4-6　CX-Programmer 软件的主窗口

③ 工具栏。将软件最常用的功能以按钮的形式排列在一起，单击某工具按钮即执行相应的操作，较执行菜单操作更为快捷。执行菜单命令“视图→工具栏”，弹出如图 4-7 所示的对话框，可在对话框中选择工具栏显示的工具。

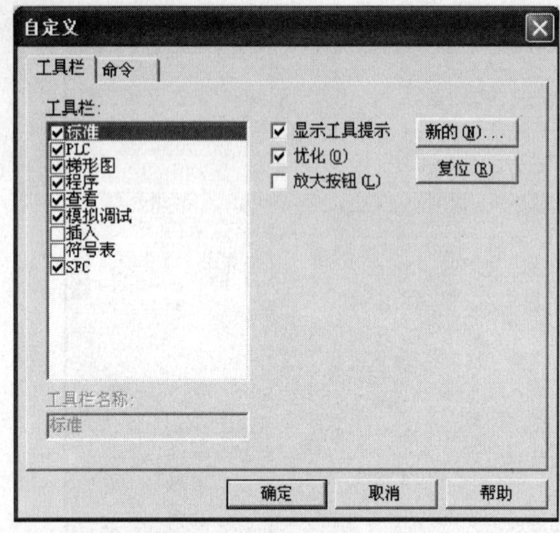

图 4-7 自定义工具栏对话框

④ 工程区和工程树。在工程区以树分支的形式显示当前工程的内容及结构关系。执行菜单命令“视图→窗口→工作区”，或操作快捷键“Alt＋1”，也可单击工具栏上的“”按钮，均能关闭和打开工程区。

⑤ 编程区。编写梯形图和语句表程序的区域。

⑥ 符号栏。显示编程区当前光标选中位置的符号的名称、地址和注释。

⑦ 输出窗口。显示编译程序结果信息、查找报表和程序传送结果等。执行菜单命令“视图→窗口→输出”，或操作快捷键“Alt＋2”，也可单击工具栏上的“”按钮，均能关闭和打开输出窗口。

⑧ 状态栏。显示有关 PLC 名称、在线/离线、激活单元的位置等信息。

4.2.3 新工程的建立与保存

在使用 CX-P 软件为 PLC 编写程序时，需先建立一个工程文件，程序及相关的内容都包含在该文件中。

建立新工程的操作步骤如下：

单击工具栏上的“”按钮，或执行菜单命令“文件→新建”，出现如图 4-8（a）所示的对话框，在设备名称栏中输入工程文件名，在设备类型栏中选择“CP1H”，再单击右方

(a)

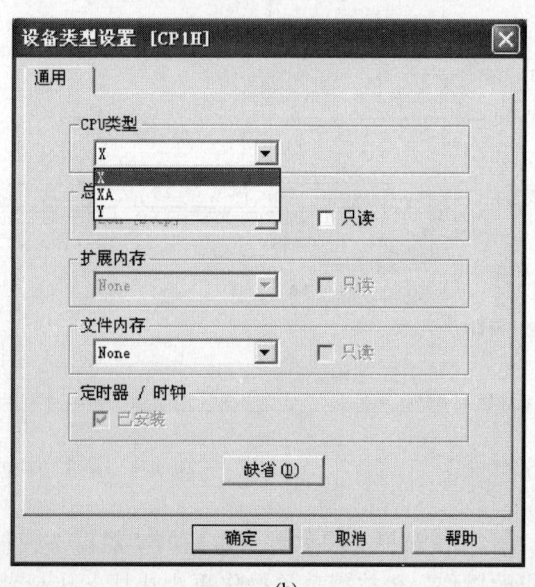

(b)

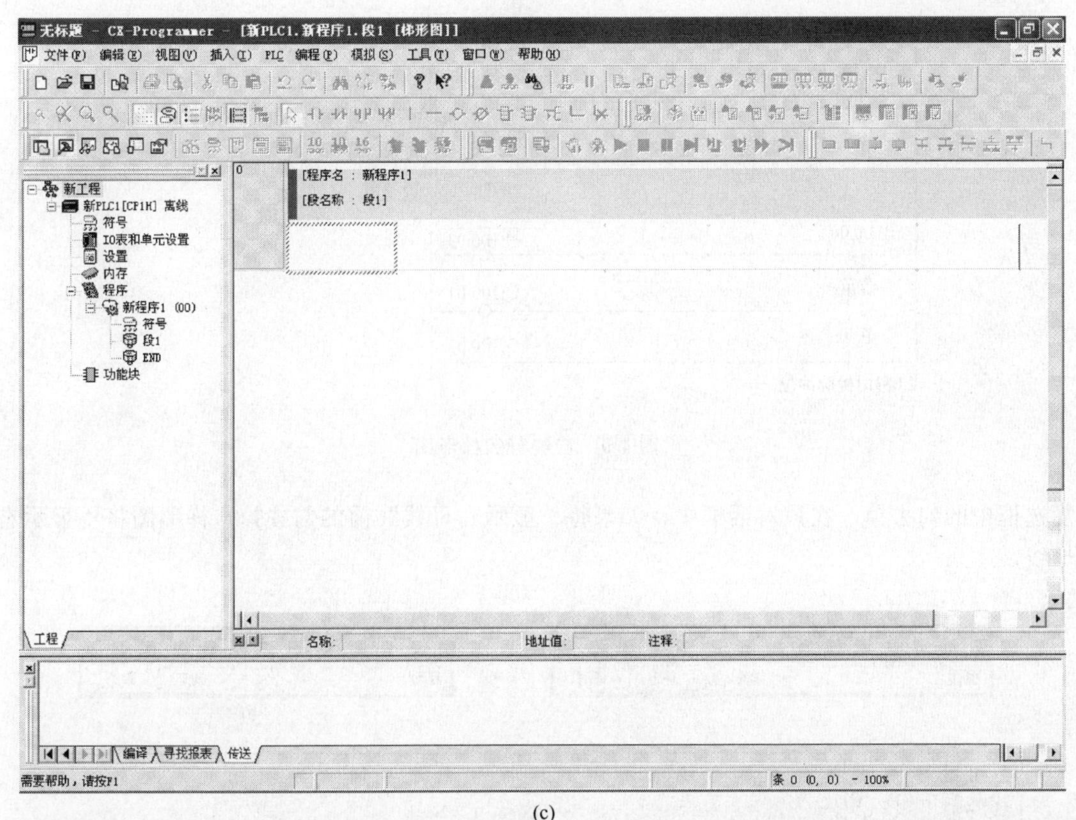

(c)

图 4-8 建立新工程

的“设定”按钮，弹出如图 4-8（b）所示的对话框，在 CPU 类型项中选择“X”，其他保持默认值，确定后返回图 4-8（a）对话框，由于计算机与 PLC 之间采用 USB 电缆连接，故网络类型项中选择“USB”，确定后即新建了一个工程，如图 4-8（c）所示。

为了减少编程时突然断电造成的损失，新建工程后应马上将工程文件保存下来。保存方法是：单击工具栏上的“💾”按钮，或执行菜单命令“文件→保存”，在出现的对话框中选择文件的保存位置，将工程文件保存下来。

4.2.4 程序的编写与编辑

（1）程序的编写

下面以编写如图 4-9 所示的梯形图为例来说明程序的编写方法。

① 输入常开触点。单击工具栏上的“┤├”按钮，鼠标旁出现并跟随着一个常开触点符号，将符号移到放置处单击，弹出如图 4-10（a）所示的新接点对话框，操作快捷键“C”（即按下键盘上的 C 键）也会弹出该对话框，在该对话框输入触点的编号“0.00”后单击确定，也可直接回车，会弹出如图 4-10（b）所示的编辑注释对话框，输入触点注释文字“启动”，回车后即在软件的编程区输入一个编号为“I：0.00”的常开触点，同时光标自动后移，如图 4-10（c）所示，其中“I:”部分为系统自动增加。

输入元件时，如果不希望编辑注释对话框出现，可执行菜单命令“工具→选项”，会出现如图 4-11 所示的选项对话框，将“程序”选项卡中的“和注释对话框一起显示”项前的

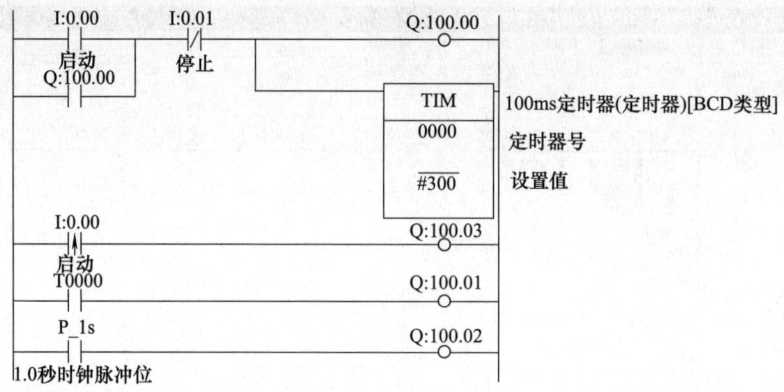

图 4-9　待编写的梯形图

复选框中的勾去掉。在该对话框中，如果将“显示右母线”前的勾去掉，梯形图将不显示右母线。

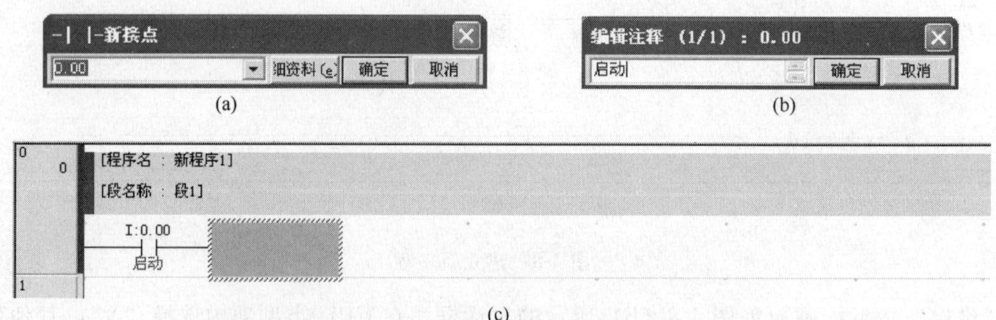

图 4-10　输入常开触点

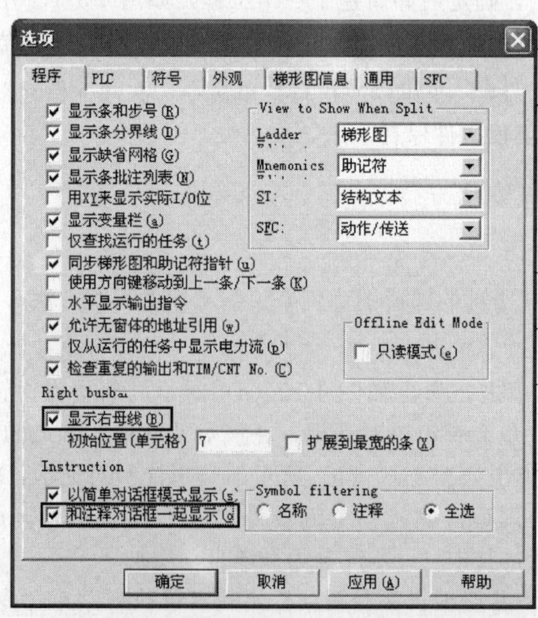

图 4-11　设置编辑注释对话框和右母线的显示/隐藏

② 输入常闭触点。单击工具栏上的“-|/|-”按钮，或操作快捷键“/”，弹出如图 4-12（a）所示的新常闭接点对话框，输入触点的编号“0.01”，回车后又弹出如图 4-12（b）所示的编辑注释对话框，输入触点注释文字“停止”，回车后即输入一个编号为“I：0.01”的常闭触点。

(a) (b)

图 4-12　输入常闭触点

③ 输入线圈。单击工具栏上的“-○-”按钮，或操作快捷键“O”，弹出如图 4-13（a）所示的新线圈对话框，输入触点的编号“100.00”，回车后出现编辑注释对话框，这里不填写注释，回车后即输入一个编号为“Q：100.00”的线圈，如图 4-13（b）所示。

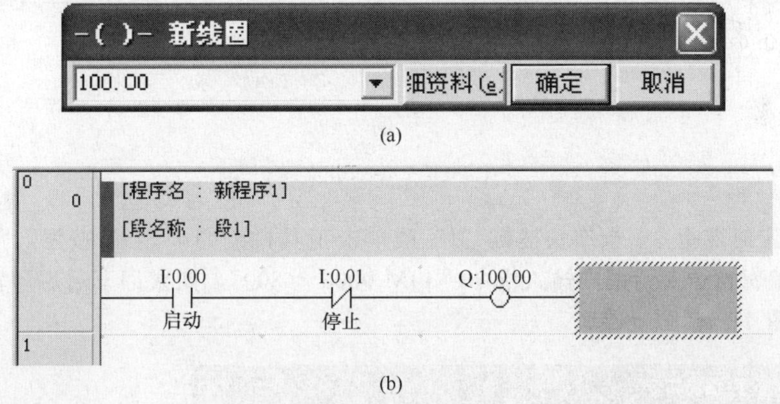

(a)

(b)

图 4-13　输入线圈

④ 输入并联触点。当光标处于线圈右方时，回车后光标会另起一行，并处于行首位置。单击工具栏上的“⊣⊢”按钮，或操作快捷键“W”，弹出如图 4-14（a）所示的新触点或对话框，输入触点的编号“100.00”，回车后出现编辑注释对话框，这里不填写注释，回车后即输入一个编号为“Q：100.00”的常开并联触点，如图 4-14（b）所示。

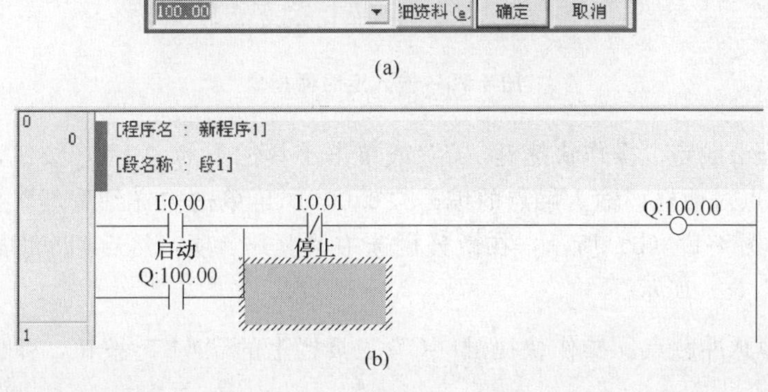

(a)

(b)

图 4-14　输入并联触点

⑤ 输入分支线。将光标定位在需连接分支线处，如图 4-15（a）所示，然后操作快捷键“Ctrl＋↓”，划出一根下分支线，同时光标下沉如图 4-15（b）所示，使用工具栏上的“|”键也可划出下分支线，操作快捷键“Ctrl＋→”，划出右向分支线，如图 4-15（c）所示。在图 4-15（c）中，如果操作快捷键“Ctrl＋←”，则会删除光标左方已有的直线。

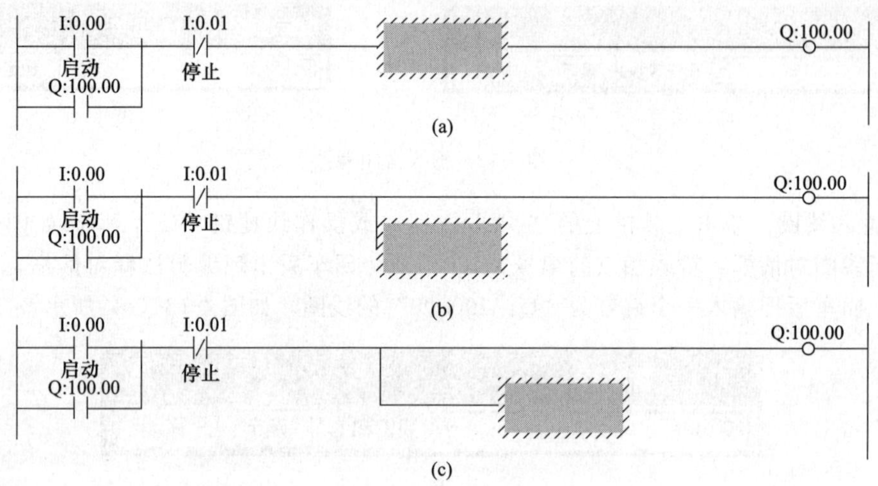

图 4-15　输入分支线

⑥ 输入定时器指令。操作快捷键“I”或单击工具栏上的“日”按钮，弹出如图 4-16（a）所示的编辑指令对话框，输入指令“TIM 0000 ＃300”，两次回车后后即输入一个定时器指令，如图 4-16（b）所示。

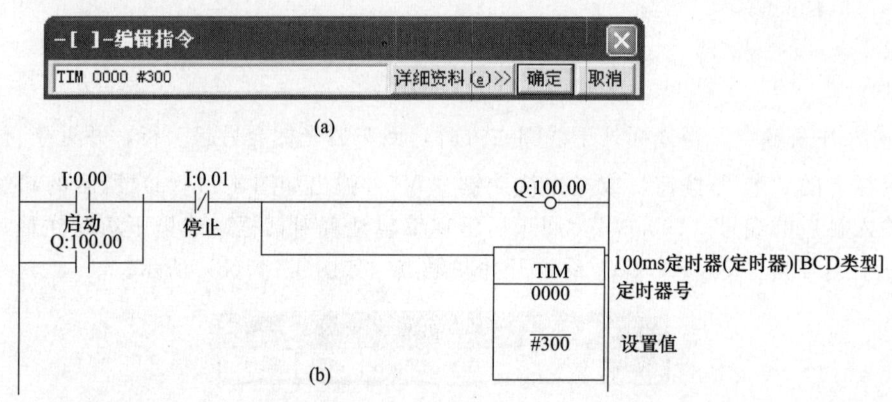

图 4-16　输入定时器指令

⑦ 输入上升沿触点。操作快捷键“C”或单击工具栏上的“┤├”按钮，弹出如图 4-17（a）所示的新接点对话框，输入触点的编号“0.00”，再单击“详细资料”接钮，对话框出现详细信息，如图 4-17（b）所示，在微分栏选中“上升”项，然后回车即输入一个上升沿触点，如图 4-17（c）所示。

⑧ 输入时钟脉冲触点。操作快捷键“C”工具栏上的“┤├”按钮，弹出如图 4-18（a）所示的新接点对话框，单击输入框右边的“▼”按钮，弹出下拉列表，从中选择 P _ 1s，回车后即输入一个 1s 时钟脉冲触点，如图 4-18（b）所示。

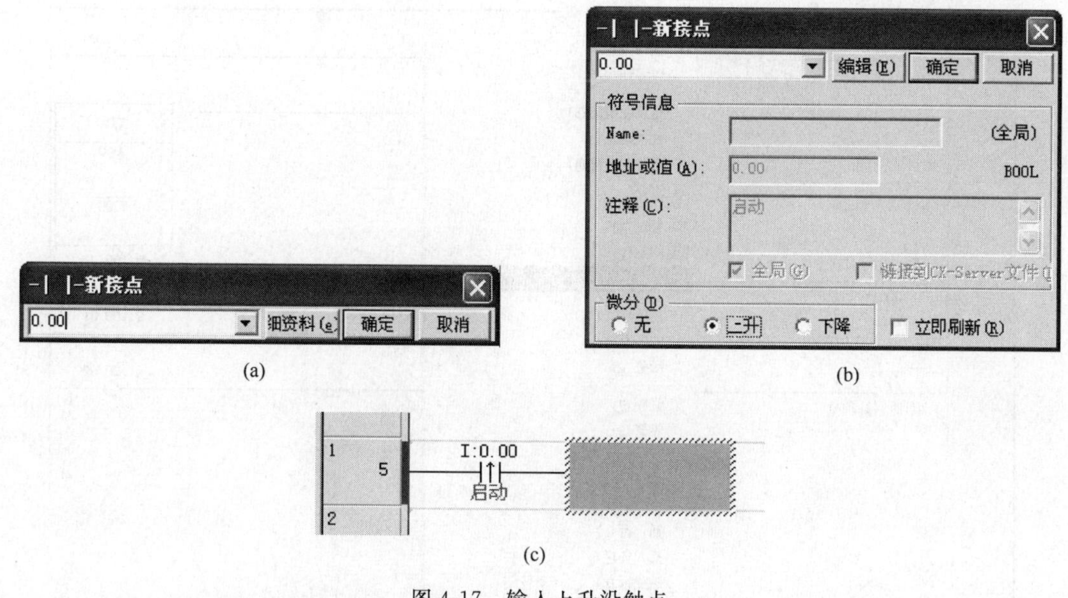

(a)

(b)

(c)

图 4-17　输入上升沿触点

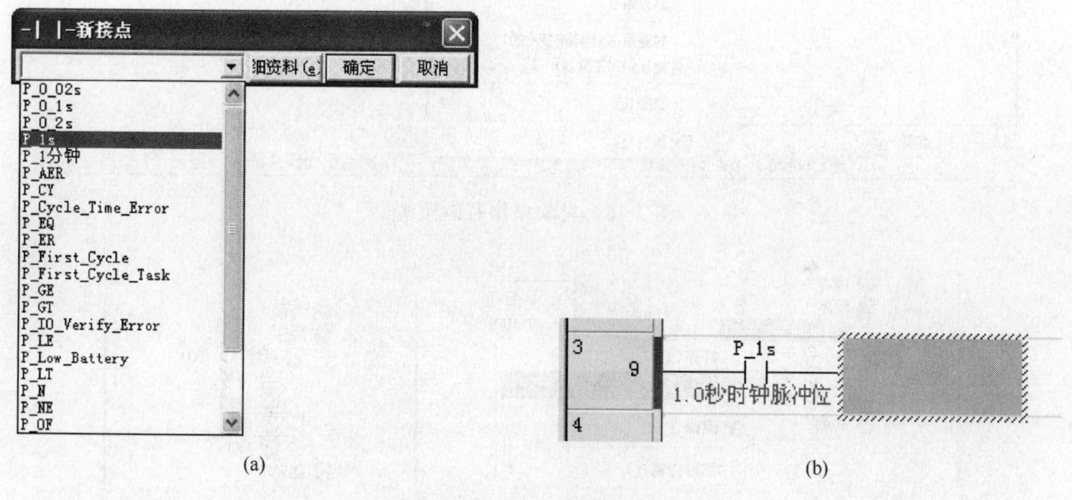

(a)

(b)

图 4-18　输入时钟脉冲触点

（2）程序的编辑

① 对象的删除、复制与粘贴。选中某对象，操作“Del”键可删除该对象，操作“Ctrl＋C”键可复制该对象，将光标移到某处后操作“Ctrl＋V”键可将复制的对象粘贴到该处。在某对象上单击右键弹出如图 4-19 所示的菜单，利用该菜单同样可对选中对象进行删除、复制与粘贴等操作。

② 增加段。如果编写的程序很长，可以分成几段编写。若将整个程序比作一本书，段相当于书中的章，程序默认为一段，如果需要增加段，可在工程区的“新程序 1”上单击右键，弹出如图 4-20（a）所示的菜单，选择其中的“插入段”，即插入一个“段 2”，如图 4-20（b）所示，双击“段 2”，编程区即切换成段 2，如图 4-20（c）所示。

当一个程序切分成多个段程序时，PLC 会按工程区中的段程序的排列顺序（从上往下）依次执行，改变段程序的上下排列顺序可以改变其执行的先后顺序。在工程区选中某段，单

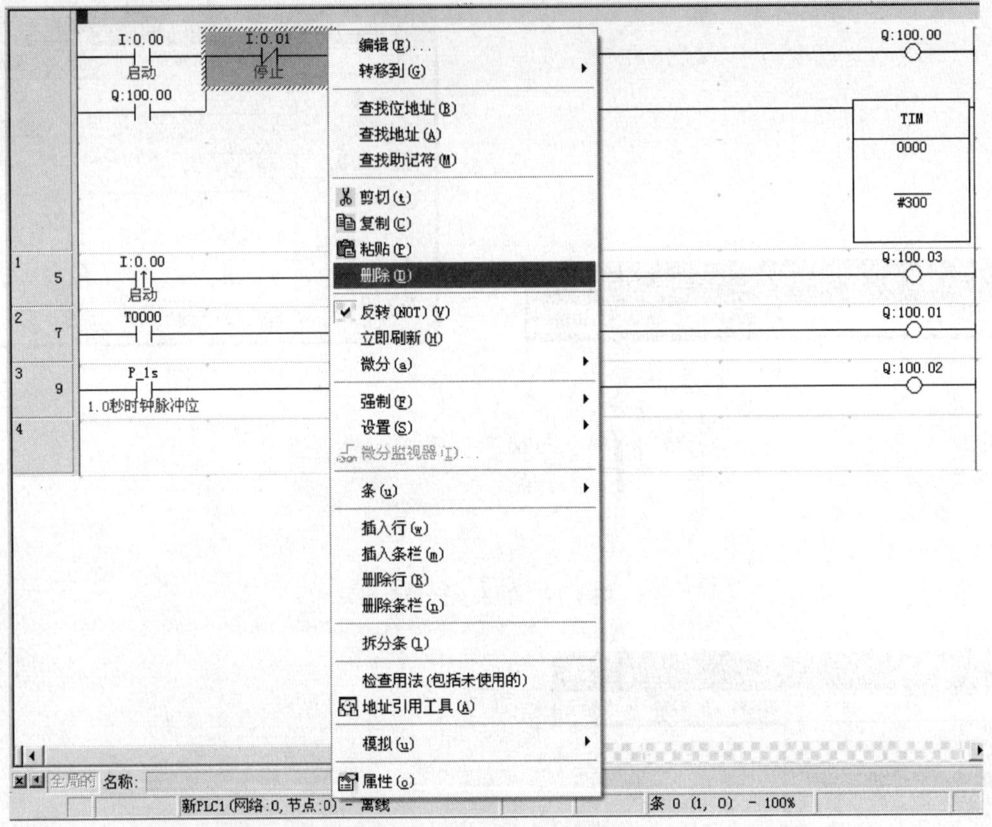

图 4-19 对象操作右键菜单

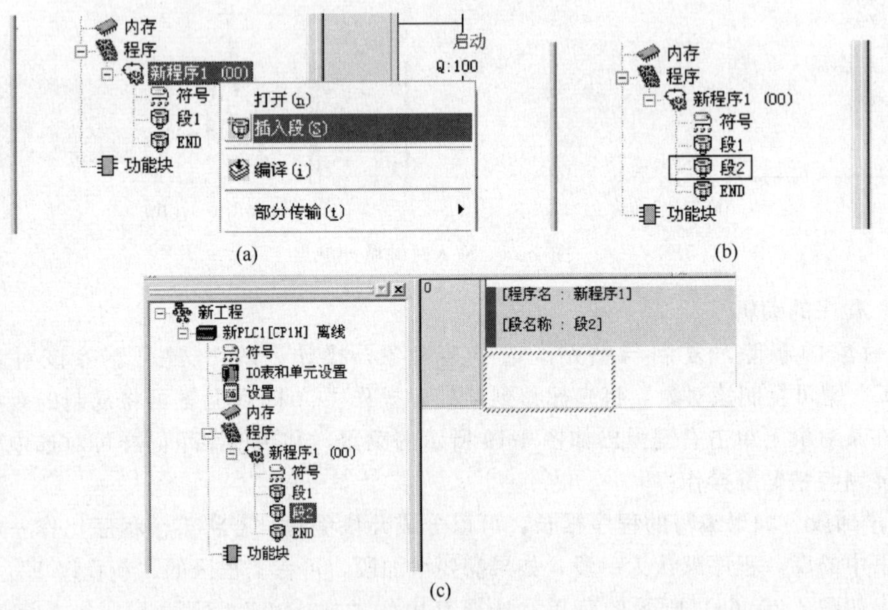

图 4-20 增加段

击右键会出菜单，从中选择“上移”或“下移”可将选中段上移或下移。

③ 编辑注释。程序中的注释包括程序注释、段注释、条注释和元件注释。如果将整个

程序比作一本书，程序注释相当于整个书的说明，段注释相当于每章的说明，条注释相当于每节的说明，元件注释相当于每个词句的说明。程序的注释不会传送给 PLC，即可以不编写程序的注释，但为了阅读程序方便，建议编写程序重要部分的注释。

a. 程序注释。双击编程区左上方的“程序名”文字，弹出如图 4-21（a）所示的对话框，输入程序注释内容，回车后即给整个程序增加了注释，如图 4-21（b）所示。

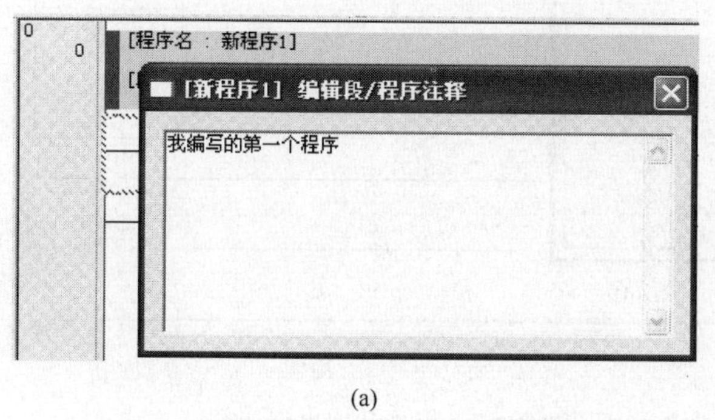

(a)

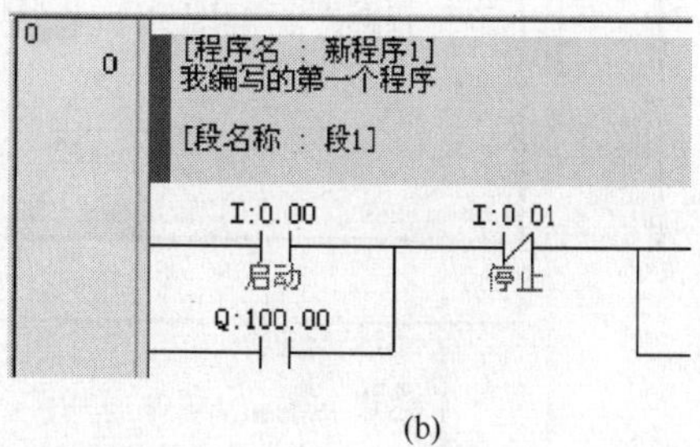

(b)

图 4-21 编写程序注释

b. 段注释。如果编写的程序很长，可以分成几段编写。程序默认为一段，如果需要增加段，双击程序名下方的“段名称”，输入段注释内容，回车后即给整个当前段增加了注释，如图 4-22 所示。

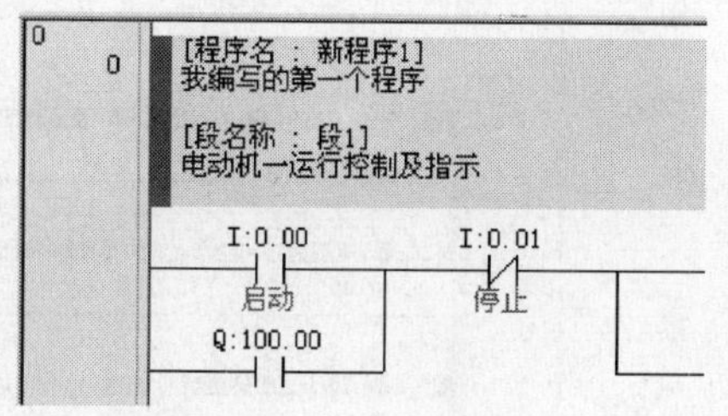

图 4-22 编写段注释

c. 条注释。双击编程区条程序左方的方块，弹出如图 4-23（a）所示的对话框，输入条程序注释内容，回车后即给条程序增加了注释，如图 4-23（b）所示，再用同样的方法给其他的条添加注释，如图 4-23（b）所示。

d. 元件注释。在输入元件过程中会弹出要求填写注释的对话框，填写元件注释后，程序中所有相同编号的元件都会出现相同的注释，如图 4-23（b）中的编号为 0.00 的元件都出现注释“启动”。

4.2.5 编译程序

PLC 是无法识别梯形图程序的，因此在将梯形图程序传送给 PLC 前需要先进行编译，即将梯形图程序翻译成 PLC 可接受的二进制代码。另外，利用编译功能还可以检查程序有无语法错误。

编译程序的操作方法是：单击工具栏上的“ ”按钮，或执行菜单命令“编程→编译”，还可以操作快捷键“Ctrl+F7”，软件即开始对编写的程序进行编译，编译完成后在输出窗口会显示编译信息，如图 4-24 所示。如果程序有错误，输出窗口将会出现错误提示，双击错误提示，光标自动会移到程序的出错位置，在图 4-24 中，常闭触点编号为 0.20，因为 0 通道编号范围为 0.00～0.15，编号出现错误，编译后输出窗口出现错误提示，双击该提示，光标即移到 0.20 常闭触点上。

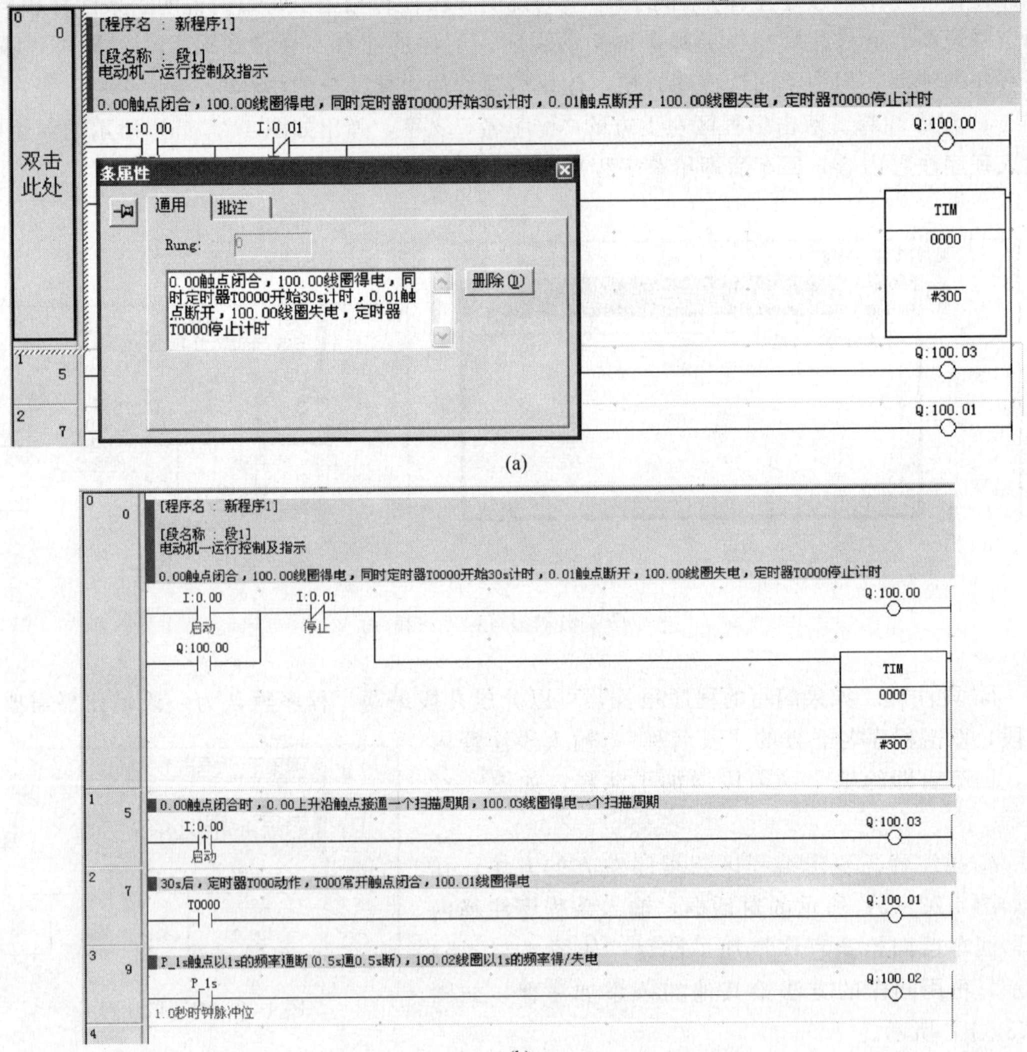

图 4-23　编写条注释和元件注释

4.2.6　程序的传送

程序的传送包括将编写好的程序传送至 PLC 和将 PLC 中的程序传送到编程计算机（上位机）。

（1）连接 PLC 和编程计算机

要传送程序，应先将编程计算机与 PLC 连接起来。CP1H 系列 PLC 与编程计算机通常采用 USB 端口连接，连接如图 4-25 所示。

（2）进入在线工作方式

编程计算机与 PLC 硬件连接完成后，还要在 CX-P 软件中建立两者的连接。单击工具栏上的“”按钮，或执行菜单命令“PLC→在线工作”，弹出如图 4-26 所示的对话框，询问是否连接 PLC，单击“是”后计算机开始与 PLC 建立通信连接，连接成功后，CX-P 软件编程区的背景由白色变为灰色，如果连接失败，会出现通信出错的提示对话框。

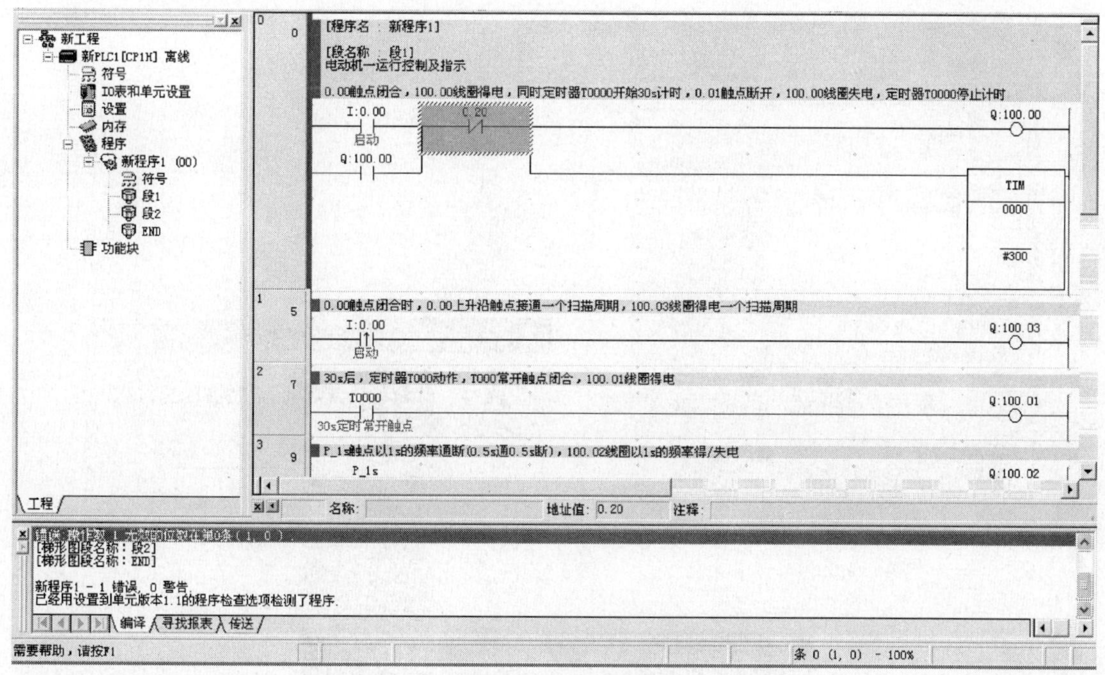

图 4-24 编译程序

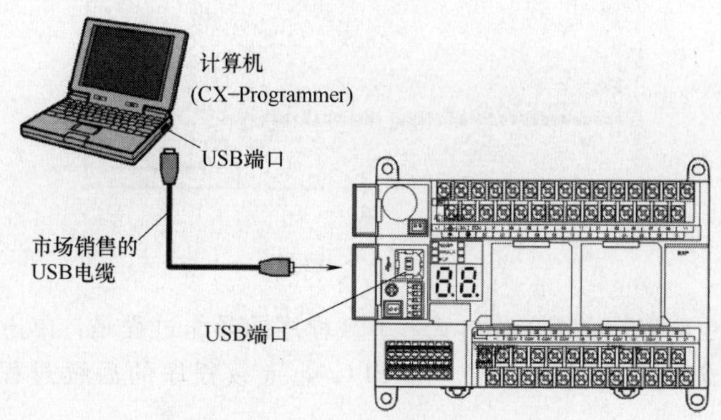

图 4-25 PLC 和编程计算机的连接

（3）下载程序

将计算机中编写的程序传送至 PLC 的过程称为下载程序。

图 4-26 连接询问对话框

在下载程序时应保持在线工作方式，下载程序的操作过程是：单击工具栏上的“ ”按钮，或执行菜单命令“PLC→传送→PLC”，弹出如图 4-27（a）所示的下载选项对话框，根据需要选择下载内容，如为了减少下载内容，可不选择“注释”，再单击确定，如果此时 PLC 正处于运行或监视状态，会弹出如图 4-27（b）所示的对话框，单击“是”后计算机开始将程序传送给 PLC，同时出现下载进度对话框，如图 4-27（c）所示，下载完成后，单击“确定”，PLC 会恢复为运行或监视状态，开始运行新程序。

（4）上载程序

将 PLC 中的程序传送至计算机的过程称为上载程序。

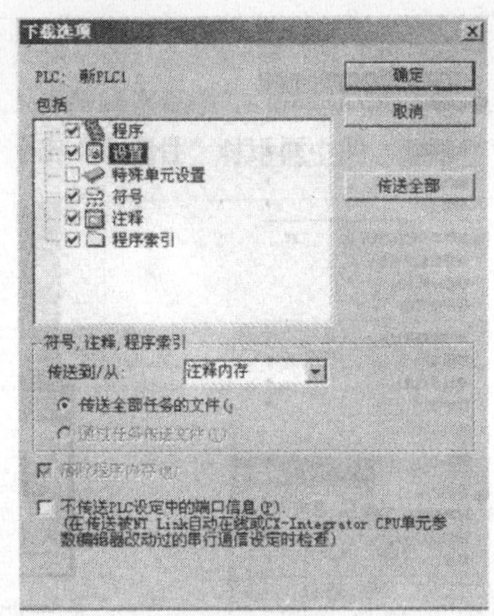

(a)

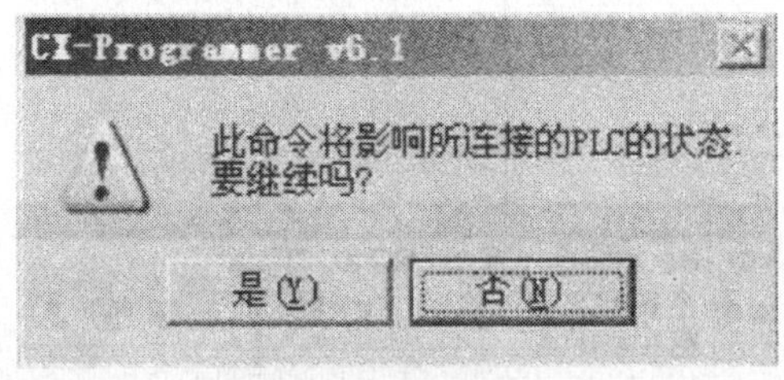

(b)

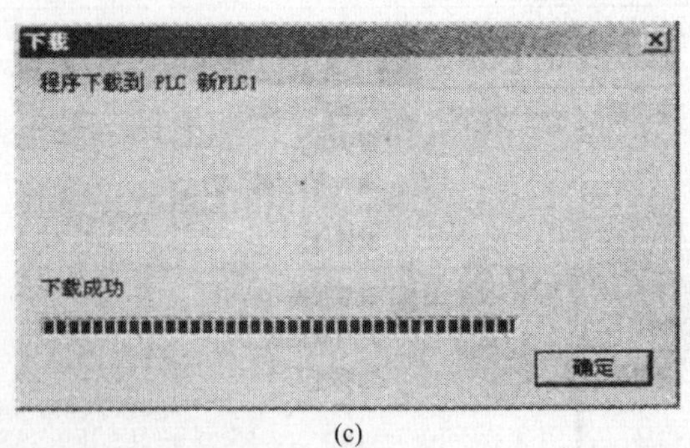

(c)

图 4-27　下载程序

在上载程序时也应保持在线工作方式，上载程序的操作过程是：单击工具栏上的“”按钮，或执行菜单命令“PLC→传送→从 PLC”，上载程序的后续过程与下载程序基本相同。

4.2.7　程序的在线监视

如果想了解程序在 PLC 中的运行效果，可使用 CX-P 软件的在线监视功能。

要使用在线监视功能，应让计算机和 PLC 保持在线工作方式。在线监视的操作方法如下。

① 执行菜单命令“PLC→操作模式→运行”，如图 4-28（a）所示，也可单击工具栏上的“”按钮，PLC 开始运行程序，PLC 上的运行指示灯变亮。

② 执行菜单命令“PLC→监视→监视”，如图 4-28（b）所示，也可单击工具栏上的“”按钮，系统进入在线监视状态。

进入在线监视状态后，程序中的一些元件和连线上出现绿色标记，如图 4-28（c）所示，代表这些元件和连线在运行时是导通的，如 P _ 1s 触点的通、断时间均为 0.5s，监视时 P _ 1s 触点、100.02 线圈及连接线上的绿色标志也以这个频率出现、消失，若常闭触点在运行

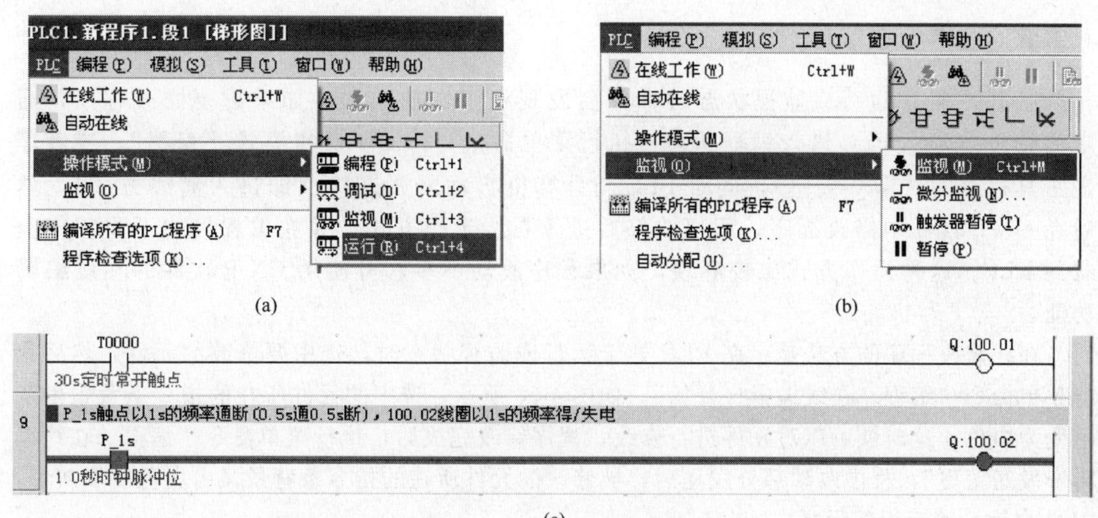

(a) (b) (c)

图 4-28 在线监视程序

时始终处于闭合，它上面的绿色标志会始终存在。

③ 在监视程序运行时，程序中有些元件（如常开触点）始终处于 OFF（断开）状态，例如图 4-29 中的常开触点 0.00 处于断开，它右边的指令无法执行，为了观察到这些元件在 ON 时程序的运行情况，可使用元件的强制功能，如让常开触点强行闭合。下面以强制图 4-29（a）程序中的常开触点 0.00 闭合为例来说明元件强制功能的使用方法。

选中需强制的常开触点 0.00，单击右键，在弹出的菜单中选择“强制→On”，常开触点 0.00 旁边出现强制标志，如图 4-29（b）所示，同时 0.00 触点右边的指令被执行（有绿色的能源通过），线圈 100.00 得电，定时器 T0000 开始计时，100.00 自锁触点也闭合。

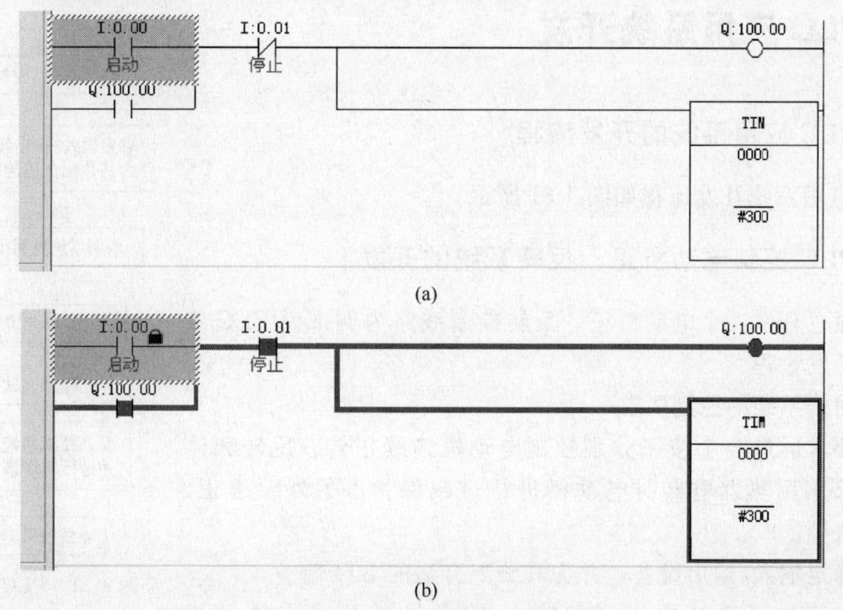

(a)

(b)

图 4-29 元件的强制操作

4.2.8 程序的在线修改

在PLC处于运行或监视状态时常常会发现程序出现错误，如果需要修改程序，通常的做法是先让PLC进入编程状态（执行菜单命令“PLC→操作模式→编程”，或者单击工具栏上的“▣”按钮），同时PLC与计算机自动断开连接（即进入离线方式），然后在CX-P软件中修改程序，程序改好后进入在线工作方式，并在编程模式下将程序上载到PLC。这种操作方式比较麻烦，如果程序改动不多，可使用CX-P软件的在线编辑功能。

在线修改程序的方法是：在PLC处于运行或监视状态时，选中要修改的元件，然后执行菜单命令“编程→在线编辑→开始”，如图4-30所示，选中的元件所在的指令条背景由灰色变为白色，这时就可以对元件进行修改，程序修改完成后，执行菜单命令“编程→在线编辑→发送变更”，程序改动部分发送后，被修改的元件所在的指令条背景又由白色变成灰色，PLC自动开始运行新程序。

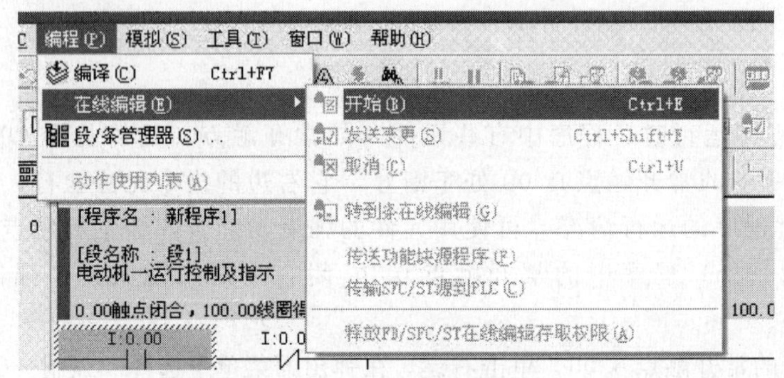

图4-30 在线修改程序

4.3 PLC应用系统开发

4.3.1 PLC应用系统的开发流程

PLC应用系统开发流程如图4-31所示。

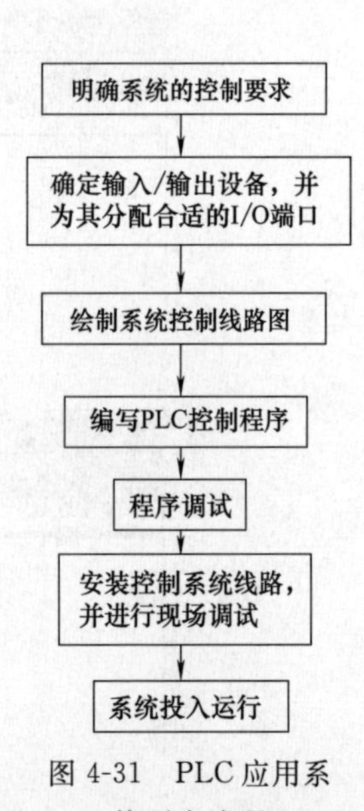

图4-31 PLC应用系统开发流程

4.3.2 PLC控制电动机正、反转系统的开发

下面通过开发一个电动机正、反转控制线路为例来说PLC应用系统的开发过程。

（1）明确系统的控制要求

系统要求通过3个按钮分别控制电动机连续正转、反转和停转，还要求采用热继电器对电动机进行过载保护，另外要求正、反转控制联锁。

（2）确定输入/输出设备，并为其分配合适的I/O端子

表4-1列出了系统要用到的输入/输出设备及对应的PLC端子。

表 4-1 系统用到的输入/输出设备和对应的 PLC 端子

输入			输出		
输入设备	对应 PLC 端子	功能说明	输出设备	对应 PLC 端子	功能说明
SB1	0.00	正转控制	KM1 线圈	100.00	驱动电动机正转
SB2	0.01	反转控制	KM2 线圈	100.01	驱动电动机反转
SB3	0.02	停转控制			
FR 常开触点	0.03	过载保护			

(3) 绘制系统控制线路图

绘制 PLC 控制电动机正、反转线路图，如图 4-32 所示。

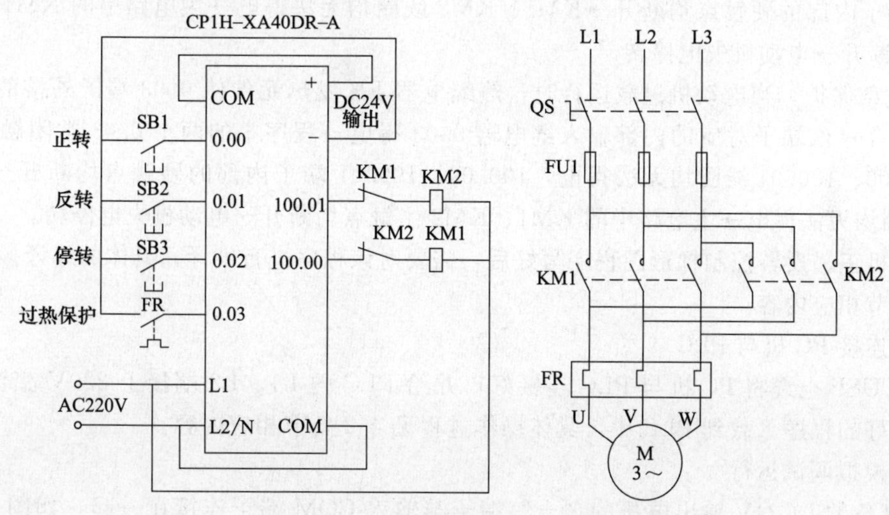

图 4-32 PLC 控制电动机正、反转线路图

(4) 编写 PLC 控制程序

在计算机中的启动 CX-P 编程软件，选择 PLC 的型号，并编写如图 4-33 所示的梯形图控制程序。

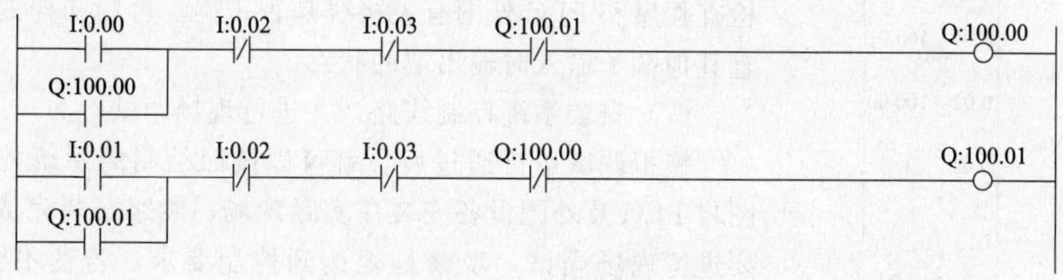

图 4-33 电动机正、反转梯形图控制程序

下面对照图 4-32 线路图来说明图 4-33 梯形图程序的工作原理。

① 正转控制。当按下 PLC 的 0.00 端子外接按钮 SB1 时→该端子对应的内部输入继电器 0.00 得电→程序中的 0.00 常开触点闭合→输出继电器 100.00 线圈得电，它一方面使程序中的 100.00 常开自锁触点闭合，锁定 100.00 线圈供电，另一方面使 100.00 常闭触点断开，100.01 线圈无法得电，此外还使 100.00 端子内部的硬触点闭合→100.00 端子外接的

KM1 线圈得电，它一方面使 100.01 端子外接的 KM1 常闭联锁触点断开，KM2 线圈无法得电，另一方面使主电路中的 KM1 主触点闭合→电动机得电正向运转。

② 反转控制。当按下 0.01 端子外接按钮 SB2 时→该端子对应的内部输入继电器 0.01 得电→程序中的 0.01 常开触点闭合→输出继电器 100.01 线圈得电，它一方面使程序中的 100.01 常开自锁触点闭合，锁定 100.01 线圈供电，另一方面使 100.01 常闭触点断开，100.00 线圈无法得电，还使 100.01 端子内部的硬触点闭合→100.01 端子外接的 KM2 线圈得电，它一方面使 KM2 常闭联锁触点断开，KM1 线圈无法得电，另一方面使主电路中的 KM2 主触点闭合→电动机两相供电切换，反向运转。

③ 停转控制。当按下 0.02 端子外接按钮 SB3 时→该端子对应的内部输入继电器 0.02 得电→程序中的两个 0.02 常闭触点均断开→100.00、100.01 线圈均无法得电，100.00、100.01 端子内部的硬触点均断开→KM1、KM2 线圈均无法得电→主电路中的 KM1、KM2 主触点均断开→电动机失电停转。

④ 过载保护。当电动机过载运行时，热继电器 FR 发热元件使 0.03 端子外接的 FR 常开触点闭合→该端子对应的内部输入继电器 0.03 得电→程序中的两个 0.03 常闭触点均断开→100.00、100.01 线圈均无法得电，100.00、100.01 端子内部的硬触点均断开→KM1、KM2 线圈均无法得电→主电路中的 KM1、KM2 主触点均断开→电动机失电停转。

电动机正、反转控制梯形图程序写好后，需要对该程序进行编译，具体的编译操作过程见 4.2.5 节相应内容。

(5) 连接 PC 机与 PLC

采用 USB 电缆将 PC 机与 PLC 连接好，并给 PLC 的 L1、L2 端接上 220V 交流电压，再将编译好的程序下载到 PLC 中，具体操作过程见 4.2.6 节相应内容。

(6) 模拟调试运行

将 PLC 的 DC24V 输出电压的“+”端子与输入 COM 端子连接在一起，如图 4-34 所示，再将 PLC 的 RUN/STOP 开关置于“RUN”位置，然后用一根导线短接 DC24V 的“+”端子与 0.00 端子，模拟按下 SB1 按钮，如果程序正确，PLC 的 100.00 端子应有输出，PLC 面板上 100.00 对应的指示灯会变亮；如果不亮，要认真检查程序和 PLC 外围有关接线是否正确。再用同样的方法检查其他端子输入时输出端的状态。

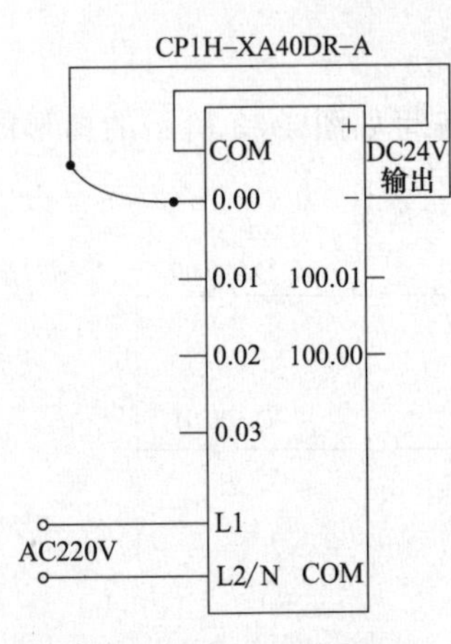

图 4-34 模拟调试运行

(7) 安装系统控制线路，并进行现场调试

模拟调试运行通过后，就可以按照绘制的系统控制线路图将 PLC 及外围设备安装在实际现场，线路安装完成后，还要进行现场调试，观察是否达到控制要求，若达不到要求，需检查是硬件问题还是软件问题，并解决这些问题。

(8) 系统投入运行

系统现场调试通过后，可试运行一段时间，若无问题发生可正式投入运行。

第5章

基本指令及应用实例

5.1 基础知识

5.1.1 BIN 数、十六进制数和 BCD 数

(1) BIN 数

BIN 数即为二进制数，它是一种由 1、0 组成的数据，PLC 的指令只能处理二进制数。

① 二进制数的特点。二进制数有以下两个特点。

a. 有两个数码：0 和 1。任何一个二进制数都可以由这两个数码组成。

b. 遵循“逢二进一”的计数原则。

② 二进制数转十进制数。二进制数转换成十进制数可采用以下表达式：

$$\text{二进制数} = a_{n-1}\times 2^{n-1} + a_{n-2}\times 2^{n-2} + \cdots + a_0\times 2^0 + a_{-1}\times 2^{-1} + \cdots + a_{-m}\times 2^{-m} = \text{十进制数}$$

式中，m 和 n 为正整数。

举例：将二进制数 11011.01 转换成十进制数。

$11011.01B = 1\times 2^4 + 1\times 2^3 + 0\times 2^2 + 1\times 2^1 + 1\times 2^0 + 0\times 2^{-1} + 1\times 2^{-2} = 27.25$。

③ 十进制数转二进制数。十进制数转换成二进制数的方法是：采用除 2 取余法，即将十进制数依次除 2，并依次记下余数，一直除到商数为 0，最后把全部余数按相反次序排列，就能得到二进制数。

举例：将十进制数 29 转换成二进制数。

2	29	余 1	a_0	低位
2	14	余 0	a_1	
2	7	余 1	a_2	
2	3	余 1	a_3	
2	1	余 1	a_4	高位
	0			

即十进制数 29 转换成二进制数为 11101B，B 表示当前数据为二进制数。

(2) 十六进制数

① 十六进制数的特点。十六进制数有以下两个特点。

a. 有 16 个数码：0、1、2、3、4、5、6、7、8、9、A、B、C、D、E、F，这里的 A、B、C、D、E、F 分别代表十进制数的 10、11、12、13、14、15。

b. 遵循“逢十六进一”的计数原则。

② 十六进制数转十进制数。十六进制数转换成十进制数可采用以下表达式：

$$十六进制数=a_{n-1}\times16^{n-1}+a_{n-2}\times16^{n-2}+\cdots+a_0\times16^0+a_{-1}\times16^{-1}+\cdots+a_{-m}\times16^{-m}=十进制数$$

式中，m 和 n 为正整数。

举例：将十六进制数 3A6.8 转换成十进制数。

$3A6.8H=3\times16^2+10\times16^1+6\times16^0+8\times16^{-1}=934.5$

③ 二进制数转换成十六进制数。二进制数转换成十六进制数的方法是：从小数点起向左、右按 4 位分组，不足 4 位的，整数部分可在最高位的左边加“0”补齐，小数点部分不足 4 位的，可在最低位右边加“0”补齐，每组以其对应的十六进制数代替即可。

举例：将二进制数 1011000110.111101 转换为十六进制数。

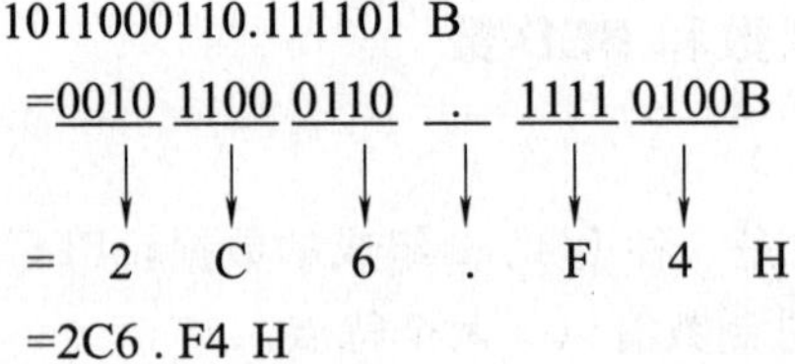

注：十六进制的 16 个数码为 0、1、2、3、4、5、6、7、8、9、A、B、C、D、E、F，它们分别与二进制数 0000、0001、0010、0011、0100、0101、0110、0111、1000、1001、1010、1011、1100、1101、1110、1111 相对应。

④ 十六进制数转换成二进制数。十六进制数转换成二进制数的方法是：从左到右将待转换的十六进制数中的每个数依次用 4 位二进制数表示。

举例：将十六进制数 13AB. 6D 转换成二进制数。

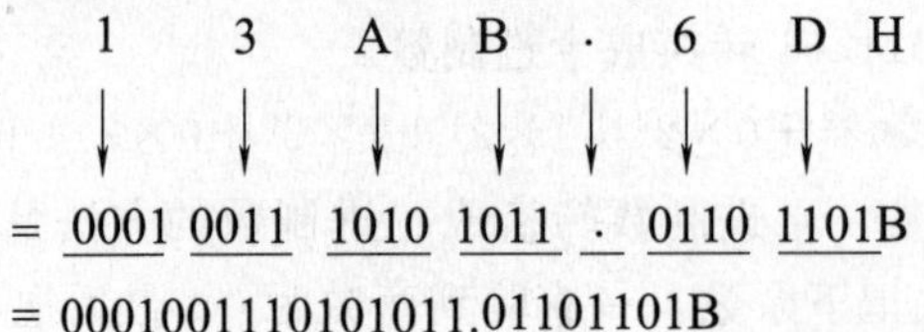

（3）BCD 数

BCD 数是一种采用 4 位二进制数表示 1 位十进制数（0～9）而得到的数。BCD 数用 0000、0001、0010、0011、0100、0101、0110、0111、1000、1001 分别表示十进制数的 0、1、2、3、4、5、6、7、8、9。BCD 数中 1、0 的个数必须是 4 的整数倍，且不允许出现 1010、1011、1100、1101、1110、1111。

① 十进数转换成 BCD 数。十进制数转换成 BCD 数的方法是：从左到右将待转换的十进制数中的每个数依次用 4 位二进制数表示。

举例：将十进制数 13.6 转换成 BCD 数。

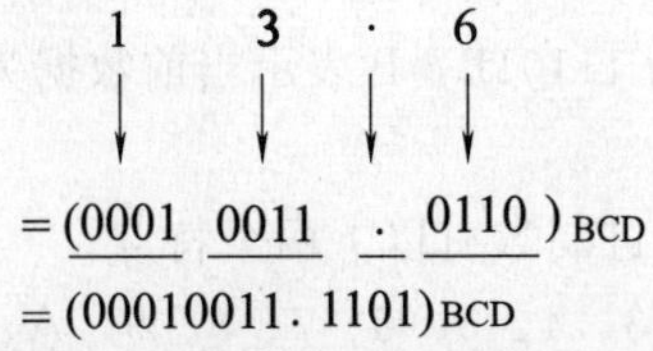

② BCD 数转换成十进制数。BCD 数转换成十进制数的方法是：从小数点起向左、右按 4 位分组，每组以其对应的十进制数代替即可。

举例：将 BCD 数 00100110.0100 转换为十进制数。

$$
\begin{aligned}
&(00100110.0100)_{BCD}\\
&=(\underline{0010}\quad\underline{0110}\quad\underline{.}\quad\underline{0100})_{BCD}\\
&\qquad\ \downarrow\qquad\ \downarrow\qquad\downarrow\qquad\downarrow\\
&=\qquad 2\qquad\ 6\qquad .\qquad 4\\
&=26.4
\end{aligned}
$$

5.1.2 梯形图编程规则与技巧

（1）编程规则

编写梯形图程序的主要规则如下。

① 梯形图的每一行都是从左母线开始，终止于右母线（右母线可省略不画），输出线圈右端只能接右母线，触点右端不能接右母线，如图 5-1 所示。

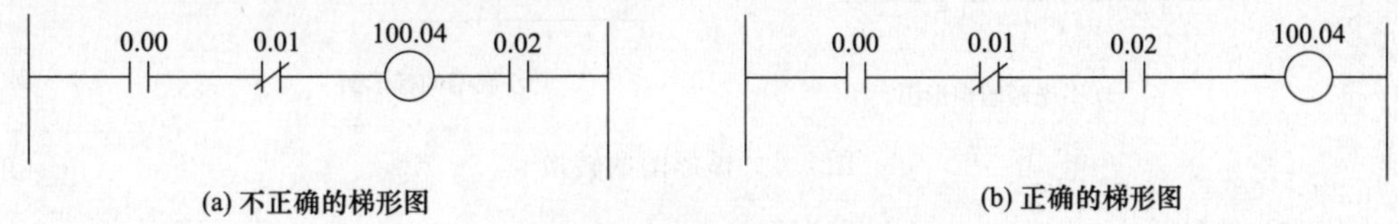

图 5-1 输出线圈右端只能接右母线

② 输出线圈和大部分指令不能直接与左母线连接，在必要时，可将不使用的内部辅助常闭触点或 P _ ON 触点接在输出线圈（或指令）与左母线之间，如图 5-2 所示。P _ ON 触点在 PLC 运行时始终处于闭合状态。

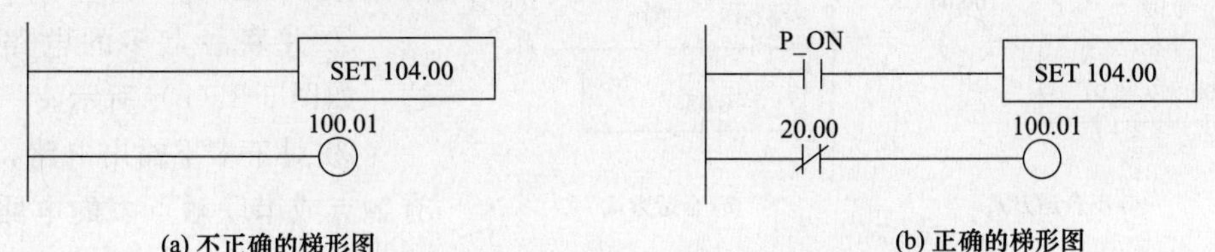

图 5-2 输出线圈及大部分指令不能直接与左母线连接

③ 同一编号的线圈在一个程序中使用两次或以上，称为双线圈输出，使用双线圈输出时容易引起程序运行逻辑错误，编译时会出现警告，因此要避免使用双线圈输出。图 5-3 为双线圈输出梯形图，如果 0.01 端子外接按钮闭合，在执行第一行程序时，0.01 常开触点闭合，100.01 线圈得电；在执行第二行程序时，0.02 常开触点处于断开，100.01 线圈失电。当程序中先后出现同一编号元件时，该元件的输出状态取最后一次，即 100.01 线圈最终为失电，第一行程序无效。

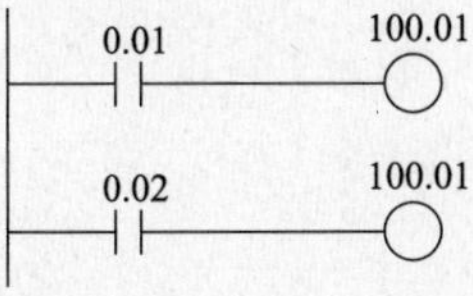

图 5-3 双线圈输出梯形图

④ 在梯形图中，输入/输出继电器、内部辅助继电器、定时器、计数器等器件的常开或常闭合触点可无限次重复使用，并联触点和串联触点使用次数也没有限制，如图 5-4 所示。

⑤ 两个或两个以上的线圈可并联输出，如图 5-5 所示。

⑥ 梯形图必须按从左到右、从上到下的顺序编写，不允许两行之间出现触点，如不符合这些规定，就要对梯形图进行转换。图 5-6（a）梯形图出现垂直触点，将它转换成如图（b）

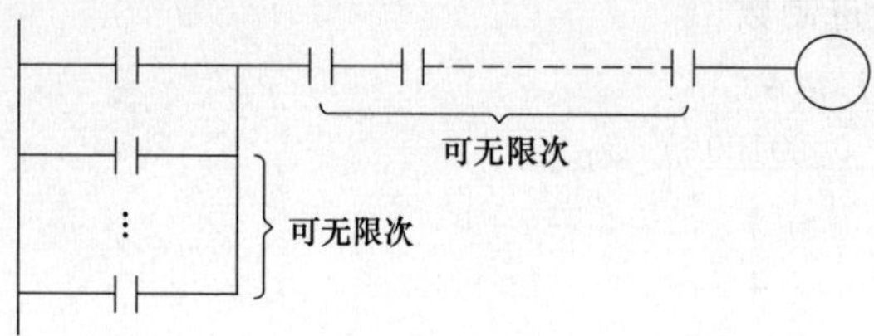

图 5-4　并联触点和串联触点可无限次使用

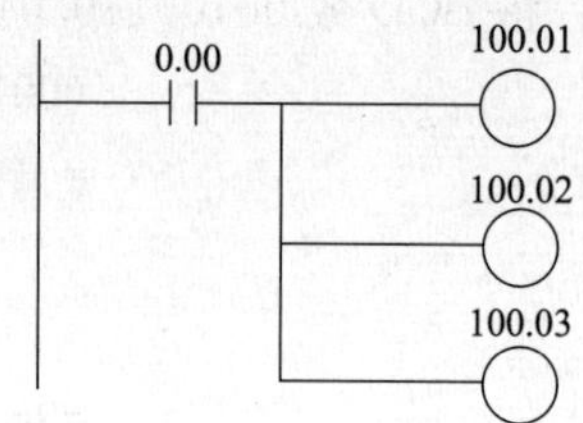

图 5-5　两个或两个以上的线圈可并联输出

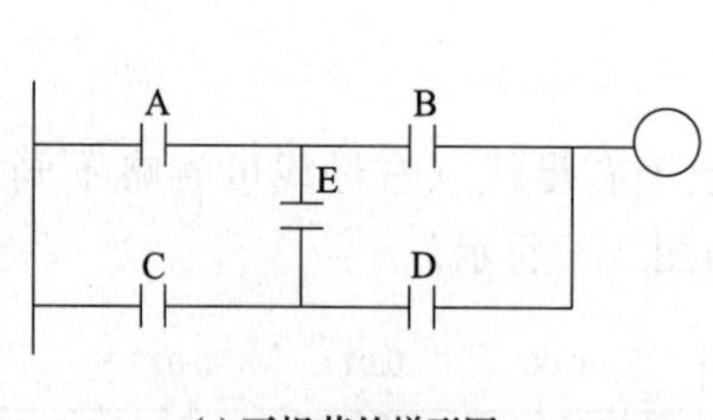

(a) 不规范的梯形图

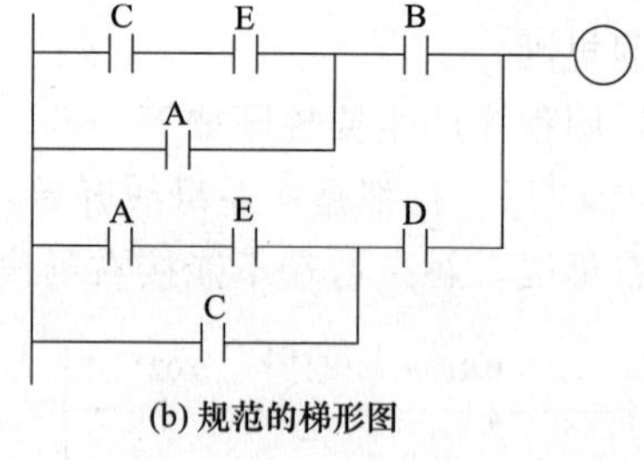

(b) 规范的梯形图

图 5-6　梯形图的转换

所示的梯形图就符合编写顺序。

(2) 编程技巧

梯形图编程技巧主要如下。

① 串联触点多的电路应放在上方。如图 5-7（a）所示是不合适的编制方式，应将它改为图（b）形式。

② 并联触点多的电路放在左边，如图 5-8（b）所示。

③ 对于多重输出电路，应将串有触点或串联触点多的电路放在下边，如图 5-9（b）所示。

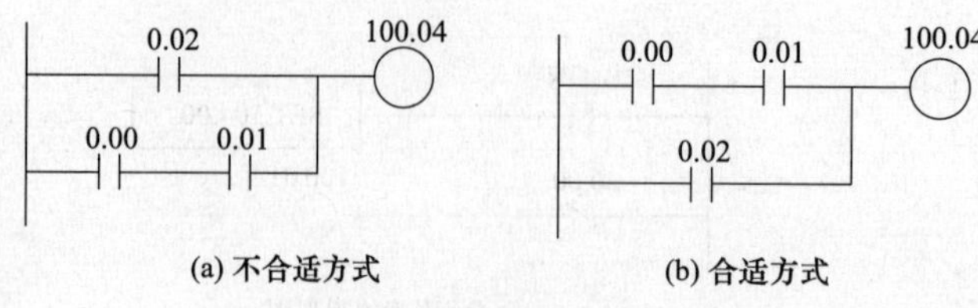

图 5-7　串联触点多的电路应放在上方

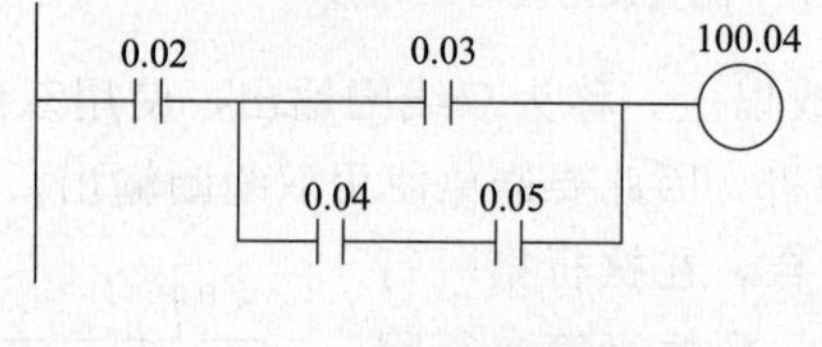

(a) 不合适方式

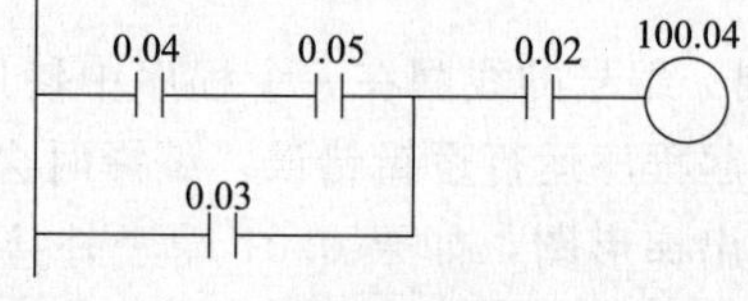

(b) 合适方式

图 5-8　并联触点多的电路放在左边

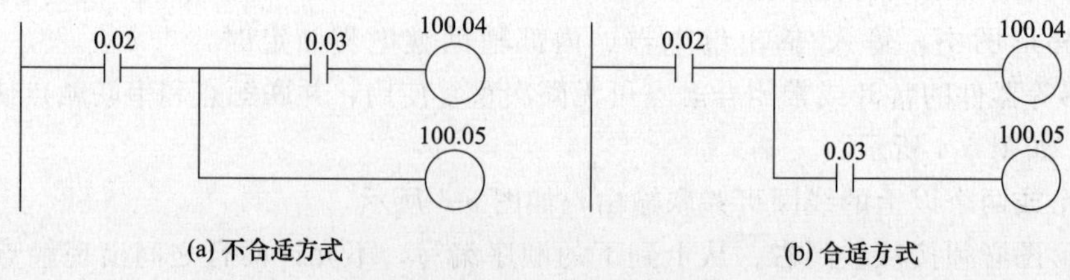

图 5-9　将串有触点或串联触点多的输出电路放在下边

④ 如果电路复杂，可以重复使用一些触点改成等效电路，再进行编程。如将图 5-10（a）改成图 5-10（b）形式。

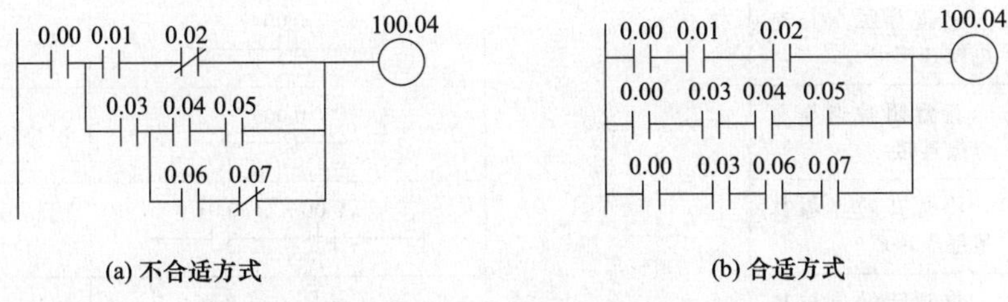

(a) 不合适方式　　(b) 合适方式

图 5-10 对于复杂电路可重复使用一些触点改成等效电路来进行编程

5.2 时序输入指令

基本指令是 PLC 最常用的指令，主要有时序输入指令、时序输出指令、定时器指令、计数器指令和时序控制等。

时序输入指令可分为基本输入指令、块操作指令、连接型边沿微分指令和位测试指令。各时序输入指令的名称、助记符和功能号如下。

指令名称		助记符	功能号
基本输入指令	读	LD	
	读非	LDNOT	
	与	AND	
	与非	ANDNOT	
	或	OR	
	或非	ORNOT	
	非	NOT	520
块操作指令	块与	ANDLD	
	块或	ORLD	
连接型边沿微分指令	上升沿微分	UP	521
	下降沿微分	DOWN	522
位测试指令	LD 型位测试	LDTST	350
	LD 型位测试非	LDTSTN	351
	AND 型位测试	ANDTST	350
	AND 型位测试非	ANDTSTN	351
	OR 型位测试	ORTST	350
	OR 型位测试非	ORTSTN	351

5.2.1 基本输入指令

基本输入指令包括读（LD）、读非（LDNOT）、与（AND）、与非（ANDNOT）、或（OR）、或非（ORNOT）和非（NOT）指令。

基本输入指令说明如下。

<table>
<tr><th rowspan="2">指令名称与格式</th><th rowspan="2">功能说明</th><th rowspan="2">操作数(bit)</th><th colspan="2">举　例</th></tr>
<tr><th>梯形图</th><th>指令语句</th></tr>
<tr><td>读
LD bit</td><td>将常开触点与左母线连接</td><td rowspan="7">CIO、W、H、A、T、C 和 TK 等(位型)</td><td>0.00</td><td>LD 0.00</td></tr>
<tr><td>读非
LDNOT bit</td><td>将常闭触点与左母线连接</td><td>0.00</td><td>LDNOT 0.00</td></tr>
<tr><td>与
AND bit</td><td>将常开触点与其他触点串联</td><td>0.00 0.01</td><td>LD 0.00
AND 0.01</td></tr>
<tr><td>与非
ANDNOT bit</td><td>将常闭触点与其他触点串联</td><td>0.00 0.01</td><td>LD 0.00
ANDNOT 0.01</td></tr>
<tr><td>或
OR bit</td><td>将常开触点与其他触点并联</td><td>0.00
100.00</td><td>LD 0.00
OR 100.00</td></tr>
<tr><td>或非
ORNOT bit</td><td>将常闭触点与其他触点并联</td><td>0.00
100.00</td><td>LD 0.00
ORNOT 100.00</td></tr>
<tr><td>非
NOT(520)</td><td>将NOT之前的运算结果取反。如果常开触点后面为NOT指令，功能相当于一个常闭触点</td><td>0.00 NOT(520)</td><td>LD 0.00
NOT</td></tr>
</table>

5.2.2 块操作指令

块操作指令包括块与（ANDLD）指令和块或（ORLD ）指令。

块操作指令说明如下。

<table>
<tr><th rowspan="2">指令名称与格式</th><th rowspan="2">功能说明</th><th rowspan="2">操作数</th><th colspan="2">举　例</th></tr>
<tr><th>梯形图</th><th>指令语句</th></tr>
<tr><td>块与
ANDLD</td><td>将多个并联电路块串联起来</td><td rowspan="2">无操作数</td><td>0.00 0.02 0.04 100.00
0.01 0.03 0.05</td><td>LD 0.00
ORNOT 0.01
LDNOT 0.02
OR 0.03
ANDLD
LD 0.04
OR 0.05
ANDLD
OUT 100.00</td></tr>
<tr><td>块或
ORLD</td><td>将多个串联电路块并联起来</td><td>0.00 0.01 100.00
0.02 0.03
0.04 0.05</td><td>LD 0.00
ANDNOT 0.01
LDNOT 0.02
ANDNOT 0.03
ORLD
LD 0.04
AND 0.05
ORLD
OUT 100.00</td></tr>
</table>

5.2.3 连接型边沿微分指令

连接型边沿微分指令包括连接型上升沿微分（UP）指令和连接型下降沿微分（DOWN）指令。

连接型边沿微分指令说明如下。

指令名称、格式与符号	功能说明	操作数	使用举例
连接型上升沿微分 UP 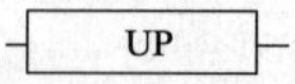 UP	当该指令输入一个上升沿（0→1）时，会输出一个扫描周期宽度的脉冲	无	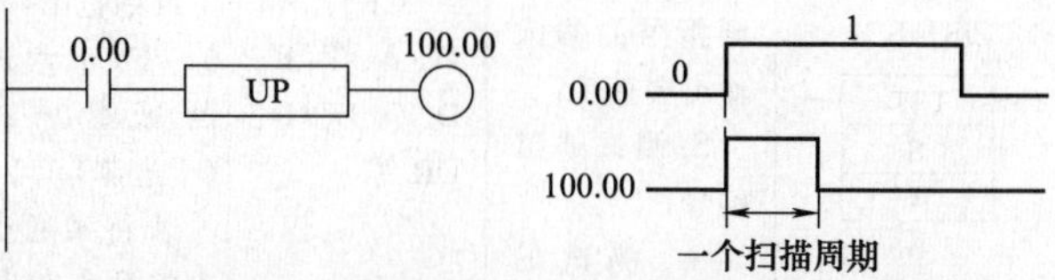 0.00 UP 100.00 0.00 0 1 100.00 一个扫描周期 当常开触点 0.00 由断开转为闭合(0→1)时，UP 指令输出一个宽度为一个扫描周期的脉冲，100.00 线得电一个扫描周期
连接型下降沿微分 DOWN DOWN 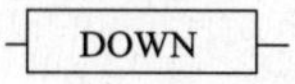	当该指令输入一个下降沿（1→0）时，会输出一个扫描周期宽度的脉冲		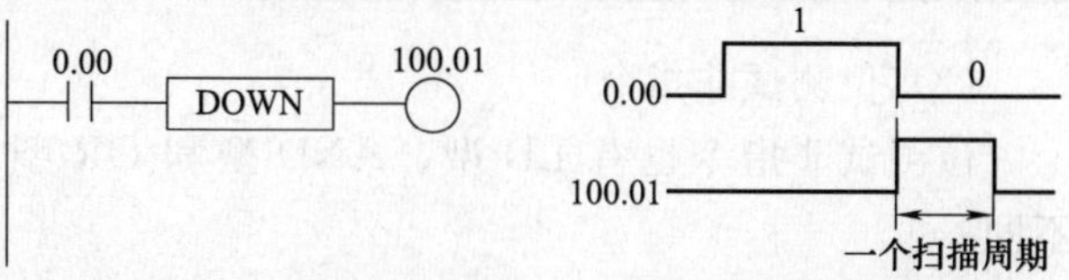 0.00 DOWN 100.01 0.00 1 0 100.01 一个扫描周期 当常开触点 0.00 由闭合转为断开(1→0)时，DOWN 指令输出一个宽度为一个扫描周期的脉冲，100.01 线圈得电一个扫描周期

5.2.4 位测试指令

位测试指令可分为位测试指令和位测试非指令。位测试指令的输入端可以直接连到左母线，输出端不能直接连到右母线。

（1）位测试指令

位测试指令有 LD 型、AND 型和 OR 型之分，它们的梯形图符号相同，助记符不同。

位测试指令说明如下。

指令名称、格式与符号	功能说明	操作数		使用举例
		S	N	
位测试 TST S N 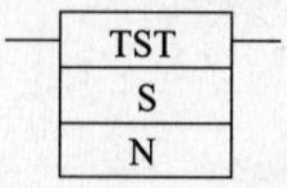 TST S N	用来检测 S 通道的第 N 位的状态，若为1，则指令的输入输出端直通。 S：测试通道编号； N：测试的位号	CIO、W、H、A、T、C、D、@D、*D、DR 等	CIO、W、H、A、T、C、D、@D、*D、DR、常数等 N 的范围：#0～F（十六进制）或 &0～15（十进制）。 若将某通道中的数作位号 N，只取低 4 位数	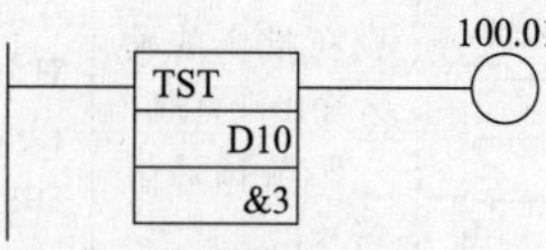 TST D10 &3 100.01 (a)LD 型位测试(LDTST)指令 当数据存储器 D10 的第 3 位数为 1 时，指令的输入输出端直通，100.01 线圈得电 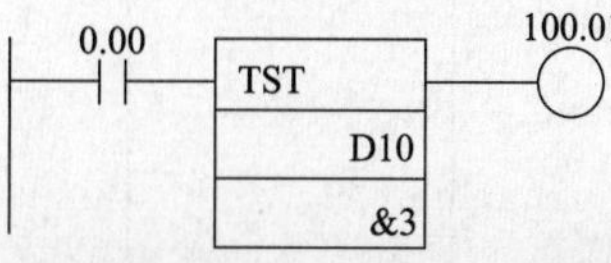 0.00 TST D10 &3 100.01 (b)AND 型位测试(ANDTST)指令 当 0.00 触点闭合且 D10 的第 3 位数为 1 时，100.01 线圈得电

续表

指令名称、格式与符号	功能说明	操作数 S	操作数 N	使用举例
位测试 TST S N TST S N 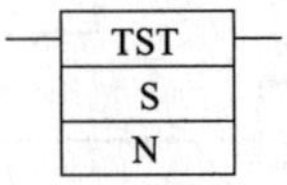	用来检测S通道的第N位的状态，若为1，则指令的输入输出端直通。 S：测试通道编号； N：测试的位号	CIO、W、H、A、T、C、D、@ D、*D、DR等	CIO、W、H、A、T、C、D、@D、* D、DR、常数等 N的范围：#0～F（十六进制）或&0～15（十进制）。 若将某通道中的数作位号N，只取低4位数	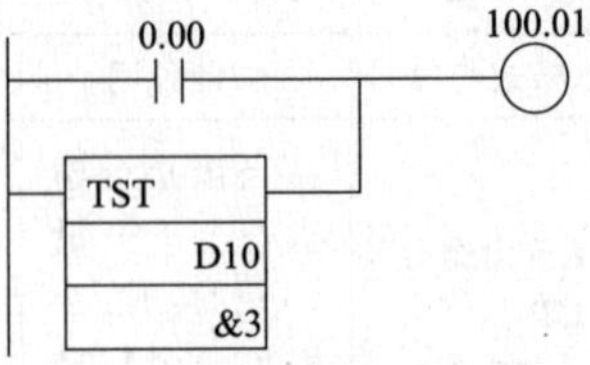 0.00　100.01　TST　D10　&3 (c)OR型位测试(ORTST)指令 当0.00触点闭合或D10的第3位数为1时，100.01线圈得电

（2）位测试非指令

位测试非指令也有LD型、AND型和OR型之分，它们的梯形图符号相同，助记符不同。

位测试非指令说明如下。

指令名称、格式与符号	功能说明	操作数 S	操作数 N	使用举例
位测试非 TSTN S N TSTN S N 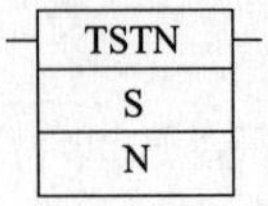	用来检测S通道的第N位的状态，若为0，则在指令的输入输出端直通。 S：测试通道编号； N：测试的位号	CIO、W、H、A、T、C、D、@ D、*D、DR等	CIO、W、H、A、T、C、D、@D、*D、DR、常数等 N的范围：#0～F（十六进制）或&0～15（十进制）。 若将某通道中的数作位号N，只取低4位数	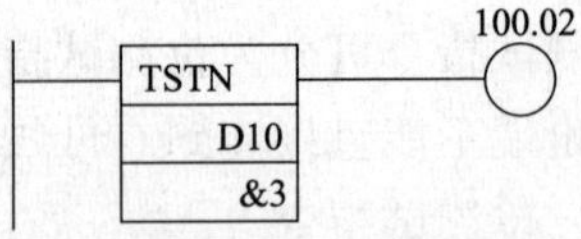 TSTN　D10　&3　100.02 (a)LD型位测试非(LDTSTN)指令 当D10的第3位数为0时，100.02线圈得电 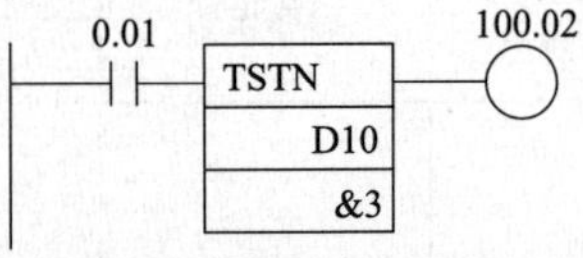 0.01　TSTN　D10　&3　100.02 (b)AND型位测试非(ANDTSTN)指令 当0.01触点闭合且D10的第3位数为0时，100.02线圈得电 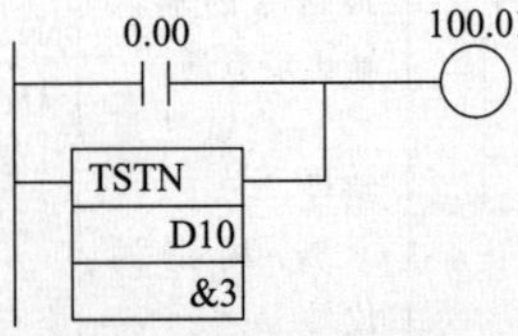 0.00　100.01　TSTN　D10　&3 (c)OR型位测试非(ORTSTN)指令 当0.00触点闭合或D10的第3位数为0时，100.02线圈得电

5.3 时序输出指令

时序输出指令可分为基本输出指令、输出型边沿微分指令、置位/复位指令和存储保持指令。各时序输出指令的名称、助记符和功能号如下。

指令名称		助记符	功能号
基本输出指令	输出	OUT	
	输出非	OUT NOT	
	1位输出	OUTB	534
输出型 边沿微分指令	上升沿微分	DIFU	013
	下降沿微分	DIFD	014
置位/复位指令	置位	SET	
	复位	RSET	
	多位置位	SETA	530
	多位复位	RSTA	531
	1位置位	SETB	532
	1位复位	RSTB	533
存储保持指令	临时存储继电器	TR	
	保持	KEEP	011

5.3.1 基本输出指令

基本输出指令包括输出（OUT）、输出非（OUTNOT）和1位输出（OUTB）指令。基本输出指令说明如下。

指令名称、格式与符号	功能说明	操作数	使用举例
输出 OUT bit 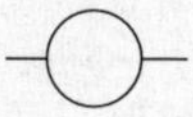 （线圈符号）	将前面的逻辑运算结果输出给指定继电器线圈	CIO、W、H、A和TR等	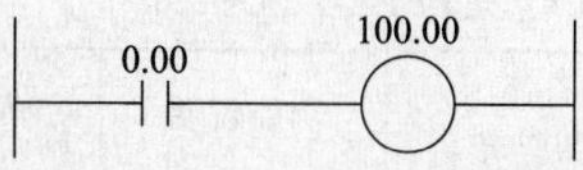 0.00 100.00 当常开触点0.00闭合时，100.00线圈得电
输出非 OUTNOT bit 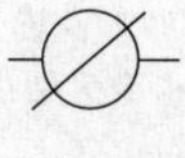 （线圈取反符号）	将前面的逻辑运算结果取反后，再输出给指定继电器线圈		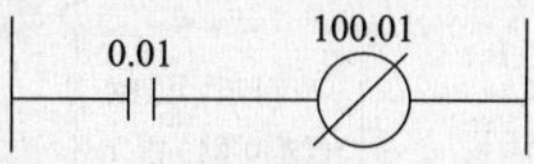 0.01 100.01 在常开触点0.01断开时，100.01线圈得电，在触点0.01闭合时，100.01线圈失电
1位输出 OUTB S N OUTB S N 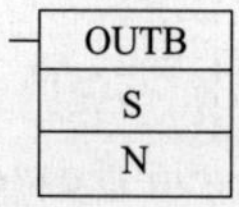	将前面的逻辑运算结果输出给S通道的第N位	S、N的选择范围：CIO、W、H、A、T、C、D、@D、*D、DR等 N还可为常数：#0～F或&0～15	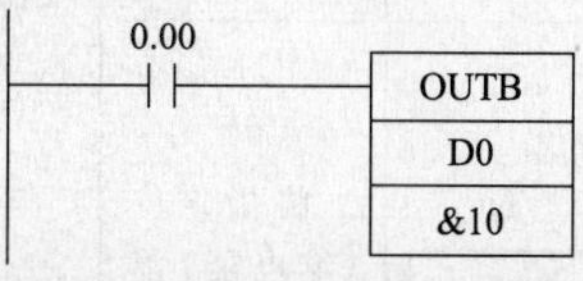 0.00 OUTB D0 &10 当常开触点0.00闭合时，相当于给OUTB指令输入一个1，OUTB指令将1输出到D0通道的第10位

5.3.2 输出型边沿微分指令

输出型边沿微分指令包括输出型上升沿微分（DIFU）指令和输出型下降沿微分（DIFD）指令。

输出型边沿微分指令说明如下。

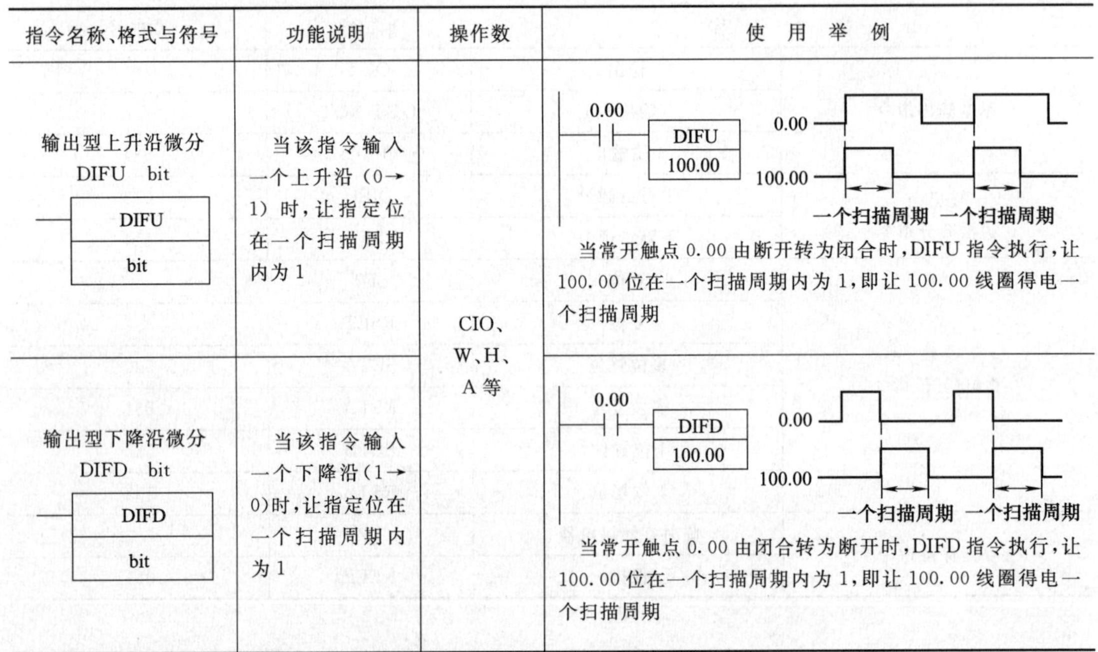

指令名称、格式与符号	功能说明	操作数	使用举例
输出型上升沿微分 DIFU bit DIFU bit	当该指令输入一个上升沿（0→1）时，让指定位在一个扫描周期内为1	CIO、W、H、A等	0.00 DIFU 100.00 0.00 100.00 一个扫描周期 一个扫描周期 当常开触点0.00由断开转为闭合时，DIFU指令执行，让100.00位在一个扫描周期内为1，即让100.00线圈得电一个扫描周期
输出型下降沿微分 DIFD bit DIFD bit	当该指令输入一个下降沿（1→0）时，让指定位在一个扫描周期内为1		0.00 DIFD 100.00 0.00 100.00 一个扫描周期 一个扫描周期 当常开触点0.00由闭合转为断开时，DIFD指令执行，让100.00位在一个扫描周期内为1，即让100.00线圈得电一个扫描周期

5.3.3 置位/复位指令

置位/复位指令包括置位（SET）、复位（RSET）、多位置位（SETA）、多位复位（RSTA）、1位置位（SETB）和1位复位（RSTB）指令。

置位/复位指令说明如下。

指令名称、格式与符号	功能说明	操作数	使用举例
置位 SET bit SET bit	将指定位（继电器）置1	CIO、W、H、A等	0.01 SET 100.01 当常开触点0.01闭合时，SET指令执行，将100.01位置1，0.01触点断开后，100.01位仍为1，这是SET与OUT指令区别之处，要让100.01位，需使用复位RSET指令
复位 RSET bit RSET bit	将指定位（继电器）复位（置0）		0.02 RSET 100.01 当常开触点0.02闭合时，RSET指令执行，将100.01位复位（置0）

续表

指令名称、格式与符号	功能说明	操作数	使用举例
多位置位 SETA S N1 N2 SETA / S / N1 / N2	将S通道第N1位开始的N2个连续位置1	CIO、W、H、A、T、C、D、@D、*D、DR和常数等 S不可为DR、常数。 N1值范围：#0～F或&0～15； N2值范围：#0000～FFFF或&0～65535	0.00 SETA S 200 N1 &5 N2 &20 N2(连续位数):20 N1(开始位) 15位 12 11 8 7 5 4 3 0位 S(通道):200 1 1 1 1 1 1 1 1 1 1 1 201 1 1 1 1 1 1 1 1 1 N2(连续位数):20 当常开触点0.00闭合时，SETA指令执行，将200通道(CIO区)第5位开始的20个连续位置1，若200通道的位数不足，则从下一个通道最低位往高位补够，指令执行的结果是200.05～200.15和201.0～201.08全被置1
多位复位 RSTA S N1 N2 RSTA / S / N1 / N2	将S通道第N1位开始的N2个连续位置0		0.01 RSTA S 200 N1 &5 N2 &20 N2(连续位数):20 N1(开始位) 15位 12 11 8 7 5 4 3 0位 S(通道):200 0 0 0 0 0 0 0 0 0 0 0 201 0 0 0 0 0 0 0 0 0 N2(连续位数):20 当常开触点0.01闭合时，RSTA指令执行，将200通道第5位开始的20个连续位复位，若200通道的位数不足，则从下一个通道最低位往高位补够，指令执行的结果是200.05～200.15和201.0～201.08全被置0
1位置位 SETB S N SETB / S / N	将S通道第N位置1	S、N的范围：CIO、W、H、A、T、C、D、@D、*D、DR等 N还可为常数：#0～F或&0～15	0.00 SETB D0 &2 当常开触点0.00闭合时，SETB指令执行，将D0通道的第2位置1
1位复位 RSTB S N RSTB / S / N	将S通道第N位置0		0.01 RSTB D2 &2 当常开触点0.01闭合时，RSTB指令执行，将D2通道的第2位置0

5.3.4 存储/保持指令

存储/保持指令包括临时存储器（TR）指令和保持（KEEP）指令。

(1) 临时存储器（TR）指令

临时存储器（TR）指令只有助记符，无梯形图符号，在编写语句表程序时要输入该指令助记符，而在编写梯形图时无需输入该指令。

临时存储器（TR）的使用如图5-11所示，梯形图中的分支点相当于一个TR，TR0用于暂存0.00触点的状态，然后TR0可以依次与0.01触点支路、0.04触点支路和0.05触点支路进行AND运算，TR1用于暂存TR0与0.01触点AND运算的结果。

临时存储器（TR）只能使用 LD（读）、OUT（输出，即写）指令对它进行操作，如图 5-11（b）所示。临时存储器的编号为 TR0～TR15，使用先后顺序没有限制，但在同一块程序中不能使用相同编号的 TR，如在图 5-11（a）所示的 0.00 触点所在程序块中不能使用两个 TR0，但 0.10 触点所在程序块中可使用 TR0。

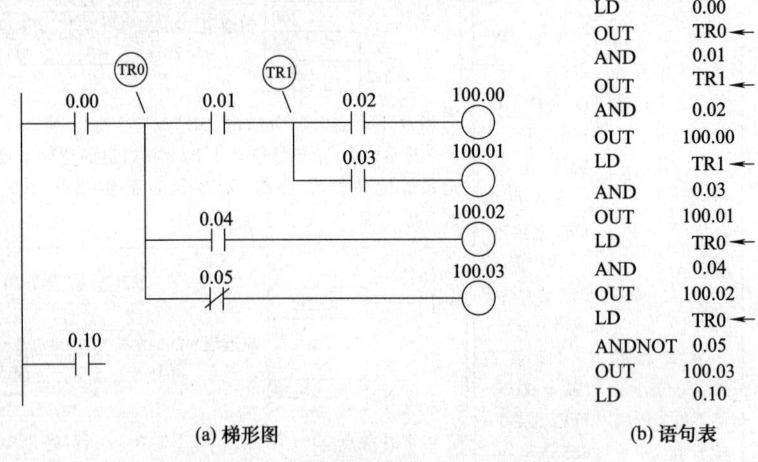

图 5-11　临时存储器（TR）的使用

（2）保持（KEEP）指令

保持指令说明如下。

指令名称、格式与符号	功能说明	操作数	使用举例
保持 KEEP　bit KEEP bit	当置位端（上端）输入 1 时，让指定位置 1 且保持； 当复位端（下端）输入 1 时，让指定位置 0 且保持； 当两端同时输入，仅复位端输入有效	CIO、W、H、A 等	0.02　KEEP 100.00　0.03　等效　0.02　0.03　100.00　100.00 当常开触点 0.02 闭合时，KEEP 指令执行，将 100.00 位置 1 且保持；当常开触点 0.03 闭合时，KEEP 指令将 100.00 位置 0 且保持；当 0.02、0.03 触点同时闭合时，KEEP 指令 100.00 位置 0 且保持，即 0.02 触点输入无效。 左图 KEEP 指令程序也可用右图程序替代，两者实现的功能是相同的

5.3.5　结束（END）指令与无功能（NOP）指令

结束指令与无功能指令说明如下。

指令名称、格式与符号	功能说明
结束 END END	用来结束程序的运行。该指令后面的指令不会运行
无功能 NOP NOP	又称空操作指令，该指令不具备任何功能。在编程时，如果某些地方以后可能会增加指令，可在这些地方先插入 NOP 指令占据一定的区域，以后只要删除 NOP 指令再增加新指令即可

5.4 定时器指令

定时器指令包括定时器（100ms）、高速定时器（10ms）、超高速定时器（1ms）、累计定时器、长时间定时器和多输出定时器指令。各定时器指令的名称、助记符和功能号如下。

指令名称		助记符	功能号
定时器	BCD	TIM	
	BIN	TIMX	550
高速定时器	BCD	TIMH	015
	BIN	TIMHX	551
超高速定时器	BCD	TMHH	540
	BIN	TMHHX	552
累计定时器	BCD	TTIM	087
	BIN	TTIMX	555
长时间定时器	BCD	TIML	542
	BIN	TIMLX	553
多输出定时器	BCD	MTIM	543
	BIN	MTIMX	554

根据定时设定值的数据类型不同，定时器指令可分为BCD类定时器指令和BIN类定时器指令，它们各自对应的指令功能相同（如TIM指令与TIMX指令的功能相同），仅指令助记符、定时设定值的数据类型及范围不同，BCD类定时器指令的设定值范围为＃0000～9999，BIN类定时器指令的设定值范围为＃0000～FFFF或&0～65535，由此可以看出，BIN类定时器指令的设定值范围更大，故定时时间更长。

在编程时，CX-P软件默认只能输入BCD类定时器指令，若要输入BIN类定时器指令，可在CX-P软件工程区的“新PLC”上单击鼠标右键，在弹出的菜单中选择“属性”，会弹出如图5-12（a）所示的对话框，勾选其中的“以二进制形式执行定时器/计数器”项，马上弹出的如图5-12（b）所示的对话框，确定后即可让CX-P软件能输入BIN类定时器指令，此时BCD类定时器指令就无法输入。

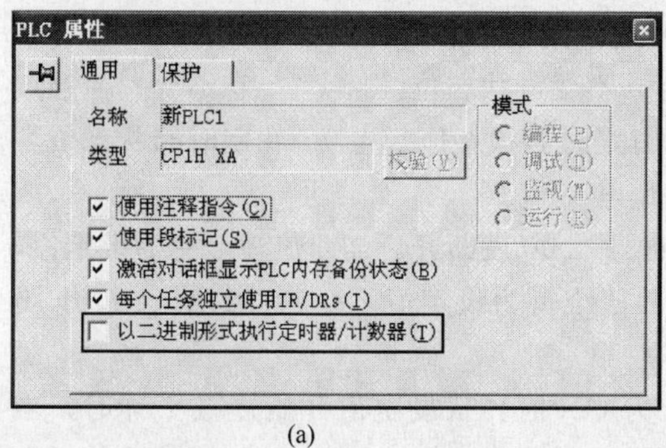

(a)

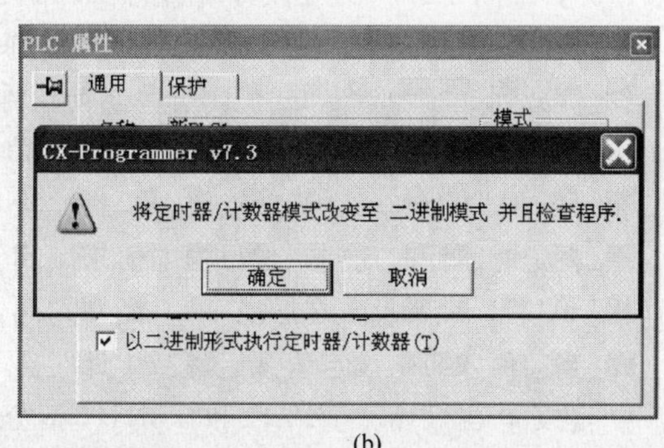

(b)

图5-12 设置BIN类定时器指令输入方式

BCD类、BIN类定时器指令功能相同，而且BCD类指令的定时设定值为更直观的十进制，故本节主要介绍BCD类定时器指令，若要使用BIN类定时器指令，可参照对应的BCD类指令。

5.4.1 定时器TIM（100ms）、高速定时器TIMH（10ms）和超高速定时器TMHH（1ms）指令

（1）指令说明

指令说明如下。

指令名称、格式与符号	操作数	功能说明	定时范围
定时器(100ms) TIM N SV TIM N SV	N为定时器编号：0～4095(十进制)； SV为定时设定值：# 0000 ～ 9999(BCD数据)； SV可操作区域：CIO、W、H、A、T、C、D、@D、*D、DR等	当指令输入为ON时，让编号为N的定时器从SV值开始逐减1计时，每100ms(0.1s)减1，当SV值减到0时，定时器动作(即状态位变为1)	0～999.9s
高速定时器(10ms) TIMH N SV TIMH N SV		当指令输入为ON时，让编号为N的定时器从SV值开始逐减1计时，每10ms(0.01s)减1，当SV值减到0时，定时器动作	0～99.99s
超高速定时器(1ms) TMHH N SV TMHH N SV		当指令输入为ON时，让编号为N的定时器从SV值开始逐减1计时，每1ms(0.001s)减1，当SV值减到0时，定时器动作	0～9.999s

（2）指令使用举例

TIM、TIMH和TMHH指令都是以逐减1方式计时，区别在于定时单元不同，了解其中一种指令的用法就很容易掌握其他指令。下面以TIM指令为例说明，TIM指令的使用如图5-13所示。

当常开触点0.00由断开转为闭合时，定时器T0000的当前值变为设定值100（#0100），如图5-13（b）所示，在触点0.00闭合期间，定时器T0000的当前值从设定值开始每过100ms减1，当前值减到0（即定时时间到）时，定时器状态位马上变为1，若定时器当前值减到0时触点0.00仍闭合，当前值维持为0不变，状态位维持“1”态不变；当触点0.00断开后，定时器当前值由0变为设定值，同时定时器状态位变为0。在定时器状态位为1时，定时器T0000常开触点闭合，100.01线圈得电。

在定时器计时期间，如果当前值未减到0时触点0.00就断开，当前值马上变为设定值，如图5-13（c）所示，在触点0.00断开期间，当前值维持为设定值不变，直到触点0.00闭合时当前值才又从设定值开始逐减1计时。

总之，当TIM、TIMH和TMHH指令输入为ON时，从设定值开始逐减1计时，当计时时间到（即当前值减至0）时，定时器动作（即状态位变为1），可驱动相同编号的触点动作；当指令输入变为OFF时，定时器停止计时，当前值等于设定值，状态位为0。

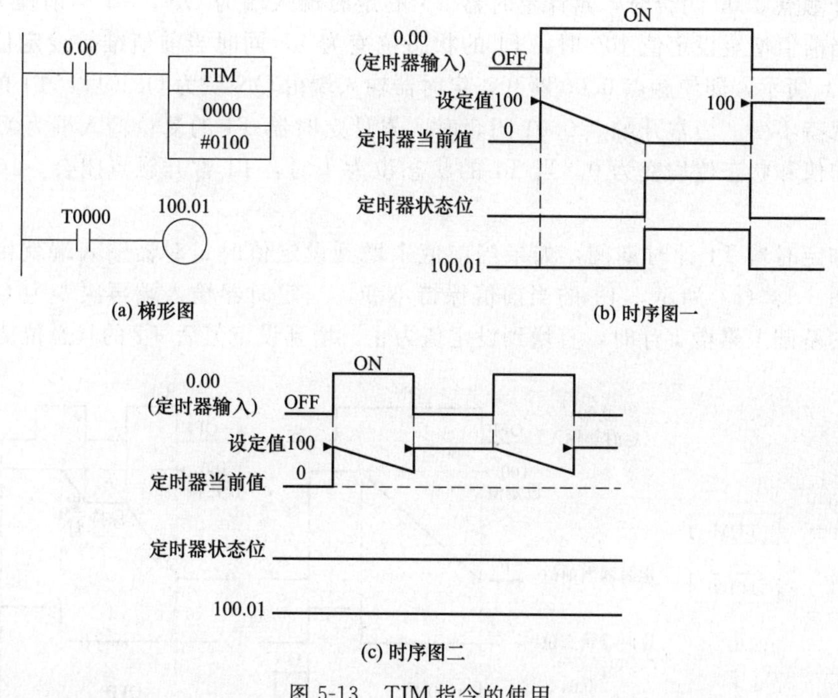

图 5-13 TIM 指令的使用

(3) 指令使用要点

定时器指令使用要点如下。

① 定时器 TIM、高速定时器 TIMH、超高速定时器 TMHH 和累计定时器 TTIM 指令共用 0000～4095（可简写作 0～4095）定时器。在同一程序中，不同的定时器指令不要使用相同编号的定时器，如 TIM、TIMH 指令同时使用 0000 定时器，会产生误动作，因为在同一时间内一个定时器不可能既作 100ms 定时器，又作 10ms 的定时器。

② 当 PLC 的扫描周期大于 100ms 时，如果使用 0016～4095 定时器会计时不准确，这种情况下应使用 0000～0015 定时器。

5.4.2 累计定时器 TTIM（100ms）指令

(1) 指令说明

指令说明如下。

指令名称、格式与符号	操作数	功能说明	定时范围
累计定时器(100ms) TTIM N SV 定时器输入 [TTIM / N / SV] 复位输入	N 为定时器编号：0～4095(十进制)； SV 为定时设定值：# 0000 ～ 9999 (BCD 数据)； SV 可操作区域：CIO、W、H、A、T、C、D、@D、* D、DR 等	当定时器输入端为 ON 时，编号为 N 的定时器开始逐增 1 计时，每 100ms 增 1。 当定时器输入端为 OFF 时，停止增计时，当前值保持不变，定时器输入端再次为 ON 时，在当前值基础上累增 1 计时，当当前值等于设定值时，定时器动作(即状态位变为 1)，当前值维持设定值不变，直到复位输入端输入为 ON 时，当前值才变为 0，同时定时器状态位变为 0	0～999.9s

(2) 指令使用举例

累计定时器 TTIM 指令的使用如图 5-14 所示。

当常开触点0.00闭合时，累计定时器T1的定时输入端为ON，T1当前值开始逐增1计时，当当前值增至设定值100时，T1的状态位变为1，同时当前值维持设定值不变，如图5-14（b）所示，即使触点0.00断开，定时器输入端由ON变为OFF后，T1的当前值和状态位仍保持不变。当常开触点0.01闭合时，累计定时器T1的复位输入端为ON，T1被复位，当前值和状态位均变为0。当T1的状态位为1时，T1常开触点闭合，100.01线圈得电。

在累加定时器T1计时期间，如果当前值未增到设定值时定时器输入端就由ON变为OFF，如图5-14（c）所示，T1的当前值保持不变，当定时器输入端再次变为ON时，T1在当前值的基础上累增1计时，直增到设定值为止，增到设定值后T1的状态位变为1。

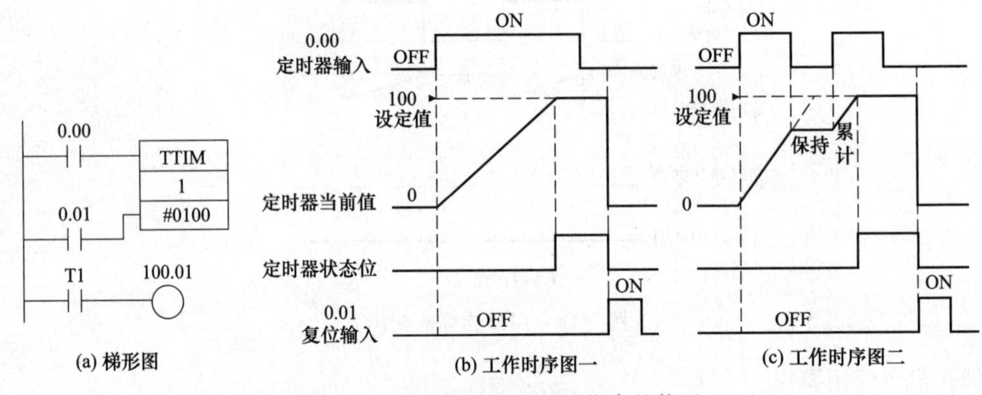

图5-14 累计定时器TTIM指令的使用

5.4.3 长时间定时器TIML（100ms）指令

（1）指令说明

指令说明如下。

指令名称、格式与符号	操作数	功能说明	定时范围
长时间定时器(100ms) TIML N PV SV TIML / N / PV / SV	N为定时器状态位通道号：可操区域为CIO、W、H、A、D、@D、*D等。 PV为定时器当前值低位通道：可操作区域为CIO、W、H、A、D、@D、*D等。 SV为定时器设定值低位通道：数值范围为#00000000～99999999，可操作区域为CIO、W、H、A、T、C、D、@D、*D和常数等	当指令输入为ON时，将SV+1、SV两通道中的定时设定值（32位）送入PV+1、PV通道中作为当前值，然后开始每过100ms逐减1计时，当PV+1、PV通道中的当前值减到0时，N通道的00位（定时器状态位）变为1	0～9999999.9s （约115天）

（2）指令使用举例

长时间定时器TIML指令的使用如图5-15所示。

当常开触点0.00闭合时，长时间定时器TIML指令输入端为ON，TIML指令执行，将设定值存储通道D201、D200中的设定值100000送入当前值存储通道D101、D100，然后开始每过100ms逐减1计时，当当前值存储通道D101、D100中的值减至0时，定时器状态位通道200的00位变为1，即200.00位变为1。当200.00位为1时，编号相同的200.00

常开触点闭合，100.00 线圈得电。

当 TIML 指令输入由 ON 变为 OFF 时，当前值通道自动装载设定值通道的设定值，同时定时器状态位为 1 变为 0。

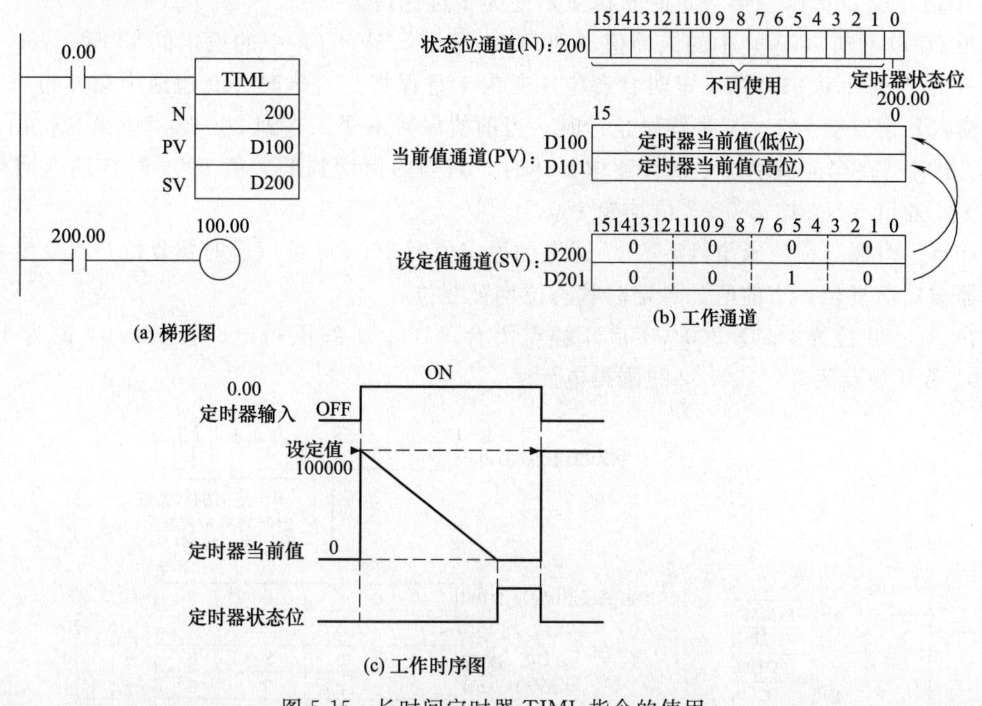

图 5-15 长时间定时器 TIML 指令的使用

5.4.4 多输出定时器 MTIM（100ms）指令

（1）指令说明

指令说明如下。

指令名称、格式与符号	操作数	功能说明	定时范围
多输出定时器(100ms) MTIM N PV SV （MTIM / N / PV / SV）	N 为定时器状态位通道：可操作区域为 CIO、W、H、A、T、C、D、@D、*D 等。 PV 为定时器当前值通道：可操作区域为 CIO、W、H、A、T、C、D、@D、*D、DR 等。 SV 为定时器设定值低位通道：可操作区域为 CIO、W、H、A、T、C、D、@D、*D 等	该指令采用 SV～SV+7 共 8 个通道设置 8 个定时值，当计时到某个通道的设定值时，该通道对应的定时状态位就变为 1。 当指令输入为 ON 且 N 通道第 9 位（累计停止控制位）为 0、第 8 位（复位控制位）由 1 变为 0 时，定时器开始工作，PV 通道中的当前值由 0 开始每过 100ms 逐增 1。 当当前值增到 SV 通道设定值时，N 通道中第 0 位（第 0 定时状态位）变为 1 且保持。 当当前值增到 SV+n 通道（$n \leqslant 7$）设定值时，N 通道中第 n 位（第 n 定时状态位）变为 1 且保持。 当当前值增到最大值 9999 时自动返回到 0，同时 N 通道中第 0～7 位均变为 0	0～999.9s

（2）指令使用举例

多输出定时器 MTIM 指令的使用如图 5-16 所示。

当常开触点 0.00 闭合时，多输出定时器 MTIM 指令输入端为 ON，如果 200 通道（N）

第 9 位为 0、第 8 位为 1 时，D100 通道（PV）中的当前值被复位，当第 8 位由 1 变为 0 时，定时器开始工作，D100 通道（PV）中的当前值由 0 开始每过 100ms 逐增 1。

当 D100 通道（PV）中的当前值增到 D200 通道（SV）中的设定值 80 时，200 通道（N）中第 0 位 200.00（第 0 定时状态位）变为 1 且保持。

当 D100 通道（PV）中的当前值增到 D201 通道（SV+1）中的设定值 90 时，200 通道（N）中第 1 位 200.01（第 1 定时状态位）变为 1 且保持。若这时 200 通道中第 9 位（累计停止输入）由 0 变为 1，定时器停止计时，当前值保持不变，直到 200 通道中第 9 位由 1 变为 0，定时器在当前值基础上继续逐增 1 计时。当当前值增到最大值 9999 时自动返回到 0，同时 200 通道（N）中第 0～7 位均变为 0。

如果定时器当前值未增到 SV+7 通道的设定值时 200.08 位（定时器复位）由 0 变为 1，定时器被提前复位，当前值和各定时状态位均被复位。

在 200.00 位为 1 时，200.00 常开触点闭合，100.01 线圈得电；在 200.01 位为 1 时，200.01 常开触点闭合，100.02 线圈得电。

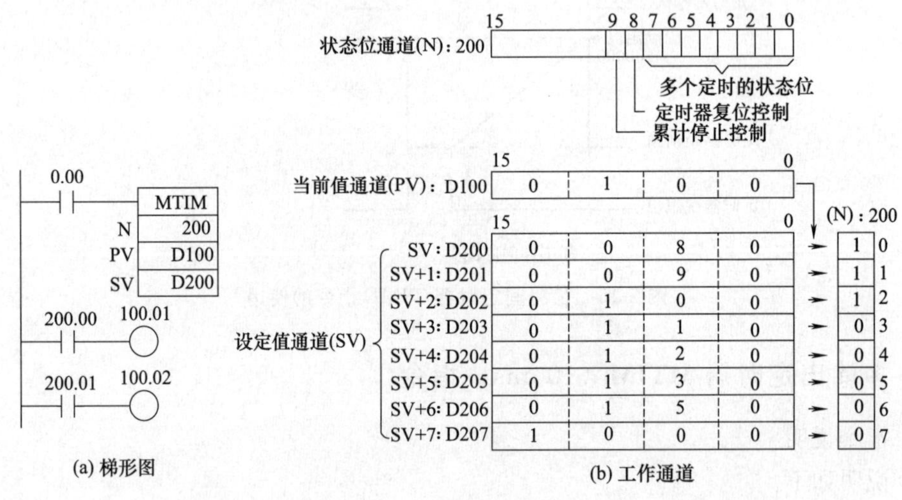

(a) 梯形图　　(b) 工作通道

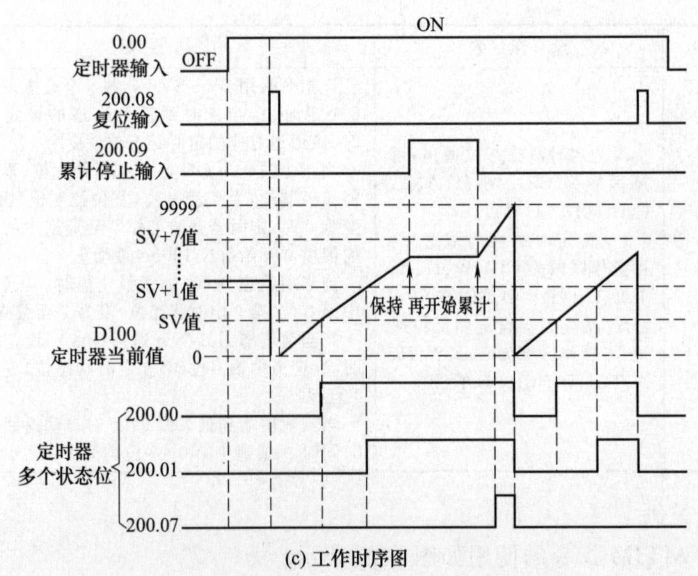

(c) 工作时序图

图 5-16　多输出定时器 MTIM 指令的使用

定时器复位和累计停止控制只有在 MTIM 指令输入为 ON 时才有效。

5.5 计数器指令

计数器指令包括计数器、可逆计数器和定时器/计数器复位指令。各计数器指令的名称、助记符和功能号如下。

指令名称		助记符	功能号
计数器	BCD	CNT	
	BIN	CNTX	546
可逆计数器	BCD	CNTR	012
	BIN	CNTRX	548
定时器/计数器复位	BCD	CNR	545
	BIN	CNRX	547

5.5.1 计数器 CNT 指令

(1) 指令说明

指令说明如下。

指令名称、格式与符号	操作数	功能说明	计数范围
计数器 CNT N SV 计数器输入 → CNT N 复位输入 → SV	N 为计数器编号:0～4095(十进制); SV 为计数设定值:＃0000～9999(BCD 数据); SV 可操作区域:CIO、W、H、A、T、C、D、@D、*D、DR 和常数等	当复位输入端为 ON 时,计数器复位,当前值变为设定值;在复位输入端变为 OFF 且计数器输入端输入脉冲时,编号为 N 的计数器开始逐减 1 计数,每输入一个脉冲计数当前值减 1。 当计数器当前值减到 0 时,计数器状态位变为 1,当前值 0 及状态 1 会保持。 要让计数器重新开始工作,需让复位输入端为 ON,计数器当前值变为设定值,状态位变为 0。当复位输入端由 ON 变为 OFF 时,计数器才能对输入的脉冲计数。复位输入端为 ON 时,计数器输入无效	0～9999

(2) 指令使用举例

计数器 CNT 指令的使用如图 5-17 所示。

如图 5-17 (a)、(b) 所示，首先让常开触点 0.00 闭合时，对计数器 C0001 复位，计数器的当前值变为设定值 5，0.00 触点断开后，计数器处于等待状态，由于 P_0_2s 触点以 0.1s 通 0.1s 断的频率工作，即给计数器计数输入端输入周期为 0.2s 的脉冲，计数器开始逐减 1 计数，每输入一个脉冲，计数器当前值减 1。当计数器当前值减到 0 时，计数器状态位变为 1，当前值和状态位保持，直到 0.00 触点闭合，计数器被复位，当前值变为设定值，状态位变为 0。在计数器 C0001 状态位为 1 时，相同编号的 C0001 常开触点闭合，线圈 100.01 得电。

如果计数器当前值未减到 0 时 0.00 触点就闭合，会对计数器提前复位，如图 5-17 (c) 所示，在 0.00 触点闭合期间（即复位端为 ON 时），脉冲输入无效，直到 0.00 触点断开，才重新从设定值开始逐减 1 计数。

由于计数器当前值具有掉电保持特点，因此在 PLC 重新上电运行时需要对计数器进行复位，即在 PLC 上电首次执行程序时要让 0.00 触点闭合再断开，否则计数器将会在掉电前的当前值的基础上逐减 1 计数。

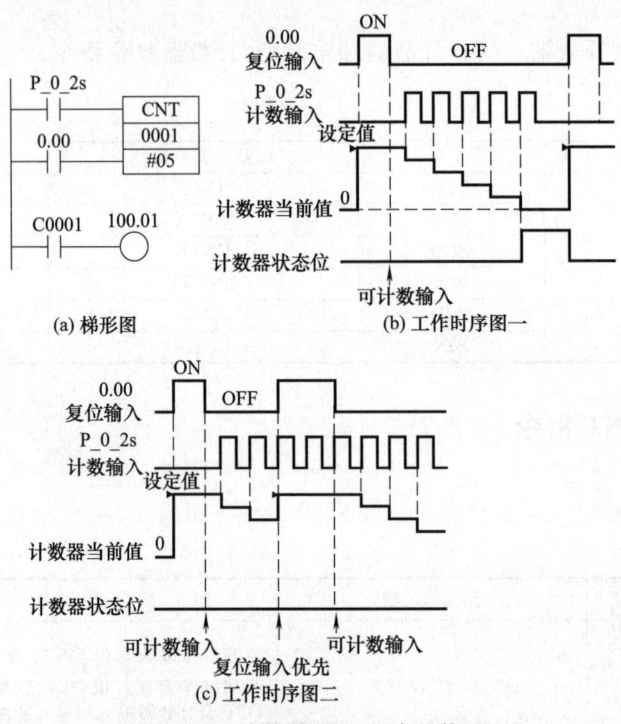

图 5-17　计数器 CNT 指令的使用

5.5.2　可逆计数器 CNTR 指令

(1) 指令说明

指令说明如下。

指令名称、格式与符号	操　作　数	功 能 说 明	计数范围
可逆计数器 CNTR N SV 加法计数 / 减法计数 / 复位输入 → [CNTR / N / SV]	N 为计数器编号：0～4095(十进制)； SV 为计数设定值：#0000～9999(BCD 数据)； SV 可操作区域：CIO、W、H、A、T、C、D、@D、*D、DR 和常数等	当复位输入端输入复位脉冲时，计数器当前值变为 0。 加法计数端每输入一个脉冲，当前值会逐增 1，当前值增到设定值时，再来一个脉冲当前值变为 0，同时计数器状态位变为 1，再来第二个脉冲时，重新开始加法计数，当前值由 0 增到 1，同时状态位变为 0。 减法计数端每输入一个脉冲，当前值会逐减 1，当前值减到 0 时，再来一个脉冲当前值变为设定值，同时计数器状态位变为 1，再来第二个脉冲时，重新开始减法计数，当前值由设定值减 1，同时状态位变为 0	0～9999

(2) 指令使用举例

可逆计数器 CNTR 指令的使用如图 5-18 所示。

首先给可逆计数器 C0001 复位端输入一个脉冲，计数器被复位，当前值变为 0；然后从加法计数端输入脉冲，每输入一个脉冲，计数器当前值增 1，当前值增到设定值 3 后输入第 4 个脉冲，当前值又变为 0，同时计数器状态位变为 1，当输入第 5 个脉冲时，当前值由 0 增到 1，同时计数器状态位变为 0。减法计数端每输入 1 个脉冲时，计数器当前值会逐减 1，当前值减到 0 后，接着输入一个脉冲会使当前值变为设定值，同时计数器状态位变为 1，如果再输入一个脉冲，当前值减 1，同时计数器状态位变为 0。

在计数器 C0001 的状态位为 1 期间，C0001 常开触点闭合，100.00 线圈得电。

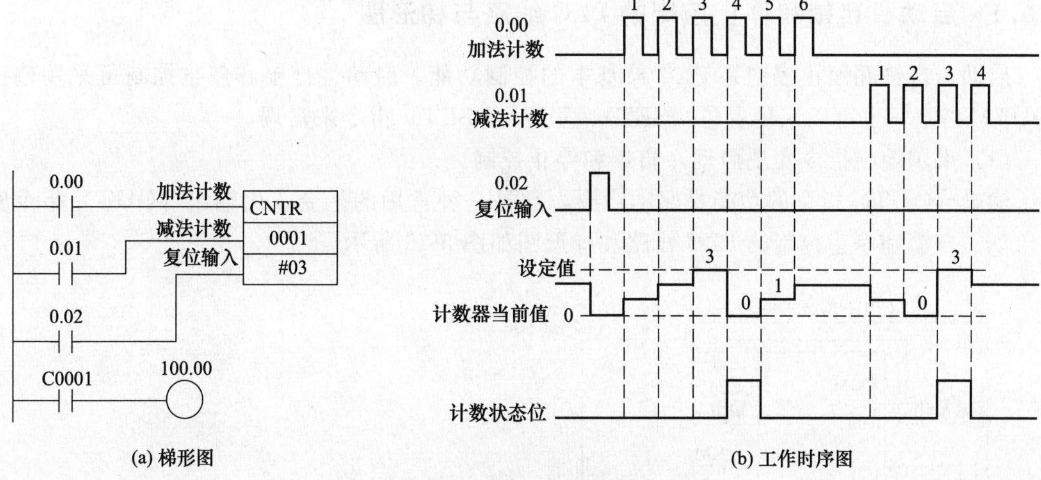

图 5-18 可逆计数器 CNTR 指令的使用

5.5.3 定时器/计数器复位（CNR）指令

（1）指令说明

指令说明如下。

指令名称、格式与符号	操作数	功能说明
定时器/计数器复位 CNR N1 N2 CNR N1 N2	N1 为复位的定时器/计数器开始编号：T0000～T4095 或 C0000～C9999； N2 为复位的定时器/计数器结束编号：T0000～T4095 或 C0000～C9999； N1、N2 必须为同一通道类型，即同时为定时器或同时为计数器	当指令输入为 ON 时，将 N1～N2 范围的定时器/计数器复位，让它们的状态位变为 0、当前值变为 9999

（2）指令使用举例

定时器/计数器复位 CNR 指令的使用如图 5-19 所示。

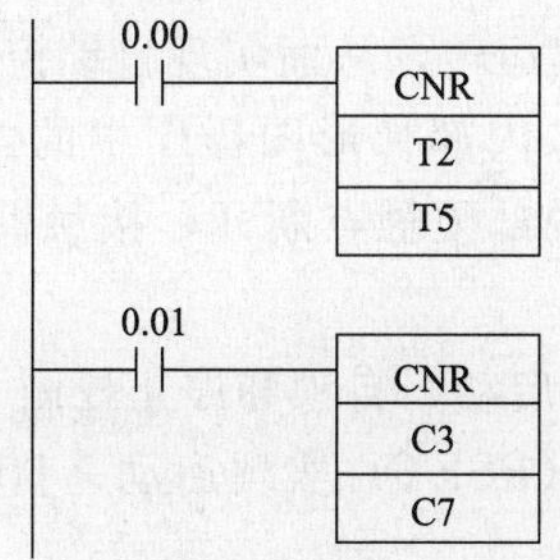

图 5-19 定时器/计数器复位 CNR 指令的使用

当常开触点 0.00 闭合时，CNR 指令执行，将 T2～T5 范围的定时器都复位，让它们的状态位变为 0、当前值变为 9999。当常开触点 0.01 闭合时，CNR 指令执行，将 C3～C7 范围的计数器都复位，让它们的状态位变为 0、当前值变为 9999。

5.6 PLC 基本控制线路及梯形图

5.6.1 启动、自锁和停止控制的 PLC 线路与梯形图

启动、自锁和停止控制是 PLC 最基本的控制功能。启动、自锁和停止控制可采用输出（OUT）指令，也可以采用置位（SET）、复位（RSET）指令来实现。

（1）采用输出指令实现启动、自锁和停止控制

输出（OUT）指令的功能是驱动线圈，它是一种常用的指令。用输出（OUT）指令实现启动、自锁和停止控制的 PLC 线路和梯形图如图 5-20 所示。

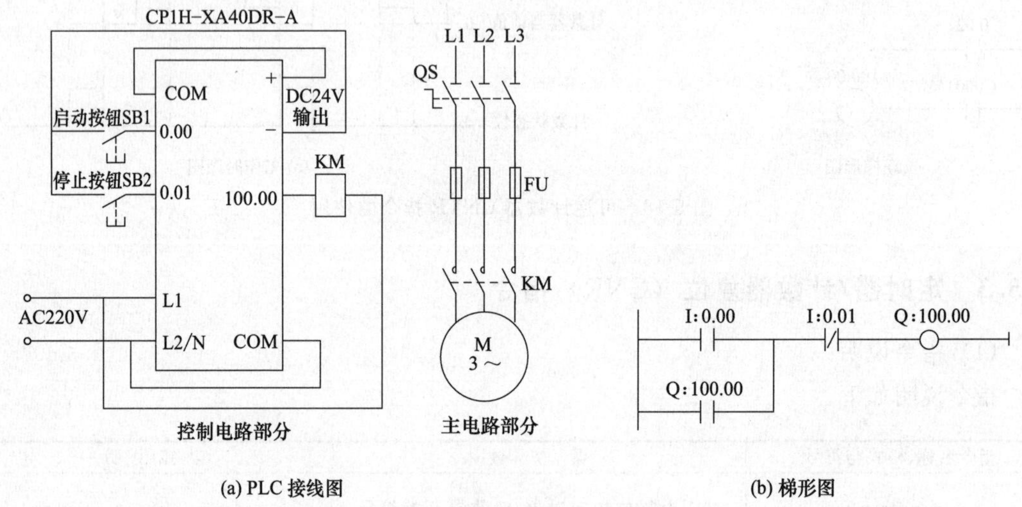

(a) PLC 接线图　　(b) 梯形图

图 5-20　采用输出指令实现启动、自锁和停止控制的 PLC 线路与梯形图

线路与梯形图说明如下。

当按下启动按钮 SB1 时，PLC 内部梯形图程序中的启动触点 0.00 闭合，线圈 100.00 得电，PLC 的 100.00 端子与输出端的 COM 端子之间内部硬触点闭合，接触器线圈 KM 得电，主电路中的 KM 主触点闭合，电动机得电启动。

线圈 100.00 得电后，除了会使 100.00、COM 端子之间的内硬触点闭合外，还会使程序中的自锁触点 100.00 闭合，在启动触点 0.00 断开后，依靠自锁触点闭合可使线圈 100.00 继续得电，电动机就会继续运转，从而实现自锁控制功能。

当按下停止按钮 SB2 时，PLC 内部梯形图程序中的停止触点 0.01 断开，线圈 100.00 失电，100.00、COM 端子之间的内部硬触点断开，接触器线圈 KM 失电，主电路中的 KM 主触点断开，电动机失电停转。

（2）采用置位、复位指令实现启动、自锁和停止控制

采用置位（SET）、复位指令（RSET）实现启动、自锁和停止控制的 PLC 线路与梯形图如图 5-21 所示。

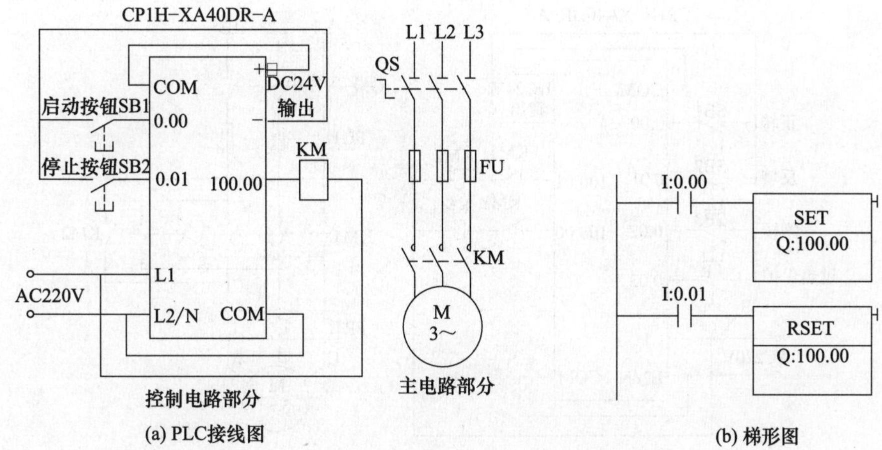

图 5-21 采用置位、复位指令实现启动、自锁和停止控制的 PLC 线路与梯形图

线路与梯形图说明如下。

当按下启动按钮 SB1 时，梯形图中的启动触点 0.00 闭合，“SET 100.00”指令执行，将输出继电器线圈 100.00 置 1，相当于线圈 100.00 得电，100.00、COM 端子之间的内部硬触点接通，接触器线圈 KM 得电，主电路中的 KM 主触点闭合，电动机得电启动。

线圈 100.00 置位后，松开启动按钮 SB1，启动触点 0.00 断开，但线圈 100.00 仍保持“1”态，即仍维持得电状态，电动机就会继续运转，从而实现自锁控制功能。

当按下停止按钮 SB2 时，梯形图程序中的停止触点 0.01 闭合，“RSET 100.00”指令被执行，将输出线圈 100.00 复位（即置 0），相当于线圈 100.00 失电，100.00、COM 端子之间的内部硬触点断开，接触器线圈 KM 失电，主电路中的 KM 主触点断开，电动机失电停转。

比较图 5-20 和图 5-21 可以发现，采用置位复位指令与线圈输出指令都可以实现启动、自锁和停止控制，两者的 PLC 外部接线都相同，仅给 PLC 编写的梯形图程序不同。

5.6.2 正、反转联锁控制的 PLC 线路与梯形图

正、反转联锁控制的 PLC 线路与梯形图如图 5-22 所示。

线路与梯形图说明如下。

（1）正转联锁控制

按下正转按钮 SB1→梯形图程序中的正转触点 0.00 闭合→线圈 100.00 得电→100.00 自锁触点闭合，100.00 联锁触点断开，100.00 端子与 COM 端子间的内硬触点闭合→100.00 自锁触点闭合，使线圈 100.00 在 0.00 常开触点断开后仍可得电；100.00 联锁触点断开，使线圈 100.01 即使在 0.01 触点闭合（误操作 SB2 引起）时也无法得电，实现联锁控制；100.00 端子与 COM 端子间的内硬触点闭合，接触器 KM1 线圈得电，主电路中的 KM1 主触点闭合，电动机得电正转。

（2）反转联锁控制

按下反转按钮 SB2→梯形图程序中的反转触点 0.01 闭合→线圈 100.01 得电→100.01 自锁触点闭合，100.01 联锁触点断开，100.01 端子与 COM 端子间的内硬触点闭合→

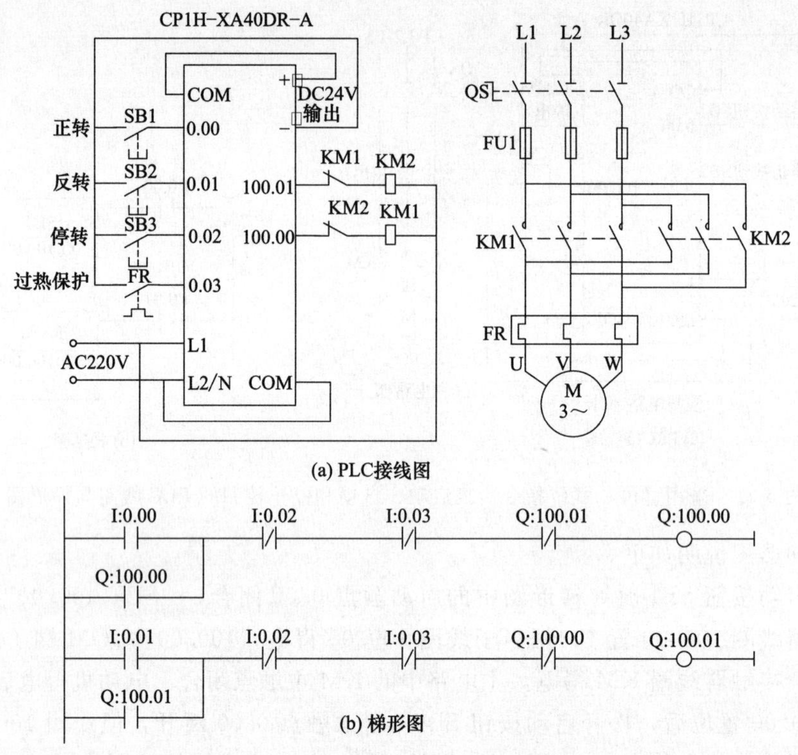

图 5-22　正、反转联锁控制的 PLC 线路与梯形图

100.01 自锁触点闭合，使线圈 100.01 在 0.01 常开触点断开后继续得电；100.01 联锁触点断开，使线圈 100.00 即使在 0.00 触点闭合（误操作 SB1 引起）时也无法得电，实现联锁控制；100.01 端子与 COM 端子间的内硬触点闭合，接触器 KM2 线圈得电，主电路中的 KM2 主触点闭合，电动机得电反转。

（3）停转控制

按下停止按钮 SB3→梯形图程序中的两个停止触点 0.02 均断开→线圈 100.00、100.01 均失电→接触器 KM1、KM2 线圈均失电→主电路中的 KM1、KM2 主触点均断开，电动机失电停转。

（4）过热保护

如果电动机长时间过载运行，热继电器 FR 会因长时间过流发热而动作，FR 触点闭合，PLC 的 0.03 端子有输入→梯形图程序中的两个热保护常闭触点 0.03 均断开→线圈 100.00、100.01 均失电→接触器 KM1、KM2 线圈均失电→主电路中的 KM1、KM2 主触点均断开，电动机失电停转，从而防止电动机长时间过流运行而烧坏。

5.6.3　多地控制的 PLC 线路与梯形图

多地控制的 PLC 线路与梯形图如图 5-23 所示，其中图 5-23（b）为单人多地控制梯形图，图 5-23（c）为多人多地控制梯形图。

（1）单人多地控制

单人多地控制的 PLC 线路和梯形图如图 5-23（a）、（b）所示。

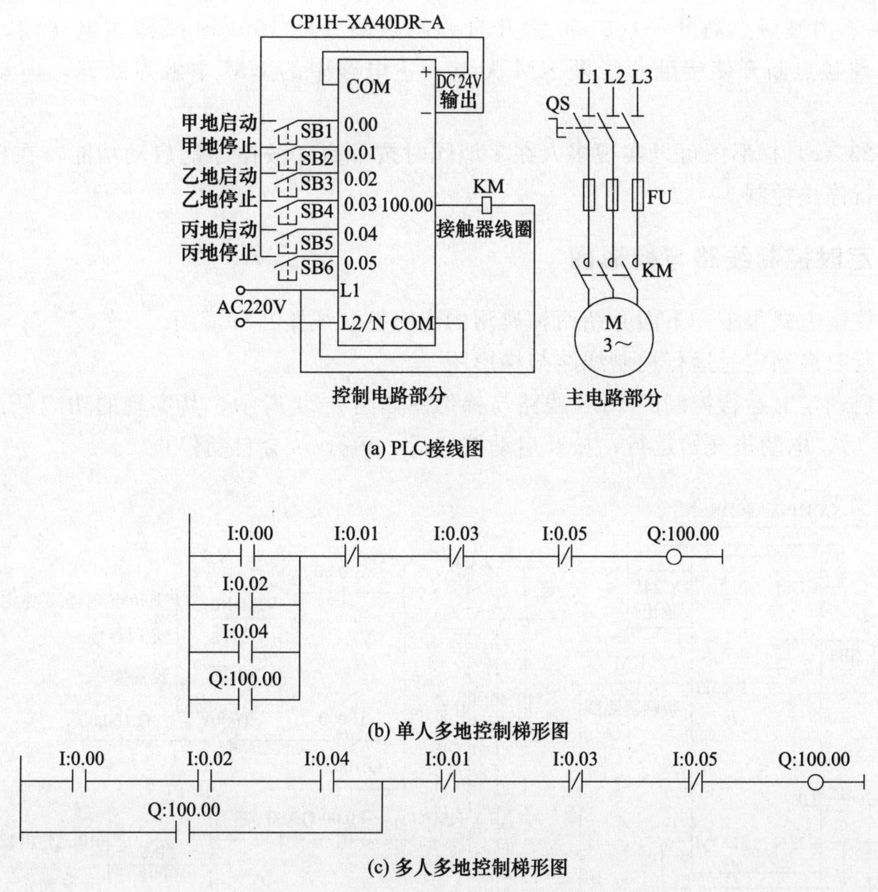

(a) PLC接线图

(b) 单人多地控制梯形图

(c) 多人多地控制梯形图

图 5-23 多地控制的 PLC 线路与梯形图

① 甲地启动控制。在甲地按下启动按钮 SB1 时→0.00 常开触点闭合→线圈 100.00 得电→100.00 常开自锁触点闭合，100.00 端子内硬触点闭合→100.00 常开自锁触点闭合，锁定 100.00 线圈供电，100.00 端子内硬触点闭合使接触器线圈 KM 得电→主电路中的 KM 主触点闭合，电动机得电运转。

② 甲地停止控制。在甲地按下停止按钮 SB2 时→0.01 常闭触点断开→线圈 100.00 失电→100.00 常开自锁触点断开，100.00 端子内硬触点断开→接触器线圈 KM 失电→主电路中的 KM 主触点断开，电动机失电停转。

乙地和丙地的启/停控制与甲地控制相同，利用图 5-23（b）梯形图可以实现在任何一地进行启/停控制，也可以在一地进行启动，在另一地控制停止。

（2）多人多地控制

多人多地控制的 PLC 线路和梯形图如图 5-23（a）、（c）所示。

① 启动控制。在甲、乙、丙三地同时按下按钮 SB1、SB3、SB5→0.00、0.02、0.04 三个常开触点均闭合→线圈 100.00 得电→100.00 常开自锁触点闭合，100.00 端子的内硬触点闭合→100.00 线圈供电锁定，接触器线圈 KM 得电→主电路中的 KM 主触点闭合，电动机得电运转。

② 停止控制。在甲、乙、丙三地按下 SB2、SB4、SB6 中的某个停止按钮时→0.01、

0.03、0.05 三个常闭触点中某个断开→线圈 100.00 失电→100.00 常开自锁触点断开，100.00 端子内硬触点断开→100.00 常开自锁触点断开使 100.00 线圈供电切断，100.00 端子的内硬触点断开使接触器线圈 KM 失电→主电路中的 KM 主触点断开，电动机失电停转。

图 5-23（c）梯形图可以实现多人在多地同时按下启动按钮才能启动功能，在任意一地都可以进行停止控制。

5.6.4 定时控制线路与梯形图

定时控制方式很多，下面介绍两种典型的定时控制线路与梯形图。

（1）延时启动定时运行控制线路与梯形图

延时启动定时运行控制的 PLC 线路与梯形图如图 5-24 所示，其实现的功能是：按下启动按钮 3s 后，电动机开始运行；松开启动按钮后，运行 5s 会自动停止。

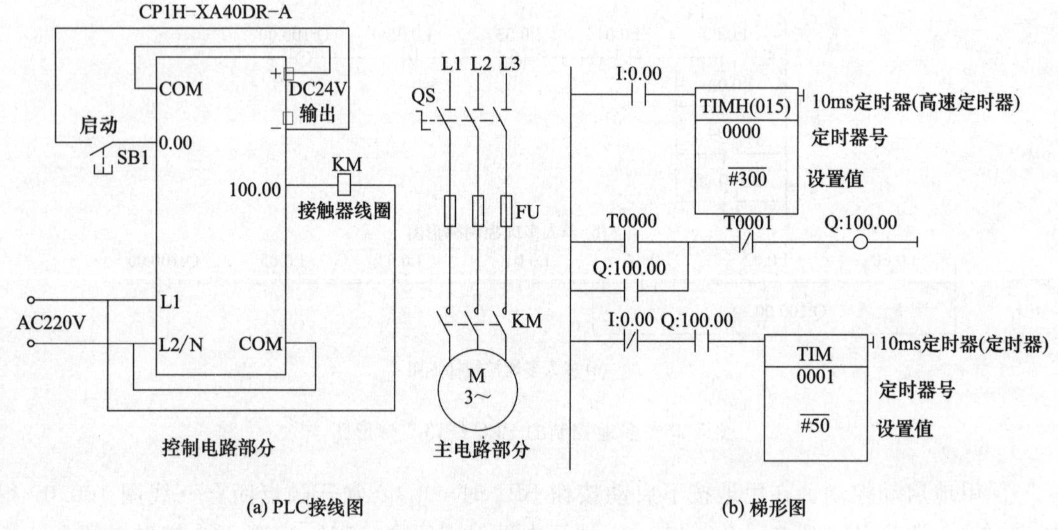

图 5-24　延时启动定时运行控制的 PLC 线路与梯形图

线路与梯形图说明如下。

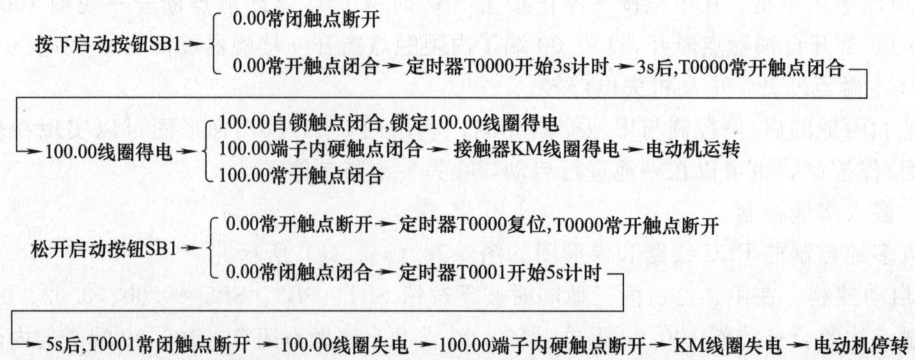

（2）多定时器组合控制线路与梯形图

图 5-25 是一种典型的多定时器组合控制的 PLC 线路与梯形图，其实现的功能是：按下

启动按钮后电动机 B 马上运行，30s 后电动机 A 开始运行，70s 后电动机 B 停转，100s 后电动机 A 停转。

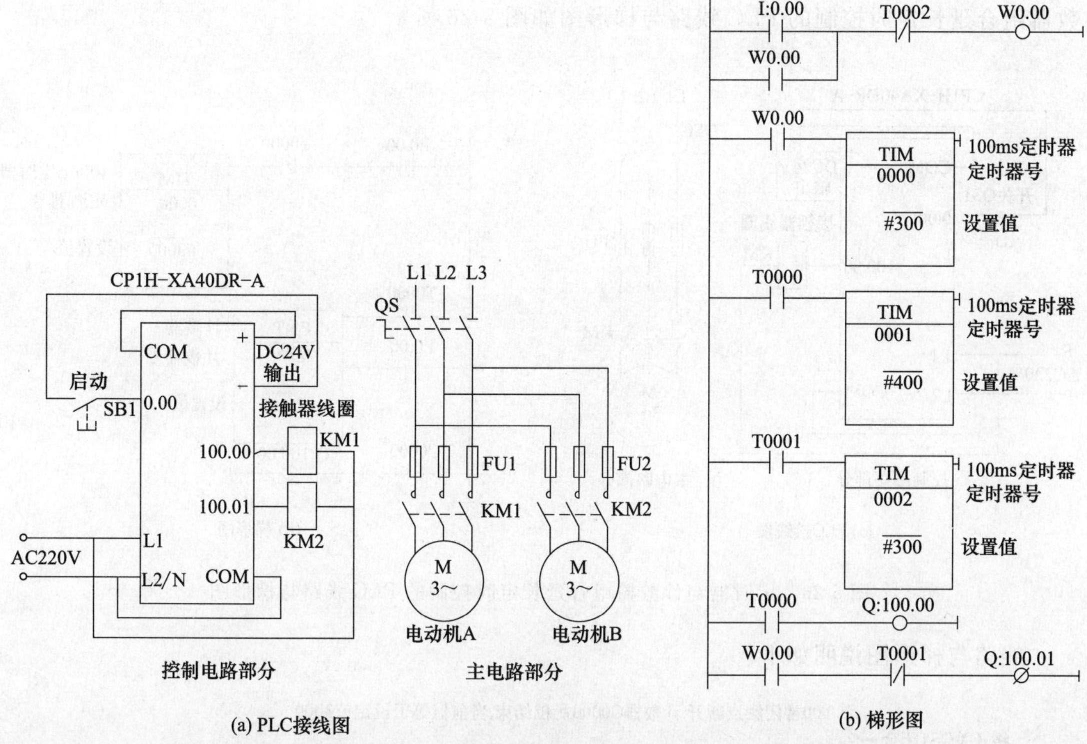

(a) PLC接线图

(b) 梯形图

图 5-25 一种典型的多定时器组合控制的 PLC 线路与梯形图

线路与梯形图说明如下。

按下启动按钮SB1→0.00常开触点闭合→辅助继电器W0.00线圈得电→

- W0.00自锁触点闭合→锁定W0.00线圈供电
- W0.00常开触点闭合→100.01线圈得电→100.01端子内硬触点闭合→接触器KM2线圈得电→电动机B运转
- W0.00常开触点闭合→定时器T0000开始30s计时→

→30s后→定时器T0000动作→

- T0000常开触点闭合→100.00线圈得电→KM1线圈得电→电动机A启动运行
- T0000常开触点闭合→定时器T0001开始40s计时→

→40s后，定时器T0001动作→

- T0001常闭触点断开→100.01线圈失电→KM2线圈失电→电动机B停转
- T0001常开触点闭合→定时器T0002开始30s计时→

→30s后,定时器T0002动作→T0002常闭触点断开→W0.00线圈失电→

- W0.00自锁触点断开→解除W0.00线圈供电
- W0.00常开触点断开
- W0.00常开触点断开→定时器T0000复位→

→

- T0000常开触点断开→100.00线圈失电→KM1线圈失电→电动机A停转
- T0000常开触点断开→定时器T0001复位→T0001常开触点断开→定时器T0002复位→T0002常闭触点恢复闭合

5.6.5　长定时控制线路与梯形图

单独定时器的定时时间有限，采用定时器和计数器组合可以延长定时时间。定时器与计数器组合延长定时控制的 PLC 线路与梯形图如图 5-26 所示。

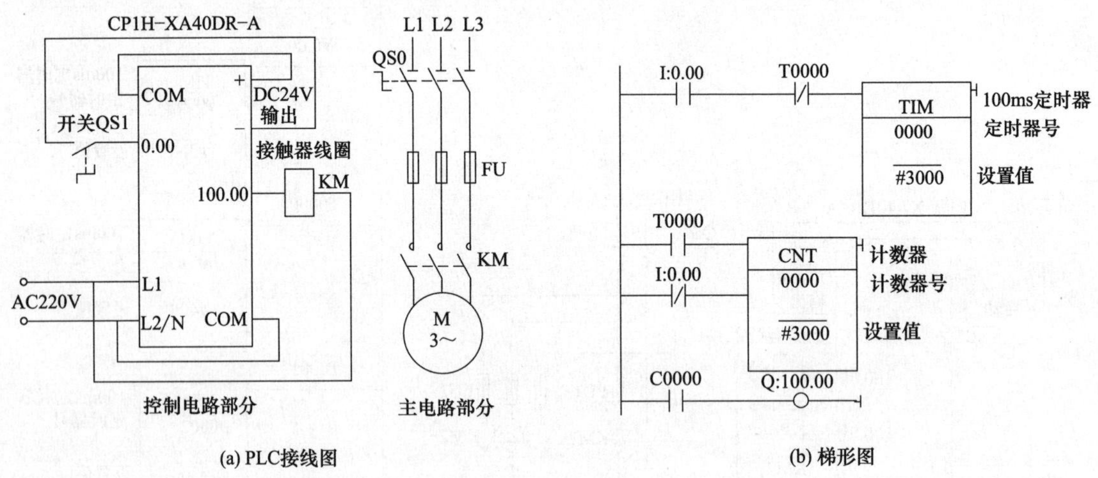

图 5-26　定时器与计数器组合延长定时控制的 PLC 线路与梯形图

线路与梯形图说明如下。

将开关QS1闭合→
- 0.00常闭触点断开,计数器C0000复位结束,当前值等于设定值3000
- 0.00常开触点闭合→定时器T0000开始300s计时→300s后,定时器T0000动作→

→
- T0000常开触点闭合,计数器C0000的当前值减1,为2999
- T0000常闭触点断开→定时器T0000复位→
  - T0000常开触点断开,计数器C0000的当前值保持为2999
  - T0000常闭触点闭合→

→因开关QS1仍处于闭合,0.00常开触点也保持闭合→定时器T0000又开始300s计时→300s后,定时器T0000动作→

→
- T0000常开触点闭合,计数器C0000的当前值减1,为2998
- T0000常闭触点断开→定时器T0000复位→
  - T0000常开触点断开,计数器C0000的当前值保持为2998
  - T0000常闭触点闭合→定时器T0000又开始计时,以后重复上述过程→

→当计数器C0000计数值达到0时→计数器C0000动作→常开触点C0000闭合→100.00线圈得电→KM线圈得电→电动机运转

图 5-26 中的定时器 T0000 定时单位为 0.1s（100ms），它与计数器 C0000 组合使用后，其定时时间 $T=3000\times0.1\times3000=900000\text{s}=250\text{h}$。若需重新定时，可将开关 QS1 断开，让 0.00 常闭触点闭合，对计数器 C000 执行复位，然后再闭合 QS1，则会重新开始 250h 定时。

5.6.6　多重输出控制的 PLC 线路与梯形图

多重输出控制的 PLC 线路与梯形图如图 5-27 所示。

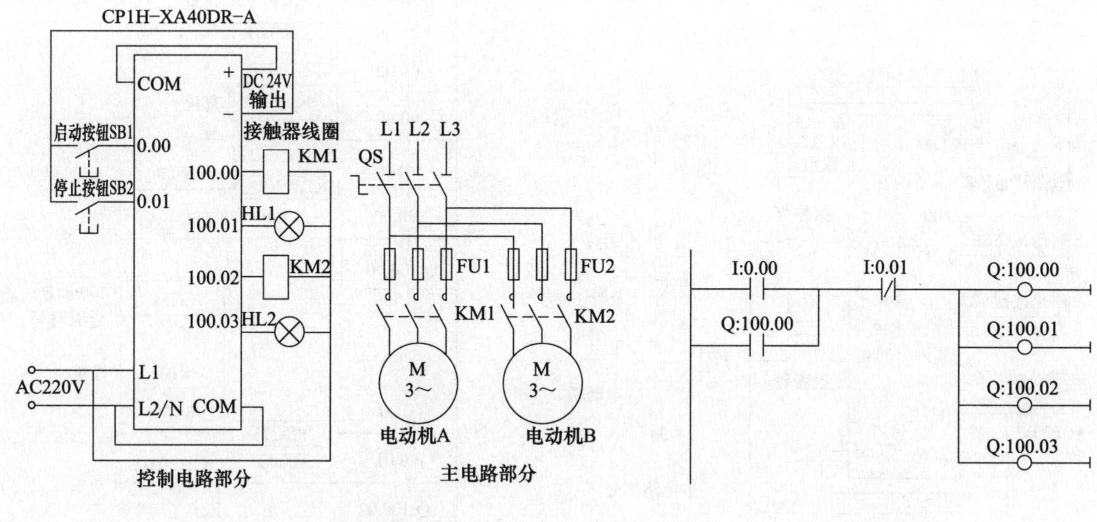

图 5-27 多重输出控制的 PLC 线路与梯形图

线路与梯形图说明如下。

（1）启动控制

按下启动按钮SB1→0.00常开触点闭合→
- 100.00自锁触点闭合,锁定输出线圈100.00～100.03供电
- 100.00线圈得电→100.00端子内硬触点闭合→KM1线圈得电→KM1主触点闭合→电动机A得电运转
- 100.01线圈得电→100.01端子内硬触点闭合→HL1灯点亮
- 100.02线圈得电→100.02端子内硬触点闭合→KM2线圈得电→KM2主触点闭合→电动机B得电运转
- 100.03线圈得电→100.03端子内硬触点闭合→HL2灯点亮

（2）停止控制

按下停止按钮SB2→0.00常闭触点断开→
- 100.00自锁触点断开,解除输出线圈100.00～100.03供电
- 100.00线圈失电→100.00端子内硬触点断开→KM1线圈失电→KM1主触点断开→电动机A失电停转
- 100.01线圈失电→100.01端子内硬触点断开→HL1熄灭
- 100.02线圈失电→100.02端子内硬触点断开→KM2线圈失电→KM2主触点断开→电动机B失电停转
- 100.03线圈失电→100.03端子内硬触点断开→HL2熄灭

5.6.7 过载报警控制的 PLC 线路与梯形图

过载报警控制的 PLC 线路与梯形图如图 5-28 所示。

线路与梯形图说明如下。

（1）启动控制

按下启动按钮 SB1→［0］0.01 常开触点闭合→置位（SET）指令执行→100.01 线圈被置位，即 100.01 线圈得电→100.01 端子内硬触点闭合→接触器 KM 线圈得电→KM 主触点闭合→电动机得电运转。

（2）停止控制

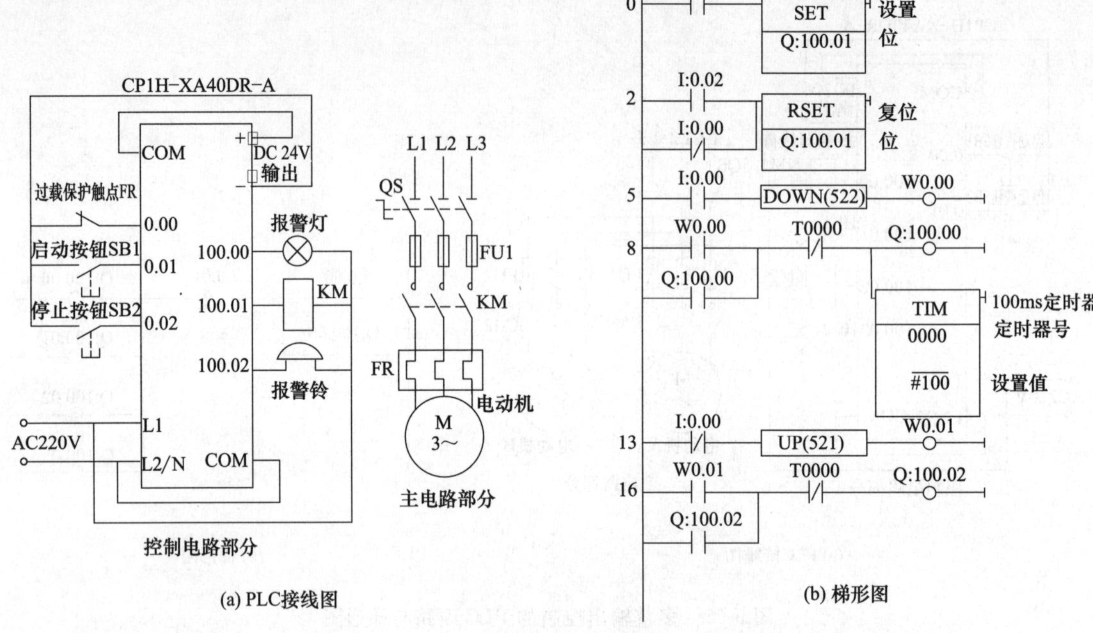

(a) PLC接线图

(b) 梯形图

图 5-28 过载报警控制的 PLC 线路与梯形图

按下停止按钮 SB2→[2] 0.02 常开触点闭合→复位（RSET）指令执行→100.01 线圈被复位（置 0），即 100.01 线圈失电→100.01 端子内硬触点断开→接触器 KM 线圈失电→KM 主触点断开→电动机失电停转。

（3）过载保护及报警控制

在正常工作时，FR过载保护触点闭合 →
- [2]0.00 常闭触点断开，不会对100.01线圈复位
- [5]0.00 常开触点闭合，下降沿检测无效，W0.00线圈状态为0
- [13]0.00 常闭触点断开，上升沿检测无效，W0.01线圈状态为0

当电动机过载运行时，热继电器FR发热动作，过载保护触点断开 →
- [2]0.00 常闭触点闭合 → 执行复位指令 → 100.01线圈失电 → 100.01端子内硬触点断开 → KM线圈失电 → KM主触点断开 → 电动机失电停转
- [5]0.00 常开触点由闭合转为断开，产生一个脉冲下降沿 → 下降沿检测指令执行，W0.00线圈得电一个扫描周期 → [8]W0.00常开触点闭合 → 定时器T0000开始10s计时，同时100.00线圈得电 → 100.00线圈得电一方面使[8]100.00自锁触点闭合来锁定供电，另一方面使报警灯通电点亮
- [13]0.00 常闭触点由断开转为闭合，产生一个脉冲上升沿 → 上升沿检测指令执行，W0.01线圈得电一个扫描周期 → [16]W0.01常开触点闭合 → 100.02线圈得电 → 100.02线圈得电一方面使[16]100.02自锁触点闭合来锁定供电，另一面使报警铃通电发声

→ 10s后，定时器T0000动作 →
- [16]T0000常闭触点断开 → 100.02线圈失电 → 报警铃失电，停止报警声
- [8]T0000常闭触点断开 → 定时器T0000复位，同时100.00线圈失电 → 报警灯失电熄灭

5.6.8 闪烁控制的 PLC 线路与梯形图

闪烁控制的 PLC 线路与梯形图如图 5-29 所示。

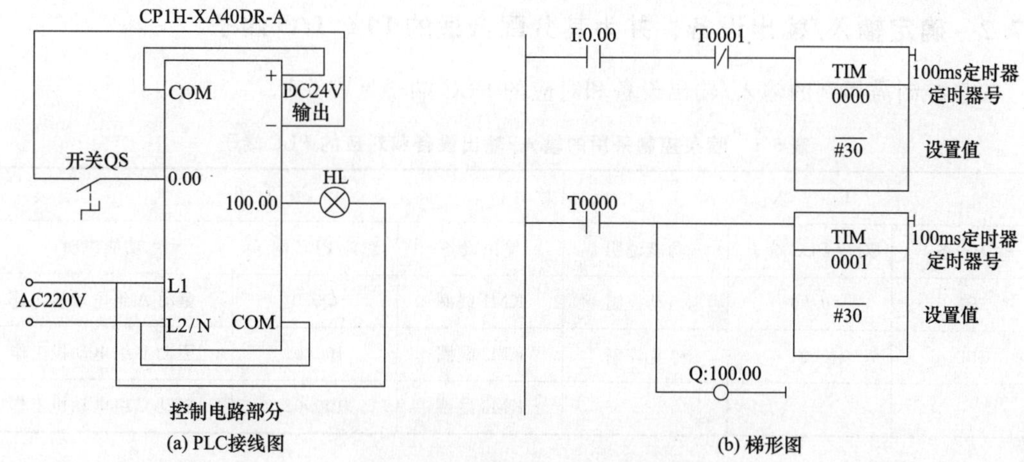

图 5-29 闪烁控制的 PLC 线路与梯形图

线路与梯形图说明如下。

将开关 QS 闭合→0.00 常开触点闭合→定时器 T0000 开始 3s 计时→3s 后，定时器 T0000 动作，T0000 常开触点闭合→定时器 T0001 开始 3s 计时，同时 100.00 得电，100.00 端子内硬触点闭合，灯 HL 点亮→3s 后，定时器 T0001 动作，T0001 常闭触点断开→定时器 T0000 复位，T0000 常开触点断开→100.00 线圈失电，同时定时器 T0001 复位→100.00 线圈失电使灯 HL 熄灭；定时器 T0001 复位使 T0001 常闭触点闭合，由于开关 QS 仍处于闭合，0.00 常开触点也处于闭合，定时器 T0000 又重新开始 3s 计时（此期间 T0000 触点断开，灯处于熄灭状态）。

以后重复上述过程，灯 HL 保持 3s 亮、3s 灭的频率闪烁发光。

5.7 喷泉的 PLC 控制系统开发实例

5.7.1 明确系统控制要求

系统要求用两个按钮来控制 A、B、C 三组喷头工作（通过控制三组喷头的泵电机来实现），三组喷头排列如图 5-30 所示。系统控制要求具体如下。

当按下启动按钮后，A 组喷头先喷 5s 后停止，然后 B、C 组喷头同时喷；5s 后，B 组喷头停止、C 组喷头继续喷 5s 再停止；而后 A、B 组喷头喷 7s，C 组喷头在这 7s 的前 2s 内停止，后 5s 内喷水；接着 A、B、C 三组喷头同时停止 3s，以后重复前述过程。按下停止按钮后，三组喷头同时停止喷水。图 5-31 为 A、B、C 三组喷头工作时序图。

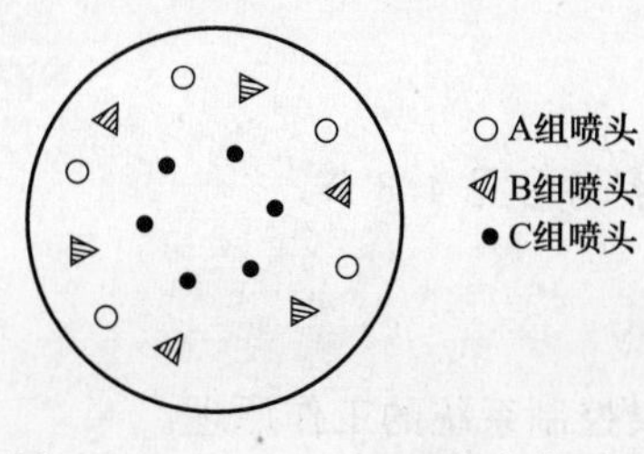

图 5-30 A、B、C 三组喷头排列图

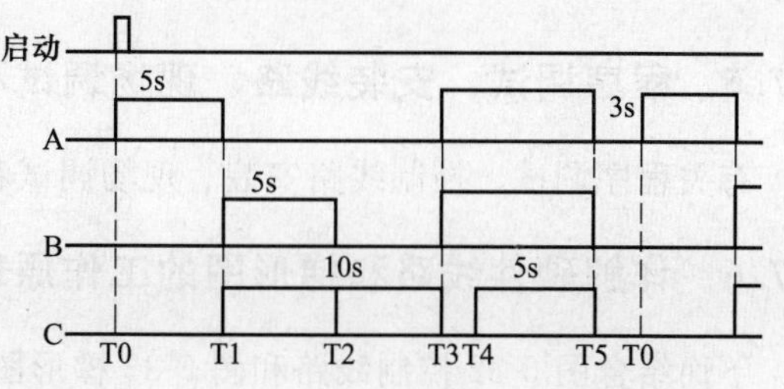

图 5-31 A、B、C 三组喷头工作时序图

5.7.2 确定输入/输出设备，并为其分配合适的 PLC I/O 端子

喷泉控制需用到的输入/输出设备和对应的 PLC 端子见表 5-1。

表 5-1 喷泉控制采用的输入/输出设备和对应的 PLC 端子

输入			输出		
输入设备	对应 PLC 端子	功能说明	输出设备	对应 PLC 端子	功能说明
SB1	0.00	启动控制	KM1 线圈	Q0.0	驱动 A 组电动机工作
SB2	0.01	停止控制	KM2 线圈	100.01	驱动 B 组电动机工作
			KM3 线圈	100.02	驱动 C 组电动机工作

5.7.3 绘制喷泉的 PLC 控制线路图

图 5-32 为喷泉的 PLC 控制线路图。

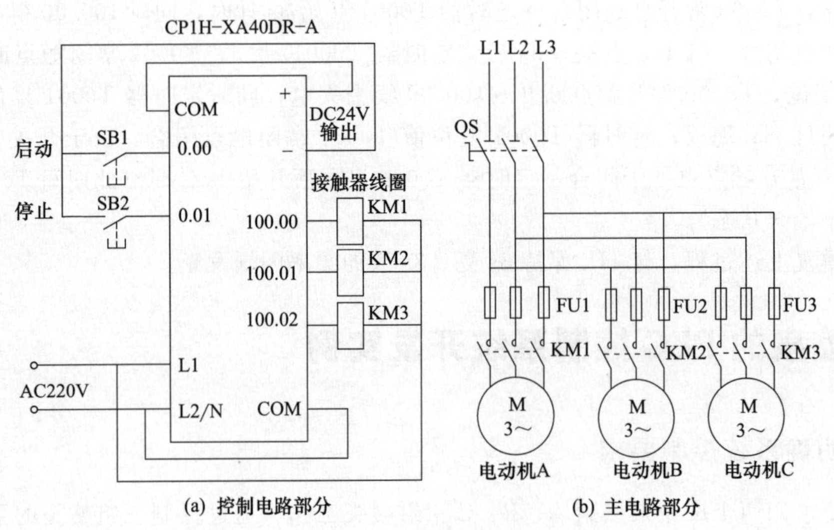

(a) 控制电路部分 (b) 主电路部分

图 5-32 喷泉的 PLC 控制线路图

5.7.4 编写 PLC 控制程序

启动 CX-P 编程软件，编写满足控制要求的梯形图程序，编写完成的梯形图如图 5-33 所示。

5.7.5 程序调试、安装线路、现场调试和运行

有关程序调试、控制线路安装、现场调试和运行等内容可参见 4.3 节。

5.7.6 详解硬件线路和梯形图的工作原理

下面结合图 5-32 控制线路和图 5-33 梯形图来说明喷泉控制系统的工作原理。

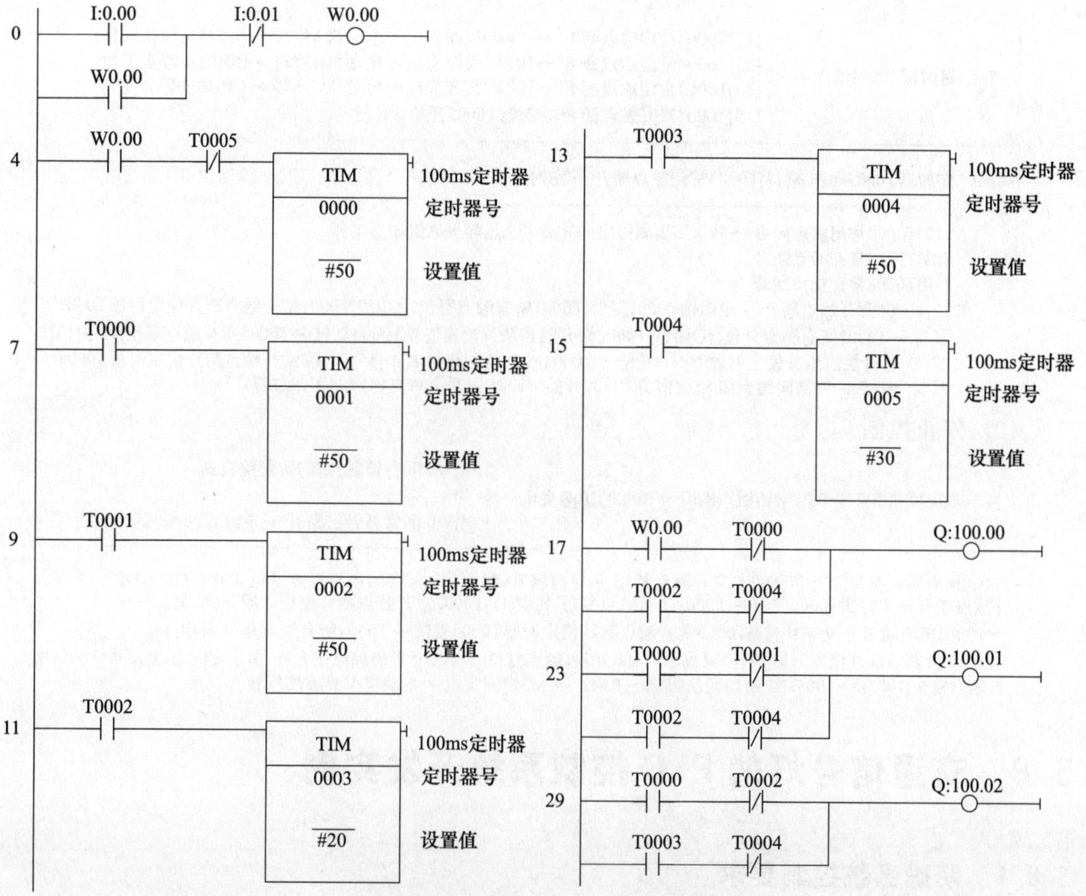

图 5-33 喷泉控制的梯形图程序

(1) 启动控制

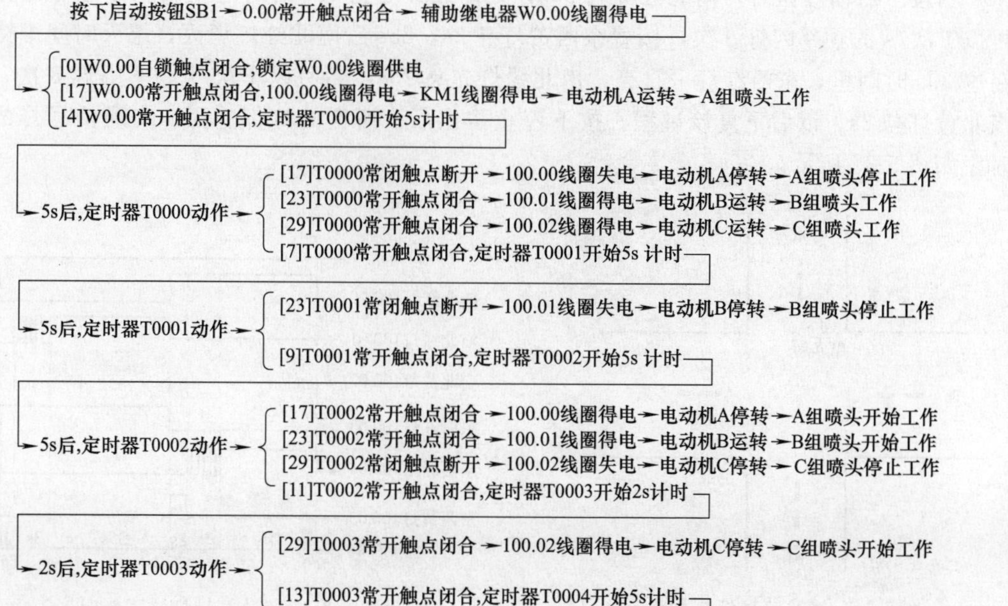

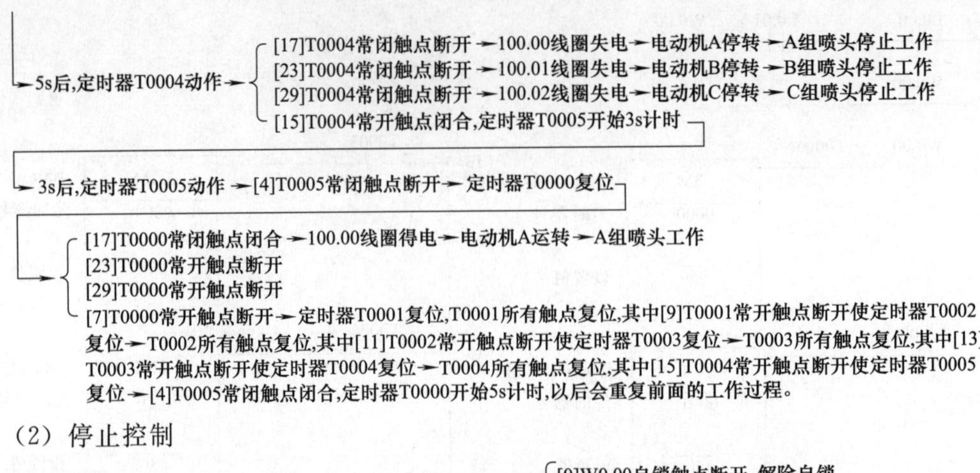

（2）停止控制

按下停止按钮SB2→0.01常闭触点断开→W0.00线圈失电→
- [0]W0.00自锁触点断开，解除自锁
- [4]W0.00常开触点断开→定时器T0000复位→

T0000所有触点复位,其中[7]T0000常开触点断开→定时器T0001复位→T0001所有触点复位,其中[9]T0001常开触点断开使定时器T0002复位→T0002所有触点复位,其中[11]T0002常开触点断开使定时器T0003复位→T0003所有触点复位,其中[13]T0003常开触点断开使定时器T0004复位→T0004所有触点复位,其中[15]T0004常开触点断开使定时器T0005复位→T0005所有触点复位,[4]T0005常闭触点闭合→由于定时器T0000～T0005所有触点复位,100.00～100.02线圈均无法得电→KM1～KM3线圈失电→电动机A、B、C均停转

5.8 交通信号灯的PLC控制系统开发实例

5.8.1 明确系统控制要求

系统要求用两个按钮来控制交通信号灯工作，交通信号灯排列如图 5-34 所示。系统控制要求具体如下。

当按下启动按钮后，南北红灯亮 25s，在南北红灯亮 25s 的时间里，东西绿灯先亮 20s，再以 1 次/s 的频率闪烁 3 次，接着东西黄灯亮 2s，25s 后南北红灯熄灭，熄灭时间维持 30s，在这 30s 时间里，东西红灯一直亮，南北绿灯先亮 25s，然后以 1 次/s 频率闪烁 3 次，接着南北黄灯亮 2s。以后重复该过程。按下停止按钮后，所有的灯都熄灭。交通信号灯的工作时序如图 5-35 所示。

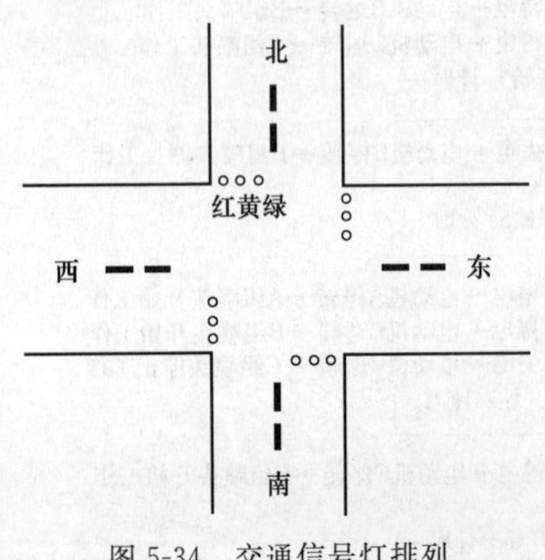

图 5-34　交通信号灯排列

启动
南北红灯100.00
南北绿灯100.01
南北黄灯100.02
东西红灯100.03
东西绿灯100.04
东西黄灯100.05
时间轴
20s 3s 2s 25s 3s 2s
T0 T1 T2T3 T4 T5T0

图 5-35　交通信号灯的工作时序

5.8.2 确定输入/输出设备，并为其分配合适的 PLC I/O 端子

交通信号灯控制需用到的输入/输出设备和对应的 PLC 端子见表 5-2。

表 5-2 交通信号灯控制采用的输入/输出设备和对应的 PLC 端子

输入			输出		
输入设备	对应 PLC 端子	功能说明	输出设备	对应 PLC 端子	功能说明
SB1	0.00	启动控制	南北红灯	100.00	驱动南北红灯亮
SB2	0.01	停止控制	南北绿灯	100.01	驱动南北绿灯亮
			南北黄灯	100.02	驱动南北黄灯亮
			东西红灯	100.03	驱动东西红灯亮
			东西绿灯	100.04	驱动东西绿灯亮
			东西黄灯	100.05	驱动东西黄灯亮

5.8.3 绘制交通信号灯的 PLC 控制线路图

图 5-36 为交通信号灯的 PLC 控制线路图。

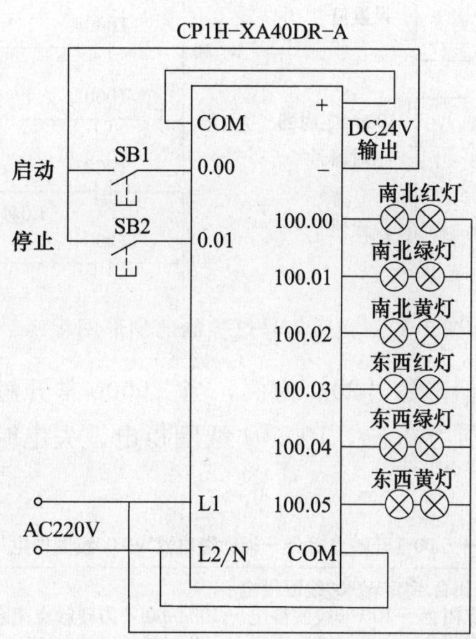

图 5-36 交通信号灯的 PLC 控制线路图

5.8.4 编写 PLC 控制程序

启动 CX-P 编程软件，编写满足控制要求的梯形图程序，编写完成的梯形图如图 5-37 所示。

5.8.5 详解硬件线路和梯形图的工作原理

下面结合图 5-36 控制线路图和图 5-37 梯形图来说明交通信号灯的控制原理。

在图 5-37 梯形图中用到了时钟脉冲触点 P_1s，P_1s 触点是一个能自动通断的触点，其

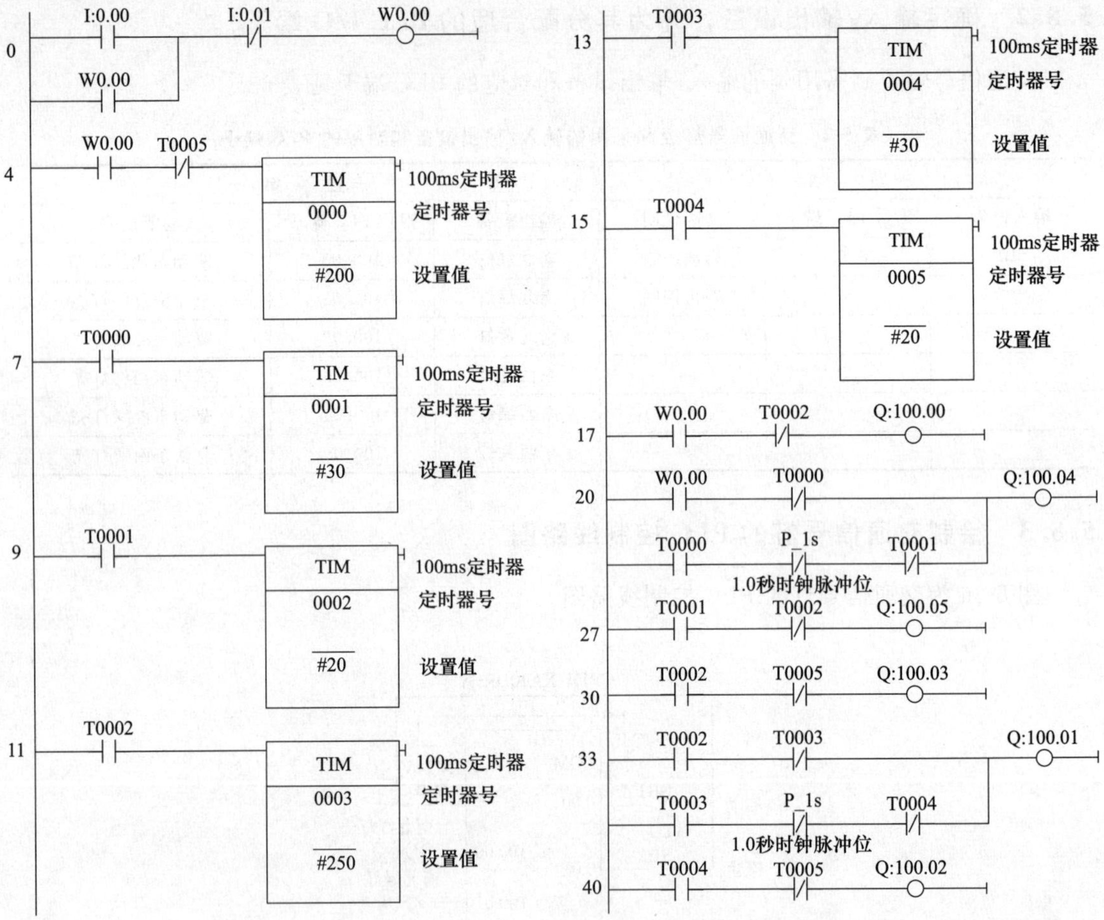

图 5-37　交通信号灯控制的梯形图程序

通断持续时间各为 0.5s，以梯形图［20］为例，当 T0000 常开触点闭合时，在 1s 内，P_1s 常闭触点接通、断开时间分别为 0.5s，100.04 线圈得电、失电时间也都为 0.5s。

（1）启动控制

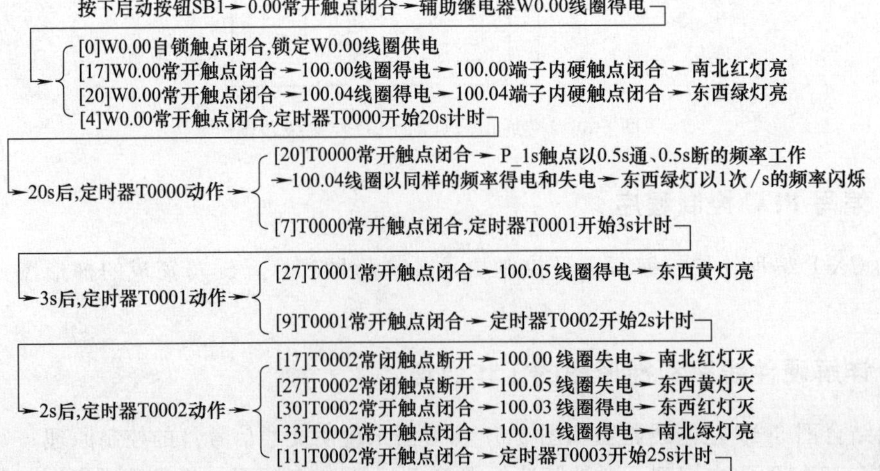

(2) 停止控制

按下停止按钮SB2→0.01常闭触点断开→辅助继电器W0.00线圈失电→

- [0]W0.00自锁触点断开,解除W0.00线圈供电
- [17]W0.00常开触点断开,100.00线圈无法得电
- [20]W0.00常开触点断开→100.04线圈无法得电
- [4]W0.00常开触点断开,定时器T0000复位,T0000所有触点复位

→[7]T0000常开触点复位断开使定时器T0001复位,T0001所有触点均复位→其中[9]T0001常开触点复位断开使定时器T0002复位→同样地,定时器T0003、T0004、T0005也依次复位→在定时器T0001复位后,[27]T0001常开触点断开,100.05线圈无法得电;在定时器T0002复位后,[30]T0002常开触点断开,100.03线圈无法得电;在定时器T0003复位后,[33]T0003常开触点断开,100.01线圈无法得电;在定时器T0004复位后,[40]T0004常开触点断开,100.02线圈无法得电→100.00～100.05线圈均无法得电,所有交通信号灯都熄灭。

5.9 多级传送带的PLC控制系统开发实例

5.9.1 明确系统控制要求

系统要求用两个按钮来控制传送带按一定方式工作，传送带结构如图5-38所示。系统控制要求具体如下。

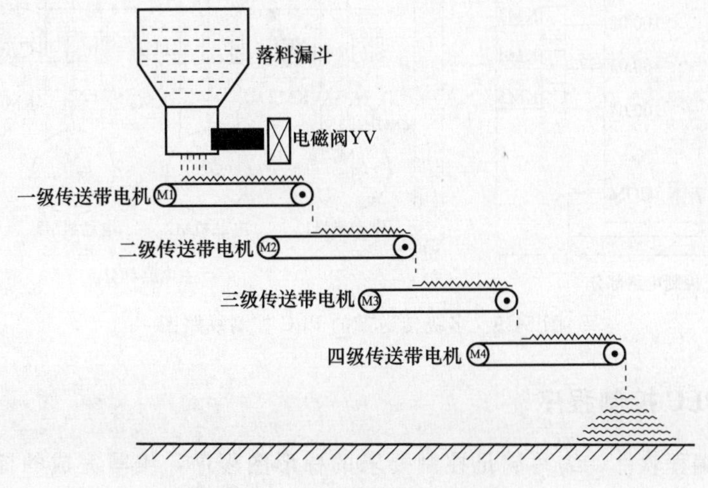

图5-38 多级传送带结构示意图

当按下启动按钮后，电磁阀 YV 打开，开始落料，同时一级传送带电机 M1 启动，将物料往前传送，6s 后二级传送带电机 M2 启动，M2 启动 5s 后三级传送带电机 M3 启动，M3 启动 4s 后四级传送带电机 M4 启动。

当按下停止按钮后，为了不让各传送带上有物料堆积，要求先关闭电磁阀 YV，6s 后让 M1 停转，M1 停转 5s 后让 M2 停转，M2 停转 4s 后让 M3 停转，M3 停转 53 后让 M4 停转。

5.9.2 确定输入/输出设备，并为其分配合适的 PLC I/O 端子

多级传送带控制需用到的输入/输出设备和对应的 PLC 端子见表 5-3 。

表 5-3 多级传送带控制采用的输入/输出设备和对应的 PLC 端子

输入			输出		
输入设备	对应 PLC 端子	功能说明	输出设备	对应 PLC 端子	功能说明
SB1	0.00	启动控制	KM1 线圈	100.00	控制电磁阀 YV
SB2	0.01	停止控制	KM2 线圈	100.01	控制一级皮带电机 M1
			KM3 线圈	100.02	控制二级皮带电机 M2
			KM4 线圈	100.03	控制三级皮带电机 M3
			KM5 线圈	100.04	控制四级皮带电机 M4

5.9.3 绘制多级传送带的 PLC 控制线路图

图 5-39 为多级传送带的 PLC 控制线路图。

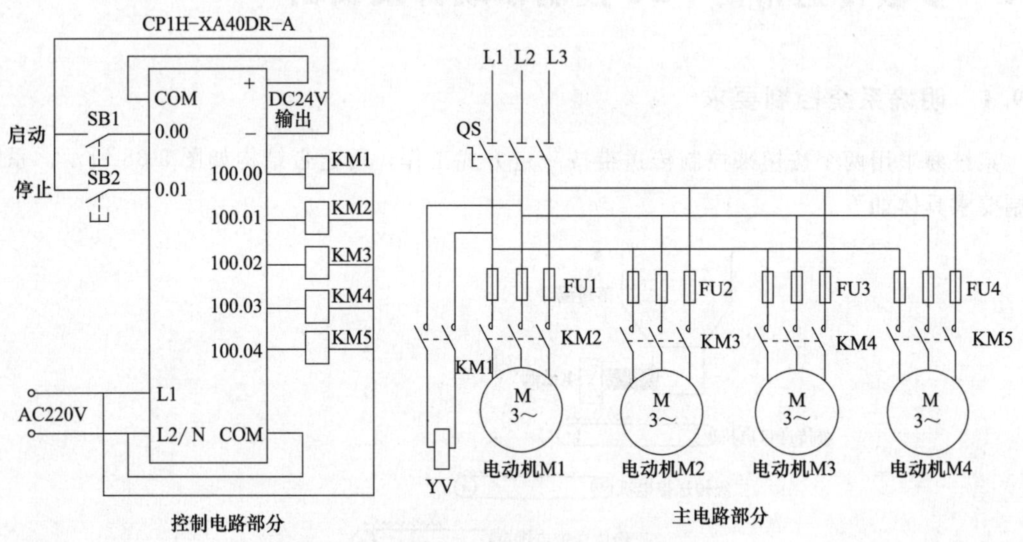

图 5-39 多级传送带的 PLC 控制线路图

5.9.4 编写 PLC 控制程序

启动 CX-P 编程软件，编写满足控制要求的梯形图程序，编写完成的梯形图如图 5-40 所示。

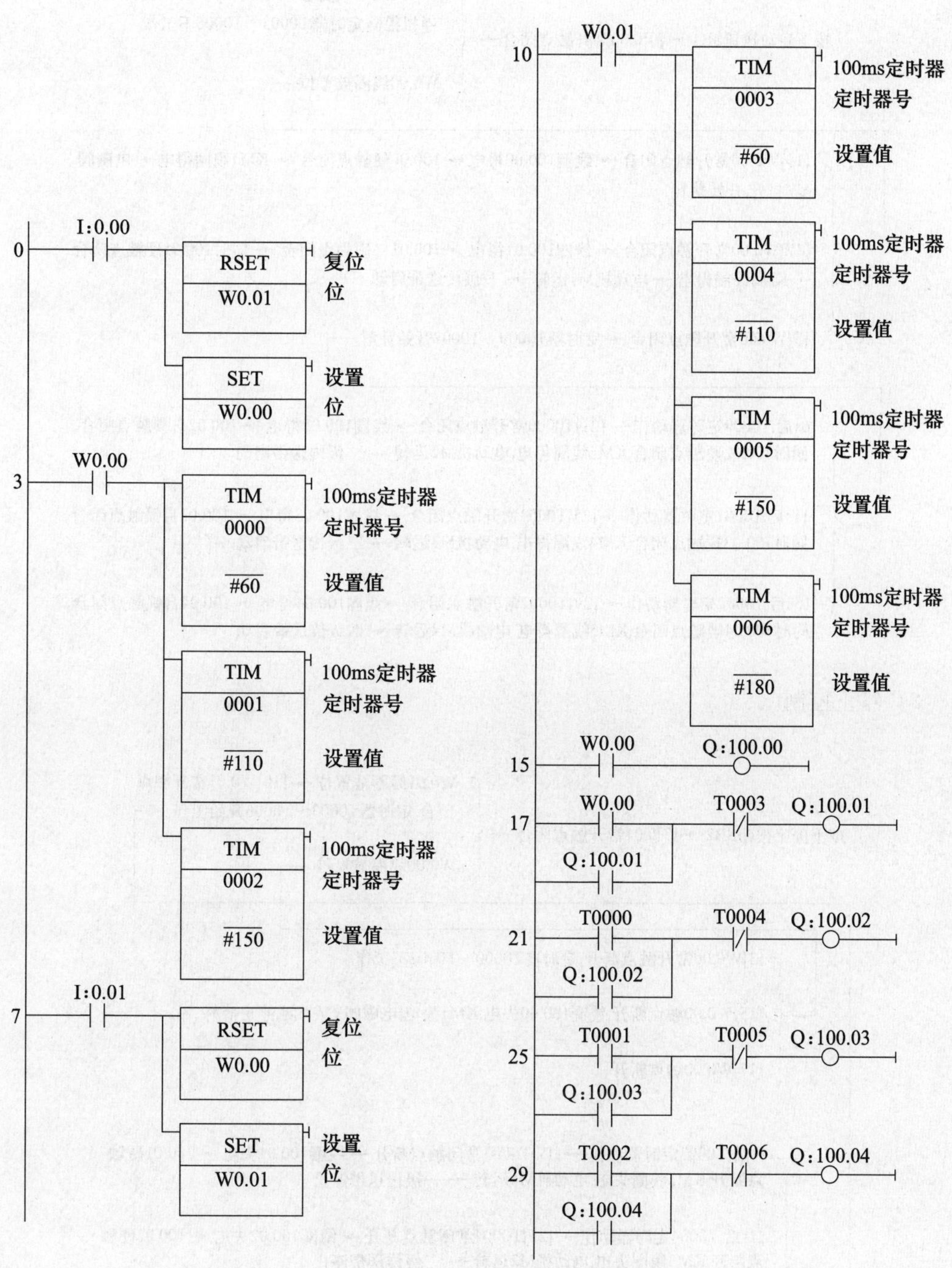

图 5-40 多级传送带控制的梯形图程序

5.9.5 详解硬件线路和梯形图的工作原理

下面结合图 5-39 控制线路和图 5-40 梯形图来说明多级传送带的控制原理。

(1) 启动控制

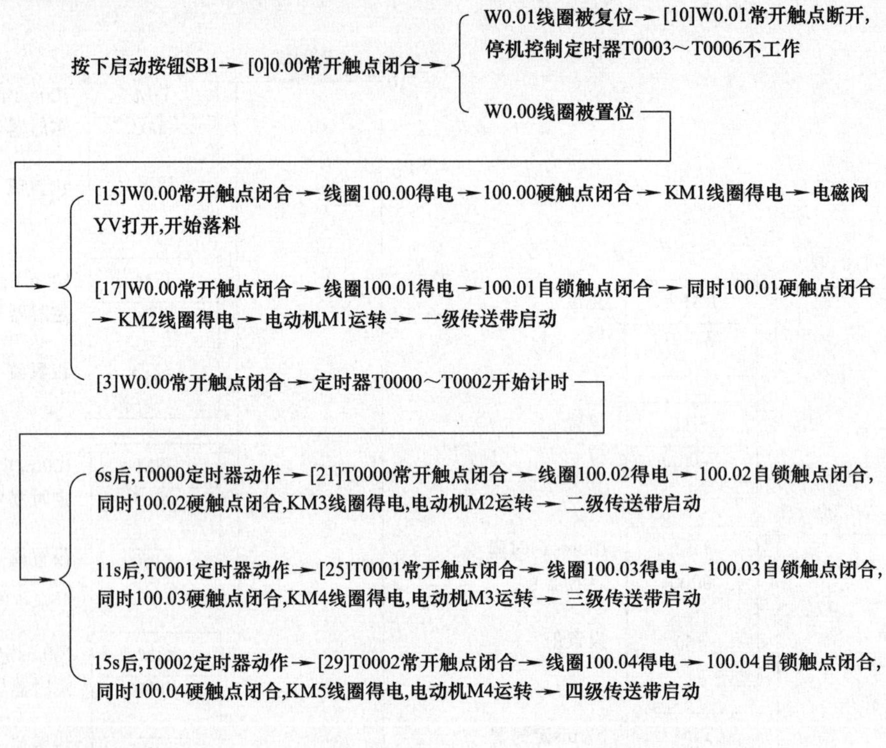
按下启动按钮SB1→[0]0.00常开触点闭合→
W0.01线圈被复位→[10]W0.01常开触点断开,停机控制定时器T0003～T0006不工作
W0.00线圈被置位
[15]W0.00常开触点闭合→线圈100.00得电→100.00硬触点闭合→KM1线圈得电→电磁阀YV打开,开始落料
[17]W0.00常开触点闭合→线圈100.01得电→100.01自锁触点闭合→同时100.01硬触点闭合→KM2线圈得电→电动机M1运转→一级传送带启动
[3]W0.00常开触点闭合→定时器T0000～T0002开始计时
6s后,T0000定时器动作→[21]T0000常开触点闭合→线圈100.02得电→100.02自锁触点闭合,同时100.02硬触点闭合,KM3线圈得电,电动机M2运转→二级传送带启动
11s后,T0001定时器动作→[25]T0001常开触点闭合→线圈100.03得电→100.03自锁触点闭合,同时100.03硬触点闭合,KM4线圈得电,电动机M3运转→三级传送带启动
15s后,T0002定时器动作→[29]T0002常开触点闭合→线圈100.04得电→100.04自锁触点闭合,同时100.04硬触点闭合,KM5线圈得电,电动机M4运转→四级传送带启动

(2) 停止控制

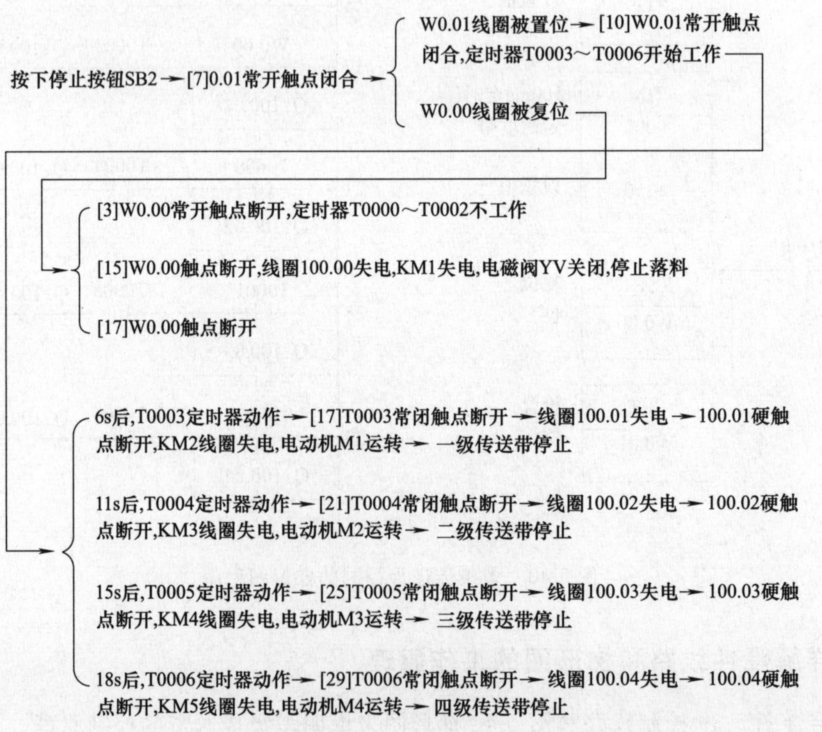
按下停止按钮SB2→[7]0.01常开触点闭合→
W0.01线圈被置位→[10]W0.01常开触点闭合,定时器T0003～T0006开始工作
W0.00线圈被复位
[3]W0.00常开触点断开,定时器T0000～T0002不工作
[15]W0.00触点断开,线圈100.00失电,KM1失电,电磁阀YV关闭,停止落料
[17]W0.00触点断开
6s后,T0003定时器动作→[17]T0003常闭触点断开→线圈100.01失电→100.01硬触点断开,KM2线圈失电,电动机M1运转→一级传送带停止
11s后,T0004定时器动作→[21]T0004常闭触点断开→线圈100.02失电→100.02硬触点断开,KM3线圈失电,电动机M2运转→二级传送带停止
15s后,T0005定时器动作→[25]T0005常闭触点断开→线圈100.03失电→100.03硬触点断开,KM4线圈失电,电动机M3运转→三级传送带停止
18s后,T0006定时器动作→[29]T0006常闭触点断开→线圈100.04失电→100.04硬触点断开,KM5线圈失电,电动机M4运转→四级传送带停止

5.10 车库自动门的PLC控制系统开发实例

5.10.1 明确系统控制要求

系统要求车库门在车辆进出时能自动打开关闭，车库门控制结构如图5-41所示。系统控制具体要求如下。

在车辆入库经过入门传感器时，入门传感器开关闭合，车库门电机正转，车库门上升，当车库门上升到上限位开关处时，电机停转；车辆进库经过出门传感器时，出门传感器开关闭合，车库门电机反转，车库门下降，当车库门下降到下限位开关处时，电机停转。

在车辆出库经过出门传感器时，出门传感器开关闭合，车库门电机正转，车库门上升，当门上升到上限位开关处时，电机停转；车辆出库经过入门传感器时，入门传感器开关闭合，车库门电机反转，车库门下降，当门下降到下限位开关处时，电机停转。

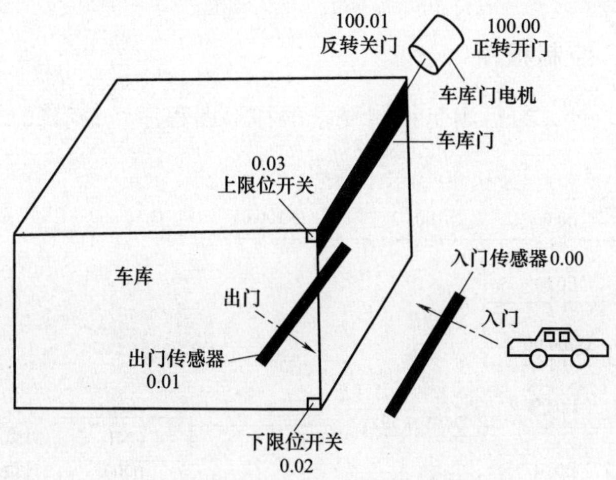

图5-41 车库门控制结构示意图

5.10.2 确定输入/输出设备，并为其分配合适的PLC I/O端子

车库自动门控制需用到的输入/输出设备和对应的PLC端子见表5-4 。

表5-4 车库自动门控制采用的输入/输出设备和对应的PLC端子

输入			输出		
输入设备	对应PLC端子	功能说明	输出设备	对应PLC端子	功能说明
入门传感器开关	0.00	检测车辆有无通过	KM1线圈	100.00	控制车库门上升(电机正转)
出门传感器开关	0.01	检测车辆有无通过	KM2线圈	100.01	控制车库门下降(电机反转)
下限位开关	0.02	限制车库门下降			
上限位开关	0.03	限制车库门上升			

5.10.3 绘制车库自动门的PLC控制线路图

图5-42为车库自动门的PLC控制线路图。

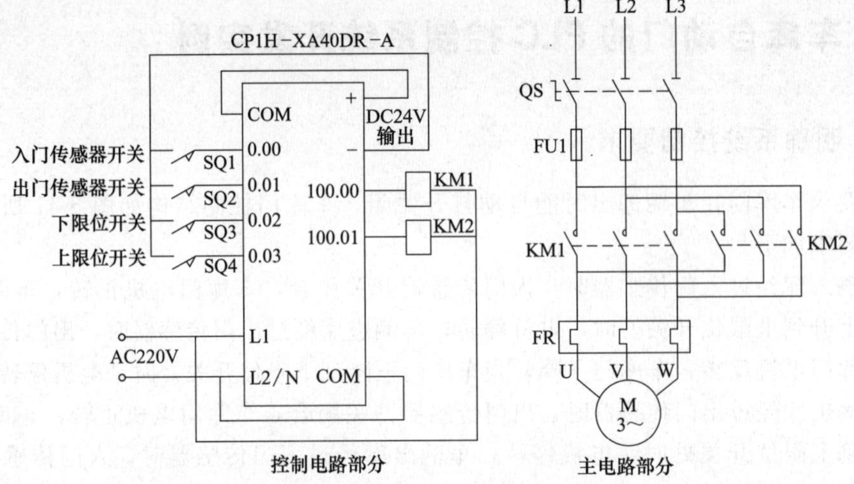

图 5-42　车库自动门的 PLC 控制线路图

5.10.4　编写 PLC 控制程序

启动 CX-P 编程软件，编写满足控制要求的梯形图程序，编写完成的梯形图如图 5-43 所示。

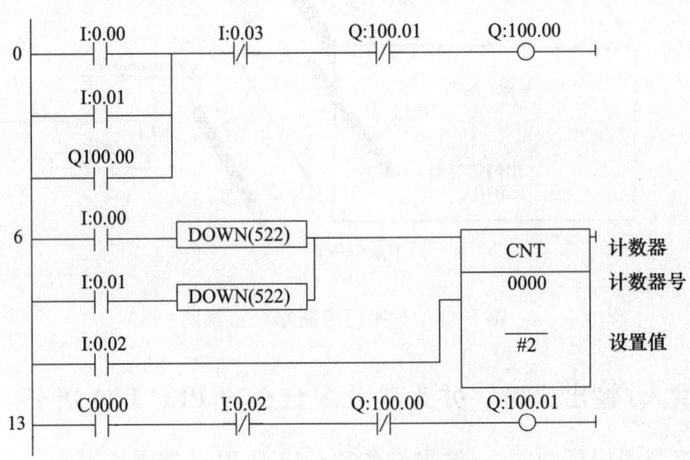

图 5-43　车库自动门控制梯形图程序

5.10.5　详解硬件线路和梯形图的工作原理

下面结合图 5-42 控制线路和图 5-43 梯形图来说明车库门的控制原理。

（1）入门控制过程

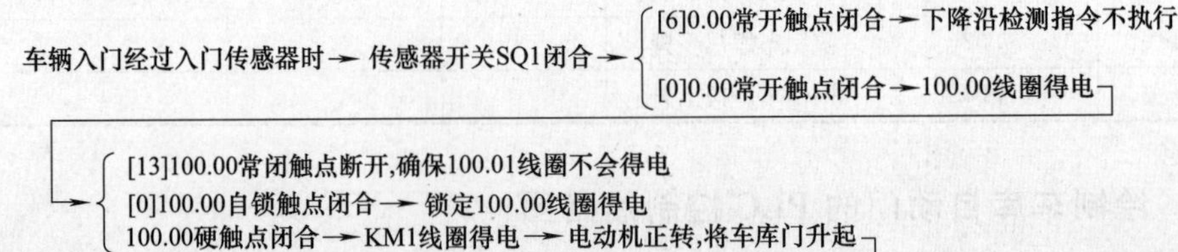

→当车库门上升到上限位开关SQ4处时,SQ4闭合,[0]0.03常闭触点断开→100.00线圈失电

→ [13]100.00常闭触点闭合,为100.01线圈得电做准备
[0]100.00自锁触点断开→解除100.00线圈得电锁定
100.00硬触点断开→KM1线圈失电→电动机停转,车库门停止上升

车辆入门驶离入门传感器时→传感器开关SQ1断开→ [0]0.00常开触点断开
[6]0.00常开触点由闭合转为断开→下降沿检测指令执行→计数器C0000当前值由2减至1

车辆入门经过出门传感器时→传感器开关SQ2闭合→ [0]100.01常开触点闭合→由于SQ4闭合使0.03常闭触点断开,故100.00线圈无法得电
[6]100.01常开触点闭合→下降沿检测指令不执行

车辆入门驶离出门传感器时→传感器开关SQ2断开→ [0]100.01常开触点断开
[6]100.01常开触点由闭合转为断开→下降沿检测指令执行→计数器C0000当前值由1减至0

→计数器C0000状态变为1→[13]C0000常开触点闭合→100.01线圈得电→KM2线圈得点→电动机反转,将车库门降下,当门下降到下限位开关SQ3时,[6]0.02常开触点闭合,计数器C0000复位,[13]C0000常开触点断开,100.01线圈失电→KM2线圈失电→电动机停转,车辆入门控制过程结束。

(2) 出门控制过程

车辆出门经过出门传感器时→传感器开关SQ2闭合→ [6]0.01常开触点闭合→下降沿检测指令不执行
[6]0.01常开触点闭合→100.00线圈得电

→ [13]100.00常闭触点断开,确保100.01线圈不会得电
[0]100.00自锁触点闭合→锁定100.00线圈得电
100.00硬触点闭合→KM1线圈得电→电动机正转,将车库门升起

→当车库门上升到上限位开关SQ4处时,SQ4闭合,[0]0.03常闭触点断开→100.00线圈失电

→ [13]100.00常闭触点闭合,为100.01线圈得电做准备
[0]100.00自锁触点断开→解除100.00线圈得电锁定
100.00硬触点断开→KM1线圈失电→电动机停转,车库门停止上升

车辆出门驶离出门传感器时→传感器开关SQ2断开→ [0]0.01常开触点断开
[6]0.01常开触点由闭合转为断开→下降沿检测指令执行→计数器C0000当前值由2减至1

车辆出门经过入门传感器时→传感器开关SQ1闭合→ [0]0.00常开触点闭合→由于SQ4闭合使0.03常闭触点断开,故100.00无法得电
[6]0.00常开触点闭合→下降沿检测指令不执行

车辆出门驶离入门传感器时→传感器开关SQ1断开→ [0]0.00常开触点断开
[6]0.00常开触点由闭合转为断开→下降沿检测指令执行→计数器C0000当前值由1减至0

→计数器C0000状态变为1→[13]C0000常开触点闭合→100.01线圈得电→KM2线圈得电→电动机反转,将车库门降下,当门下降到下限位开关SQ3处时,[6]0.02常开触点闭合,计数器C0000复位,[13]C0000常开触点断开,100.01线圈失电→KM2线圈失电→电动机停转,车辆出门控制过程结束。

第6章 顺序控制指令及应用实例

6.1 顺序控制与状态转移图

一个复杂的任务往往可以分成若干个小任务，当按一定的顺序完成这些小任务后，整个大任务也就完成了。在生产实践中，顺序控制又称步进控制，是指按照一定的顺序逐步控制来完成各个工序的控制方式。在采用顺序控制时，为了直观表示出控制过程，可以绘制顺序控制图。

图 6-1 是一个三台电动机顺序控制图，由于每一个步骤称作一个工序（或称作步），所以又称工序图。在 PLC 编程时，绘制的顺序控制图称为状态转移图或功能图，简称 SFC 图，图 6-1（b）为图 6-1（a）对应的状态转移图。

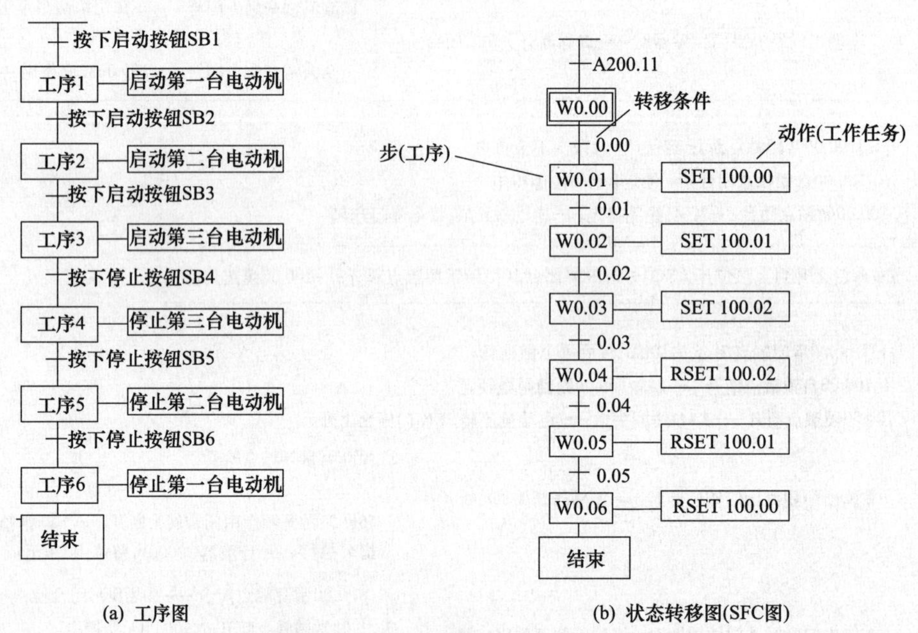

图 6-1 一个三台电动机顺序控制图

顺序控制有三个要素：转移条件、转移目标和工作任务。在图 6-1（a）中，当上一个工序需要转到下一个工序时必须满足一定的转移条件，如工序 1 要转到下一个工序 2 时，需按下启动按钮 SB2，若不按下 SB2，就无法进行下一个工序 2，按下 SB2 即为转移条件。当转移条件满足后，需要确定转移目标，如工序 1 转移目标是工序 2。每个工序都有具体的工作任务，如工序 1 的工作任务是“启动第一台电动机”。

PLC 编程时绘制的状态转移图与顺序控制图相似，图 6-1（b）中的步 W0.01 相当于工序 1，动作“SET 100.00”相当于工作任务，W0.01 的转移目标是 W0.02，A200.11 用来启动首步，A200.11 触点在 PLC 首次扫描时接通一个扫描周期（第二个及以后的扫描周期断开），W0.00 为初始步，每个 SFC 图必须要有一个初始步，绘制 SFC 图时初始步要用双线矩形框表示。

6.2 工序步进控制指令

工序步进控制指令又称工序步进指令，用来编写顺序控制程序，CP1H PLC 有 2 条常用的工序步进控制指令。

6.2.1 指令说明

工序步进控制指令说明如下。

指令名称、格式与符号	功能说明	操作数	使用举例
步启动 SNXT N [SNXT / N]	复位上一步，启动第 N 步	N 为步程序编号： W0.00～W511.15	[0.00 常开触点 — SNXT / W0.00] 当常开触点 0.00 闭合时，SNXT 指令执行，将内部辅助继电器 W0.00 的状态置 1，启动该继电器对应的 W0.00 步程序，同时复位上一步程序
步开始 STEP N [STEP / N]	开始第 N 步程序，指令若无操作数 N，则表示步程序结束	N 为步程序编号： W0.00～W511.15	[STEP / N] 开始第N步程序 ⋮ [STEP] 步程序结束

6.2.2 指令使用举例

工序步进控制指令使用及说明如图 6-2 所示，图 6-2（a）为梯形图，图 6-2（b）为状态转移图，图 6-2（c）为指令语句。从图中可以看出，顺序控制程序由多个步程序组成，每个步程序段以 STEP 指令开始、以 SNXT 指令结束并启动下一个步程序，当执行 SNXT 指令时，会将上一步程序复位，同时启动本步程序（即将本步程序状态继电器 Wxxx.xx 置 1），使本步程序成为活动步程序，本步程序则被执行。

在图 6-2 中，进入初始步（W0.00）程序的条件是 0.00 触点由断开转为闭合，由初始步进入下一步（W0.01）程序的条件是 T0000 触点闭合，若不满足步进转换条件，则会一直运行当前步程序，无法进入下一步程序。

6.2.3 指令使用注意事项

使用工序步进控制指令时，要注意以下事项。

① 工序步进指令仅对内部辅助继电器 W0.00～W511.15 有效，不要重复使用同一编号的内部辅助继电器。

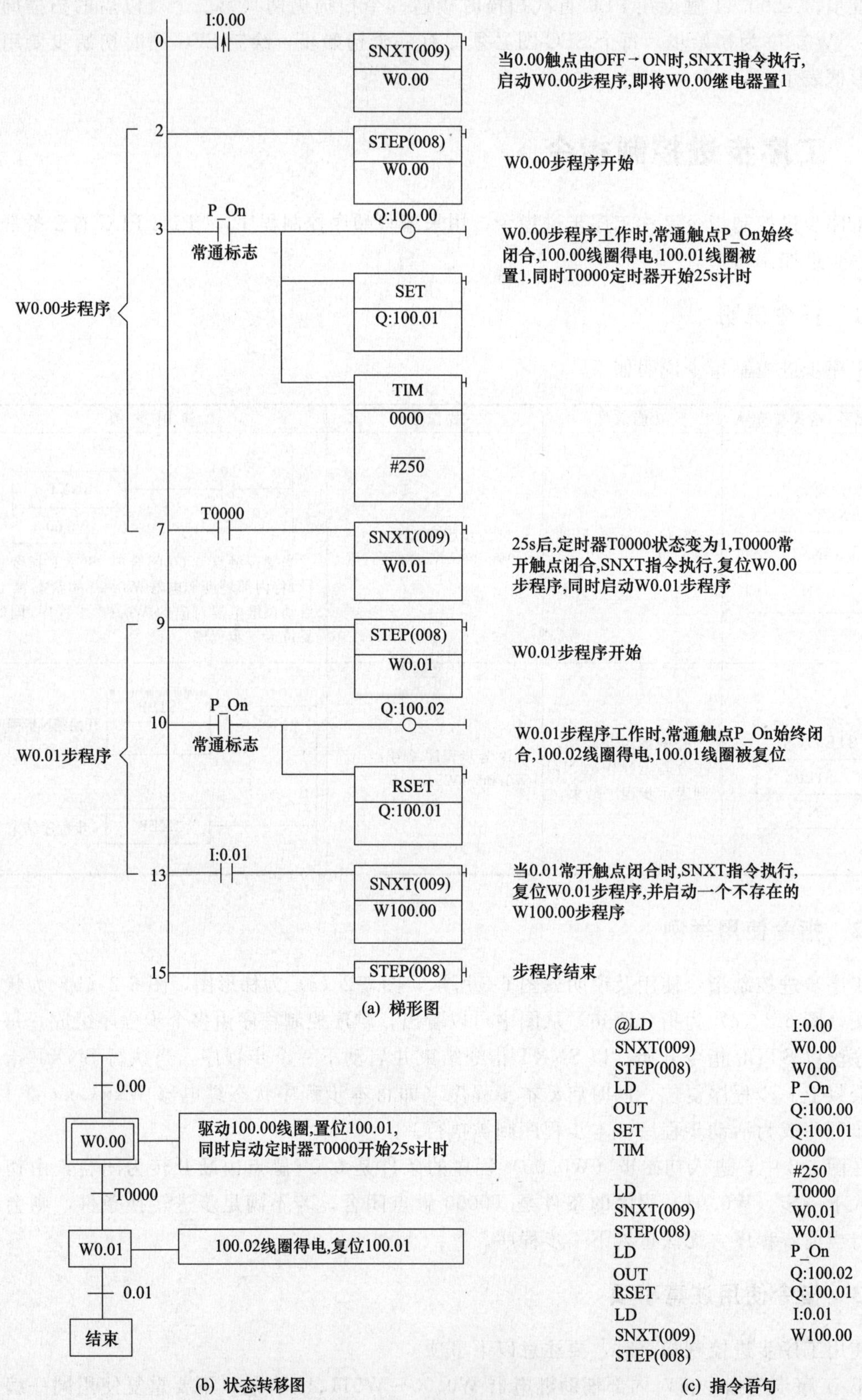

图 6-2 工序步进指令使用举例

② 执行 SNXT 指令转移步程序后，上一步程序会被复位，其中 OUT、OUTNOT 指定的继电器为 OFF，定时器 TIM、TIMH、TMHH、TIML 复位，其他指令（如 SET、RSET、KEEP 和计数器）指定的继电器会保持。

③ 将 SNXT 指令的参数 N 设为一个未使用的内部辅助继电器编号，并在其后紧跟一条无参数 N 的 STEP 指令，则可结束整个步程序。

④ SNXT、STEP 指令不能用在子程序、中断程序和程序块中。

⑤ 禁止在步程序段中使用时序控制指令（END、IL、ILC、JMP、JME、JMP0、JME0、CJP、CJPN）和子程序进入（SBN）、返回（RET）。

6.3 顺序控制的几种方式

顺序控制主要方式有：单分支方式、选择性分支方式和并行分支方式。如图 6-2（b）所示的状态转移图为单分支方式，程序由前往后依次执行，中间没有分支，简单的顺序控制常采用这种单分支方式。较复杂的顺序控制可采用选择性分支方式或并行分支方式。

6.3.1 选择性分支方式

选择性分支状态转移图如图 6-3（a）所示，在 W0.00 步后面有两个可选择的分支，当 0.00 闭合时执行 W0.01 步，当 0.03 闭合时执行 W0.03 步，如果 0.00 较 0.03 先闭合，则只执行 0.00 所在的分支，0.03 所在的分支不执行，即两条分支不能同时进行。图 6-3（b）是依据图 6-3（a）画出的梯形图，图中的 A200.11 触点在 PLC 上电首次扫描时接通一个扫描周期。

6.3.2 并行分支方式

并行分支方式状态转移图如图 6-4（a）所示，在 W0.00 步后面有两个并行的分支，并行分支用双线表示，当 0.00 触点闭合时，W0.01 步和 W0.03 步两个分支同时执行，当两个分支都执行完成并且 0.03 触点闭合时才能往下执行，若 W0.01 或 W0.04 任一条分支未执行完，即使 0.03 触点闭合，也不会执行到 W0.05 步。

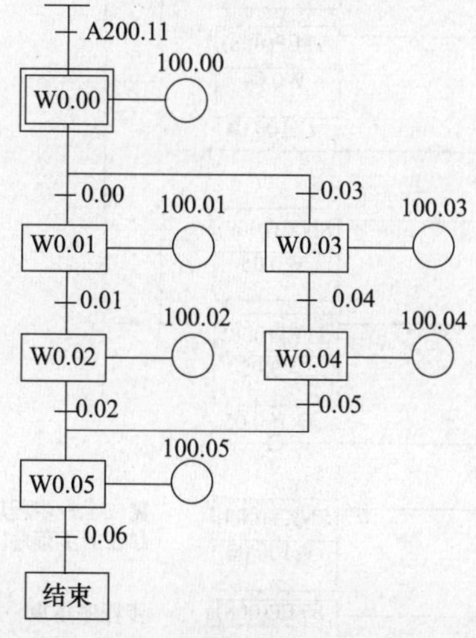

(a) 状态转移图

图 6-3

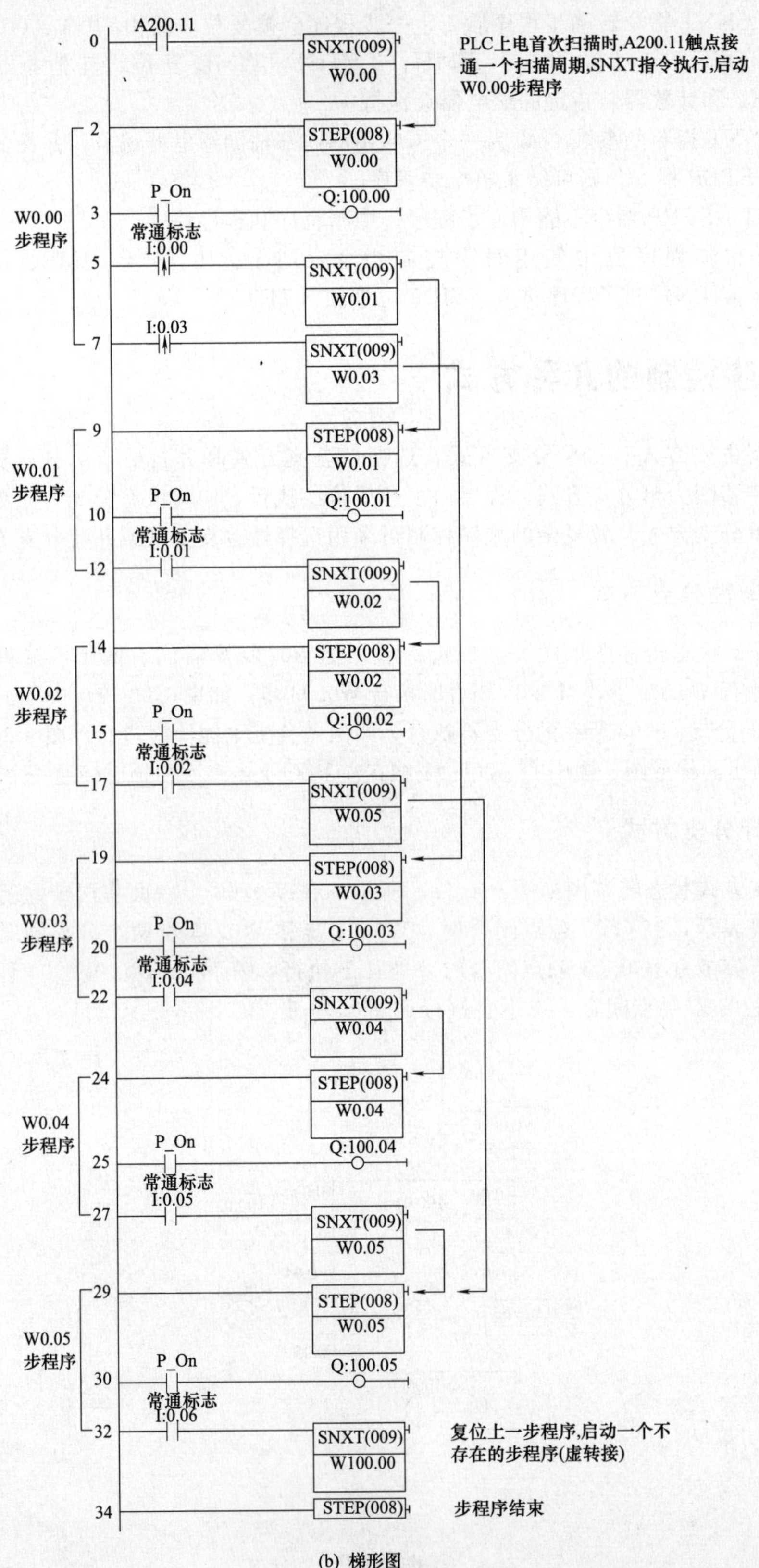

(b) 梯形图

图 6-3　选择性分支方式

A200.11
W0.00
100.00
0.00
W0.01
100.01
W0.03
100.03
0.01
0.02
W0.02
100.02
W0.04
100.04
0.03
W0.05
100.05
0.04
结束
(a)状态转移图
A200.11
第一次循环标志
SNXT(009)
W0.00
PLC上电首次扫描时A200.11触点接通一个扫描周期,SNXT指令执行,启动W0.00步程序
STEP(008)
W0.00
W0.00
步程序
P_On
Q:100.00
常通标志 I:0.00
SNXT(009)
W0.01
SNXT(009)
W0.03
STEP(008)
W0.01
W0.01
步程序
P_On
Q:100.01
常通标志 I:0.01
SNXT(009)
W0.02
STEP(008)
W0.02
W0.02
步程序
P_On
Q:100.02
常通标志
STEP(008)
W0.03
W0.03
步程序
P_On
Q:100.03
常通标志 I:0.02
SNXT(009)
W0.04
STEP(008)
W0.04
W0.04
步程序
P_On
Q:100.04
常通标志 W0.02
I:0.03
W0.04
SNXT(009)
W0.05
W0.02
W0.04
由于W0.02步程序未使用SNXT指令转移,故W0.02继电器状态为1,W0.02常开触点闭合,在W0.04步程序未转移时,W0.04继电器状态也为1,W0.04常开触点闭合。当0.03触点闭合时,SNXT 指令执行,转移启动W0.05步程序,同时W0.02、W0.04输出非线圈得电,即W0.02、W0.04继电器失电,W0.02、W0.04常开触点断开
STEP(008)
W0.05
W0.05
步程序
P_On
Q:100.05
常通标志 I:0.04
SNXT(009)
W100.00
复位上一步程序,并启动一个不存在的步程序(虚转接)
STEP(008)
步程序结束
(b) 梯形图

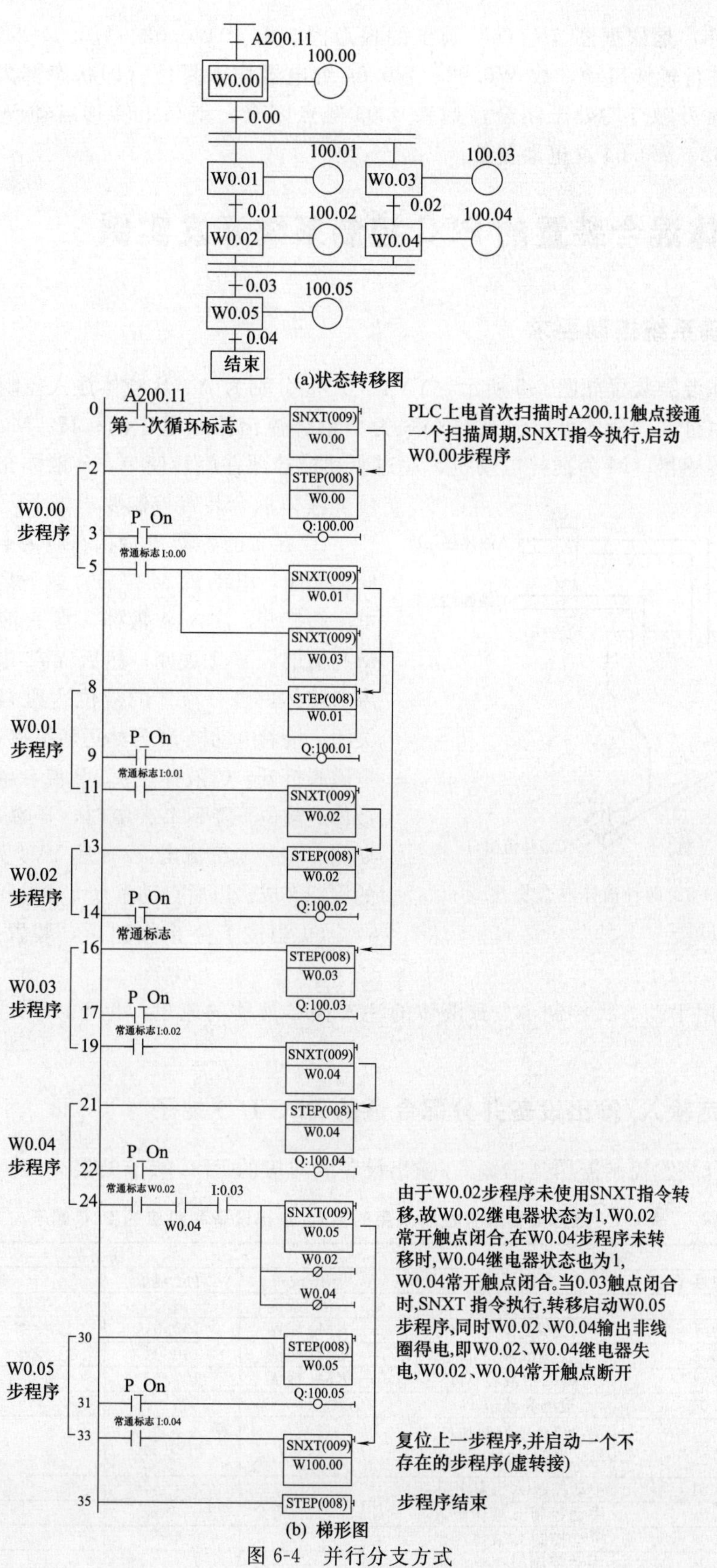

图 6-4　并行分支方式

图 6-4（b）是依据图 6-4（a）画出的梯形图。由于 W0.02、W0.04 步程序都未使用 SNXT 指令进行转移启动，故 W0.02、W0.04 继电器均未复位（即状态都为 1），W0.02、W0.04 两个常开触点均处于闭合，如果 0.03 触点闭合，则马上转移启动 W0.05 步程序，同时将 W0.02、W0.04 继电器复位。

6.4 液体混合装置的 PLC 控制系统开发实例

6.4.1 明确系统控制要求

两种液体混合装置如图 6-5 所示，YV1、YV2 分别为 A、B 液体注入控制电磁阀，电磁阀线圈通电时打开，液体可以流入；YV3 为 C 液体流出控制电磁阀；H、M、L 分别为高、中、低液位传感器；M 为搅拌电动机，通过驱动搅拌部件旋转使 A、B 液体充分混合均匀。

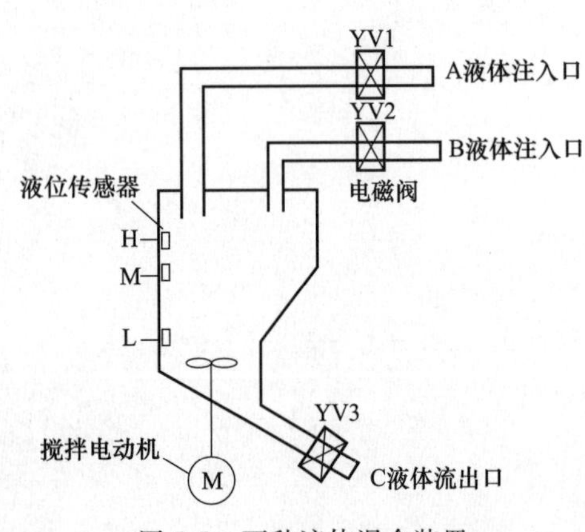

图 6-5　两种液体混合装置

液体混合装置控制要求如下。

① 装置的容器初始状态应为空的，三个电磁阀都关闭，电动机 M 停转。按下启动按钮，YV1 电磁阀打开，注入 A 液体，当 A 液体的液位达到 M 位置时，YV1 关闭；然后 YV2 电磁阀打开，注入 B 液体，当 B 液体的液位达到 H 位置时，YV2 关闭；接着电动机 M 开始运转搅拌 20s，而后 YV3 电磁阀打开，C 液体（A、B 混合液）流出，当 C 液体的液位下降到 L 位置时，开始 20s 计时，在此期间 C 液体全部流出，20s 后 YV3 关闭，一个完整的周期完成。以后自动重复上述过程。

② 当按下停止按钮后，装置要完成一个周期才停止。

③ 可以用手动方式控制 A、B 液体的注入和 C 液体的流出，也可以手动控制搅拌电动机的运转。

6.4.2 确定输入/输出设备并分配合适的 PLC I/O 端子

液体混合装置控制需用到的输入/输出设备和对应的 PLC 端子见表 6-1。

表 6-1　液体混合装置控制采用的输入/输出设备和对应的 PLC 端子

输入			输出		
输入设备	对应端子	功能说明	输出设备	对应端子	功能说明
SB1	I0.0	启动控制	KM1 线圈	100.00	控制 A 液体电磁阀
SB2	I0.1	停止控制	KM2 线圈	100.01	控制 B 液体电磁阀
SQ1	I0.2	检测低液位 L	KM3 线圈	100.02	控制 C 液体电磁阀
SQ2	I0.3	检测中液位 M	KM4 线圈	100.03	驱动搅拌电动机工作
SQ3	0.04	检测高液位 H			
QS	1.00	手动/自动控制切换（ON:自动;OFF:手动）			
SB3	1.01	手动控制 A 液体流入			
SB4	1.02	手动控制 B 液体流入			
SB5	1.03	手动控制 C 液体流出			
SB6	1.04	手动控制搅拌电动机			

6.4.3 绘制 PLC 控制线路图

图 6-6 为液体混合装置的 PLC 控制线路图。

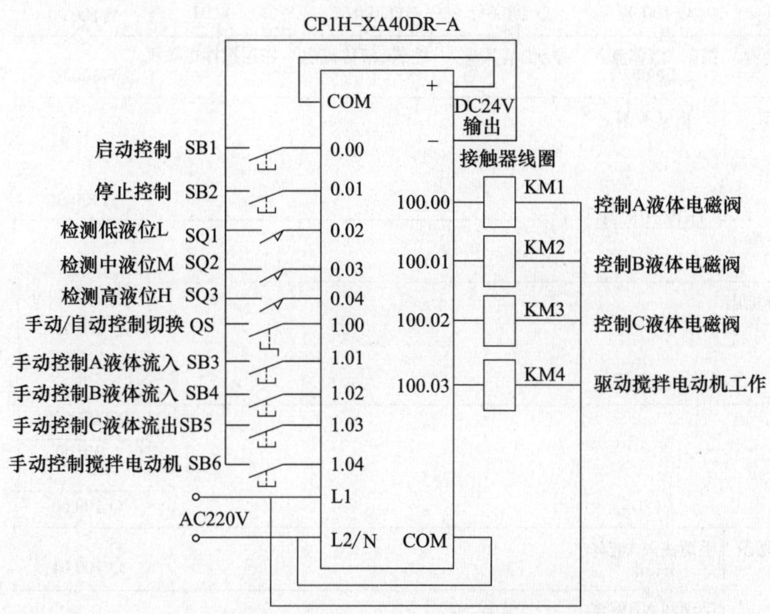

图 6-6 液体混合装置的 PLC 控制线路图

6.4.4 编写 PLC 控制程序

(1) 绘制状态转移图

图 6-7 为液体混合装置控制的状态转移图。

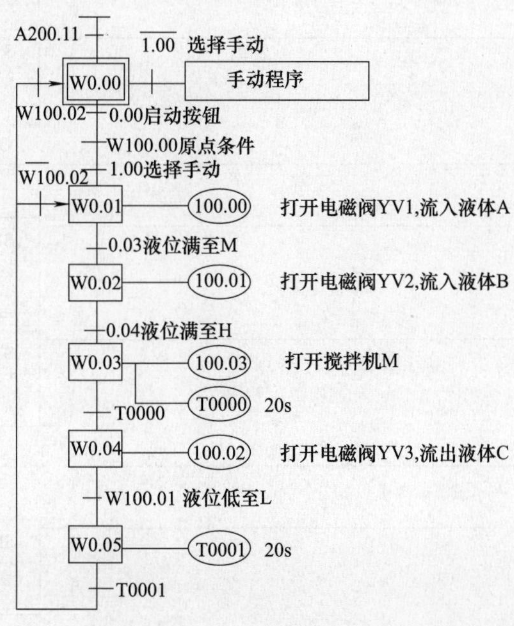

图 6-7 液体混合装置控制的状态转移图

(2) 绘制梯形图

启动 CX-P 编程软件，按照如图 6-7 所示的状态转移图编写梯形图，编写完成的梯形图如图 6-8 所示。

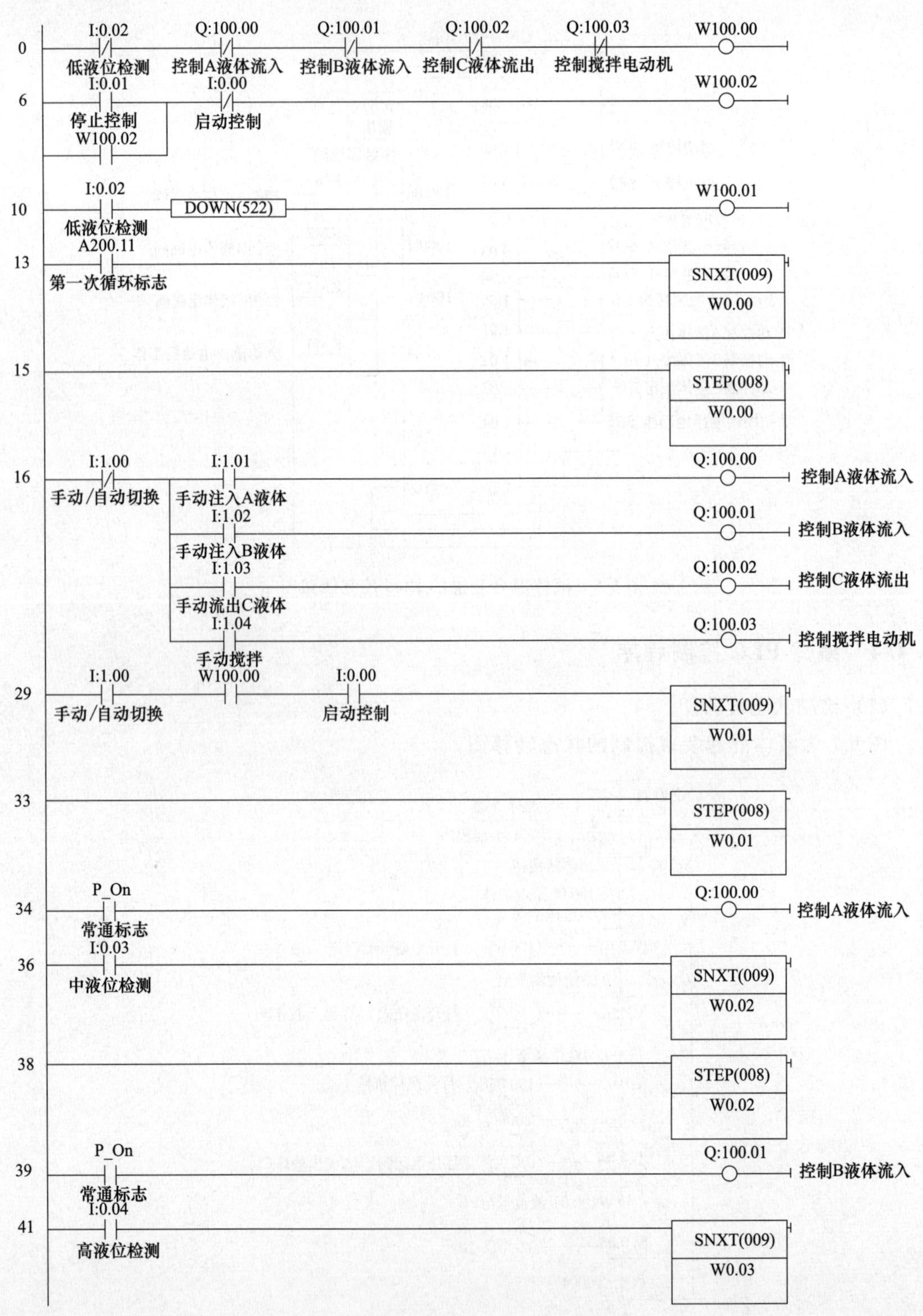

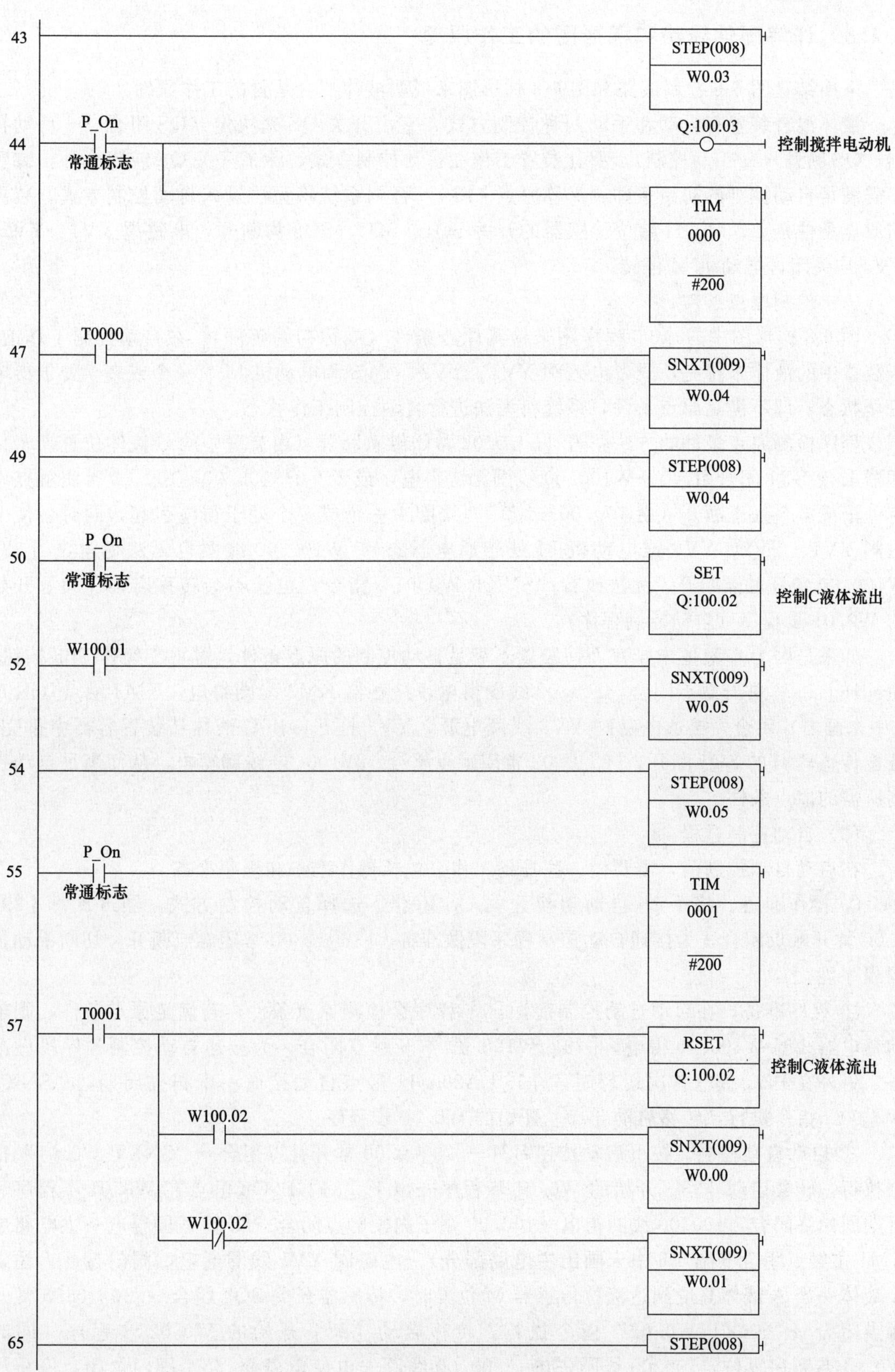

图 6-8 液体混合装置控制梯形图

6.4.5 详解硬件线路和梯形图的工作原理

下面结合图 6-6 控制线路和图 6-8 梯形图来说明液体混合装置的工作原理。

液体混合装置有自动和手动两种控制方式，它由开关 QS 来决定（QS 闭合——自动控制；QS 断开——手动控制）。要让装置工作在自动控制方式，除了开关 QS 应闭合外，装置还需满足自动控制的初始条件（又称原点条件），否则系统将无法进入自动控制方式。装置的原点条件是 L、M、H 液位传感器的开关 SQ1、SQ2、SQ3 均断开，电磁阀 YV1、YV2、YV3 均关闭，电动机 M 停转。

（1）检测原点条件

图 6-8 梯形图中的［0］程序用来检测原点条件（或称初始条件）。在自动控制工作前，若装置中的液体未排完，或者电磁阀 YV1、YV2、YV3 和电动机 M 有一个或多个处于得电工作状态，即不满足原点条件，系统将无法进行自动控制工作状态。

程序检测原点条件的方法：若［0］0.02 常闭触点断开（由装置中的 C 液体位置高于传感器 L 使 SQ1 闭合引起）→W100.00 线圈无法得电，或者［0］100.00～100.03 常闭触点中有一个或多个处于断开（由 100.00～100.03 线圈中一个或多个处于得电引起，同时会使电磁阀 YV1、YV2、YV3 或电动机 M 处于通电状态），W100.00 线圈也无法得电，［29］W100.00 常开触点断开，无法执行“SNXT W0.01”指令，也就不会转移启动［33］开始的 W0.01 步程序（自动控制程序）。

如果是因为 C 液体未排完而使装置不满足自动控制的原点条件，可手工操作 SB5 按钮，使［16］1.03 常开触点闭合，100.02 线圈得电，接触器 KM3 线圈得电，KM3 触点（图 6-6 中未画出）闭合，接通电磁阀 YV3 线圈电源，YV3 打开，让 C 液体从装置容器中排完，液位传感器 L 的 SQ1 断开，［0］0.02 常闭触点闭合，W100.00 线圈得电，从而满足自动控制所需的原点条件。

（2）自动控制过程

在启动自动控制前，需要做一些准备工作，包括操作准备和程序准备。

① 操作准备。将手动/自动切换开关 QS 闭合，选择自动控制方式，图 6-8 中［29］1.00 常开触点闭合，为接通自动控制程序段做准备，［16］1.00 常闭触点断开，切断手动控制程序段。

② 程序准备。在启动自动控制前，［0］程序会检测原点条件，若满足原点条件，则辅助继电器线圈 W100.00 得电，［29］W100.00 常开触点闭合，为接通自动控制程序段做准备。另外在 PLC 上电首次运行时，［13］A200.11 触点自动接通一个扫描周期，“SNXT W0.00”指令执行，转移启动［15］开始的 W0.00 步程序。

③ 启动自动控制。按下启动按钮 SB1→［29］0.00 常开触点闭合→“SNXT W0.01”指令执行，转移启动［33］开始的 W0.01 步程序→由于［34］P_On 触点在 W0.01 步程序运行期间始终闭合，100.00 线圈得电→100.00 端子内硬触点闭合→KM1 线圈得电→主电路中 KM1 主触点闭合（图 6-6 中未画出主电路部分）→电磁阀 YV1 线圈通电，阀门打开，注入 A 液体→当 A 液体高度到达液位传感器 M 位置时，传感器开关 SQ2 闭合→［36］0.03 常开触点闭合→“SNXT W0.02”指令执行，转移启动［38］开始的 W0.02 步程序（同时 W0.01 步程序复位，100.00 线圈失电→100.00 线圈失电使电磁阀 YV1 阀门关闭，停止注入 A 液体）→在 W0.02 步程序中，由于［39］P_On 触点在 W0.02 步程序运行期间始终闭

合，100.01线圈得电，电磁阀YV2阀门打开，注入B液体→当B液体高度到达液位传感器H位置时，传感器开关SQ3闭合→[41] 0.04常开触点闭合→“SNXT W0.03”指令执行，转移启动[43]开始的W0.03步程序→[44] P_On常通触点使100.03线圈得电→搅拌电动机M运转，同时定时器T0000开始20s计时→20s后，定时器T0000动作→[47] T0000常开触点闭合→“SNXT W0.04”指令执行，转移启动[49]开始的W0.04步程序→[50] P_On常通触点使100.02线圈被置位→电磁阀YV3打开，C液体流出→当液体下降到液位传感器L位置时，传感器开关SQ1断开→[10] 0.02常开触点断开（在液体高于L位置时SQ1处于闭合状态），产生一个下降沿脉冲→下降沿检测DOWN指令执行，为继电器W100.01线圈接通一个扫描周期→[52] W100.01常开触点闭合→“SNXT W0.05”指令执行，转移启动[54]开始的W0.05步程序，由于100.02线圈是置位得电，故程序转移时100.02线圈不会失电→[55] P_On常通触点使定时器T0001开始20s计时→20s后，[57] T0001常开触点闭合，100.02线圈被复位→电磁阀YV3关闭；由于[6] W0.02线圈处于失电，[57] W0.02常闭触点处于闭合，“SNXT W0.01”指令执行，转移启动[33]开始的W0.01步程序，开始下一次自动控制。

④ 停止控制。在自动控制过程中，若按下停止按钮SB2→[6] 0.01常开触点闭合→[6] W100.02得电→[6] W100.02自锁触点闭合，锁定供电；[57] W100.02常闭触点断开，“SNXT W0.01”指令无法执行，也就无法转移启动[33]开始的W0.01步程序；[57] W100.02常开触点闭合，“SNXT W0.00”指令执行，转移启动[15]开始的W0.00步程序，在W0.00步程序中，由于[29] 0.00常开触点处于断开（SB1断开引起），“SNXT W0.01”指令无法执行，无法转移启动[33]开始的W0.01步程序（自动控制程序）。

（3）手动控制过程

将手动/自动切换开关QS断开，选择手动控制方式→[29] 1.00常开触点断开，“SNXT W0.01”指令无法执行，无法转移启动[33]开始的W0.01步程序（自动控制程序）；[16] 1.00常闭触点闭合，接通手动控制程序→按下SB3，1.01常开触点闭合，100.00线圈得电，电磁阀YV1打开，注入A液体→松开SB3，1.01常闭触点断开，100.00线圈失电，电磁阀YV1关闭，停止注入A液体→按下SB4注入B液体，松开SB4停止注入B液体→按下SB5排出C液体，松开SB5停止排出C液体→按下SB6搅拌液体，松开SB5停止搅拌液体。

6.5 简易机械手的PLC控制系统开发实例

6.5.1 明确系统控制要求

简易机械手结构如图6-9所示。M1为控制机械手左右移动的电动机，M2为控制机械手上下升降的电动机，YV线圈用来控制机械手夹紧放松，SQ1为左到位检测开关，SQ2为右到位检测开关，SQ3为上到位检测开关，SQ4为下到位检测开关，SQ5为工件检测开关。

简易机械手控制要求如下。

① 机械手要将工件从工位A移到工位B处。

② 机械手的初始状态（原点条件）是机械手应停在工位A的上方，SQ1、SQ3均闭合。

③ 若原点条件满足且SQ5闭合（工件A处有工件），按下启动按钮，机械按“原点→

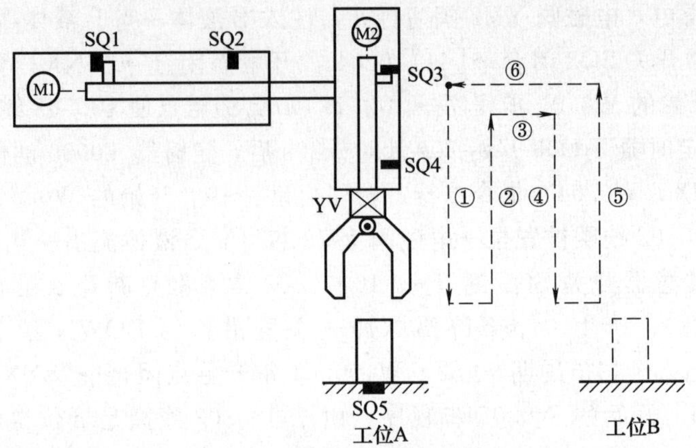

图 6-9　简易机械手的结构

下降→夹紧→上升→右移→下降→放松→上升→左移→原点”步骤工作。

6.5.2　确定输入/输出设备并分配合适的 PLC I/O 端子

简易机械手控制需用到的输入/输出设备和对应的 PLC 端子见表 6-2。

表 6-2　简易机械手控制采用的输入/输出设备和对应的 PLC 端子

输入			输出		
输入设备	对应端子	功能说明	输出设备	对应端子	功能说明
SB1	0.00	启动控制	KM1 线圈	100.00	控制机械手右移
SB2	0.01	停止控制	KM2 线圈	100.01	控制机械手左移
SQ1	0.02	左到位检测	KM3 线圈	100.02	控制机械手下降
SQ2	0.03	右到位检测	KM4 线圈	100.03	控制机械手上升
SQ3	0.04	上到位检测	KM5 线圈	100.04	控制机械手夹紧
SQ4	0.05	下到位检测			
SQ5	0.06	工件检测			

6.5.3　绘制 PLC 控制线路图

图 6-10 为简易机械手的 PLC 控制线路图。

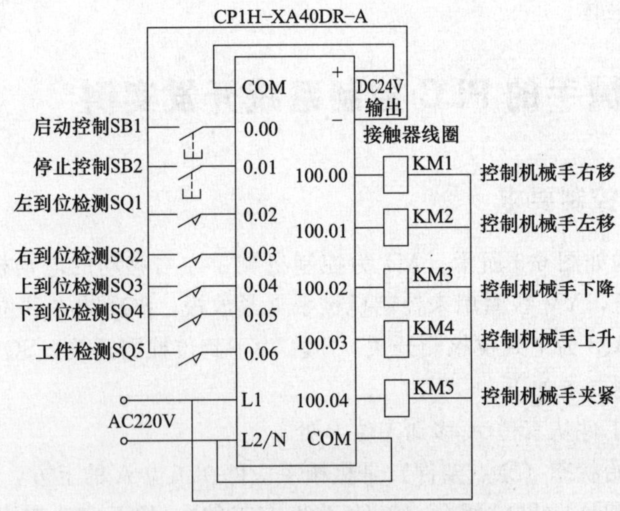

图 6-10　简易机械手的 PLC 控制线路图

6.5.4 编写 PLC 控制程序

(1) 绘制状态转移图

图 6-11 为简易机械手控制的状态转移图。

(2) 绘制梯形图

启动 CX-P 编程软件，按照如图 6-11 所示的状态转移图编写梯形图，编写完成的梯形图如图 6-12 所示。

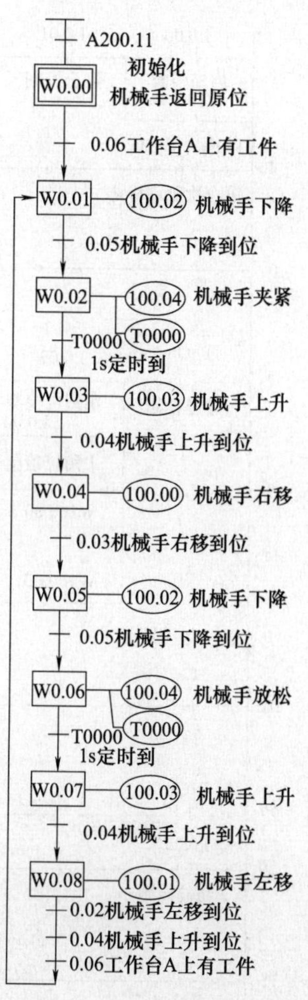

图 6-11 简易机械手控制的状态转移图

6.5.5 详解硬件线路和梯形图的工作原理

下面结合图 6-10 控制线路图和图 6-12 梯形图来说明简易机械手的工作原理。

武术运动员在表演武术时，通常会在表演场地某位置站立好，然后开始进行各种武术套路表演，表演结束后会收势成表演前的站立状态。同样的，大多数机电设备在工作前先要处于初始位置（相当于运动员的表演前的站立位置），然后在程序的控制下，机电设备开始各种操作，操作结束又会回到初始位置，机电设备的初始位置也称原点。

(1) 工作控制

当 PLC 启动时，[4] A200.11 (P_First_Cycle) 触点会接通一个扫描周期，执行“SNXT W0.00 指令”，转移启动 [6] 开始的 W0.00 步程序。

① 原点条件检测。机械手的原点条件是左到位（左限位开关 SQ1 闭合）、上到位（上限位开关 SQ3 闭合），即机械手的初始位置应在左上角。若不满足原点条件，原点检测程序会使机械手返回到原点，然后才开始工作。

[7] 为原点检测程序，当按下启动按钮 SB1→[0] 0.00 常开触点闭合，辅助继电器 W100.00 线圈得电，W100.00 自锁触点闭合，锁定供电，同时 [7] W100.00 常开触点闭合，100.04 线圈复位，接触器 KM5 线圈失电，机械手夹紧线圈失电而放松，[7] 中的其他 W100.00 常开触点也均闭合。若机械手未左到位，开关 SQ1 断开，[7] 0.02 常闭触点闭合，100.01 线圈得电，接触器 KM1 线圈得电，通过电动机 M1 驱动机械手左移，左移到位后 SQ1 闭合，[7] 0.02 常闭触点断开；若机械手未上到位，开关 SQ3 断开，[7] 0.04 常闭触点闭合，100.03 线圈得电，接触器 KM4 线圈得电，通过电动机 M2 驱动机械手上升，上升到位后 SQ3 闭合，[7] 0.04 常闭触点断开。如果机械手左到位、上到位且工位 A 有工件（开关 SQ5 闭合），则 [7] 0.02、0.04、0.06 常开触点均闭合，执行“SNXT W0.01”指令，转移启动 W0.01 步程序段，开始控制机械手搬运工件。

② 机械手搬运工件控制。W0.01 步程序成为活动步后，[27] P_On 触点闭合→100.02 线圈得电，KM3 线圈得电，通过电动机 M2 驱动机械手下移，当下移到位后，下到位开关 SQ4 闭合，[29] 0.05 常开触点闭合，执行“SNXT W0.02”指令，转移启动 W0.02 步程序→[32] P_On 触点闭合，100.04 线圈被置位，接触器 KM5 线圈得电，夹紧线圈 YV 得电将工件夹紧，与此同时，定时器 T0000 开始 1s 计时→1s 后，[35] T0000 常开触点闭合，

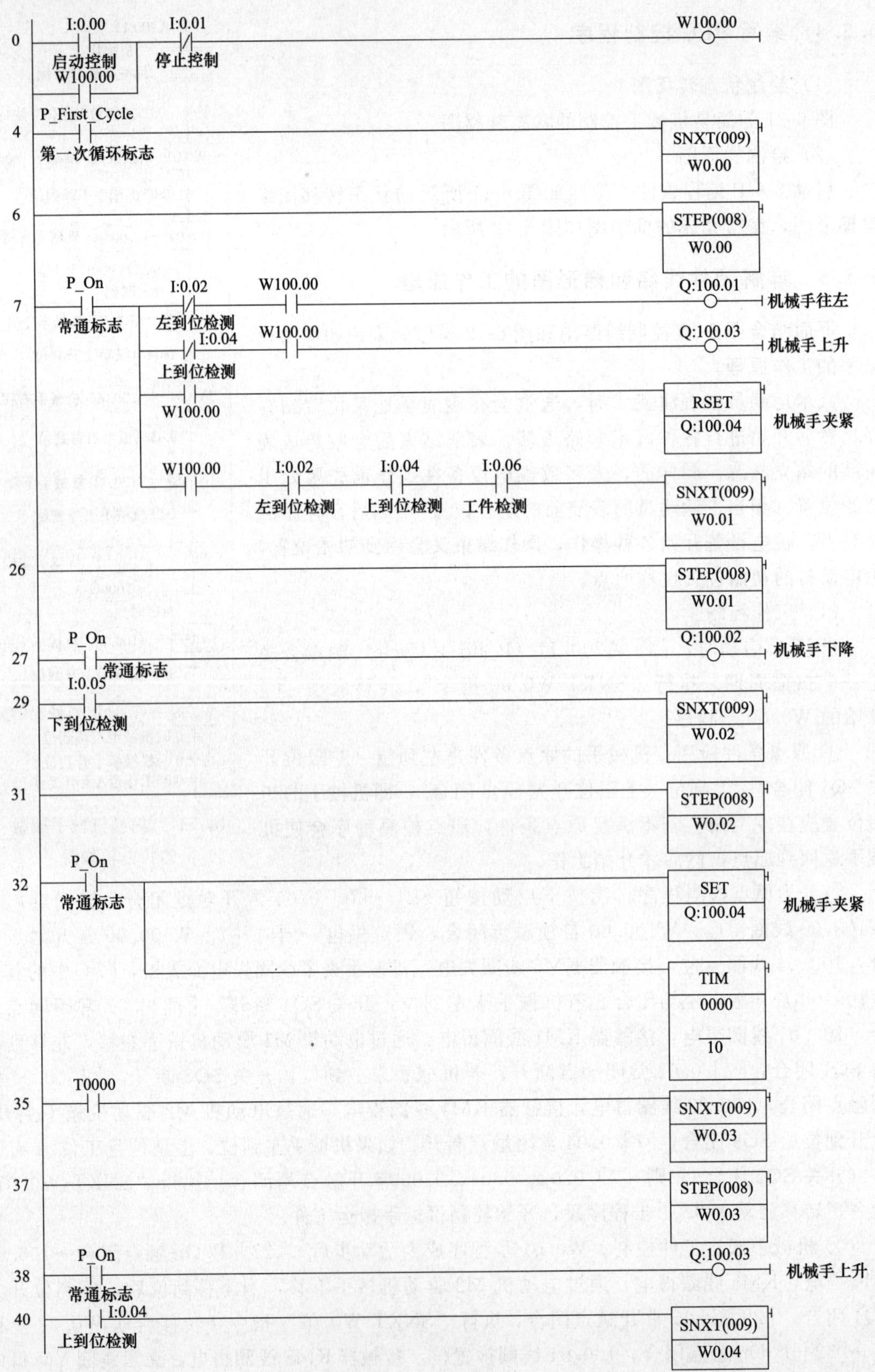

0
I:0.00
启动控制
W100.00
I:0.01
停止控制
W100.00
4
P_First_Cycle
第一次循环标志
SNXT(009)
W0.00
6
STEP(008)
W0.00
7
P_On
常通标志
I:0.02
左到位检测
W100.00
Q:100.01
机械手往左
I:0.04
上到位检测
W100.00
Q:100.03
机械手上升
W100.00
RSET
Q:100.04
机械手夹紧
W100.00
I:0.02
左到位检测
I:0.04
上到位检测
I:0.06
工件检测
SNXT(009)
W0.01
26
STEP(008)
W0.01
27
P_On
常通标志
Q:100.02
机械手下降
29
I:0.05
下到位检测
SNXT(009)
W0.02
31
STEP(008)
W0.02
32
P_On
常通标志
SET
Q:100.04
机械手夹紧
TIM
0000
10
35
T0000
SNXT(009)
W0.03
37
STEP(008)
W0.03
38
P_On
常通标志
Q:100.03
机械手上升
40
I:0.04
上到位检测
SNXT(009)
W0.04

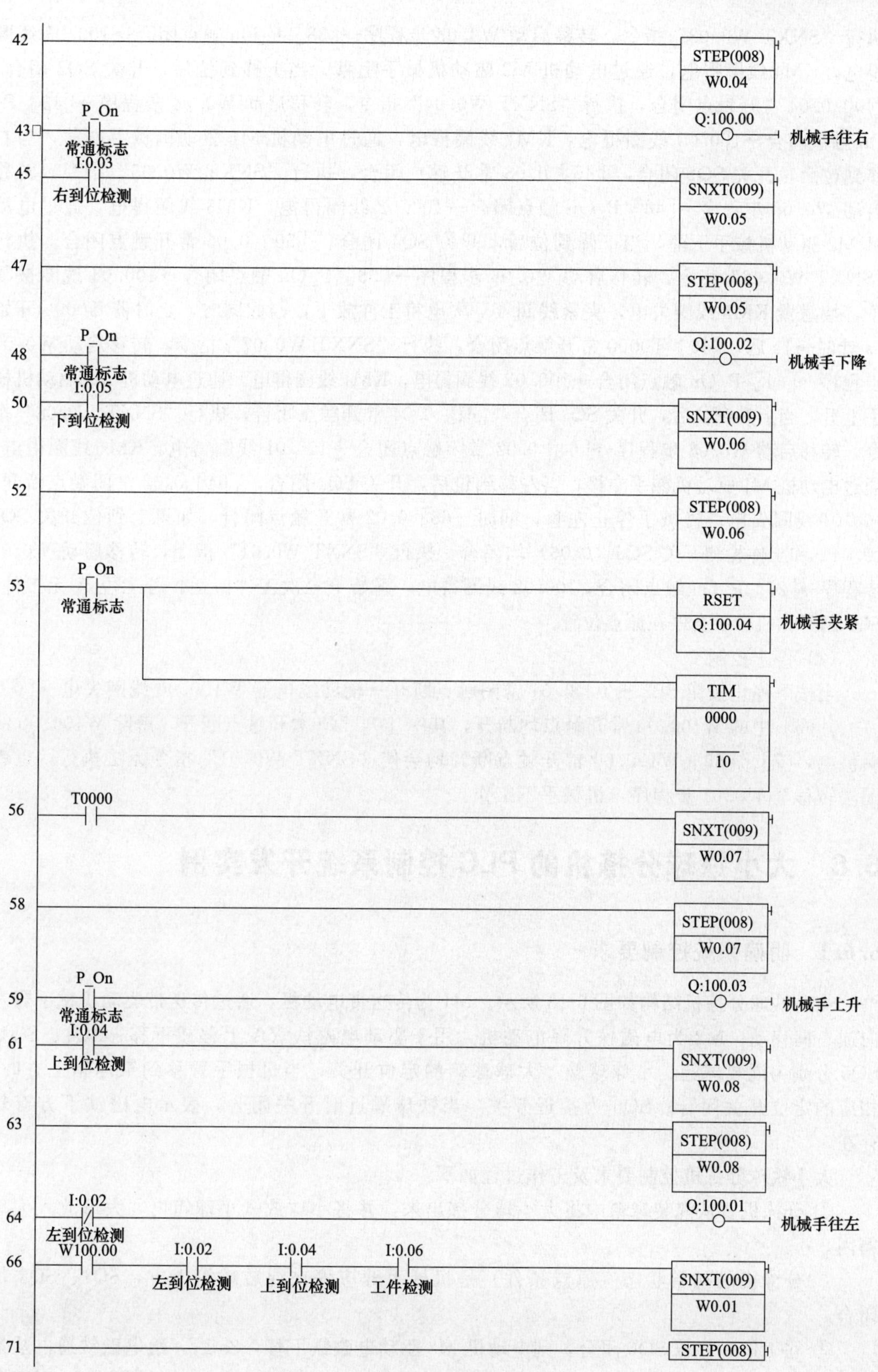

图 6-12 简易机械手控制的梯形图

执行“SNXT W0.03”指令，转移启动 W0.03 步程序→[38] P_On 触点闭合→100.03 线圈得电，KM4 线圈得电，通过电动机 M2 驱动机械手上移，当上移到位后，开关 SQ3 闭合，[40] 0.04 常开触点闭合，执行“SNXT W0.04”指令，转移启动 W0.04 步程序→[43] P_On 触点闭合→100.00 线圈得电，KM1 线圈得电，通过电动机 M1 驱动机械手右移，当右移到位后，开关 SQ2 闭合，[45] 0.03 常开触点闭合，执行“SNXT W0.05”指令，转移启动 W0.05 步程序→[48] P_On 触点闭合→100.02 线圈得电，KM3 线圈得电，通过电动机 M2 驱动机械手下降，当下降到位后，开关 SQ4 闭合，[50] 0.05 常开触点闭合，执行“SNXT W0.06”指令，转移启动 W0.06 步程序→[53] P_On 触点闭合→100.04 线圈被复位，接触器 KM5 线圈失电，夹紧线圈 YV 失电将工件放下，与此同时，定时器 T0000 开始 1s 计时→1s 后，[56] T0000 常开触点闭合，执行“SNXT W0.07”指令，转移启动 W0.07 步程序→[61] P_On 触点闭合→100.03 线圈得电，KM4 线圈得电，通过电动机 M2 驱动机械手上升，当上升到位后，开关 SQ3 闭合，[61] 0.04 常开触点闭合，执行“SNXT W0.08”指令，转移启动 W0.08 步程序→[64] 0.02 常闭触点闭合→100.01 线圈得电，KM2 线圈得电，通过电动机 M1 驱动机械手左移，当左移到位后，开关 SQ1 闭合，[64] 0.02 常闭触点断开，100.01 线圈失电，机械手停止左移，同时 [66] 0.02 常开触点闭合，如果上到位开关 SQ3 (0.04) 和工件检测开关 SQ5 (0.06) 均闭合，执行“SNXT W0.01”指令，转移启动 W0.01 步程序→[27] P_On 触点闭合，100.02 线圈得电，开始下一次工件搬运。若工位 A 无工件，SQ5 断开，机械手会停在原点位置。

(2) 停止控制

当按下停止按钮 SB2→[0] 0.01 常闭触点断开→辅助继电器 W100.00 线圈失电→[0]、[7]、[66] 中的 W100.00 常开触点均断开，其中 [0] M0 常开触点断开，解除 W100.00 线圈供电，[7]、[66] W100.00 常开触点断开均会使“SNXT W0.01”指令无法执行，也就无法转移至 W0.01 步程序，机械手不工作。

6.6 大小铁球分拣机的 PLC 控制系统开发实例

6.6.1 明确系统控制要求

大小铁球分拣机结构如图 6-13 所示。M1 为传送带电动机，通过传送带驱动机械手臂左向或右向移动；M2 为电磁铁升降电动机，用于驱动电磁铁 YA 上移或下移；SQ1、SQ4、SQ5 分别为混装球箱、小球球箱、大球球箱的定位开关，当机械手臂移到某球箱上方时，相应的定位开关闭合；SQ6 为接近开关，当铁球靠近时开关闭合，表示电磁铁下方有球存在。

大小铁球分拣机控制要求及工作过程如下：

① 分拣机要从混装球箱中将大小球分拣出来，并将小球放入小球箱内，大球放入大球箱内。

② 分拣机的初始状态（原点条件）是机械手臂应停在混装球箱上方，SQ1、SQ3 均闭合。

③ 在工作时，若 SQ6 闭合，则电动机 M2 驱动电磁铁下移，2s 后，给电磁铁通电从混装球箱中吸引铁球，若此时 SQ2 处于断开，表示吸引的是大球，若 SQ2 处于闭合，则吸引

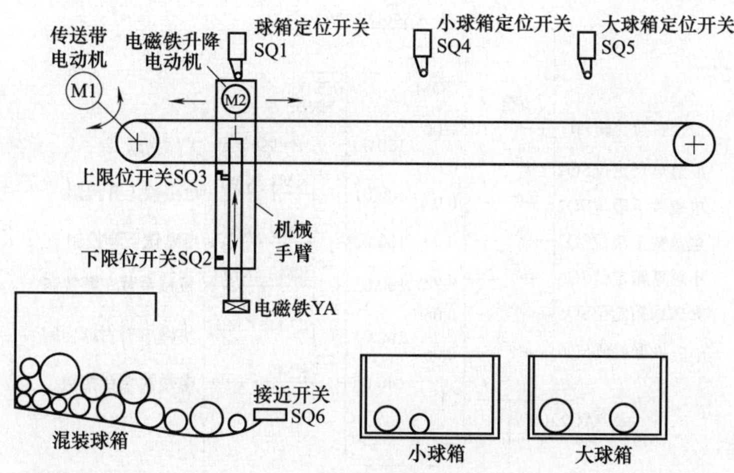

图 6-13 大小铁球分拣机的结构

的是小球，然后电磁铁上移，SQ3 闭合后，电动机 M1 带动机械手臂右移，如果电磁铁吸引的为小球，机械手臂移至 SQ4 处停止，电磁铁下移，将小球放入小球箱（让电磁铁失电），而后电磁铁上移，机械手臂回归原位，如果电磁铁吸引的是大球，机械手臂移至 SQ5 处停止，电磁铁下移，将小球放入大球箱，而后电磁铁上移，机械手臂回归原位。

6.6.2 确定输入/输出设备并分配合适的 PLC I/O 端子

大小铁球分拣机控制系统用到的输入/输出设备和对应的 PLC 端子见表 6-3 。

表 6-3 大小铁球分拣机控制采用的输入/输出设备和对应的 PLC 端子

输入			输出		
输入设备	对应端子	功能说明	输出设备	对应端子	功能说明
SB1	0.00	启动控制	HL	100.00	工作指示
SQ1	0.01	混装球箱定位	KM1 线圈	100.01	电磁铁上升控制
SQ2	0.02	电磁铁下限位	KM2 线圈	100.02	电磁铁下降控制
SQ3	0.03	电磁铁上限位	KM3 线圈	100.03	机械手臂左移控制
SQ4	0.04	小球球箱定位	KM4 线圈	100.04	机械手臂右移控制
SQ5	0.05	大球球箱定位	KM5 线圈	100.05	电磁铁吸合控制
SQ6	0.06	铁球检测			

6.6.3 绘制 PLC 控制线路图

图 6-14 为大小铁球分拣机的 PLC 控制线路图。

6.6.4 编写 PLC 控制程序

(1) 绘制状态转移图

分拣机拣球时抓的可能为大球，也可能为小球，若抓的为大球时则执行抓取大球控制，若抓的为小球则执行抓取小球控制，这是一种选择性控制，编程时应采用选择性分支方式。

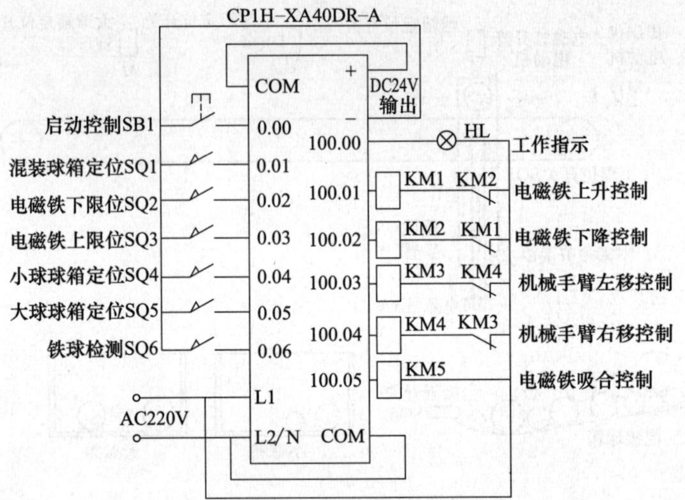

图 6-14 大小铁球分拣机的 PLC 控制线路图

图 6-15 为大小铁球分拣机控制的状态转移图。

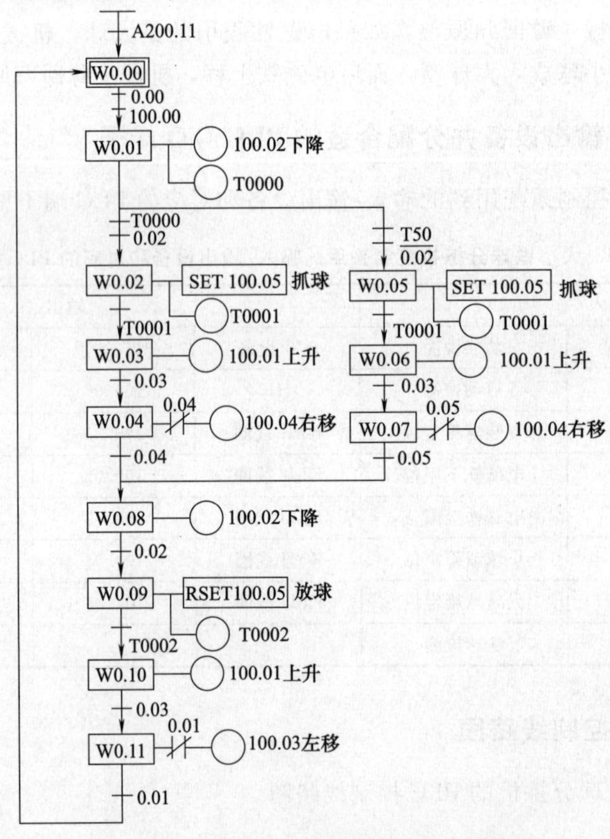

图 6-15 大小铁球分拣机控制的状态转移图

（2）绘制梯形图

启动 CX-编程软件，根据如图 6-15 所示的状态转移图编写梯形图，编写完成的梯形图如图 6-16 所示。

0
原点条件检测
I:0.01
I:0.03
Q:100.05
I:0.06
Q:100.00
工作指示灯
混装球箱定位
上限位
抓/放球
铁球检测
5
PLC上电首次扫描启动初始步程序
P_First_Cycle
第一次循环标志
SNXT(009)
W0.00
7
STEP(008)
W0.00
8
I:0.00
Q:100.00
启动控制
工作指示灯
SNXT(009)
W0.01
11
STEP(008)
W0.01
12
P_On
常通标志
Q:100.02
下降
TIM
0000
#20
T0000
I:0.02
下限位
SNXT(009)
W0.02
T0000
I:0.02
下限位
SNXT(009)
W0.05
23
W0.02～W0.04:抓小球程序
STEP(008)
W0.02
24
P_On
常通标志
SET
Q:100.05
抓/放球
TIM
0001
#10
T0001
SNXT(009)
W0.03

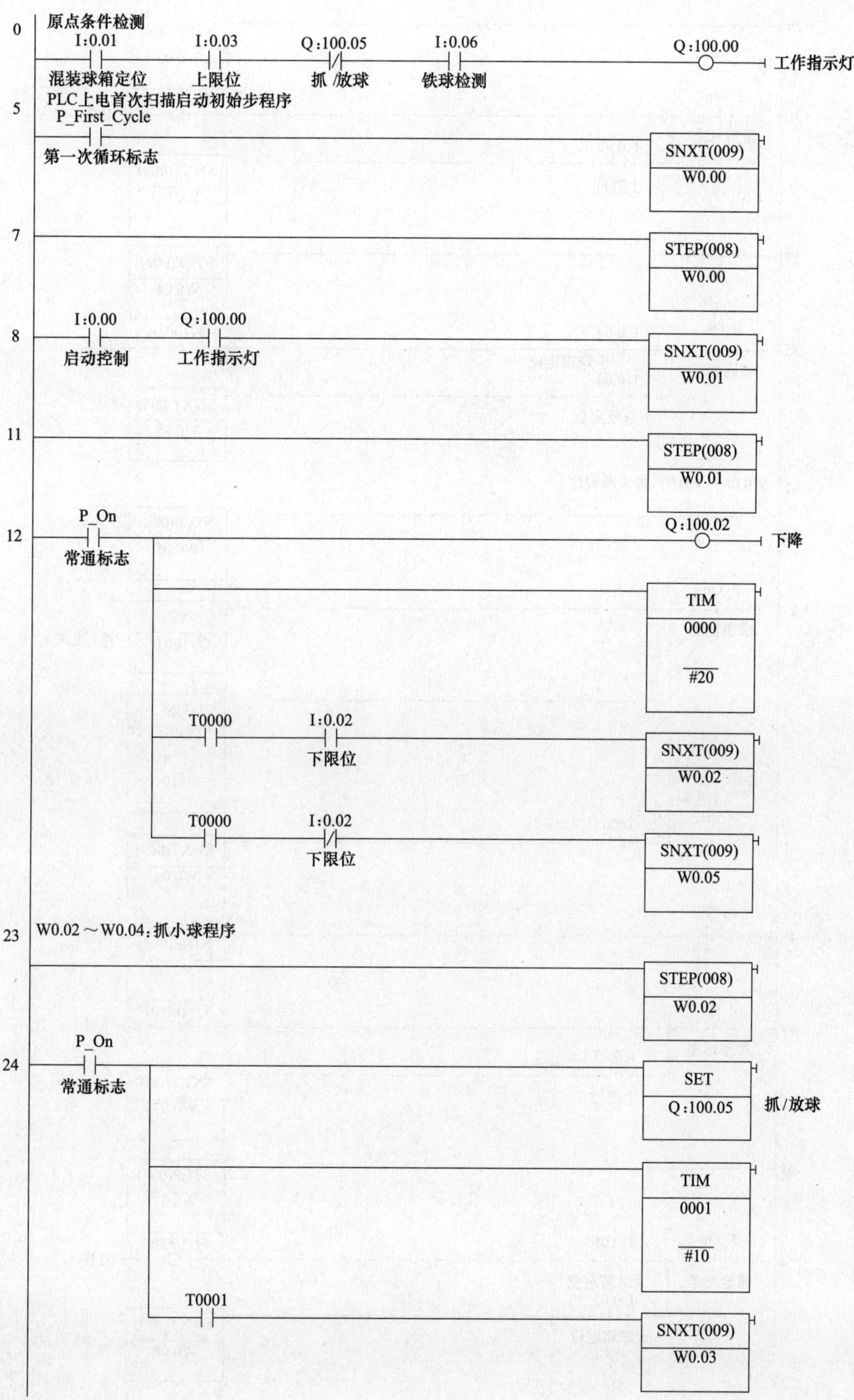

图 6-16

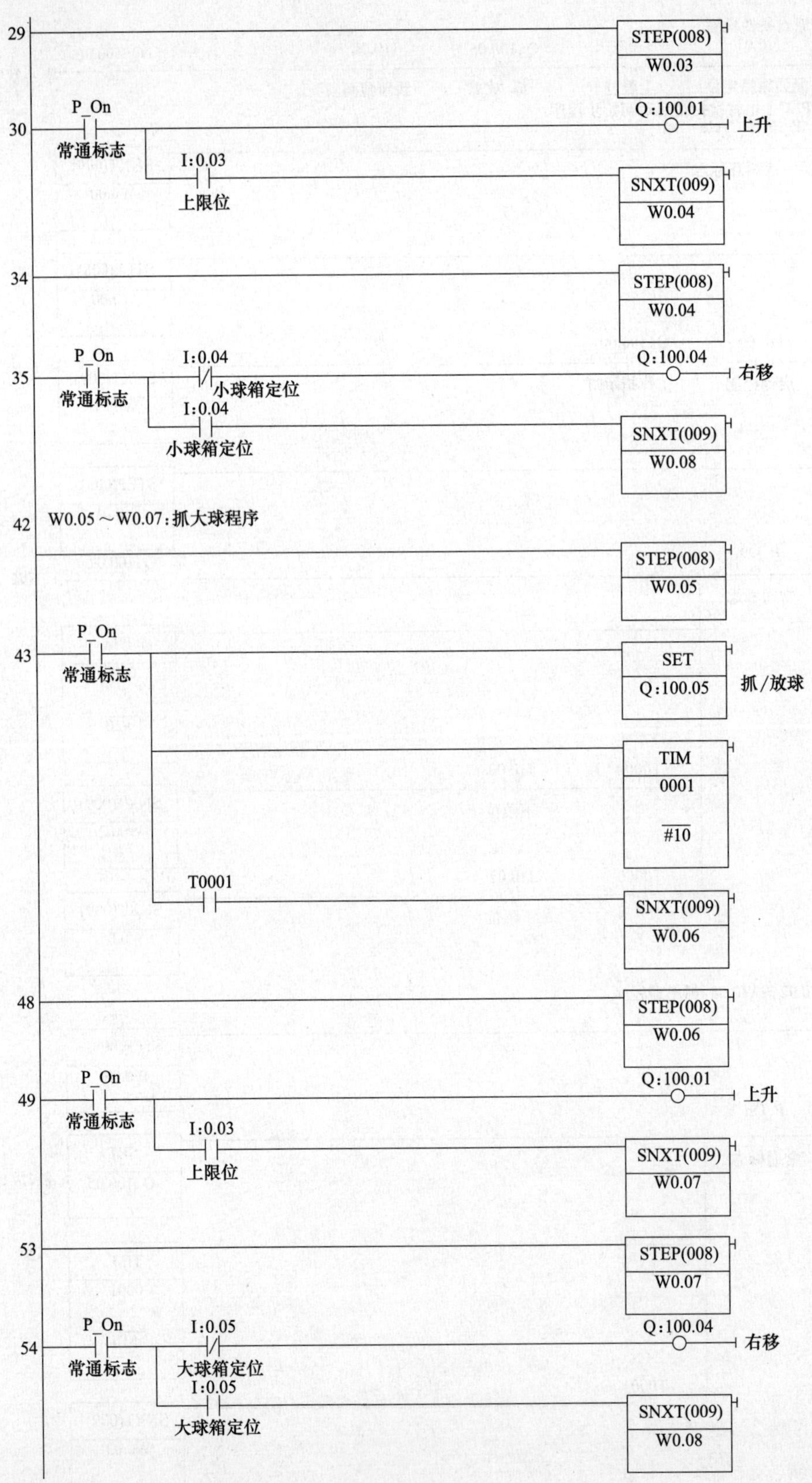
29
STEP(008)
W0.03
30
P_On
常通标志
Q:100.01
上升
I:0.03
上限位
SNXT(009)
W0.04
34
STEP(008)
W0.04
35
P_On
常通标志
I:0.04
小球箱定位
Q:100.04
右移
I:0.04
小球箱定位
SNXT(009)
W0.08
42
W0.05～W0.07:抓大球程序
STEP(008)
W0.05
43
P_On
常通标志
SET
Q:100.05
抓/放球
TIM
0001
#10
T0001
SNXT(009)
W0.06
48
STEP(008)
W0.06
49
P_On
常通标志
Q:100.01
上升
I:0.03
上限位
SNXT(009)
W0.07
53
STEP(008)
W0.07
54
P_On
常通标志
I:0.05
大球箱定位
Q:100.04
右移
I:0.05
大球箱定位
SNXT(009)
W0.08

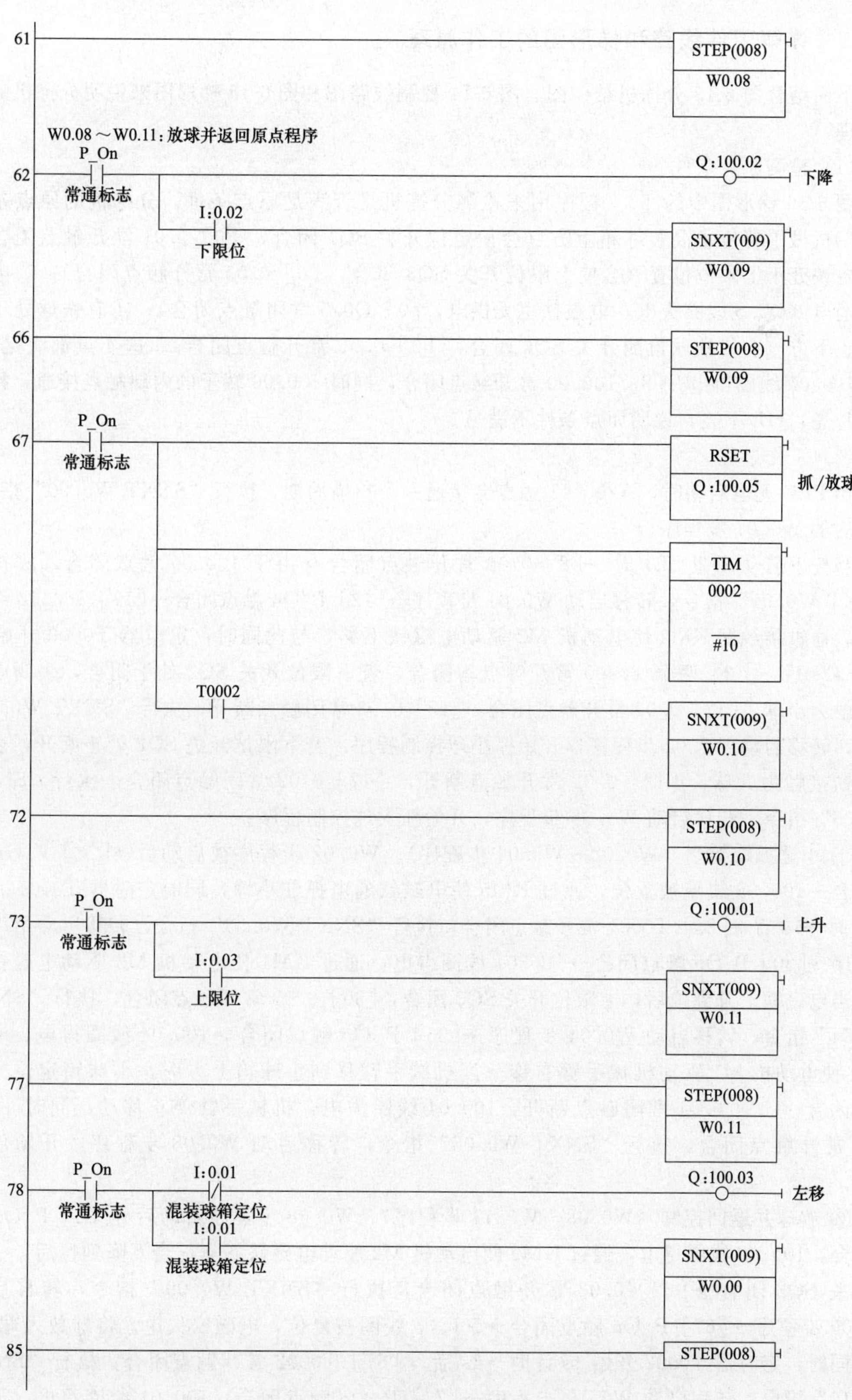

图 6-16 大小铁球分拣机控制的梯形图

6.6.5 详解硬件线路和梯形图的工作原理

下面结合图 6-13 分拣机结构图、图 6-14 控制线路图和图 6-16 梯形图来说明分拣机的工作原理。

(1) 检测原点条件

图 6-16 梯形图中的 [0] 程序用来检测分拣机是否满足原点条件。分拣机的原点条件有：①机械手臂停止混装球箱上方（会使定位开关 SQ1 闭合， [0] 0.01 常开触点闭合）；②电磁铁处于上限位位置（会使上限位开关 SQ3 闭合，[0] 0.03 常开触点闭合）；③电磁铁未通电（Q0.5 线圈失电，电磁铁也无供电，[0] Q0.5 常闭触点闭合）；④有铁球处于电磁铁正下方（会使铁球检测开关 SQ6 闭合， [0] 0.06 常开触点闭合）。这 4 点都满足后，[0] 100.00 线圈得电，[8] 100.00 常开触点闭合，同时 100.00 端子的内硬触点接通，指示灯 HL 亮，HL 不亮，说明原点条件不满足。

(2) 工作过程

当 PLC 上电启动时，A200.11 触点会接通一个扫描周期，执行“SNXT W0.00”指令，转移启动 W0.01 步程序。

当按下启动按钮 SB1 时→[8] 0.00 常开触点闭合→由于 100.00 触点闭合，故执行“SNXT W0.01”指令，转移启动 W0.01 步程序→[12] P_On 触点闭合→[12] 100.02 线圈得电，通过接触器 KM2 使电动机 M2 驱动电磁铁下移，与此同时，定时器 T0000 开始 2s 计时→2s 后，[12] 两个 T0000 常开触点均闭合，若下限位开关 SQ2 处于闭合，表明电磁铁接触为小球，[12] 0.02 常开触点闭合，[12] 0.02 常闭触点断开，执行“SNXT W0.02”指令，转移启动 W0.02 步程序，开始抓小球控制程序，若下限位开关 SQ2 处于断开，表明电磁铁接触为大球， [12] 0.02 常开触点断开， [12] 0.02 常闭触点闭合，执行“SNXT W0.05”指令，转移启动 W0.05 步程序，开始抓大球控制程序。

① 小球抓取控制（W0.02～W0.04 步程序）。W0.02 步程序被启动后→[24] P_On 触点闭合→100.05 线圈被置位，通过 KM5 使电磁铁通电抓住小球，同时定时器 T0001 开始 1s 计时→1s 后，[24] T0001 常开触点闭合，执行“SNXT W0.03”指令，转移启动 W0.03 步程序→[30] P_On 触点闭合→100.01 线圈得电，通过 KM1 使电动机 M2 驱动电磁铁上升→当电磁铁上升到位后，上限位开关 SQ3 闭合，[30] 0.03 常开触点闭合，执行“SNXT W0.04”指令，转移启动 W0.04 步程序→[35] P_On 触点闭合→100.04 线圈得电，通过 KM4 使电动机 M1 驱动机械手臂右移→当机械手臂移到小球箱上方时，小球箱定位开关 SQ4 闭合→[35] 0.04 常闭触点断开，100.04 线圈失电，机械手臂停止移动，同时 [35] 0.04 常开触点闭合，执行“SNXT W0.08”指令，转移启动 W0.08 步程序，开始放球控制。

② 放球并返回控制（W0.08～W0.11 步程序）。W0.08 步程序启动后→[62] P_On 触点闭合，100.02 线圈得电，通过 KM2 使电动机 M2 驱动电磁铁下降，当下降到位后，下限位开关 SQ2 闭合→[62] 0.02 常开触点闭合，执行“SNXT W0.09”指令，转移启动 W0.09 步程序→[67] P_On 触点闭合→100.05 线圈被复位，电磁铁失电，将球放入球箱，与此同时，定时器 T0002 开始 1s 计时→1s 后， [67] T0002 常开触点闭合，执行“SNXT W0.10”指令，转移启动 W0.10 步程序→[73] P_On 触点闭合，100.01 线圈得电，通过 KM1 使电动机 M2 驱动电磁铁上升→当电磁铁上升到位后，上限位开关 SQ3 闭合，[73]

0.03 常开触点闭合，执行“SNXT W0.11”指令，转移启动 W0.11 步程序→[78] P_On 触点闭合，100.03 线圈得电，通过 KM3 使电动机 M1 驱动机械手臂左移→当机械手臂移到混装球箱上方时，混装球箱定位开关 SQ1 闭合→[78] 0.01 常闭触点断开，100.03 线圈失电，电动机 M1 停转，机械手臂停止移动，与此同时，[78] 0.01 常开触点闭合，执行“SNXT W0.00”指令，转移启动 W0.00 步程序→[8] P_On 触点闭合，若按下启动按钮 SB1，则开始下一次抓球过程。

③ 大球抓取过程（W0.05～W0.07 步程序）。W0.05 步程序启动后→[43] P_On 触点闭合，100.05 线圈被置位，通过 KM5 使电磁铁通电抓取大球，同时定时器 T0001 开始 1s 计时→1s 后，[43] T0001 常开触点闭合，执行“SNXT W0.06”指令，转移启动 W0.06 步程序→[49] P_On 触点闭合，100.01 线圈得电，通过 KM1 使电动机 M2 驱动电磁铁上升→当电磁铁上升到位后，上限位开关 SQ3 闭合，[49] 0.03 常开触点闭合，执行“SNXT W0.07”指令，转移启动 W0.07 步程序→[54] P_On 触点闭合，100.04 线圈得电，通过 KM4 使电动机 M1 驱动机械手臂右移→当机械手臂移到大球箱上方时，大球箱定位开关 SQ5 闭合→[54] 0.05 常闭触点断开，100.04 线圈失电，机械手臂停止右移，同时 [54] 0.05 常开触点闭合，执行“SNXT W0.08”指令，转移启动 W0.08 步程序，开始放球过程。

大球的放球与返回控制过程与小球完全一样，不再叙述。

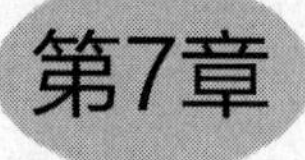

第7章 高级功能及有关指令的使用

7.1 键盘输入电路及有关指令的使用

7.1.1 数字式开关输入电路与 DSW 指令的使用

(1) 数字式开关输入电路

PLC 的输入端子数量较少，如果采用一个端子输入 1 位数据的方式，在输入位数很多的数据（如 16 位）时就需要占用大量的输入端子。给 PLC 外接数字式开关输入电路，并使用数字式开关（DSW）指令可以用较少的端子输入多位数据。

PLC 的数字式开关输入电路如图 7-1 所示，它采用了 CPM1A-20EDT 模块作为 CP1H 主机单元的输入输出单元，其输入、输出通道编号分别为 2CH 和 102CH。该电路使用了 8 个 4 位拨码开关，每个开关可输入 4 位二进制数，一共可以输入 32 位二进制数。

电路工作原理说明如下。

PLC 上电工作后，在第 0～4 扫描周期期间，模块 102.00 端子输出高电平（CS0 脉冲），如图 7-1（b）所示，它送到开关 5 和开关 1，这些开关为 4 位拨码开关，内部由 4 个开关组成，开关闭合时，高电平通过开关、二极管使输入端子电压升高，相当于该端子输入二进制数“1”，开关断开时输入为“0”，一个拨码开关可以输入 4 位数，在 0～4 扫描周期期间，两个拨码开关可以输入 8 位数，它们送入 2.00～2.07 端子；在第 4～8 扫描周期期间，模块 102.01 端子输出高电平（CS1 脉冲），它送到开关 6 和开关 2，这两个开关又为 2.00～2.07

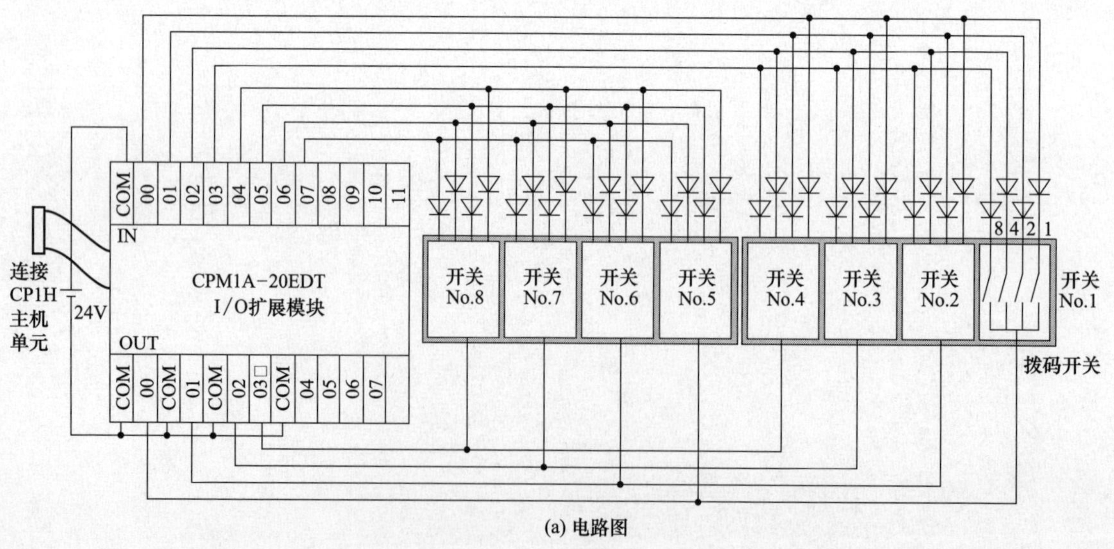

(a) 电路图

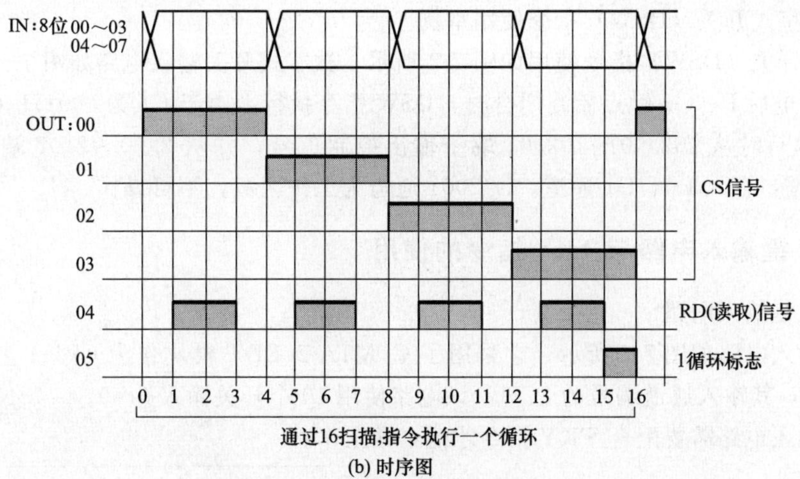

(b) 时序图

图 7-1 PLC 的数字式开关输入电路

端子输入 8 位数；在 8～12 和 12～16 扫描周期期间，模块 102.02、102.03 端子分别输出高电平（CS2、CS3 脉冲），它通过开关共输入 16 位数。

也就是说，在 16 个扫描周期内，8 个 4 位拨码开关共输入 32 位二进制数。102.00～102.03 每个端子的 CS 脉冲持续时间为 4 个扫描周期，在每个 CS 脉冲持续期间，102.04 端子会输出 2 个扫描周期的 RD（读取）脉冲（该电路未使用该端子），另外，在最后一个扫描周期内 102.05 端子会输出一个循环标志 1（高电平），表示数字开关的一个输入周期结束，接着开始下一个输入周期。

数字式开关输入电路需要配合 DSW 指令才能正常工作。

（2）数字式开关（DSW）指令说明

指令说明如下。

指令名称、格式与符号	功能说明	操作数			
		I、O	D	C1	C2
数字式开关 DSW I O D C1 C2 DSW I O D C1 C2	从 O 通道的 00～04 端子输出脉冲信号并送入数字开关，数字开关输出数据送入 I 通道的 00～04（或 00～07）端子，送入的数据存在 D 通道。 C1 通道用来指定 I 通道输入位数，C2 通道为工作区域，用户无法操作。I、O、D、C1 操作数说明如下： I：15 14 13 12 11 10 9 8 7 6 5 4 3 2 1 0；高组4位 D3 D2 D1 D0；低组4位 D0 D1 D2 D3 O：15 14 13 12 11 10 9 8 7 6 5 4 3 2 1 0；一个循环标志；读出信号RD0；CS信号 CS0 CS1 CS2 CS3 D1：15 12 11 8 7 4 3 0；读取组数：0000H-读取4组，0001H-读取8组 D：15 12 11 8 7 4 3 0；组4 组3 组2 组1 D+1：15 12 11 8 7 4 3 0；组8 组7 组6 组5	CIO、 W、H、 A、T、 C、D、 @D、 *D、 DR	CIO、 W、H、 A、T、 C、D、 @D、 *D	0000H、 0001H	CIO、 W、H、 A、T、 C、D、 @D、 DR

(3) 数字式开关（DSW）指令使用举例

数字式开关（DSW）指令使用如图 7-2 所示，数字式开关输入电路如图 7-1 所示。

PLC 上电后 P _ On 触点始终闭合时，DSW 指令执行，由于 C1 为 0001H（读取 8 组），DSW 指令执行时从 102.00～102.05 端子输出控制信号，并从 2.00～2.07 端子读取 8 组（32 位）数据，存入 D0、D1 通道。D32001 通道为工作区域，不可操作。

7.1.2 10 键输入电路与 TKY 指令的使用

(1) 10 键输入电路

10 键输入电路如图 7-3 所示，它采用了 CPM1A-20EDT 模块作为 CP1H 主机单元的输入输出单元，其输入通道编号为 2CH，该电路使用 10 个开关输入 0～9。

10 键输入电路需要配合 TKY 指令才能正常工作。

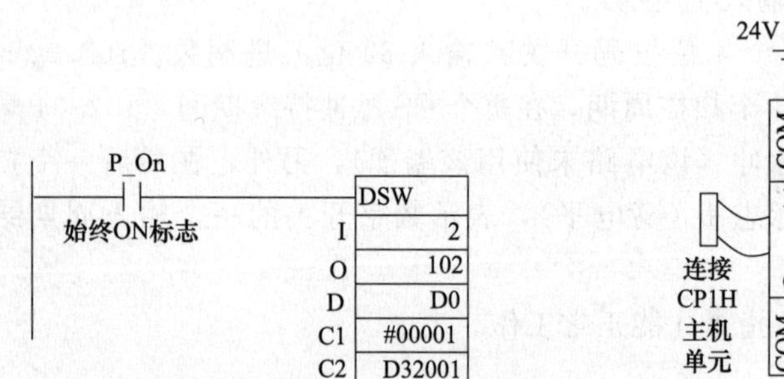

图 7-2 数字式开关（DSW）指令使用举例

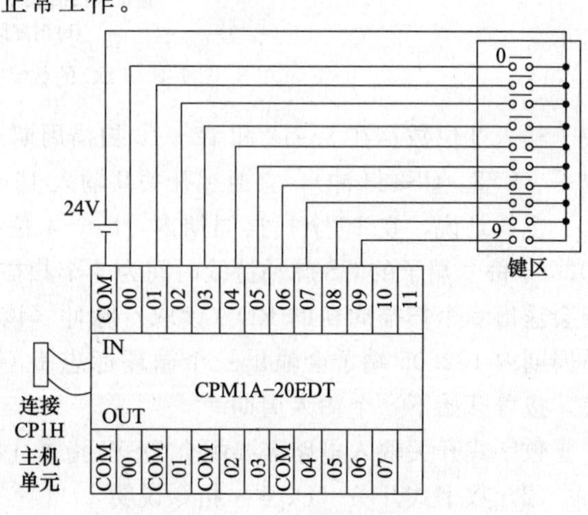

图 7-3 10 键输入电路

(2) 10 键输入（TKY）指令说明

指令说明如下。

指令名称、格式与符号	功能说明	操作数	
		I、D2	D1
10 键输入 TKY I D1 D2 TKY I D1 D2	从 I 通道的 00～09 端子读取外接 10 键输入的 0～9，读入的每个数都转换成一组 BCD 码(4 位)，并存入 D1 通道某组中。 当某个端子有键输入时，D2 通道对应的位为 1，直到其他键输入时该位才变为 0，D1 通道的第 10 位有键输入时为 1，无键输入时为 0。D1、D1+1 通道最多可存放 8 个数的 BCD 码，后输入数存放在低组，先输入数被移到高组，若输入数超过 8 个，最高组的数会被移出清除。 I、D1、D2 操作数说明如下： 9 8 7 6 5 4 3 2 1 0 按键 15 14 13 12 11 10 9 … 0 输入端子 I — — — — — — D2 — — — — — — 有键输入时为1 无键输入时为0 某键输入时对应位为1，直到其他键输入时该位才变为0 15 12 11 8 7 4 3 0 D1 组4 组3 组2 组1 D1+1 组8 组7 组6 组5 最多存 8 个输入数的 BCD 码，后输入数的 BCD 码排在低组，先输入数的 BCD 码移入高组	CIO、W、H、A、T、C、D、@D、*D、DR	CIO、W、H、A、T、C、D、@D、*D

（3）10键输入（TKY）指令使用举例

10键输入（TKY）指令使用如图7-4所示，10键输入电路如图7-3所示。

PLC上电后P_On触点始终闭合时，TKY指令执行，如果2.01端子外接键“1”闭合，该端子输入高电平，D0的第01位为1，第10位也为1，同时200CH组1存入“1”的BCD码0001；当键“1”断开时，2.01端子；变为低电平时，D0的第01位仍为1，但第10位变为0。当2.00端子外接键“0”闭合时，该端子输入高电平，D0的第00位为1，第10位也为1，同时200CH组1存入“0”，“1”移到组2；当键“0”断开时，2.00端子变为低电平时，D0的第00位仍为1，第10位变为0。

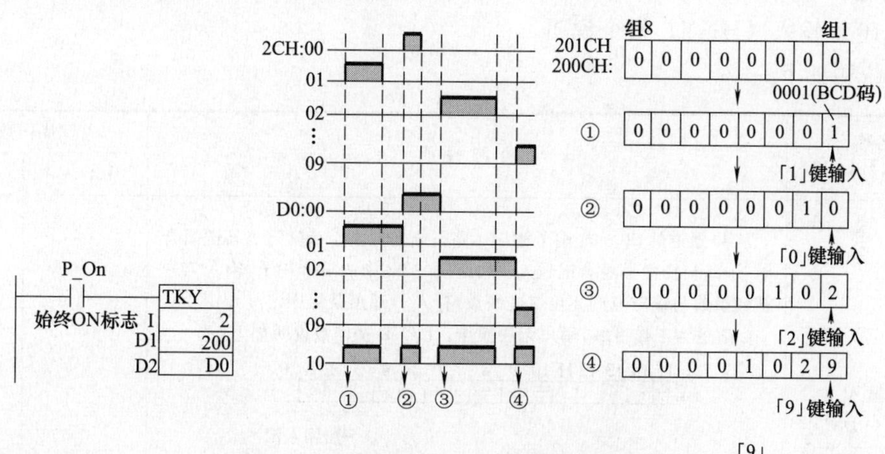

图7-4　10键输入（TKY）指令使用举例

7.1.3　16键输入电路与HKY指令的使用

（1）16键输入电路

16键输入电路如图7-5所示，它采用了CPM1A-20EDT模块作为CP1H主机单元的输

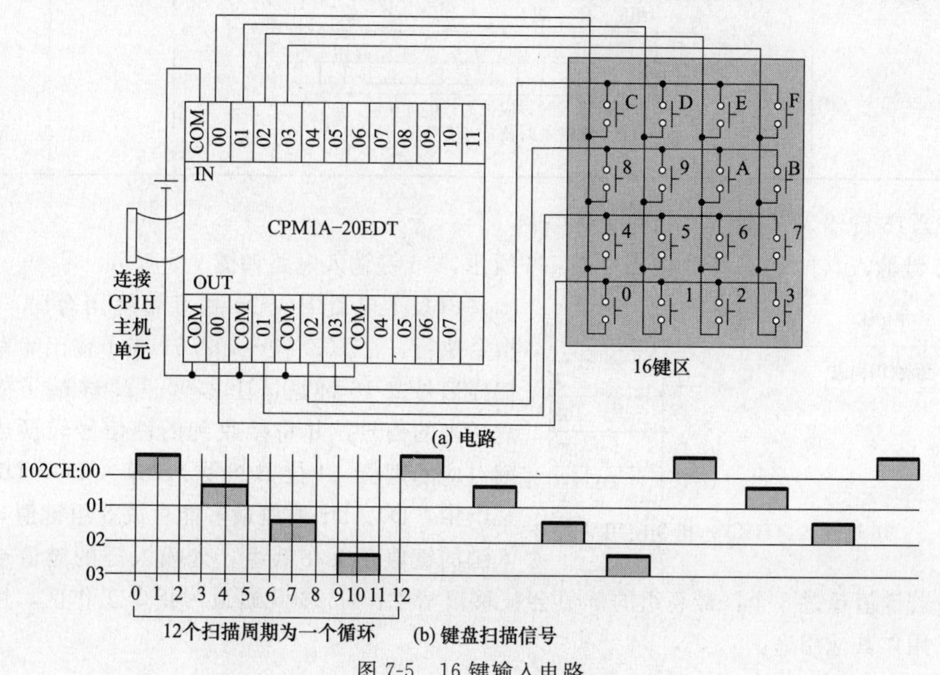

图7-5　16键输入电路

入输出单元，其输入通道编号为 2CH，该电路使用 16 个按键输入 0～F。

电路工作原理说明如下。

PLC 上电工作后，从 CPM1A-20EDT 模块的 102.00～102.03 端子输出如图 7-5（b）所示的键盘扫描信号，在一个循环内，每个端子输出的扫描信号高电平持续时间为 2 个扫描周期，12 个扫描周期为一个循环。若按下键盘上某键时，如按下“F”键（持续时间要超过 12 个扫描周期），当 102.03 端子输出高电平时，该高电平经“F”键送入 2.03 端子，PLC 将该输入高电平转换成与“F”键对应的 4 位二进制数 1111，保存在指定的通道中。

16 键输入电路需要配合 HKY 指令才能正常工作。

（2）16 键输入（HKY）指令说明

指令说明如下。

指令名称、格式与符号	功能说明	操作数	
		I、O、C	D
16 键输入 HKY I O D C HKY I O D C	从 O 通道的 00～03 端子输出 4 路扫描信号至 16 键区，当某键闭合时，一路扫描信号经该键送入 I 通道 00～03 中的某个端子，输入信号被转换成与键对应的 4 位二进制数，存入 D 通道某组中。 C 通道为工作区域，用户无法操作。I、O、D 操作数说明如下： I：15 14 13 12 11 10 9 8 7 6 5 4 3 2 1 0（0～3 为 4路输入位） O：15 14 13 12 11 10 9 8 7 6 5 4 3 2 1 0（0～3 为 4路输出位（输出键盘扫描信号）） D：15～12 组4，11～8 组3，7～4 组2，3～0 组1 D+1：15～12 组8，11～8 组7，7～4 组6，3～0 组5 D+2：15 14 13 12 11 10 9 8 7 6 5 4 3 2 1 0（某键输入时对应位为1，直到下一个键输入时该位才变为0）	CIO、W、 H、A、 T、C、 D、@D、 *D、DR	CIO、W、 H、A、 T、C、 D、@D、 *D

（3）16 键输入（HKY）指令使用举例

16 键输入（HKY）指令使用如图 7-6 所示，16 键输入电路如图 7-5 所示。

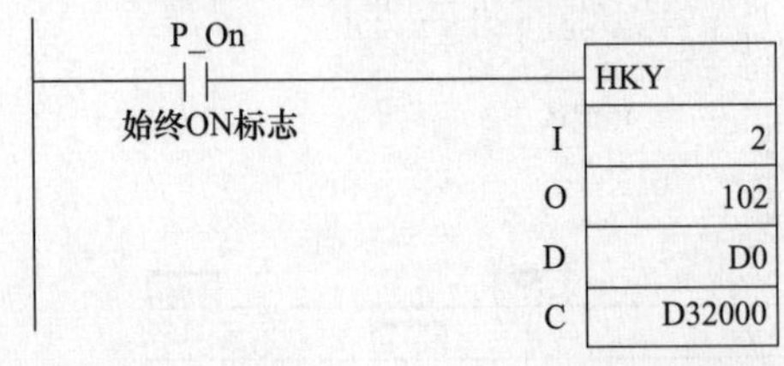

图 7-6　16 键输入（HKY）指令使用举例

PLC 上电后 P_On 触点始终闭合时，HKY 指令执行，让 102.00～102.03 端子输出 4 路键盘扫描信号去 16 键盘，让 2.00～2.03 端子接收键盘送来的信号，并将接收到的键信号转换成与该键对应的键值（4 位 BIN 数），存入 D0、D1 通道某组中，D0、D1 通道最多能存放 8 组键值，后输入键的键值存放在低组，先输入键的键值被移到高组，若键值超过 8 个，最高组的键值会被移出清除。D32000 通道为指令工作区，用户不可将它用作其他用途。

以先后按下“9”、“E”键为例，当按下“9”键时，102.02 端子输出的高电平会经“9”键送入 2.01 端子，该端输入高电平会转换成 1001 并存入 D0 的组 1 中，同时 D2 的第 9 位变为 1，当按下“E”键时，102.03 端子输出的高电平会经“E”键送入 2.02 端子，该端输入高电平会转换成 1110 并存入 D0 的组 1 中，组 1 中先前的 1001 被移到组 2 中，同时 D2 的第 9 位变为 0，第 14 位变为 1。

7.1.4 矩阵输入电路与 MTR 指令的使用

（1）矩阵输入电路

矩阵输入电路如图 7-7 所示，它采用了 CPM1A-20EDT 模块作为 CP1H 主机单元的输入输出单元，其输入、输出通道编号分别为 2CH 和 102CH。该电路采用 8×8 列键盘来输入 64 位数据。

电路工作原理说明如下。

PLC 上电工作后，从 CPM1A-20EDT 模块 102.00～102.07 端子输出如图 7-7（b）所示的扫描信号，24 个扫描周期为一个循环。如果键盘上的“7”、“14”键处于闭合，其他键均断开，当 102.00 端子输出高电平时，由于“7”键处于闭合，2.00～2.07 端子输入数据为 10000000，该数据被存入指定通道的低 8 位；当 102.01 端子输出高电平时，由于“14”键处于闭合，2.00～2.07 端子输入数据为 01000000，该数据被存入指定通道的高 8 位。一个循环后，会将 64 位数据（由键盘各按键通断确定）存入 4 个连续通道中。

矩阵输入电路需要配合 MTR 指令才能正常工作。

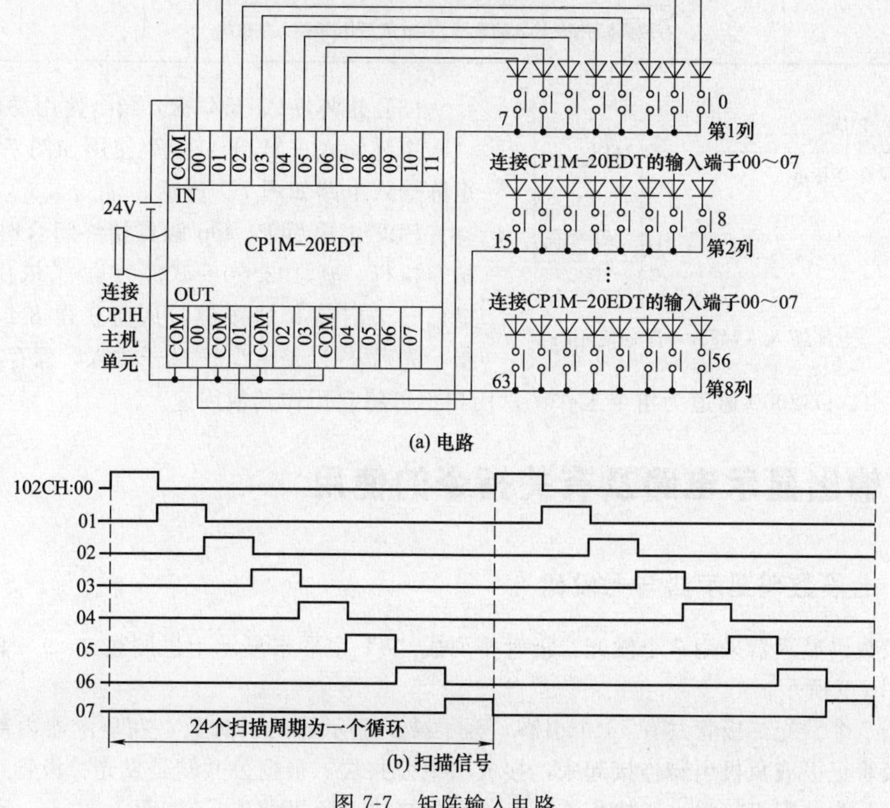

图 7-7 矩阵输入电路

(2) 矩阵输入 (MTR) 指令说明

指令说明如下。

<table>
<tr><th rowspan="2">指令名称、格式与符号</th><th rowspan="2">功能说明</th><th colspan="2">操作数</th></tr>
<tr><th>I、O、C</th><th>D</th></tr>
<tr><td>矩阵输入
MTR I O D C
MTR
I
O
D
C</td><td>从O通道的00～07端子输出8路扫描信号至矩阵区，依次扫描1～8列按键而获得8组8位数据，从I通道00～07端子先后输入，存放在D～D+3通道中。
C通道为工作区域，用户无法操作。I、O、D操作数说明如下：
I: 15 14 13 12 11 10 9 8 7 6 5 4 3 2 1 0 — 8路输入位
O: 15 14 13 12 11 10 9 8 7 6 5 4 3 2 1 0 — 8路输出位(输出扫描信号)
D: 15～8 存放第2列按键输入的数据；7～0 存放第1列按键输入的数据
D+1: 15～8 存放第4列按键输入的数据；7～0 存放第3列按键输入的数据
D+2: 15～8 存放第6列按键输入的数据；7～0 存放第5列按键输入的数据
D+3: 15～8 存放第8列按键输入的数据；7～0 存放第7列按键输入的数据</td><td>CIO、W、H、A、T、C、D、@D、*D、DR</td><td>CIO、W、H、A、T、C、D、@D、*D</td></tr>
</table>

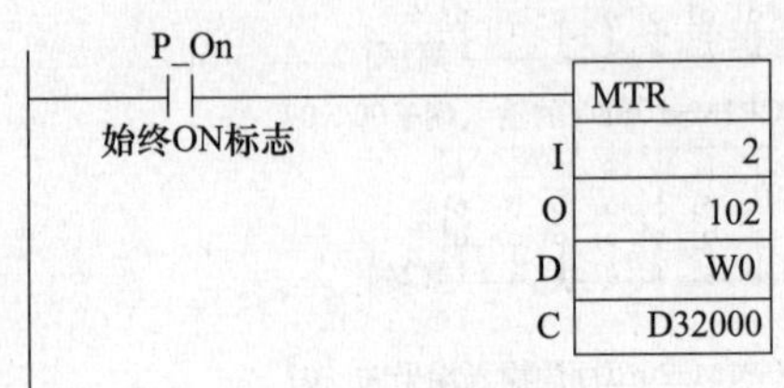

图 7-8 矩阵输入 (MTR) 指令使用举例

(3) 矩阵输入 (MTR) 指令使用举例

矩阵输入 (MTR) 指令使用如图 7-8 所示，矩阵输入电路如图 7-7 所示。

PLC 上电后 P_On 触点始终闭合时，MTR 指令执行，让 102.00～102.07 端子依次输出扫描信号去扫描 8 列按键，从而获得 8 组 8 位数据，先后从 2.00～2.07 端子输入，保存在 W0～W3 通道中。D32000 通道为指令工作区，用户不可将它用作其他用途。

7.2 输出显示电路及有关指令的使用

7.2.1 七段数码显示器与七段码

七段数码显示器采用 7 个发光二极管排列成“8”字形来显示十进制数 0～9，其结构和外形如图 7-9 所示。

由于 7 个发光二极管共有 14 个引脚，为了减少显示器的引脚数，在显示器内部将 7 个发光二极管正极或负极引脚连接起来，接成一个公共端，根据公共端是发光二极管正极还是负极，可分为共阳极接法（正极相连）和共阴极接法（负极相连），如图 7-9 (a) 所示。

对于共阳极接法的显示器，需要给发光二极管加低电平才能发光；而对于共阴极接法的显示器，需要给发光二极管加高电平才能发光。假设图 7-9（a）左端是一个共阴极接法的七段数码显示器，例如要显示十进制数“5”，可让 gfedcba＝1101101，这里的 1101101 为七段码，七段码只有七位，通常在最高位补 0 组成 8 位（一个字节）。

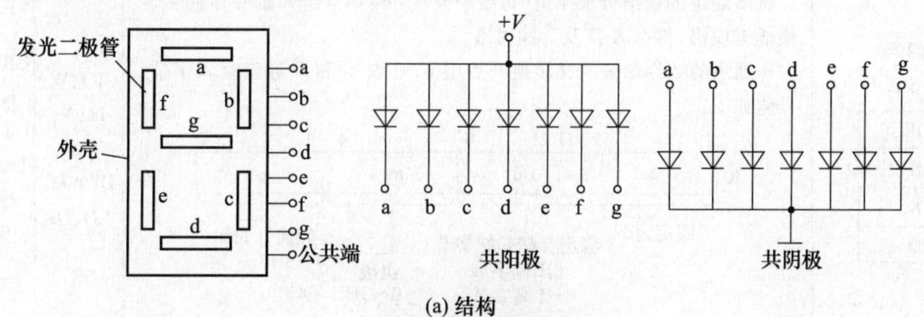

(a) 结构

(b) 外形

图 7-9 七段数码显示器

7.2.2 一位数字显示电路与 SDEC 指令的使用

（1）7 段解码（SDEC）指令

7 段解码（SDEC）指令的功能是将 4 位二进制数转换成七段码，以驱动七段数码显示器显示相应字符。十进制数、二进制数、七段码及显示的字符对应关系见表 7-1。

表 7-1 十进制数、二进制数、七段码及显示字符的对应关系

十进制数	二进制数				七段码								七段码的十六进制数	显示字符	七段码存储格式
						g	f	e	d	c	b	a			
0	0	0	0	0	0	0	1	1	1	1	1	1	3F	0	LSB a 0 b c d e f g 0 8 MSB
1	0	0	0	1	0	0	0	0	0	1	1	0	06	1	
2	0	0	1	0	0	1	0	1	1	0	1	1	5B	2	
3	0	0	1	1	0	1	0	0	1	1	1	1	4F	3	
4	0	1	0	0	0	1	1	0	0	1	1	0	66	4	
5	0	1	0	1	0	1	1	0	1	1	0	1	6D	5	
6	0	1	1	0	0	1	1	1	1	1	0	1	7D	6	
7	0	1	1	1	0	0	1	0	0	1	1	1	27	7	
8	1	0	0	0	0	1	1	1	1	1	1	1	7F	8	
9	1	0	0	1	0	1	1	0	1	1	1	1	6F	9	
A	1	0	1	0	0	1	1	1	0	1	1	1	77	A	
B	1	0	1	1	0	1	1	1	1	1	0	0	7C	b	
C	1	1	0	0	0	0	1	1	1	0	0	1	39	C	
D	1	1	0	1	0	1	0	1	1	1	1	0	5E	d	
E	1	1	1	0	0	1	1	1	1	0	0	1	79	E	
F	1	1	1	1	0	1	1	1	0	0	0	1	71	F	

7 段解码（SDEC）指令说明如下。

指令名称、格式与符号	功能说明	操作数 S	操作数 K	操作数 D
7 段解码 SDEC S K D SDEC S K D	将 S 通道的数据分成 4 组(每组 4 位),并将第 n 组开始的 m 组数转换成七段码,再存入 D 及后续通道。 K 通道的数据用来定义转换开始组 n、组数 m 和 D 通道存入字节。具体如下： K: 15～12: 0（固定为0）；11～8: 1/0（输出存储起始字节 0H:低字节 1H:高字节）；7～4: m（组数 0～3H:1～4组）；3～0: n（转换开始组 0～3H:0～3组）	CIO、W、H、A、T、C、D、@D、* D、DR	CIO、W、H、A、T、C、D、@D、* D、DR、常数	CIO、W、H、A、T、C、D、@D、* D

（2）一位数字显示电路与 SDEC 指令使用举例

一位数字显示电路及 7 段解码（SDEC）指令使用如图 7-10 所示。

当 SB1 按钮按下时，常开触点 0.00 闭合时，首先 SDEC 指令执行，由于 1000CH 的数据定义为第 1 组开始、转换 3 组、输出存储高字节，因此 SDEC 指令将 D100 中的第 1～3 组中的数据 FH、1H、2H 分别转换成七段码 71H、06H、5BH，存入 D200 高字节和 D201 中，然后 MOV 指令执行，将 D201 中的数据送入 100CH，因为 100CH 低字节（100.07～100.00）为七段码 06H（00000110），PLC 为漏型晶体管输出，100.07～100.00 端子实际输出为 11111001，七段数码显示器为共阳极型，只有 b、c 段发光二极管亮，显示数字为“1”。

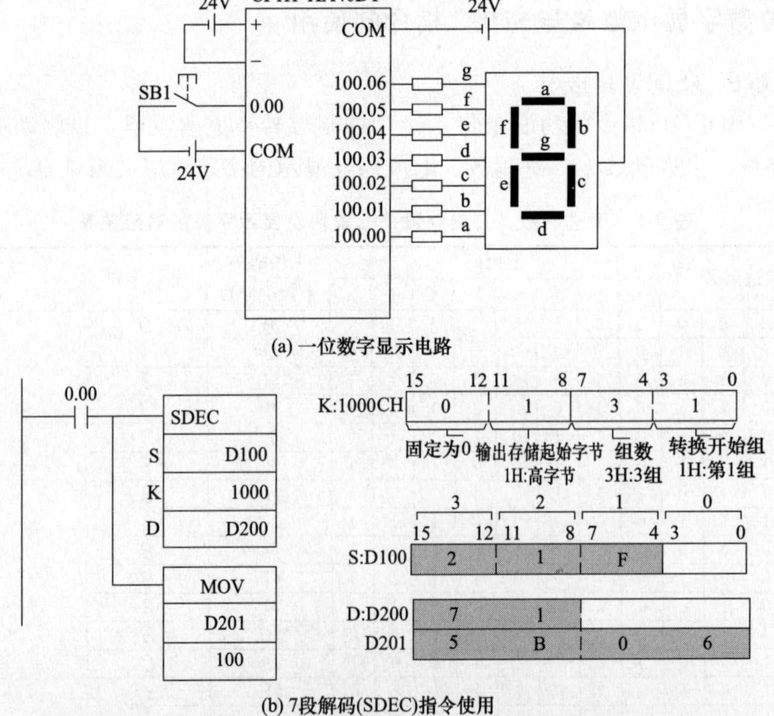

图 7-10　一位数字显示电路及 7 段解码（SDEC）指令使用举例

7.2.3 多位数字显示电路与7SEG指令的使用

7段显示（7SEG）指令主要用于驱动多位带锁存的7段显示器，其优点是驱动多位显示器时可使用较少端子。

（1）带锁存的多位显示电路

图7-11为8位带锁存的显示电路，它采用了CPM1A-40EDT模块作为CP1H主机单元的输入输出单元，其输入通道编号分别为2CH、3CH，输出通道编号为102CH、103CH。该电路仅使用12个输出端子来驱动两个4位带锁存7段显示器显示8位数字。

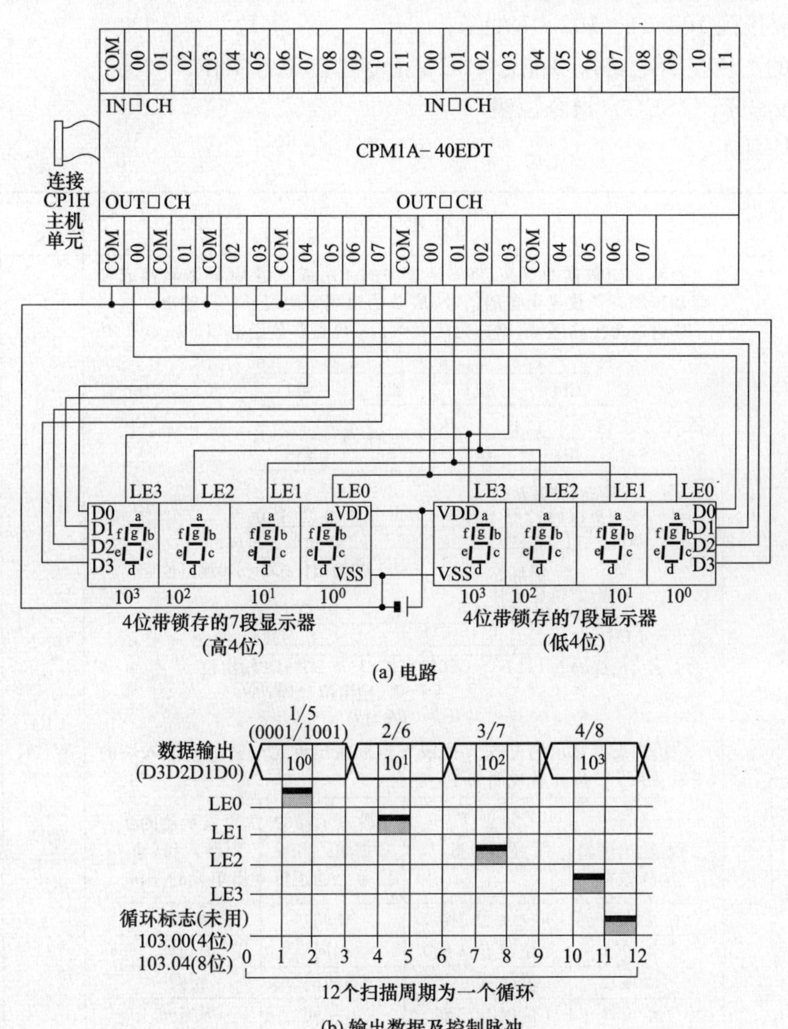

图7-11 8位带锁存的显示电路

下面以显示8位数字“87654321”为例来说明电路工作原理。

CPM1A-40EDT模块首先从102.03～102.01端子输出“1”的4位BCD数0001，送到低4位显示器的D3～D0端，由显示器内部电路转换成“1”的7段码0000110，送到每位的g～a段，但此时只有103.00端子输出LE0锁存脉冲到显示器的最低位，最低位b、c段发光显示数字“1”，LE0脉冲与D3D2D1D0数据的时序关系如图7-11（b）所示；然后

102.00～102.03 端子输出“2”的 4 位 BCD 数，同时 103.01 端子输出 LE1 锁存脉冲到低 4 位显示器的次低位，次低位显示数字“2”。低 4 位显示器显示完“4321”后，接着从 102.07～102.04 端子输出“5”的 4 位 BCD 数，送到高 4 位显示器的 D3～D0 端，同时 103.00 端子输出 LE0 锁存脉冲到高 4 位显示器的最低位，最低位显示数字“5”，以此方式工作，直到高 4 位显示器最高位显示“8”。虽然 8 位数字是逐位显示的，但因为从“1”显示到“8”的时间间隔很短，由于余辉效应，其他 7 位数字还在显示，故感觉显示器同时显示出 8 位数字。

LE0～LE3 脉冲的循环时间为 12 个扫描周期，当连接 4 位带锁存的 7 段显示器时，LE0～LE3 应接到 102.04～102.07 端子。

带锁存的 7 段显示电路需要配合 7SEG 指令才能正常工作。

(2) 7 段显示（7SEG）指令说明

指令说明如下。

<table>
<tr><th rowspan="2">指令名称、
格式与符号</th><th rowspan="2">功 能 说 明</th><th colspan="3">操作数</th></tr>
<tr><th>S</th><th>C</th><th>O、D</th></tr>
<tr><td>7 段显示
7SEG S O C D
7SEG
S
O
C
D</td><td>接 C 通道数据的定义，将 S 通道中的 4 组或 8 组 BCD 数转换成可驱动带锁存 7 段显示器的信号，从 O 通道规定的端子(位)输出。
D 通道为工作区域，用户无法操作。S、O 操作数说明如下： 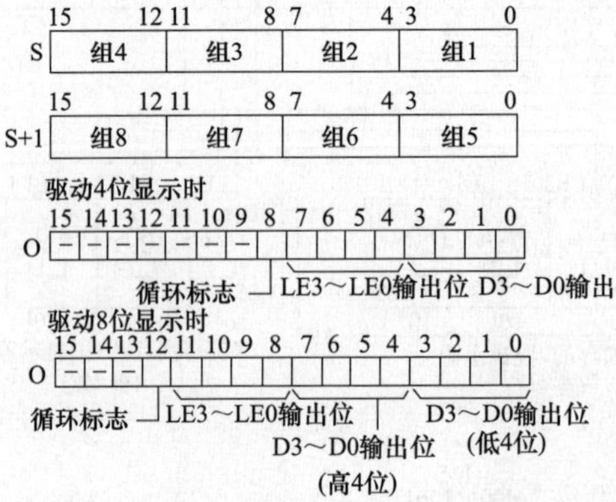
S：15～12 组4，11～8 组3，7～4 组2，3～0 组1
S+1：15～12 组8，11～8 组7，7～4 组6，3～0 组5
驱动4位显示时
O：15 14 13 12 11 10 9 8 7 6 5 4 3 2 1 0
循环标志（8）　LE3～LE0输出位（7～4）　D3～D0输出位（3～0）
驱动8位显示时
O：15 14 13 12 11 10 9 8 7 6 5 4 3 2 1 0
循环标志（12）　LE3～LE0输出位（11～8）　D3～D0输出位(高4位)（7～4）　D3～D0输出位(低4位)（3～0）
C 用来设置显示的位数(4 位或 8 位)、输出单元与显示器输入端的逻辑关系。C 操作数说明如下：
<table>
<tr><th>C(显示位数，输出逻辑选择数据)</th><th>显示位数</th><th>7 段显示器的数据输入和输出单元的逻辑</th><th>7 段显示器的互锁输入和、输出单元的逻辑</th></tr>
<tr><td>＃0000</td><td>4 位(4 位 1 组)</td><td>相同</td><td>相同</td></tr>
<tr><td>＃0001</td><td>4 位(4 位 1 组)</td><td>相同</td><td>不相同</td></tr>
<tr><td>＃0002</td><td>4 位(4 位 1 组)</td><td>不相同</td><td>相同</td></tr>
<tr><td>＃0003</td><td>4 位(4 位 1 组)</td><td>不相同</td><td>不相同</td></tr>
<tr><td>＃0004</td><td>8 位(4 位 2 组)</td><td>相同</td><td>相同</td></tr>
<tr><td>＃0005</td><td>8 位(4 位 2 组)</td><td>相同</td><td>不相同</td></tr>
<tr><td>＃0006</td><td>8 位(4 位 2 组)</td><td>不相同</td><td>相同</td></tr>
<tr><td>＃0007</td><td>8 位(4 位 2 组)</td><td>不相同</td><td>不相同</td></tr>
</table>
当输出单元采 NPN 三极管输出(负逻辑)时，内部“1”的 BCD 数 0001 经三极管倒相会变成 1000 从输出端子输出，LE 脉冲也为低电平，如果显示器数据输入为正逻辑、LE 脉冲输入为负逻辑，那么显示器会显示“8”，若 LE 脉冲输入为正逻辑，显示器将无法正常显示。为了让显示器能正常显示，需要根据输出单元和显示器类型选择正确的逻辑关系</td><td>CIO、
W、H、
A、T、
C、D、
@D、
*D</td><td>0000～
0007H</td><td>CIO、
W、H、
A、T、
C、D、
@D、
*D、
DR</td></tr>
</table>

(3) 7段显示(7SEG)指令使用举例

7段显示(7SEG)指令使用如图7-12所示,7段显示电路如图7-11所示。

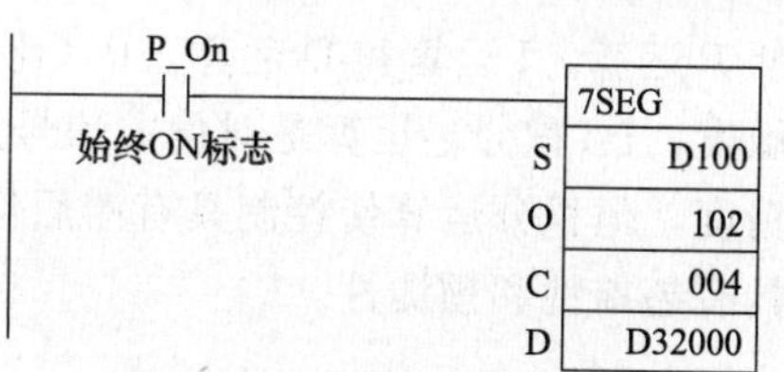

图7-12 7段显示(7SEG)指令使用举例

PLC上电后P_On触点始终闭合时,7SEG指令执行,按C通道数据0004H规定的位数和逻辑关系,将D100、D101中的8组BCD数转换成可驱动8位带锁存7段显示器的信号(数据和控制脉冲),从102.00~102.07CH及103.00~103.03端子输出。D32000通道为指令工作区,用户不可将它用作其他用途。

7.3 PID控制功能及指令的使用

7.3.1 关于PID控制

PID英文全称为Proportion Integration Differentiation,PID控制又称比例积分微分控制,是一种闭环控制。下面以如图7-13所示的恒压供水系统来说明PID控制原理。

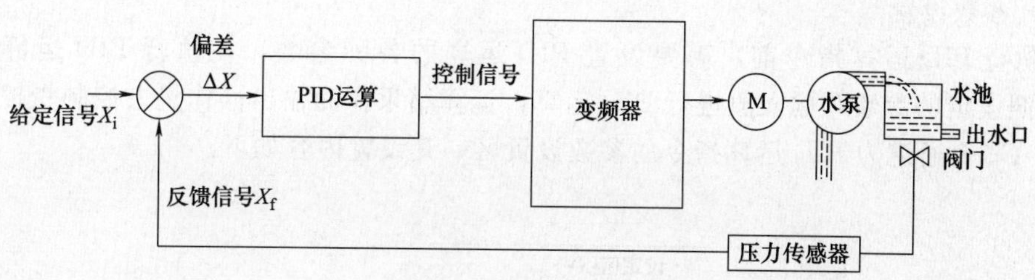

图7-13 恒压供水的PID控制

电动机驱动水泵将水抽入水池,水池中的水除了经出水口提供用水外,还经阀门送到压力传感器,传感器将水压大小转换成相应的电信号X_f,X_f反馈到比较器与给定信号X_i进行比较,得到偏差信号ΔX($\Delta X=X_i-X_f$)。

若$\Delta X>0$,表明水压小于给定值,偏差信号经PID运算得到控制信号,控制变频器,使之输出频率上升,电动机转速加快,水泵抽水量增多,水压增大。

若$\Delta X<0$,表明水压大于给定值,偏差信号经PID运算得到控制信号,控制变频器,使之输出频率下降,电动机转速变慢,水泵抽水量减少,水压下降。

若$\Delta X=0$,表明水压等于给定值,偏差信号经PID运算得到控制信号,控制变频器,使之输出频率不变,电动机转速不变,水泵抽水量不变,水压不变。

由于控制回路的滞后性,会使水压值总与给定值有偏差。例如当用水量增多水压下降时,$\Delta X>0$,控制电动机转速变快,提高水泵抽水量,从压力传感器检测到水压下降到控制电动机转速加快,提高抽水量来恢复水压需要一定时间。通过提高电动机转速恢复水压后,系统又要将电动机转速调回正常值,这也要一定时间,在这段回调时间内水泵抽水量会偏多,导致水压又增大,又需进行回调。这样的结果是水池水压会在给定值上下波动(振荡),即水压不稳定。

采用了PID运算可以有效减小控制环路滞后和过调问题(无法彻底消除)。PID运算包括 P 运算、I 运算和 D 运算。P（比例）运算是将偏差信号 ΔX 按比例放大，提高控制的灵敏度；I（积分）运算是对偏差信号进行积分运算，消除 P 运算比例引起的误差和提高控制精度，但积分运算使控制具有滞后性；D（微分）运算是对偏差信号进行微分运算，使控制具有超前性和预测性。

7.3.2 PID 运算（PID）指令的使用

（1）符号、格式与功能

PID 运算指令的符号、格式与功能说明如下。

指令名称、格式与符号	功能说明	操作数	
		S、D	W
PID 运算 PID S C D PID S C D	将 S 通道的数据作为输入值，按 C～C+8 通道中设定的参数对输入值进行 PID 运算，运算结果作为输出操作量送入 D 通道	CIO、W、H、A、T、C、D、@D、*D、DR	CIO、W、H、A、T、C、D、@D、*D

（2）参数设置

在执行 PID 运算指令前，需要设置 PID 运算的各种参数，在执行 PID 运算指令时，PLC 按照设定的参数对输入值进行 PID 运算，运算结果作为输出操作量去控制受控对象。

C～C+8 通道为 PID 运算指令的参数设置区，其设置内容如下。

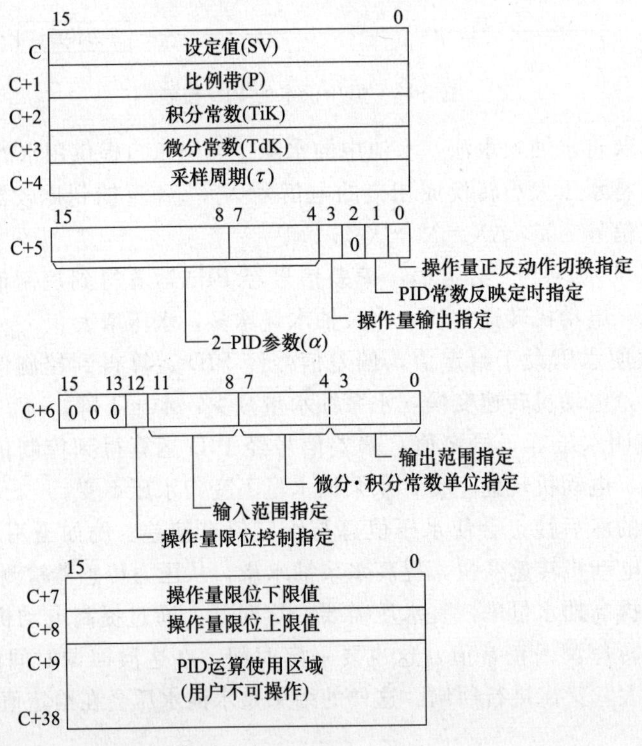

C～C+8 通道的参数详细设置说明见表 7-2。

表 7-2　C～C+8 通道的参数详细设置说明

<table>
<tr><th>控制数据</th><th>项目</th><th>内　容</th><th>设定范围</th><th>输入条件为ON时能否进行变更</th></tr>
<tr><td>C</td><td>设定值(SV)</td><td>控制对象的目标值</td><td>输入范围的位数的BIN数据
(0～指定输入范围最大值)</td><td>可以</td></tr>
<tr><td>C+1</td><td>比例带(P)</td><td>在整个比例控制范围/控制范围中所示的P控制用参数</td><td>0001～270FHex(1～9999)(0.1%单位、0.1%～999.9%)</td><td rowspan="3">输入条件为ON时，C+5的位1为1时可以</td></tr>
<tr><td>C+2</td><td>积分常数(Tik)</td><td>表示积分动作效果大小的常数。该值变大时，积分效果减弱</td><td>0001～1FFFHex(1～8191)
270FHex(9999)(无积分动作的设定)
积分·微分常数单位指定为
"1"时：1～8191倍
"9"时：0.1～819.1s</td></tr>
<tr><td>C+3</td><td>微分常数(Tdk)</td><td>表示微分动作大小的常数。该值变大时，微分效果减弱</td><td>0001～1FFF Hex(1～8191)
0000Hex(0000)(无微分动作的设定)
积分·微分常数单位指定为
"1"时：1～8191倍
"9"时：0.1～819.1s</td></tr>
<tr><td>C+4</td><td>取样周期(τ)</td><td>设定进行PID运算的周期</td><td>0001～270F(1～9999)
(10ms单位、0.01～99.99s)</td><td rowspan="3">不可以</td></tr>
<tr><td>C+5的位4～15</td><td>2-PID参数(α)</td><td>输入滤波系数。通常请使用0.65。值越接近0，滤波器效果越弱</td><td>000Hex：α=0.65(十六进制3位)
如果为100～163Hex，低位2位的值意味着
α=0.00～0.99</td></tr>
<tr><td>C+5的位3</td><td>操作量输出指定</td><td>指定测定值=设定值时的操作量</td><td>0、1
0：输出0%　1：输出50%</td></tr>
<tr><td>C+5的位1</td><td>PID常数反映定时指定</td><td>指定在何时将P(比例带)、Tik(积分常数)、Tdk(微分常数)的各参数反映到PID运算</td><td>0、1
0：仅在输入条件上升时
1：输入条件上升时，以及每个取样周期</td><td>可以</td></tr>
<tr><td>C+5的位0</td><td>操作量正逆动作切换指定</td><td>决定比例动作方向的参数</td><td>0、1
0：逆动作　1：正动作</td><td rowspan="6">不可以</td></tr>
<tr><td>C+6的位12</td><td>操作量限位控制指定</td><td>指定是否对操作量进行限位控制</td><td>0、1
0：无效(不进行限位控制)
1：有效(进行限位控制)</td></tr>
<tr><td>C+6的位8～11</td><td>输入范围</td><td>输入数据的位数</td><td>(十六进制1位)
0：8位　1：9位　2：10位
3：11位　4：12位　5：13位
6：14位　7：15位　8：16位</td></tr>
<tr><td>C+6的位4～7</td><td>积分·微分常数单位指定</td><td>指定积分常数·微分常数的时间单位</td><td>(十六进制1位)
1：取样周期倍数指定
将积分·微分时间作为取样周期的指定倍数
时间加以指定
9：时间指定
以100ms为单位指定积分·微分时间</td></tr>
<tr><td>C+6的位0～3</td><td>输出范围</td><td>输出数据的位数</td><td>设定范围与输入范围相同</td></tr>
<tr><td>C+7</td><td>操作量限位下限值</td><td>将操作量作为限位控制时的限位下限值</td><td>0000～FFFF(BIN数据)</td></tr>
<tr><td>C+8</td><td>操作量限位上限值</td><td>将操作量作为限位控制时的限位上限值</td><td>0000～FFFF(BIN数据)</td></tr>
</table>

（3）指令使用举例

PID运算（PID）指令使用如图7-14所示。

当常开触点0.00闭合时，PID指令执行，先将D209～D238工作区初始化（清空），然后按D200～D208设置的参数，将1000CH中的数据作输入值PV进行PID运算，运算结果作为输出操作量（MV）送入2000CH。D200～D208中的参数可在执行PID指令前用数据传送指令来设置。

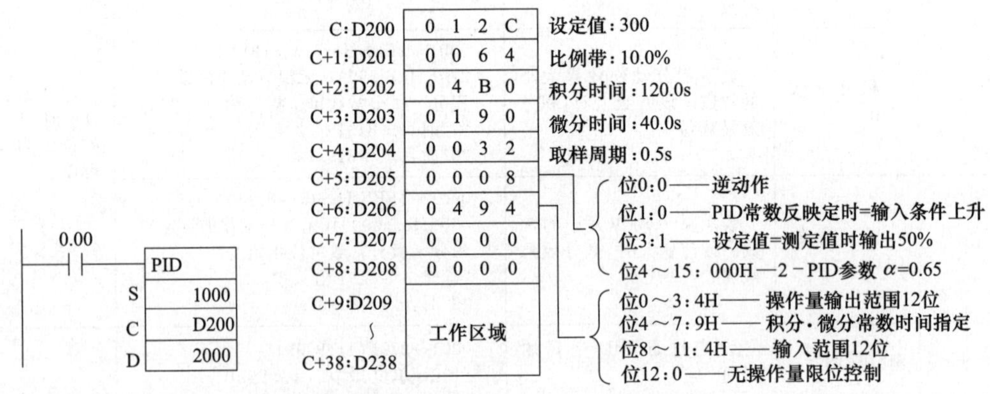

图7-14 PID运算（PID）指令使用举例

7.3.3 带自整定PID运算（PIDAT）指令的使用

（1）符号、格式与功能

带自整定PID运算指令的符号、格式与功能说明如下。

指令名称、格式与符号	功能说明	操作数	
		S、D	W
带自整定PID运算 PIDAT S C D PIDAT S C D	当C+9的第15位为0时，指令将S通道的数据作为输入值，按C～C+8通道中设定的参数对输入值进行PID运算，运算结果作为输出操作量送入D通道 当C+9的第15位变为1时，指令强制输出操作量在最大到最小范围内变化，让受控对象在幅度范围内变化，通过观测受控对象反馈量(输入值)的变化来分析受控对象的特性，自动计算出新的P、I、D常数，并存入C+1～C+3 当C+9的第15位又变为0时，指令将S通道的数据作为输入值，按C～C+8通道中的新参数对输入值进行PID运算，运算结果作为输出操作量送入D通道	CIO、W、H、A、T、C、D、@D、*D、DR	CIO、W、H、A、T、C、D、@D、*D

在使用PID指令时需要设置大量的参数，这些参数设置繁琐且需要反复调试，带自整定PID运算指令可以通过测试受控对象的特性来自动计算合适的P、I、D控制参数。

（2）参数设置

PIDAT、PID指令的C～C＋8通道参数设置内容相同，PIDAT指令增加了C＋9、C＋10两个通道设置参数，其设置内容如下。

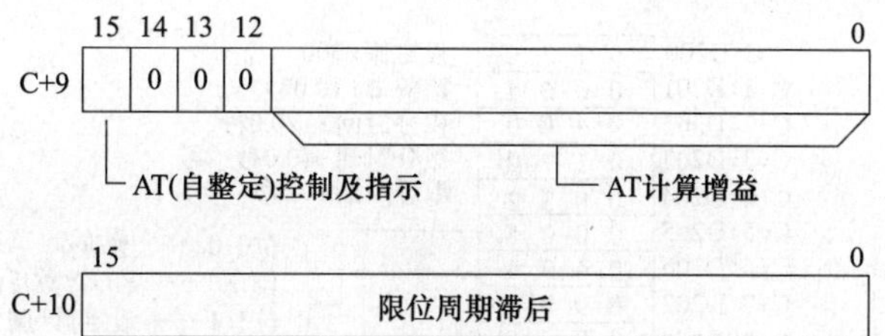

C+9、C+10 通道的参数详细设置说明见表 7-3。

表 7-3　C+9、C+10 通道的参数详细设置说明

控制数据	项目	内　容	设定范围	输入条件为 ON 时能否变更
C+9 的位 15	AT 指令/执行中	同时兼具 PID 常数的 AT(自整定)执行指令和 AT 执行中标志作用。 ·AT 执行时设置为 1(即使执行 PIDAT 指令时也有效)。 ·AT 结束后,自动返回 0。 注:AT 执行中如果从 1 设置为 0,AT 将中止,以 AT 执行开始之前的 PID 参数开始 PID 运算。但是,P、I、D 的各参数在中止时的值有效	0、1 ·作为 AT 执行指令 0→1:AT 执行指示(PIDAT 指令执行时为 1 时也执行 AT 指示) 1→0:AT 中止指示或者 AT 结束时自动发生变化 ·作为 AT 执行中标志 0:AT 非执行中 1:AT 执行中	可以
C+9 的位 0～11	AT 计算增益	对通过 AT 进行的 PID 调整的计算结果的自动存储值的补给度通过用户定义进行调整时加以设定。 通常在默认值下进行使用 ·重视稳定性时变大。 ·重视速应性时变小	0000Hex:1.00(默认值) 0001～03E8Hex:0.01～10.00(0.01 单位)	可以(但反映定时为 AT 开始时)
C+10	限位周期滞后	在 SV 中,设定发生限位周期时的滞后。默认值中,逆动作的情况下,在 SV－0.20% 的滞后中将 MV 置于 ON。 由于 PV 不稳定,在无法发生正常的限位周期时,增大该值。但是,如果过大,AT 精度将变低	0000Hex:0.20%(默认值) 0001～03E8Hex:0.01%～10.00%(0.01 单位) FFFF Hex:0.00% 注:相对于输入范围的百分比	

(3) 指令使用举例

带自整定 DAT 运算（PIDAT）指令使用如图 7-15 所示。

当常开触点 0.00 闭合时，PIDAT 指令执行，先将 D211～D240 工作区初始化（清空），然后按 D200～D208 设置的参数，将 1000CH 中的数据作输入值 PV 进行 PID 运算，运算结果作为输出值（MV）送入 2000CH。当常开触点 W0.00 闭合时，SETB 指令执行，将 D209 的第 15 位置 1，如果 0.00 触点仍闭合，PIDAT 指令马上执行自整定操作，计算出新的 P、I、D 值并存入 D201～D203。当常开触点 W0.00 断开、W0.01 闭合时，RSTB 指令执行，将 D209 的第 15 位复位，如果 0.00 触点仍处于闭合，PIDAT 指令按 D201～D203 中的新参数进行 PID 运算，运算结果送入 2000CH。

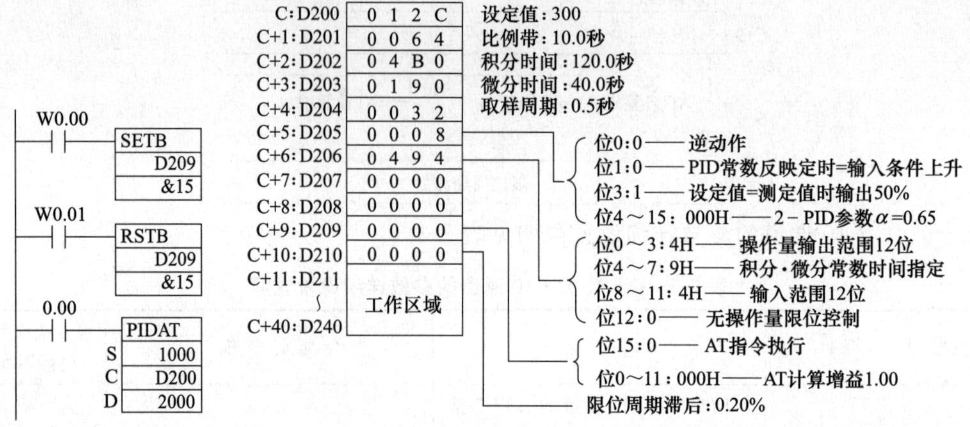

图 7-15 带自整定 DAT 运算（PIDAT）指令使用举例

7.4 子程序及有关指令的使用

7.4.1 子程序

在编程时经常会遇到相同的程序段需要多次执行的情况，如图 7-16（a）所示，程序段 A 要执行两次，编程时要写两段相同的程序段，这样比较麻烦且程序容量大，解决这个问题的方法是将需要多次执行的程序段从主程序中分离出来，单独写成一个程序，这个程序称为子程序，然后在主程序相应的位置进行子程序调用即可。

在编写复杂的 PLC 程序时，可以将全部的控制功能划分为几个功能块，每个功能块的控制功能可用子程序来实现，这样会使整个程序结构清晰简单、易于调试、查找错误和维护。

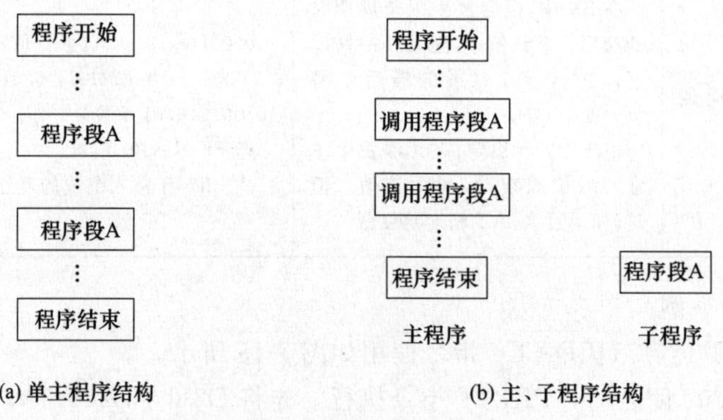

图 7-16 两种程序结构

7.4.2 子程序指令的使用

（1）子程序调用（SBS）、子程序进入（SBN）和子程序返回（RET）指令

① 指令说明。指令说明如下。

指令名称、格式与符号	功 能 说 明	操作数 N
子程序调用 SBS N [SBS / N]	调用编号为 N 的子程序。 在子程序中再调用其他的子程序称为嵌套，子程序调用指令的嵌套最多为 16 层	0～255 （十进制）
子程序进入 SBN N [SBN / N]	开始编号为 N 的子程序	0～255 （十进制）
子程序返回 RET [RET]	子程序结束，并返回调用指令的下一条指令	无操作数

② 使用举例。子程序调用（SBS）、子程序进入（SBN）和子程序返回（RET）指令使用如图 7-17 所示。

不带嵌套的子程序调用如图 7-17（a）所示，该程序分作常规程序区域和子程序区域，在常规程序区域中有 A、B、C 三段程序和两个子程序调用指令，在子程序区域有编号分别

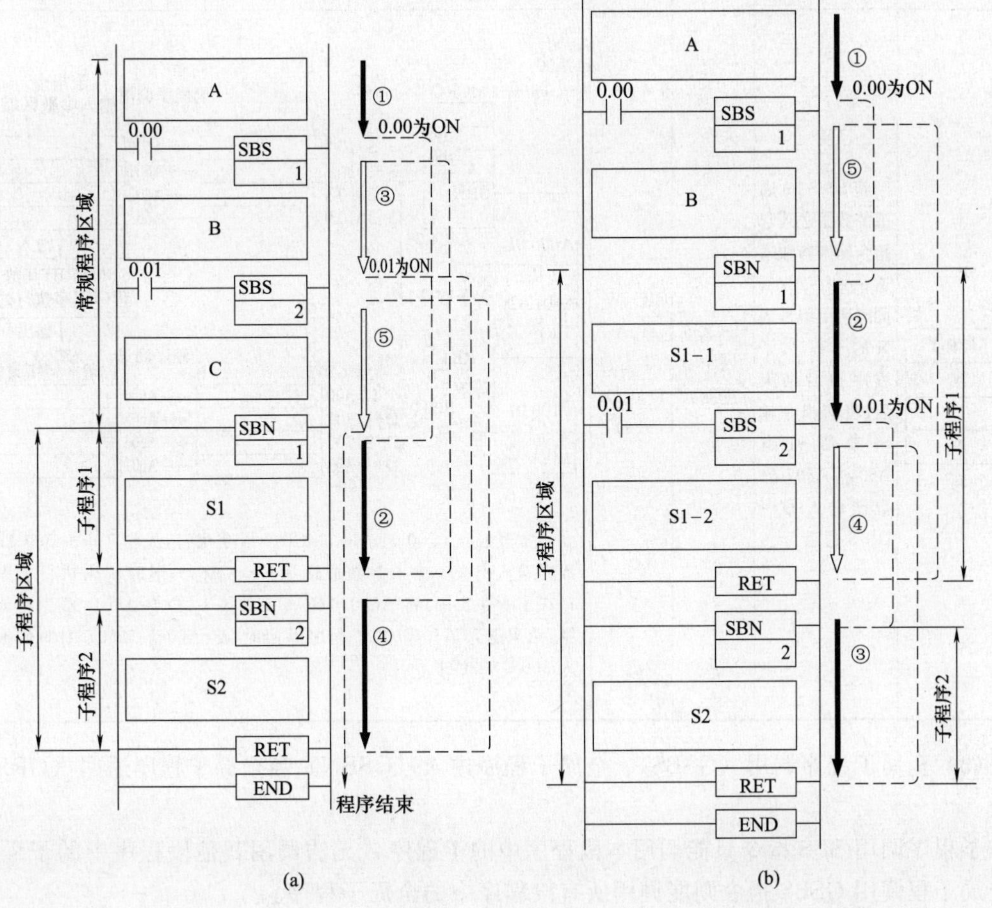

图 7-17 子程序调用（SBS）、子程序进入（SBN）和子程序返回（RET）指令使用举例

为1、2的两个子程序，每个子程序都以SBN指令开始，以RET指令结束。在程序运行时，当执行完A段程序时，如果0.00常开触点处于断开，“SBS 1”指令不执行，会执行B段程序，B段程序执行完后，如果0.01常开触点处于断开，则执行C段程序，C段程序执行完后，跳过子程序区域来执行END指令，从而结束一个扫描周期，然后又从头开始运行程序。如果执行完A段程序时，如果0.00常开触点处于闭合，“SBS 1”指令执行，转入执行子程序1，子程序1执行至RET指令时，返回到子程序调用“SBS 1”指令的下一条指令，即子程序1返回后执行B段程序。

带嵌套的子程序调用如图7-17（b）所示，该子程序区域有编号分别为1、2的两个子程序，其中在子程序1中用“SBS 2”指令调用子程序2，即子程序2嵌套在子程序1中。如果0.00和0.01两个常开触点都处于闭合，程序运行顺序是：A段程序→0.00触点闭合，“SBS 1”指令执行→子程序1的“SBN 1”→S1-1程序→0.01触点闭合，“SBS 2”指令执行→子程序2的“SBN 2”→S2段程序→子程序2的“RET”→子程序1的S1-2段程序→子程序1的“RET”→END指令。

（2）宏（MCRO）指令

指令说明如下。

指令名称、格式与符号	功能说明	操作数		使用举例
		N	S、D	
宏 MCRO N S D MCRO N S D	将S～S+3通道的数据送入宏指令输入参数通道A600～A603，同时调用编号为N的子程序，子程序执行结束后，将宏指令输出参数通道A604～A607的数据送入D～D+3通道	0～255（十进制）	CIO、W、H、A、T、C、D、@D、*D	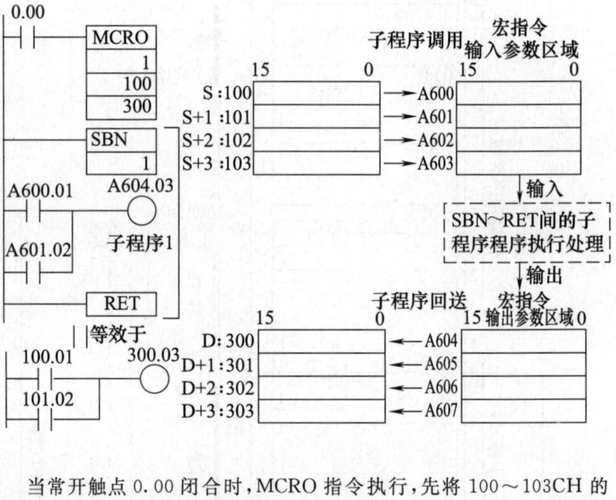 0.00 MCRO 1 100 300 SBN 1 A600.01 A601.02 A604.03 子程序1 RET 等效于 100.01 101.02 300.03 子程序调用 宏指令输入参数区域 S:100 → A600；S+1:101 → A601；S+2:102 → A602；S+3:103 → A603 输入 SBN～RET间的子程序程序执行处理 输出 子程序回送 宏指令输出参数区域 D:300 ← A604；D+1:301 ← A605；D+2:302 ← A606；D+3:303 ← A607 当常开触点0.00闭合时，MCRO指令执行，先将100～103CH的数据送入宏指令输入参数通道A600～A603，同时调用执行子程序1，在子程序1中，将A600.01（A600的第1位）与A601.02进行或运算，结果送入A604.03，子程序返回时，将A604～A607中的数据送入300～303CH

（3）全局子程序调用（GSBS）、全局子程序进入（GSBN）和全局子程序返回（GRET）指令

子程序调用SBS指令只能调用本段程序中的子程序，无法调用其他段程序中的子程序，而全局子程调用GSBS指令则能调用所有段程序中的全局子程序。

① 指令说明。指令说明如下。

指令名称、格式与符号	功能说明	操作数 N
全局子程序调用 GSBS N GSBS N	调用编号为 N 的全局子程序。 在子程序中再调用其他的子程序称为嵌套，全局子程序调用指令的嵌套最多为 16 层	0～255 （十进制）
全局子程序进入 GSBN N GSBN N	开始编号为 N 的全局子程序	0～255 （十进制）
全局子程序返回 GRET GRET	全局子程序结束，并返回调用指令的下一条指令	无操作数

② 使用举例。全局子程序调用（GSBS）、全局子程序进入（GSBN）和全局子程序返回（GRET）指令使用如图 7-18 所示。该程序由 1、2、3 段程序组成，第 1、2 段程序中含有全局子程序调用 GSBS 指令，第 3 段程序中含有全局子程序 1，它以 GSBN 指令开始，以 GRET 指令结束。

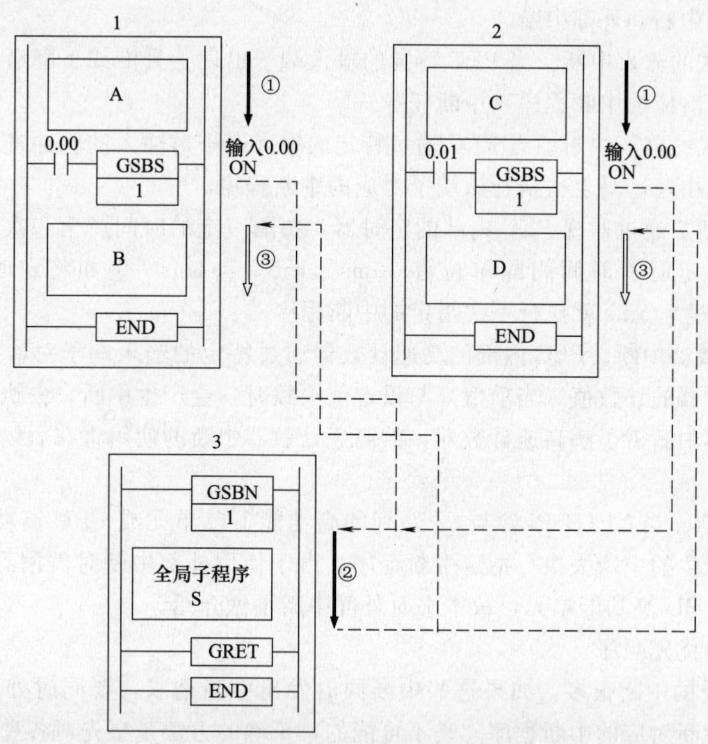

图 7-18 全局子程序调用（GSBS）、全局子程序进入（GSBN）和全局子程序返回（GRET）指令使用举例

如果 0.00、0.01 触点均处于断开状态，程序执行顺序为第 1 段程序（A→B)→第 2 段程序（C→D)，第 3 段全局子程序不执行。如果 0.00 触点闭合，0.01 触点处于断开，程序执行顺序为：A 程序→0.00 触点闭合，“GSBS 1”指令执行→第 3 段程序的全局子程序 1 的“GSBN 1”→全局子程序 S→“GRET”→B 程序→C 程序→D 程序→END。如果 0.01 触点闭合，0.00 触点处于断开，程序执行顺序为：A 程序→B 程序→C 程序→0.01 触点闭合，“GSBS 1”指令执行→第 3 段程序的全局子程序 1 的“GSBN 1”→全局子程序 S→“GRET”→D 程序→END。

7.5 中断功能及有关指令的使用

在生活中，人们经常遇到这样的情况：当你正在书房看书时，突然客厅的电话响了，你会停止看书，转而去接电话，接完电话后又继续去看书。这种停止当前工作，转而去做其他工作，做完后又返回来做先前工作的现象称为中断。

PLC 也有类似的中断现象，当系统正在执行某程序时，如果突然出现意外事情，就马上停止当前正在执行的程序，转而去执行中断程序来处理意外事情，中断程序执行完后又接着执行原来的程序。

7.5.1 中断的种类、优先顺序和中断程序的建立

（1）中断的种类

CP1H PLC 的中断可分为 5 类：直接模式的输入中断、计数模式的输入中断、定时中断、高速计数器中断和外部中断。

① 直接模式的输入中断。当 PLC 特定的输入端子出现上升沿或下降沿时产生中断，马上去执行该端子对应的中断程序（中断任务）。

② 计数模式的输入中断。当 PLC 通过特定的输入端子对输入的脉冲进行计数，计数达到一定值时产生中断，马上去执行该端子对应的中断程序。

③ 定时中断。通过监视 PLC 内部的定时器，每隔一定的时间产生一次中断，去执行对应的中断程序。定时的时间间隔单位有 10ms、1ms、0.1ms，例如将定时中断时间设为 5.5ms，那么每过 5.5ms 就执行一次指定的中断程序。

④ 高速计数器中断。PLC 内部的高速计数器通过特定的输入端子对输入的脉冲进行计数，当高速计数器的计数值（当前值）与设定值一致时，会产生中断，去执行指定的中断程序。由于使用本中断需了解高速计数器，故高速计数器中断的使用将在后续的高速计数器一节中介绍。

⑤ 外部中断。当 CP1H PLC 与 CJ 系列的高功能 I/O 单元或 CPU 高功能单元连接时，接受这些单元产生的中断去执行指定中断程序。由于使用外部中断时需用到 CJ 系列的高功能 I/O 单元或 CPU 高功能单元，故本书对外部中断不做介绍。

（2）中断的优先顺序

PLC 可接受的中断很多，如果这些中断同时发出中断请求，要同时处理这些请求（即同时执行这些中断对应的中断程序）是不可能的，正确的方法是事先对各种中断进行优先顺序排队，优先顺序高的中断先响应，然后再响应优先顺序低的中断。CP1H PLC 的中断优先顺序如图 7-19 所示，如果输入中断和定时中断同时产生中断请求，则先响应输入中断，

执行完输入中断对应的中断程序后再响应定时中断，由于每类中断又有多个中断（如输入中断可分为输入中断 0～输入中断 7），当某类中断中多个中断发出请求时，先响应小编号的中断。

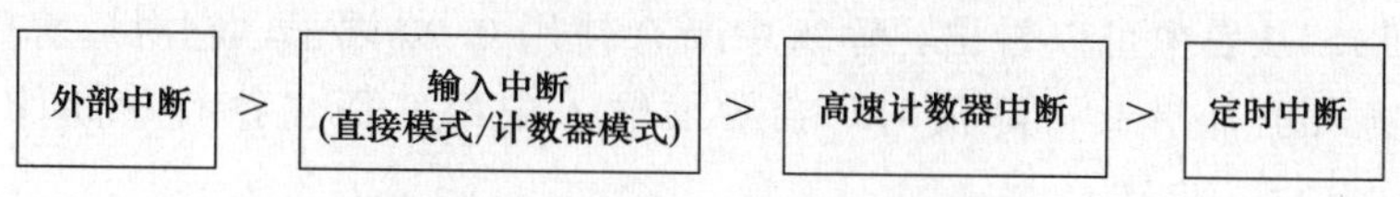

图 7-19　CP1H PLC 的中断优先顺序

（3）中断程序的建立

在 PLC 在执行程序时，如果某中断产生中断请求，系统会马上停止执行当前程序，转而去执行中断程序。因此在使用中断功能时，建立并编写中断程序非常重要。

中断程序的建立方法是：在 CX-P 软件工程区的“程序”上单击鼠标右键，在弹出的菜单中选择“插入程序→梯形图”，如图 7-20（a）所示，就建立了一个“新程序 2（未指定)”，在“新程序 2”上单击右键，在弹出的菜单中选择“属性”，出现如图 7-20（b）所示的对话框，在任务类型中选择“中断任务 01”，就将程序 2 设为中断程序（中断任务 01），双击程序 2 中的“段 1”，就可以在右方的编程区编写中断任务 01 程序，如图 7-20（c）所示。

中断程序的编写方法与普通程序编写方法相同，这里不再叙述。

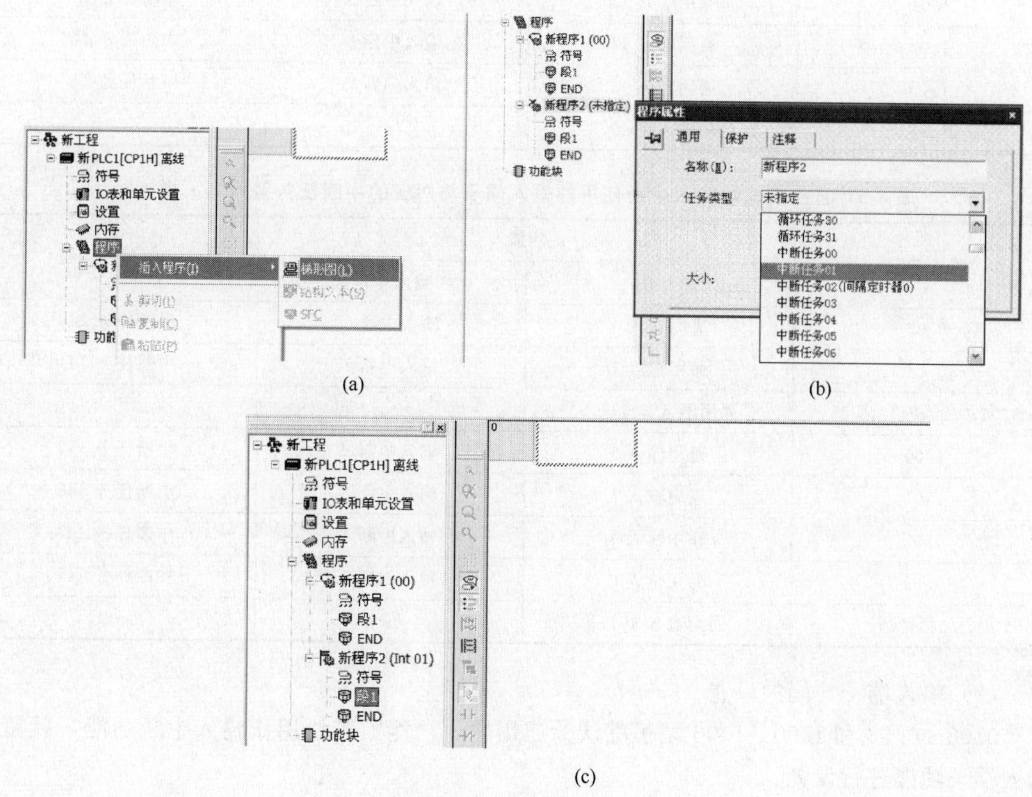

图 7-20　中断程序的建立

7.5.2　直接模式的输入中断

当 PLC 使用直接模式的输入中断时，如果特定的输入端子出现上升沿或下降沿时产生中断，系统马上去执行该端子对应的中断程序（中断任务）。

（1）输入端子与中断任务编号

直接模式的输入中断使用的输入端子与对应的中断任务编号见表7-4（X/XA型机）和表7-5（Y型机）。从表中可以看出，输入中断0使用0.00端子，它对应着中断任务140。当0.00端子输入上升沿或下降沿时，会触发输入中断0而去执行中断任务140（中断程序）。

表7-4　直接模式的输入中断使用的输入端子与对应的中断任务编号（X/XA型机）

输入端子	功能		中断任务编号
	通用输入	输入中断	
0.00	通用输入0	输入中断0	中断任务140
0.01	通用输入1	输入中断1	中断任务141
0.02	通用输入2	输入中断2	中断任务142
0.03	通用输入3	输入中断3	中断任务143
0.04～0.11	通用输入4～11	—	—
1.00	通用输入12	输入中断4	中断任务144
1.01	通用输入13	输入中断5	中断任务145
1.02	通用输入14	输入中断6	中断任务146
1.03	通用输入15	输入中断7	中断任务147
1.04～1.11	通用输入16～23	—	—

表7-5　直接模式的输入中断使用的输入端子与对应的中断任务编号（Y型机）

输入端子	功能		中断任务编号
	通用输入	输入中断	
0.00	通用输入0	输入中断0	中断任务140
0.01	通用输入1	输入中断1	中断任务141
0.04,0.05,0.10,0.11	通用输入2,3,4,5	—	—
1.00	通用输入6	输入中断2	中断任务142
1.01	通用输入7	输入中断3	中断任务143
1.02	通用输入8	输入中断4	中断任务144
1.03	通用输入9	输入中断5	中断任务145
1.04,1.05	通用输入10,11	—	—

（2）输入端子功能的设置

0.00～0.03和1.00～1.03端子默认为通用输入功能，若要用作输入中断功能，就需对输入端子功能进行设置。

输入端子功能的设置：在CX-P软件的工程区中双击“设置”，弹出如图7-21所示的对话框，选中“内置输入设置”选项卡，再在中断输入项中将IN0设为“中断”，这样就将0.00端子设为输入中断0，用同样的方法可对IN1～IN7进行设置。

（3）中断条件的设置

中断条件的设置包括中断输入方式的设置和中断允许/禁止的设置。中断条件的设置使

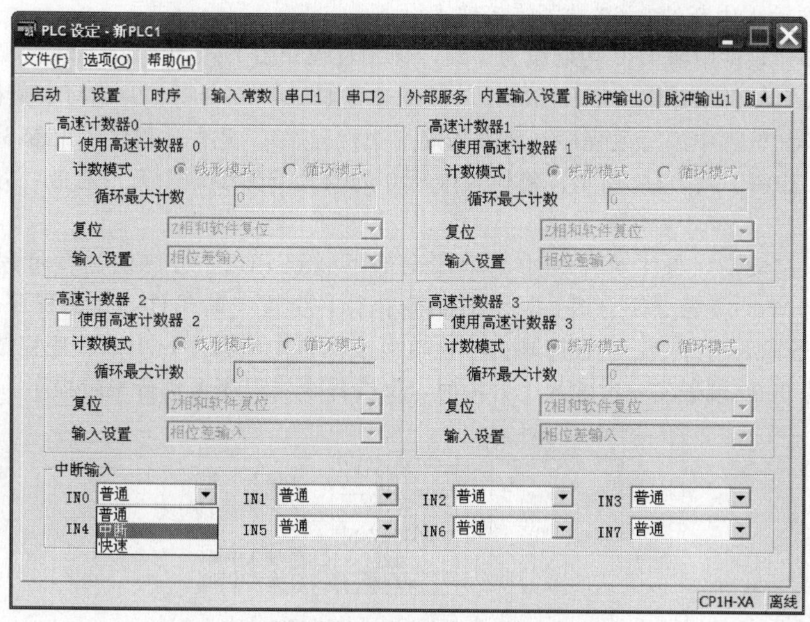

图 7-21 设置输入端子的功能

用MSKS（中断屏蔽设置）指令。MSKS指令使用如图7-22所示，MSKS指令的操作数N、S功能见表7-6。

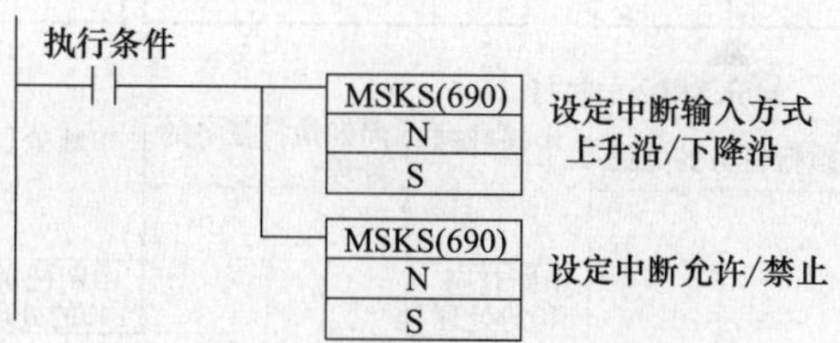

图 7-22 MSKS指令的使用

表 7-6 MSKS指令的操作数N、S功能

输入中断编号	中断任务编号	设定中断输入方式		设定中断允许/禁止	
		N 输入中断代号1	S 输入方式	N 输入中断代号2	S 中断允许/禁止
输入中断0	140	110(或10)	#0000：上升沿指定 #0001：下降沿指定	100(或6)	#0000：中断允许 #0001：中断禁止
输入中断1	141	111(或11)		101(或7)	
输入中断2	142	112(或12)		102(或8)	
输入中断3	143	113(或13)		103(或9)	
输入中断4	144	114		104	
输入中断5	145	115		105	
输入中断6*	146*	116		106	
输入中断7*	147*	117		107	

注：*为Y型不可使用。

（4）直接模式的输入中断的使用步骤

下面以输入中断0为例来说明直接模式的输入中断的使用步骤，具体如下。

① 给用作输入中断的 0.00 端子连接输入设备。

② 在 CX-P 软件中将 IN0 功能设为中断，详细过程如图 7-21 所示。

③ 在 CX-P 软件中建立中断任务 140，详细过程如图 7-20 所示，并编写中断程序。

④ 在 CX-P 软件中编写主程序（普通的周期执行程序），并在主程序中用 MSKS 指令设置中断条件，如图 7-23（a）所示，将输入中断 0 的输入条件设为上升沿有效，并允许输入中断 0。

以上工作完成后，将主程序和中断程序全部下载到 PLC，程序的运行过程如图 7-23（b）所示，当 W0.00 触点闭合时，MSKS 指令执行，设置中断条件，在主程序运行期间，如果 0.00 端子输入上升沿，主程序马上停止转而去执行中断程序，中断程序完成后又返回到主程序，若 0.00 端子又一次输入上升沿时，又会停止主程序去执行中断程序。

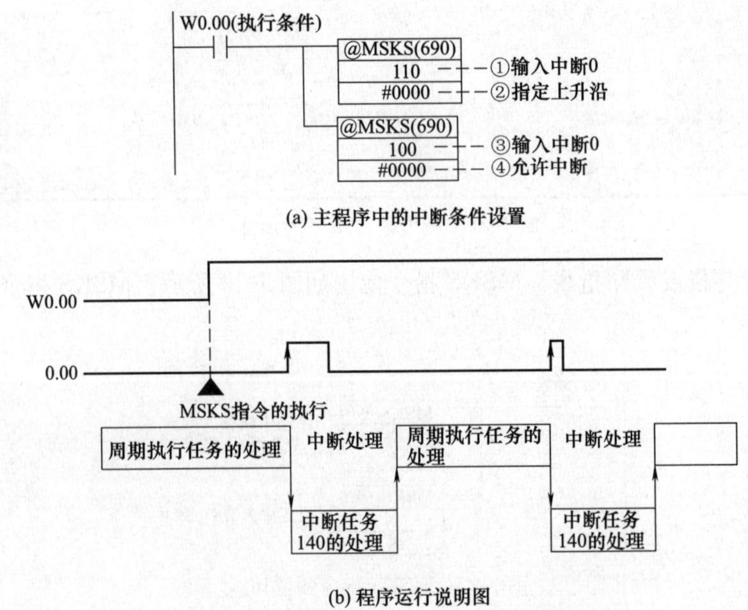

图 7-23　直接模式的输入中断的使用举例

7.5.3　计数模式的输入中断

当 PLC 使用计数模式的输入中断时，通过特定的输入端子对输入的脉冲进行计数，计数达到一定值时产生中断，马上去执行该端子对应的中断程序（中断任务）。

（1）输入端子与中断任务编号

计数模式的输入中断使用的输入端子与对应的中断任务编号见表 7-7。从表中可以看出，输入中断 0 使用 0.00 端子，它对应着中断任务 140。当 0.00 端子输入脉冲时，计数器通过 A536CH 对脉冲进行计数，A536CH 中的计数值（当前值）与 A532CH 中的设定值一致时，会触发输入中断 0 而去执行中断任务 140（中断程序）。

计数模式的输入中断要求输入脉冲的频率在 5kHz 以下。

（2）输入端子功能的设置

0.00～0.03 和 1.00～1.03 端子默认为通用输入功能，若要用作输入中断功能，就需对输入端子功能进行设置。计数模式的输入中断的输入端子功能设置与直接模式的输入中断相同，请将要使用的端子功能设为中断。

表 7-7 计数模式的输入中断使用的输入端子与对应的中断任务编号

输入端子		功能		计数器	
X/XA 型	Y 型	输入中断	中断任务编号	设定值 (0000～FFFF H)	当前值
0.00	0.00	输入中断 0	140	A532 CH	A536 CH
0.01	0.01	输入中断 1	141	A533 CH	A537 CH
0.02	1.00	输入中断 2	142	A534 CH	A538 CH
0.03	1.01	输入中断 3	143	A535 CH	A539 CH
1.00	1.02	输入中断 4	144	A544 CH	A548 CH
1.01	1.03	输入中断 5	145	A545 CH	A549 CH
1.02	—	输入中断 6	146(Y 型不可使用)	A546 CH	A550 CH
1.03	—	输入中断 7	147(Y 型不可使用)	A547 CH	A551 CH

(3) 中断条件的设置

中断条件的设置包括中断输入方式的设置和中断允许/禁止的设置。中断条件的设置使用 MSKS（中断屏蔽设置）指令。MSKS 指令使用如图 7-24 所示，MSKS 指令的操作数 N、S 功能见表 7-8。

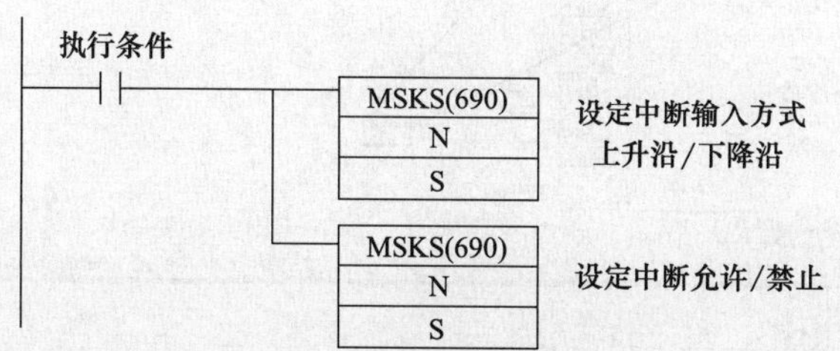

图 7-24 MSKS 指令的使用

表 7-8 MSKS 指令的操作数 N、S 功能

输入中断编号	中断任务编号	设定中断输入方式		设定中断允许/禁止	
		N 输入中断代号 1	S 输入方式	N 输入中断代号 2	S 中断允许/禁止
输入中断 0	140	110(或 10)	#0000: 上升沿指定 #0001: 下降沿指定	100(或 6)	#0002:通过减法方式的计数开始、中断允许 #0003:通过加法方式的计数开始、中断允许
输入中断 1	141	111(或 11)		101(或 7)	
输入中断 2	142	112(或 12)		102(或 8)	
输入中断 3	143	113(或 13)		103(或 9)	
输入中断 4	144	114		104	
输入中断 5	145	115		105	
输入中断 6*	146*	116		106	
输入中断 7*	147*	117		107	

注：*为 Y 型不可使用。

(4) 计数模式的输入中断的使用步骤

下面以输入中断 1 为例来说明计数模式的输入中断的使用步骤，具体如下。

① 给用作输入中断的 0.01 端子连接输入设备。

② 在 CX-P 软件中将 IN1 功能设为中断。

③ 在 CX-P 软件中建立中断任务 141，并编写中断程序。

④ 在 CX-P 软件中将输入中断 1 对应的特殊辅助继电器 A533 的值（计数器设定值）设为 00C8H，设置过程如图 7-25 所示，双击工程区中的“内存”，弹出 PLC 内存对话框，选择 A 通道，在右侧选中 A533CH 框，输入 00C8（默认为十六进制），如果单击工具栏上的“10”按钮，应将 A533 值设为 200，然后单击保存按钮即将设置值保存下来。

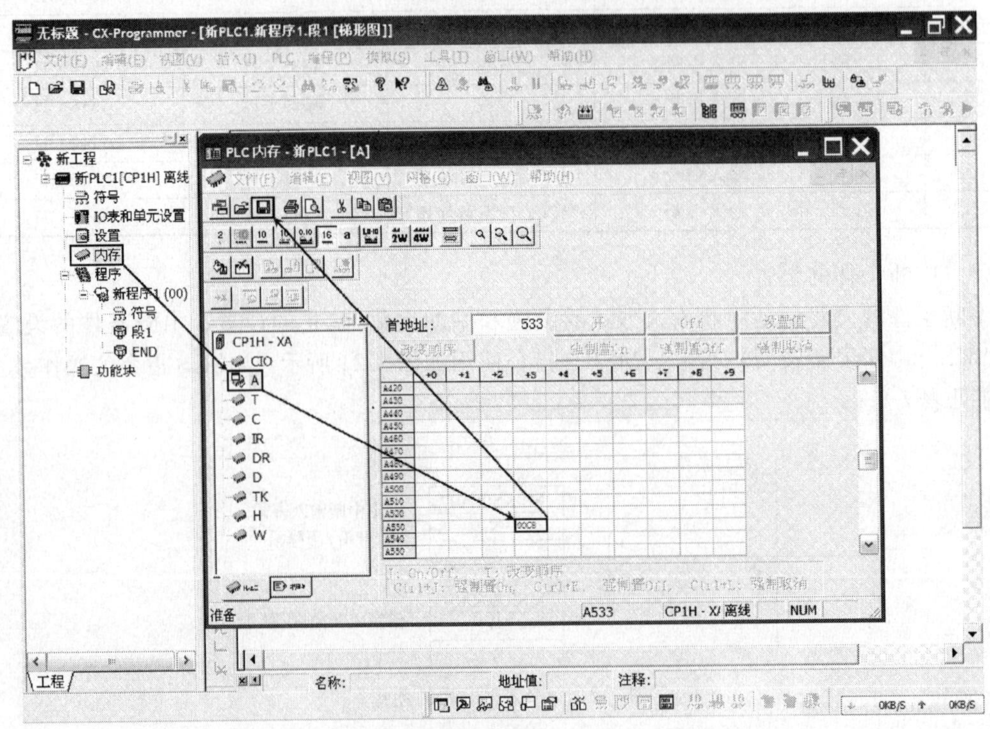

图 7-25　设置特殊辅助继电器 A533 的值（计数设定值）

⑤ 在 CX-P 软件中编写主程序，并在主程序中用 MSKS 指令设置中断条件，如图 7-26（a）所示，将输入中断 1 的输入条件设为上升沿有效，并允许加法方式计数中断。

以上工作完成后，将全部程序下载到 PLC，程序的运行过程如图 7-26（b）所示，当 W0.00 触点闭合时，MSKS 指令执行，设置中断条件，在主程序运行期间，0.01 端子每输入一个脉冲上升沿，A537CH 的计数器当前值增 1，当前值达到 A533CH 中的设定值时，马上停止主程序转而去执行中断任务 141 程序，中断程序完成后又返回到主程序。

7.5.4　定时中断

当 PLC 使用定时中断时，通过监视 PLC 内部的定时器，每隔一定的时间产生一次中断，去执行相应的中断程序。

（1）设置定时中断的时间单位

在 CX-P 软件的工程区中双击“设置”，弹出如图 7-27 所示的对话框，选中“时序”选项卡，再将定时中断间隔单位设为 10ms。

（2）建立定时中断程序

在 CX-P 软件的工程区先建立一个新程序（未命名），并将其任务类型设为“中断任务 02（间隔定时器 0）”，如图 7-28 所示，然后在该程序编辑区编写中断程序。

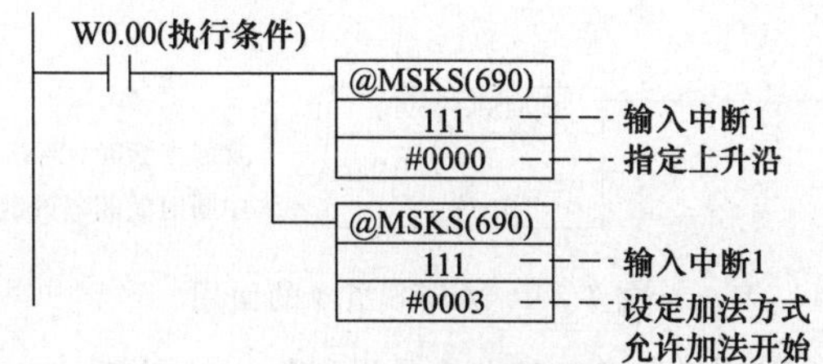

(a) 主程序中的中断条件设置

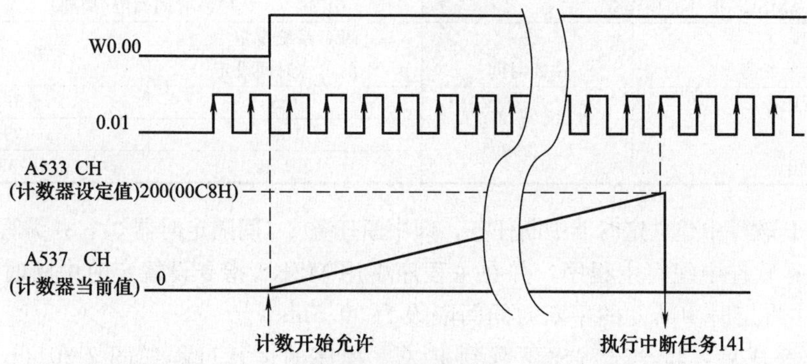

(b) 程序运行说明图

图 7-26 计数模式的输入中断的使用举例

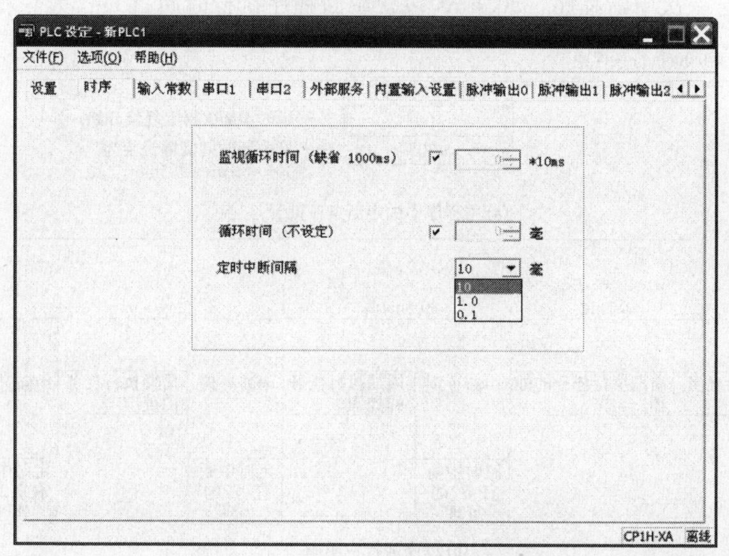

图 7-27 设置定时中断的时间单位

(3) 设置定时中断时间

定时中断时间的设置使用 MSKS（中断屏蔽设置）指令。MSKS 指令使用如图 7-29 所示，MSKS 指令的操作数 N、S 功能见表 7-9。

(4) 定时中断的使用步骤

下面以定时器中断 0 为例来说明定时中断的使用步骤，具体如下。

① 在 CX-P 软件中设置定时中断的时间单位。

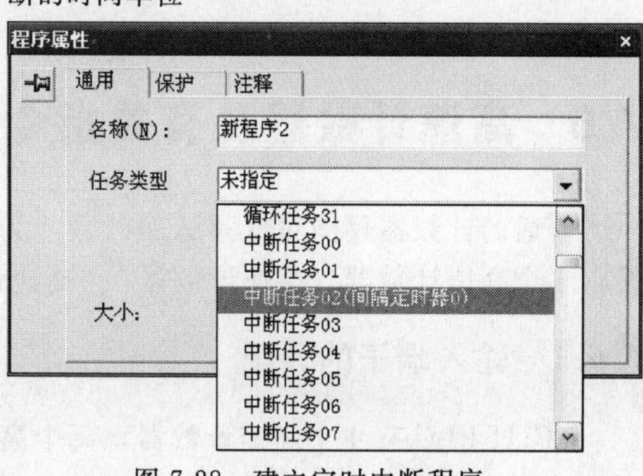

图 7-28 建立定时中断程序

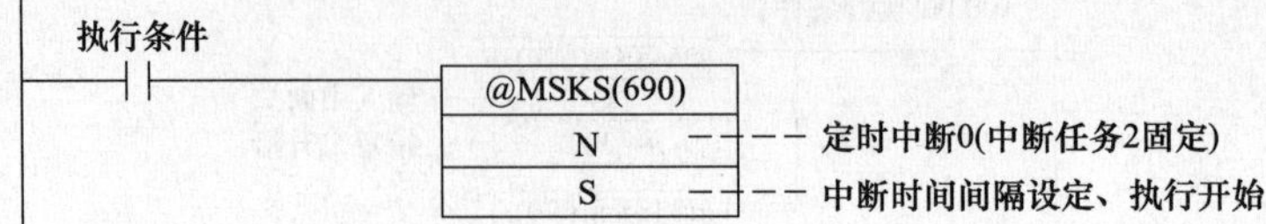

图 7-29　MSKS 指令的使用

表 7-9　MSKS 指令的操作数 N、S 功能

MSKS 指令的操作数		中断时间间隔(周期)	
N 定时中断编号	S 中断时间	PLC 系统设定中 的单位时间设定	中断时间间隔
定时中断 0(中断任务 2) 14:指定复位开始 4:指定非复位开始	#0000～270F (0～9999)	10ms	10～99990ms
		1ms	1～9999ms
		0.1ms	0.5～999.9ms

② 在 CX-P 软件中建立定时器中断任务，即中断任务 2（间隔定时器 0），并编写中断程序。

③在 CX-P 软件中编写主程序，并在主程序中用 MSKS 指令设置定时中断时间，如图 7-30（a）所示，将定时中断 0 的中断时间间隔设为 30.5ms。

以上工作完成后，将全部程序下载到 PLC，程序的运行过程如图 7-30（b）所示，当 W0.00 触点闭合时，MSKS 指令执行，设置中断时间间隔为 30.5ms，在程序运行时，每 30.5ms 就会执行一次中断程序，30.5ms 包含中断程序执行时间。

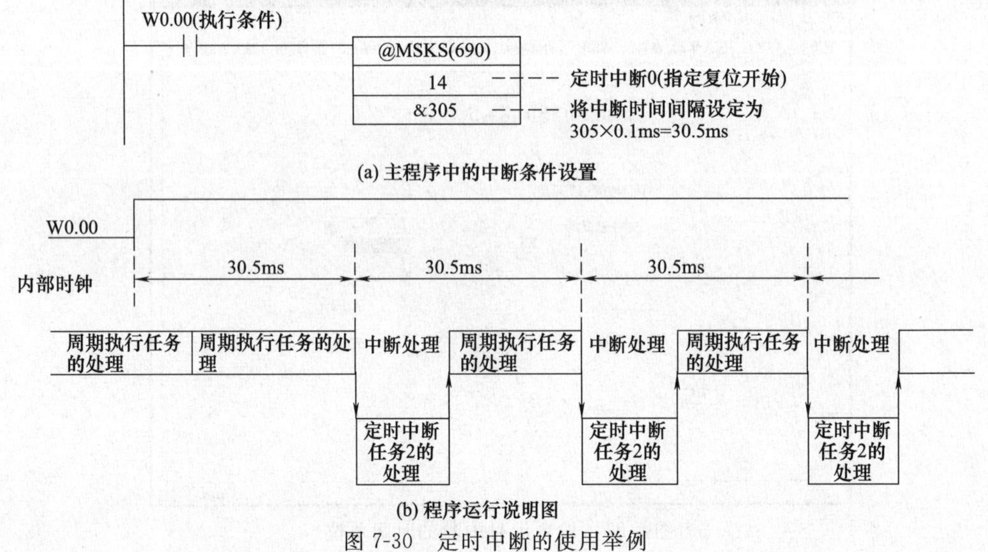

图 7-30　定时中断的使用举例

7.6　高速计数器及有关指令的使用

普通的计数器仅能对低频脉冲计数，为了实现高频脉冲计数功能，在 CP1H PLC 内部设有 4 个高速计数器（高速计数器 0～高速计数器 3）。

7.6.1　输入端子的分配

CP1H PLC 有 4 个高速计数器，每个高速计数器分配 3 个输入端子。4 个高速计数器分配的端子及端子功能见表 7-10。

表 7-10 CP1H PLC 高速计数器分配的端子及端子功能

高速计数器	分配的输入端子		端子功能
	X/XA 型机	Y 型机	
高速计数器 0	0.08	A0	A 相/加法/计数输入
	0.09	B0	B 相/减法/方向输入
	0.03	Z0	Z 相/复位
高速计数器 1	0.06	A1	A 相/加法/计数输入
	0.07	B1	B 相/减法/方向输入
	0.02	Z1	Z 相/复位
高速计数器 2	0.04	0.04	A 相/加法/计数输入
	0.05	0.05	B 相/减法/方向输入
	0.01	0.01	Z 相/复位
高速计数器 3	0.10	0.10	A 相/加法/计数输入
	0.11	0.11	B 相/减法/方向输入
	1.00	1.00	Z 相/复位

7.6.2 脉冲的输入模式

高速计数器的脉冲输入模式有 4 种：单相脉冲加法输入、双脉冲相位差输入、双脉冲加/减法输入和单相脉冲＋方向输入。

（1）单相脉冲加法输入模式

该模式使用 A 相输入端子，当脉冲上升沿输入时，高速计数器的计数值增 1，如图 7-31 所示。

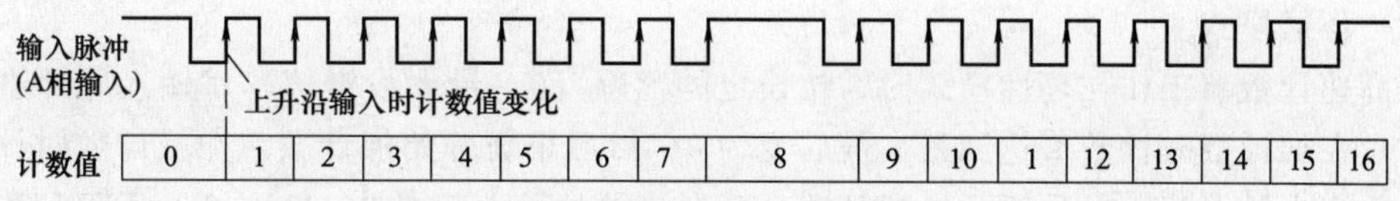

图 7-31 单相脉冲加法输入模式

（2）双脉冲相位差输入模式

该模式使用 A、B 两相输入端子输入相位差为 90°的两个脉冲，当 A 相脉冲超前 B 相脉冲 90°时，计数器进行加计数，在 A、B 相脉冲上升沿和下降沿来时，高速计数器的计数值增 1，即在一个脉冲周期内，计数值会增 4，如图 7-32 所示，当 B 相脉冲超前 A 相脉冲 90°时，计数器进行减计数，在 A、B 相脉冲上升沿和下降沿来时，高速计数器的计数值减 1。

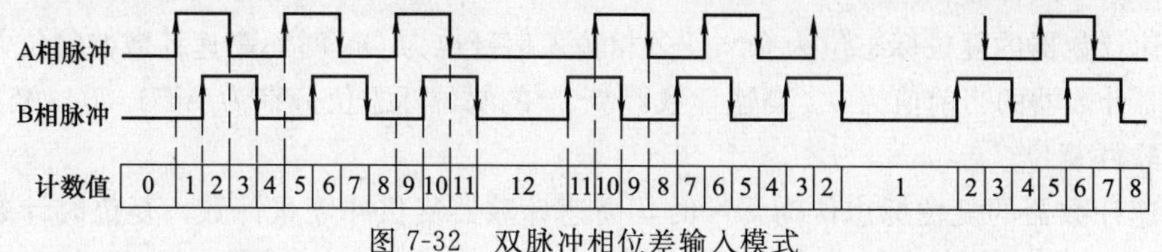

图 7-32 双脉冲相位差输入模式

（3）双脉冲加/减法输入模式

该模式使用 A、B 两相输入端子分别输入加法脉冲和减法脉冲，当加法脉冲上升沿输入时，高速计数器的计数值增 1，当减法脉冲上升沿输入时，高速计数器的计数值减 1，如图 7-33 所示。

（4）单相脉冲＋方向输入模式

该模式使用 A、B 两相输入端子分别输入单相脉冲和方向信号，当方向信号为 ON 时，

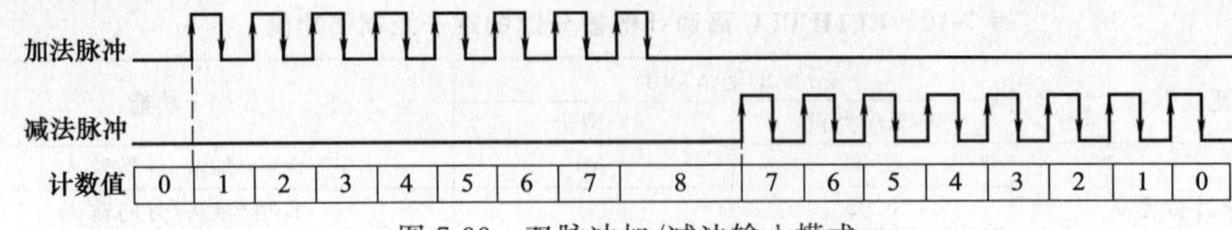

图 7-33 双脉冲加/减法输入模式

在脉冲上升沿输入时高速计数器的计数值增 1，当方向信号为 OFF 时，在脉冲上升沿输入时高速计数器的计数值减 1，如图 7-34 所示。

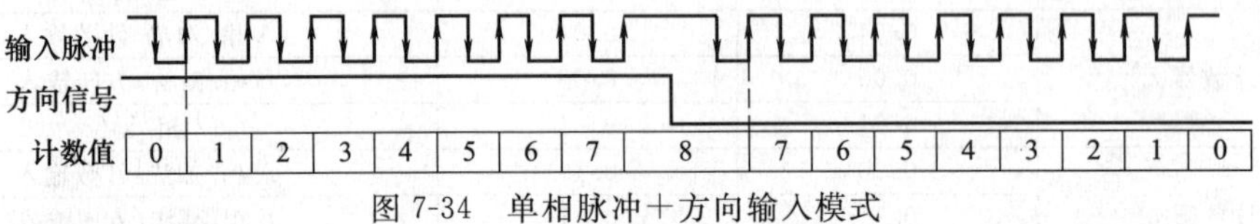

图 7-34 单相脉冲＋方向输入模式

7.6.3 脉冲的计数模式

高速计数器的计数模式有 2 种：线形模式和环形模式。

(1) 线形模式

当高速计数器工作在线形模式时，按设置的下、上限范围对输入脉冲进行计数，计数值超过设置范围时产生溢出，停止计数。

加计数的最大计数范围是 00000000～FFFFFFFFH（十进制为 0～4294967295），加/减计数的最大计数范围是 80000000～7FFFFFFFH（十进制为－2147483648～＋2147483647）。

(2) 环形模式

当高速计数器工作在环性模式时，按设定的范围（0～最大设定值）对输入脉冲进行循环计数，在加计数时计数值达到最大值后变为 0，然后重新开始加计数，在减计数时计数值达到 0 后变为最大值，再重新开始减计数。环形计数的最大范围是 00000001～FFFFFFFFH（十进制为 1～4294967295），不存在负值。

7.6.4 高速计数器的复位方式

高速计数器的复位方式有 4 种：Z 相＋软件复位、软件复位、Z 相＋软件复位重启和软件复位重启。

(1) Z 相＋软件复位

当高速计数器的复位标志位为 ON 且 Z 相输入信号也为 ON 时，高速计数器复位并停止计数，复位时计数器的当前值为 0。高速计数器 0～3 的复位标志位分别为 A531.00～A531.03。

(2) 软件复位

当高速计数器的复位标志位为 ON 时，高速计数器复位并停止计数，复位时计数器的当前值为 0。

(3) Z 相＋软件复位重启

当高速计数器的复位标志位为 ON 且 Z 相输入信号也为 ON 时，高速计数器复位，复位时计数器的当前值为 0，然后又从 0 状态开始重启比较动作。

(4) 软件复位重启

当高速计数器的复位标志位为 ON 时，高速计数器复位，复位时计数器的当前值为 0，然后又从 0 状态开始重启比较动作。

7.6.5 高速计数器的设置

高速计数器的设置内容：①使用哪个高速计数器；②脉冲的输入模式；③脉冲的计数模式；④高速计数器的复位方式。

下面以高速计数器 0 的设置为例进行说明。

在 CX-P 软件的工程区中双击“设置”，弹出“PLC 设定”对话框，如图 7-35 所示，选择“内置输入设置”选项卡，勾选其中的“使用高速计数器 0”，在计数模式项中选择“线形模式”，若选择“循环模式”（即环形模式），需要在下面的框内输入循环最大计数值，然后在复位方式项中选择“Z 相和软件复位”，再在脉冲输入模式项中选择“增量脉冲输入”（即加脉冲输入），这样就完成了高速计数器 0 的设置。用同样的方法可对其他高速计数器进行设置。

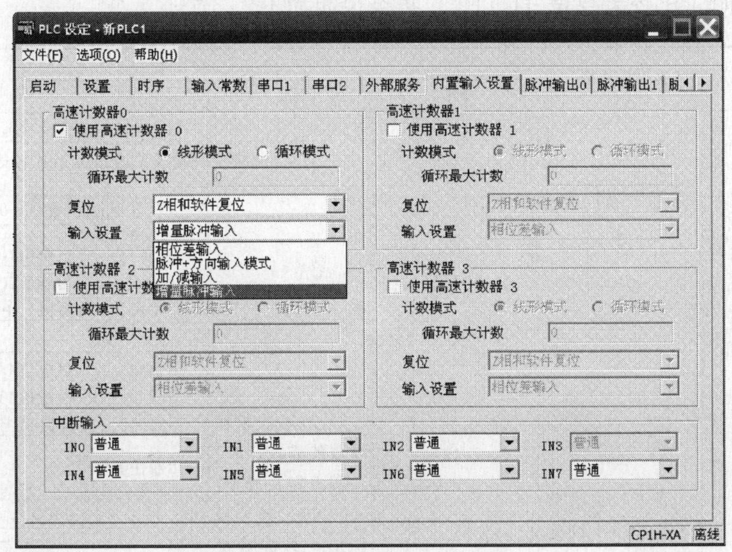

图 7-35 高速计数器的设置

7.6.6 高速计数器分配的区域

高速计数器在计数时需要存储当前值，在将当前值与指定区域的数据比较时（详见后面 CTBL 指令说明），比较结果真假也需要存储。高速计数器分配的存储区见表 7-11。例如高速计数器 0 的当前值保存在 A271、A270 通道中，该当前值随输入脉冲个数变化而发生改变。

表 7-11 高速计数器分配的存储区

内容		高速计数器 0	高速计数器 1	高速计数器 2	高速计数器 3
当前值保存区域	保存高位 4 位	A271 CH	A273 CH	A317 CH	A319 CH
	保存低位 4 位	A270 CH	A272 CH	A316 CH	A318 CH
区域比较一致标志	与比较条件 1 相符时为 ON	A274.00	A275.00	A320.00	A321.00
	与比较条件 2 相符时为 ON	A274.01	A275.01	A320.01	A321.01
	与比较条件 3 相符时为 ON	A274.02	A275.02	A320.02	A321.02
	与比较条件 4 相符时为 ON	A274.03	A275.03	A320.03	A321.03
	与比较条件 5 相符时为 ON	A274.04	A275.04	A320.04	A321.04
	与比较条件 6 相符时为 ON	A274.05	A275.05	A320.05	A321.05
	与比较条件 7 相符时为 ON	A274.06	A275.06	A320.06	A321.06
	与比较条件 8 相符时为 ON	A274.07	A275.07	A320.07	A321.07

续表

内　　容		高速计数器 0	高速计数器 1	高速计数器 2	高速计数器 3
比较动作中标志	执行比较条件中为 ON	A274.08	A275.08	A320.08	A321.08
溢出/下溢标志	在线形模式中，当前值为溢出或下溢时为 ON	A274.09	A275.09	A320.09	A321.09
计数方向标志	0:减法计数中 1:加法计数中	A274.10	A275.10	A320.10	A321.10

7.6.7 高速计数器指令的使用

(1) 比较表登录（CTBL）指令

① 指令说明。比较表登录（CTBL）指令说明如下。

指令名称、格式与符号	功能说明	操作数		
		C1	C2	S
比较表登录 CTBL C1 C2 S CTBL C1 C2 S	按 C2 指定的方式，将 C1 高速计数器当前值与 S 比较表中的目标值或目标区域进行比较，若当前值与某目标值相等或在某目标区域范围内，则执行该目标值或目标区域对应的中断程序。	C1 指定使用的高速计数器。 其值定义如下： 0000～0003H：高速计数器 0～3	C2 指定登录比较表的方式。 其值定义如下： 0000H：登录目标值比较表并进行比较 0001H：登录目标区域比较表并进行比较 0002H：登录目标值比较表，另需用 INI 指令启动比较 0003H：登录目标区域比较表，另需用 INI 指令启动比较	S 指定目标比较表的首通道。 当 S 为目标值比较表时： 15　0 S　比较值个数0001～0030H(1～48个) S+1　目标值1(低位) S+2　目标值2(高位) S+3　目标值1 中断任务号 ⋮ S+142　目标值48(低位) S+143　目标值48(高位) S+144　目标值48 中断任务号 中断任务号 15 14　12 11　8 7　4 3　0 0 0 0　0 0 0 0 加法/减法指定 0:加法　1:减法 中断任务号 00～FFH (0～255) 当 S 为目标区域比较表时： 15　0 S　区域1上限值(低位) S+1　区域1上限值(高位) S+2　区域1下限值(低位) S+3　区域1下限值(高位) 区域1中断任务号 ⋮ S+35　区域8上限值(低位) S+36　区域8上限值(高位) S+37　区域8下限值(低位) S+38　区域8下限值(高位) S+39　区域8 中断任务号 中断任务号 0000～00FF H:中断任务0～255 AAAAH:不启动中断任务 FFF H:把这个区域的设定为无效 S 为目标区域比较表时必须由 8 个区域组成(40 个通道)，另要求上限值≥下限值。S 可为 CIO、W、H、A、T、C、D、@D、* D

② 指令使用举例。比较表登录（CTBL）指令使用如图 7-36 所示。

当常开触点 0.00 由断开转为闭合时，上升沿@CTBL 指令执行，登录 D100 为首通道的目标值比较表，并将高速计数器 0 的当前值与比较表中的目标值进行比较，当计数器的当前值为 500 时，与目标值 1 相等，将马上执行中断任务 1 程序，当计数器的当前值为 1000 时，与目标值 2 相等，马上执行中断任务 2 程序。

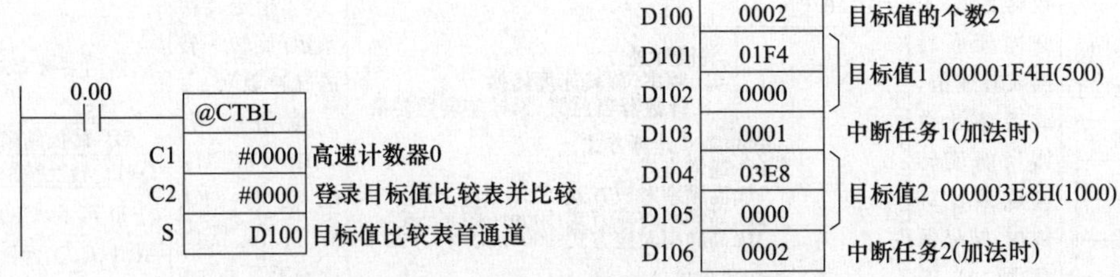

图 7-36 比较表登录（CTBL）指令使用举例

（2）动作模式控制（INI）指令

① 指令说明。动作模式控制（INI）指令说明如下。

指令名称、格式与符号	功能说明	操作数		
		C1	C2	S
动作模式控制 INI C1 C2 S INI C1 C2 S	将 C1 指定的模式进行 C2 指定的动作	C1 指定模式。 其值定义如下： 0000～0003H：脉冲输出 0～3 0010～0013H：高速计数器 0～3 0100～0107H：中断输入 0～7（计数模式） 1000H、1001H：PWM 脉冲输出 0、1	C2 指定模式的动作。 其值定义如下： 0000H：比较开始 0001H：比较停止 0002H：变更当前值 0003H：停止脉冲输出	当 C2 设为 0002H(变更当前值)时，S 用来保存当前变更值，C2 为其他值时不使用 S。 15 0 S 变更数据(低位) S+1 变更数据(高位) 当指定脉冲输出或高速计数器输出时 00000000～FFFFFFFFH 当指定中断输入(计数模式)时 00000000～0000FFFF H S 可为 CIO、W、H、A、T、C、D、@D、*D

② 指令使用举例。动作模式控制（INI）指令使用如图 7-37 所示。

当常开触点 0.00 由断开转为闭合时，上升沿@INI 指令执行，将脉冲输出 0 设为停止输出。

图 7-37 动作模式控制（INI）指令使用举例

（3）脉冲频率转换（PRV2）指令

① 指令说明。脉冲频率转换（PRV2）指令说明如下。

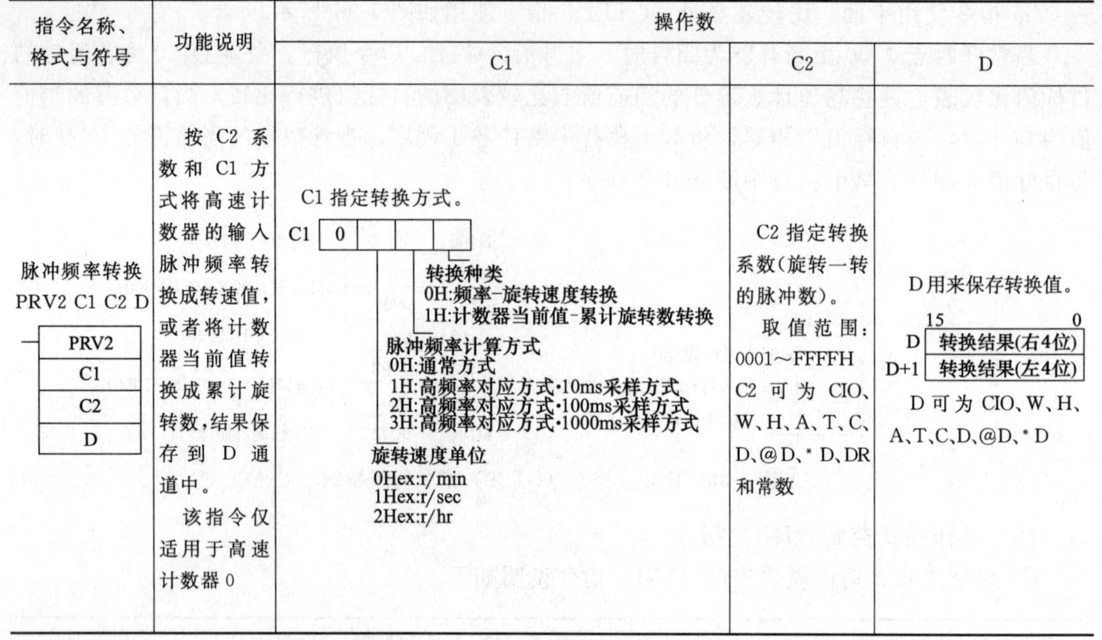

指令名称、格式与符号	功能说明	操作数		
		C1	C2	D
脉冲频率转换 PRV2 C1 C2 D PRV2 C1 C2 D	按C2系数和C1方式将高速计数器的输入脉冲频率转换成转速值，或者将计数器当前值转换成累计旋转数，结果保存到D通道中。 该指令仅适用于高速计数器0	C1指定转换方式。 C1 0 □ □ □ 转换种类 0H:频率-旋转速度转换 1H:计数器当前值-累计旋转数转换 脉冲频率计算方式 0H:通常方式 1H:高频率对应方式·10ms采样方式 2H:高频率对应方式·100ms采样方式 3H:高频率对应方式·1000ms采样方式 旋转速度单位 0Hex:r/min 1Hex:r/sec 2Hex:r/hr	C2指定转换系数(旋转一转的脉冲数)。 取值范围：0001～FFFFH C2可为CIO、W、H、A、T、C、D、@D、*D、DR和常数	D用来保存转换值。 15　0 D 转换结果(右4位) D+1 转换结果(左4位) D可为CIO、W、H、A、T、C、D、@D、*D

② 指令使用举例。脉冲频率转换（PRV2）指令使用如图7-38所示。

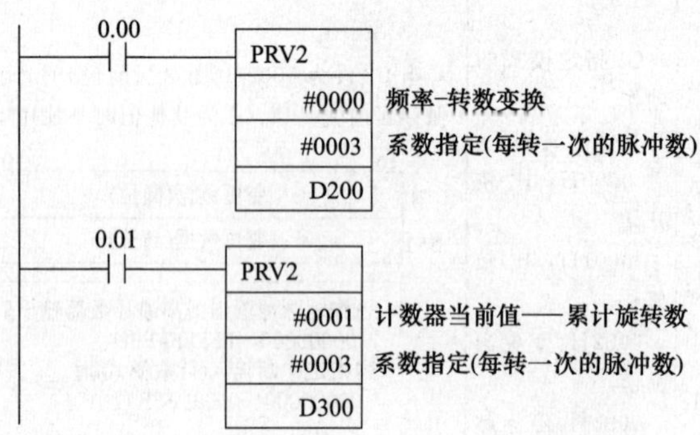

图7-38　脉冲频率转换（PRV2）指令使用举例

当常开触点0.00闭合时，PRV2指令执行，将高速计数器0输入脉冲的频率转换成转速值，结果存入D201、D200中，例如脉冲频率为600Hz，转换系数为3（每转3个脉冲），转换单位为r/min（转/分），该指令执行时将600Hz转换成600/3×60＝12000r/min，若单位为r/sec（转/秒），转换结果则为200r/sec。

当常开触点0.01闭合时，第二个PRV2指令执行，将高速计数器0的当前值转换成累计旋转数，结果存入D301、D300中，例如当前值为9000，转换系数为3，该指令执行时将9000转换成9000/3＝3000转，即计数器当前值为9000时，表明转数已达3000转。

7.6.8　高速计数器的使用举例

（1）使用举例1

实现功能：让高速计数器0在线形模式下工作，在当前值达到30000（00007530H）时执行中断任务10。

解决步骤如下。

① 给PLC的0.08端子（高速计数器0的加法输入端子）接入输入脉冲。

② 在CX-P软件的工程区中双击“设置”，弹出“PLC设定”对话框，在“内置输入”选项卡中按如下设置。

项　目	设定内容
高速计数器 0	使用
数值范围模式	线形模式
环形计数器最大值	—
复位方式	软复位
计数模式	加减法脉冲输入

③ 在 CX-P 软件中，建立并编写中断任务 10 程序，在中断程序的结束处要加上 END 指令。

④ 在 CX-P 软件中，用设置 PLC 内存的方法，或在主程序中用 MOV 指令按下表内容编制 CTBL 目标值比较表（D10000～D10003）。

地址	设定值	内　容	
D10000	＃0001	比较个数 1 点	
D10001	＃7530	目标值 1 数据 30000 的 Hex 值的低位 4 位	目标值　30000
D10002	＃0000	目标值 1 数据 30000 的 Hex 值的高位 4 位	
D10003	＃000A	目标值 1　位 15——加法：0 位 0～07——中断任务 No.：10(A Hex)	

⑤ 在主程序中插入如图 7-39 所示的 CTBL 指令。当程序运行时，若 W0.00 触点闭合，CTBL 指令执行，登录 D10000 为首通道的目标值比较表，并将高速计数器 0 的当前值与比较表中的目标值进行比较，当计数器的当前值达到目标值 30000 时，马上执行中断任务 10 程序。

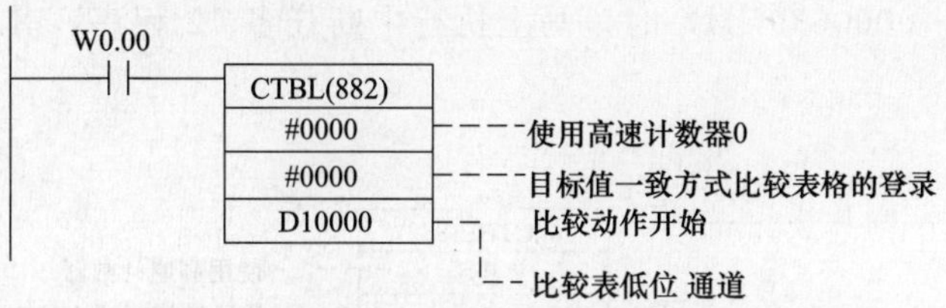

图 7-39　主程序中插入的 CTBL 指令（一）

（2）使用举例 2

实现功能：让高速计数器 1 在环形模式下工作，在当前值达到 25000～25500（000061A8～0000639CH）范围时执行中断任务 12，环形计数最大值为 50000（0000C350H）。

解决步骤如下。

① 给 PLC 的 0.06 端子（高速计数器 1 的加法输入端子）接入输入脉冲。

② 在 CX-P 软件的工程区中双击“设置”，弹出“PLC 设定”对话框，选择“内置输入”选项卡并按如下设置。

项　目	设定内容
高速计数器 0	使用
数值范围模式	环形模式
环形计数器最大值	50000
复位方式	软复位(比较继续)
计数模式	加减法脉冲输入

③ 在 CX-P 软件中，建立并编写中断任务 12 程序，在中断程序的结束处要加上 END 指令。

④ 在 CX-P 软件中，用设置 PLC 内存的方法，或在主程序中用 MOV 指令按下表内容编制 CTBL 目标区域比较表（D20000～D20039）。

<table>
<tr><th>地址</th><th>设定值</th><th colspan="2">内　容</th></tr>
<tr><td>D20000</td><td>＃61A8</td><td>区域 1　下限值的低位 4 位</td><td rowspan="2">下限值　25000</td></tr>
<tr><td>D20001</td><td>＃0000</td><td>区域 1　下限值的高位 4 位</td></tr>
<tr><td>D20002</td><td>＃639C</td><td>区域 1　下限值的低位 4 位</td><td rowspan="2">上限值　25500</td></tr>
<tr><td>D20003</td><td>＃0000</td><td>区域 1　下限值的高位 4 位</td></tr>
<tr><td>D20004</td><td>＃000C</td><td colspan="2">区域 1　中断任务 No. 12(C Hex)</td></tr>
<tr><td>D20005～D20008</td><td>全部
＃0000</td><td>区域 1 的上限/下限数据(因不使用,无需设定)</td><td rowspan="2">区域 2 的设定区域</td></tr>
<tr><td>D20009</td><td>＃FFFF</td><td>因不使用,设为＃FFFF</td></tr>
<tr><td></td><td></td><td colspan="2"></td></tr>
<tr><td>D20014
D20019
D20024
D20029
D20034</td><td>＃FFFF</td><td colspan="2">区域 3～7 的第 5 个字的数据(左侧所示)一定要设定＃FFFF</td></tr>
<tr><td>D20035～D20008</td><td>全部
＃0000</td><td>区域 8 的上限/下限数据(因不使用,无需设定)</td><td rowspan="2">区域 8 的设定区域</td></tr>
<tr><td>D20039</td><td>＃FFFF</td><td>因不使用,设为＃FFFF</td></tr>
</table>

⑤ 在主程序中插入如图 7-40 所示的 CTBL 指令。当程序运行时，若 W0.00 触点由断开转为闭合时，@CTBL 指令执行，登录 D20000 为首通道的目标区域比较表，并将高速计数器 0 的当前值与比较表中的目标区域进行比较，当计数器的当前值达到 25000～25500（000061A8～0000639CH）时，马上执行中断任务 12 程序，其动作关系如图 7-41 所示。

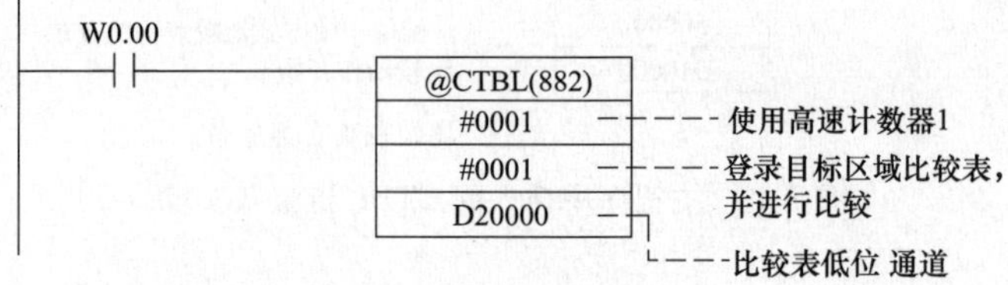

图 7-40　主程序中插入的 CTBL 指令（二）

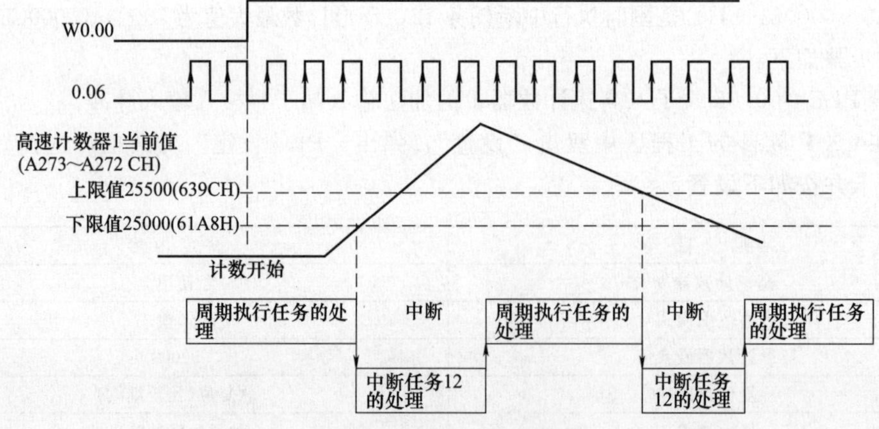

图 7-41　主程序运行说明图

7.7 脉冲输出功能及有关指令的使用

CP1H PLC具有脉冲输出功能，可以输出占空比固定和占空比可调的脉冲信号。

7.7.1 输出端子的分配

CP1H X/XA型机脉冲输出端子分配见表7-12，CP1H Y型机脉冲输出端子分配见表7-13。表中的CW为正转脉冲输出端，CCW为反转脉冲输出端，用来接电机驱动器，CW/CCW是双脉冲工作方式，两根线都输出脉冲信号，通常是差分方式输出，两信号相位差90度，根据相位超前或滞后来决定旋转方向，脉冲数决定电机转动角度。方向+脉冲信号是单脉冲形式，脉冲输出端发出脉冲决定电机转动角度，方向控制输出高低电平信号用来控制电动旋转方向，例如高电平正转，低电平反转。

表7-12 CP1H X/XA型机脉冲输出端子分配

输入端子		固定占空比脉冲输出			可变占空比脉冲输出
通道	编号	CW/CCW	脉冲+方向	原点搜索功能使用时	PWM输出
100 CH	00	脉冲输出0(CW)	脉冲输出0(脉冲)	—	—
	01	脉冲输出0(CCW)	脉冲输出1(脉冲)	—	—
	02	脉冲输出1(CW)	脉冲输出0(方向)	—	—
	03	脉冲输出1(CCW)	脉冲输出1(方向)	—	—
	04	脉冲输出2(CW)	脉冲输出2(脉冲)	—	—
	05	脉冲输出2(CCW)	脉冲输出2(方向)	—	—
	06	脉冲输出3(CW)	脉冲输出3(脉冲)	—	—
	07	脉冲输出3(CCW)	脉冲输出3(方向)	—	—
101 CH	00	—	—	—	PWM输出0
	01	—	—	—	PWM输出1
	02	—	—	原点搜索0(偏差计数器复位输出)	—
	03	—	—	原点搜索1(偏差计数器复位输出)	—
	04	—	—	原点搜索2(偏差计数器复位输出)	—
	05	—	—	原点搜索3(偏差计数器复位输出)	—

表7-13 CP1H Y型机脉冲输出端子分配

输入端子		固定占空比脉冲输出			可变占空比脉冲输出
通道	编号	CW/CCW	脉冲+方向		PWM输出
—	CW0	脉冲输出0(CW)固定	脉冲输出0(脉冲)固定	—	—
—	CCW0	脉冲输出0(CCW)固定	脉冲输出1(脉冲)固定	—	—
—	CW1	脉冲输出1(CW)固定	脉冲输出0(方向)固定	—	—
—	CCW1	脉冲输出1(CCW)固定	脉冲输出1(方向)固定	—	—
100 CH	04	脉冲输出2(CW)	脉冲输出2(脉冲)	—	—
	05	脉冲输出2(CCW)	脉冲输出2(方向)	—	—
	06	脉冲输出3(CW)	脉冲输出3(脉冲)	—	—
	07	脉冲输出3(CCW)	脉冲输出3(方向)	—	—
101 CH	00	—	—	原点搜索2(偏差计数器复位输出)	PWM输出0
	01	—	—	原点搜索3(偏差计数器复位输出)	PWM输出1
	02	—	—	原点搜索0(偏差计数器复位输出)	—
	03	—	—	原点搜索1(偏差计数器复位输出)	—

7.7.2 脉冲输出指令的使用

（1）脉冲量设定（PULS）指令

① 指令说明。脉冲量设定（PULS）指令说明如下。

指令名称、格式与符号	功能说明	操作数		
		C1	C2	S
脉冲量设定 PULS C1 C2 S PULS C1 C2 S	将 S 个 C2 类型的脉冲从 C1 指定的端口输出	C1 指定脉冲输出端口。 0000～0003H：脉冲输出 0～3	C2 指定脉冲类型。 0000H：相对脉冲 0001H：绝对脉冲	S 指定输出脉冲的个数 15　　0 S　脉冲输出量设定值(低位) S+1　脉冲输出量设定值(高位) 指定相对脉冲时 0~2147483647 (00000000 ~7FFFFFFF H) 指定绝对脉冲时 -2147483648~+2147483647 (80000000 ~7FFFFFFF H) S 可为 CIO、W、H、A、T、C、D、@D、* D、常数

② 指令使用举例。脉冲量设定（PULS）指令使用如图 7-42 所示。

当常开触点 0.00 由断开转为闭合时，上升沿@PULS 指令执行，将 D101、D100 中设定的 5000（00001388H）个脉冲从脉冲输出 0 端口输出。

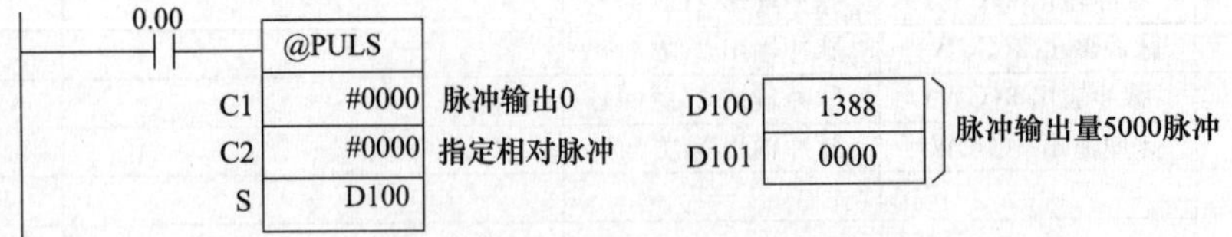

图 7-42　脉冲量设定（PULS）指令使用举例

（2）频率设定（SPED）指令

① 指令说明。频率设定（SPED）指令说明如下。

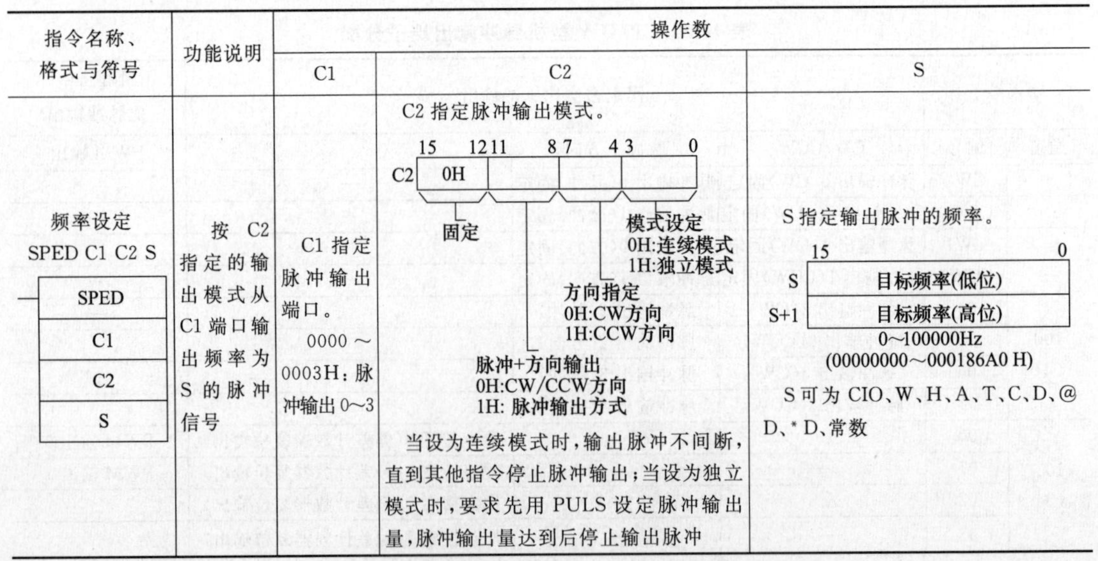

指令名称、格式与符号	功能说明	操作数		
		C1	C2	S
频率设定 SPED C1 C2 S SPED C1 C2 S	按 C2 指定的输出模式从 C1 端口输出频率为 S 的脉冲信号	C1 指定脉冲输出端口。 0000～0003H：脉冲输出 0~3	C2 指定脉冲输出模式。 15　12 11　8 7　4 3　0 C2　0H 固定 模式设定 0H:连续模式 1H:独立模式 方向指定 0H:CW方向 1H:CCW方向 脉冲+方向输出 0H:CW/CCW方向 1H: 脉冲输出方式 当设为连续模式时，输出脉冲不间断，直到其他指令停止脉冲输出；当设为独立模式时，要求先用 PULS 设定脉冲输出量，脉冲输出量达到后停止输出脉冲	S 指定输出脉冲的频率。 15　　0 S　目标频率(低位) S+1　目标频率(高位) 0~100000Hz (00000000~000186A0 H) S 可为 CIO、W、H、A、T、C、D、@D、* D、常数

② 指令使用举例。频率设定（SPED）指令使用如图 7-43 所示。

当常开触点 0.00 由断开转为闭合时，首先上升沿@PULS 指令执行，将脉冲输出量设为 5000 个，然后上升沿@SPED 指令执行，让脉冲输出 0 的输出 CW（顺时针）方向的频率为 500Hz 的独立脉冲（输出 5000 个脉冲后停止）。

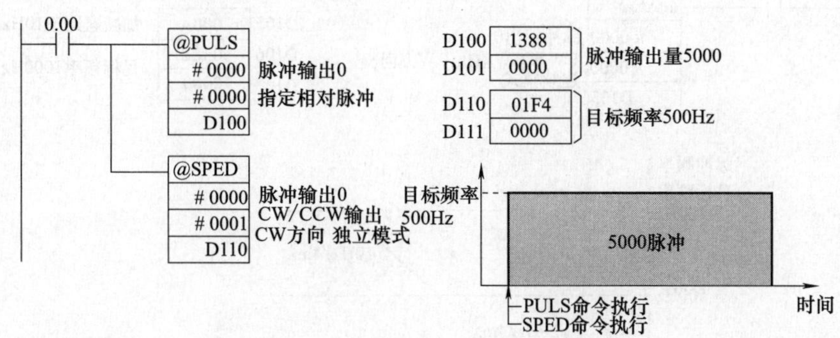

图 7-43 频率设定（SPED）指令使用举例

（3）频率加减速控制（ACC）指令

① 指令说明。频率加减速控制（ACC）指令说明如下。

指令名称、格式与符号	功能说明	操作数 C1	操作数 C2	操作数 S
频率加减速控制 ACC C1 C2 S ACC C1 C2 S	按 C2 指定的模式从 C1 端口输出脉冲信号，脉冲信号的加减速比率和目标频率由 S 指定	C1 指定脉冲输出端口。 0000～0003H：脉冲输出 0～3	C2 指定脉冲输出模式。 15 12 11 8 7 4 3 0 C2 0H 固定 模式设定 0H:连续模式 1H:独立模式 方向指定 0H:CW方向 1H:CCW方向 脉冲+方向输出 0H:CW/CCW方向 1H:脉冲输出方式	S 指定脉冲的加减速比率和目标频率。 15 0 S 加减速比率 1～65535Hz(0001～FFFF H) 用 1Hz单位来指定按脉冲控制周期(4ms)的增减量 S+1 目标频率(低位) S+2 目标频率(高位) 0～100000Hz (00000000～000186A0 H) 用单位来指定加速 减速后的频率 S 可为 CIO、W、H、A、T、C、D、@D、*D

② 指令使用举例。频率加减速控制（ACC）指令使用如图 7-44 所示。

当常开触点 0.00 由断开转为闭合时，上升沿@ACC 指令执行，让脉冲输出 0 端口输出 CW（顺时针）方向、加减速比率为 20Hz、目标频率为 500Hz 的加速脉冲，即以每 4ms 提升 20Hz 的比率将脉冲频率由 0 加速到 500Hz，达到目标频率后频率保持不变。若常开触点 0.01 由断开转为闭合时，下一个上升沿@ACC 指令执行，让脉冲输出 0 端口输出 CW（顺时针）方向、加减速比率为 10Hz、目标频率为 1000Hz 的加速脉冲，即以每 4ms 提升 10Hz 的比率将脉冲频率由 500 加速到 1000Hz。

（4）定位（PLS2）指令

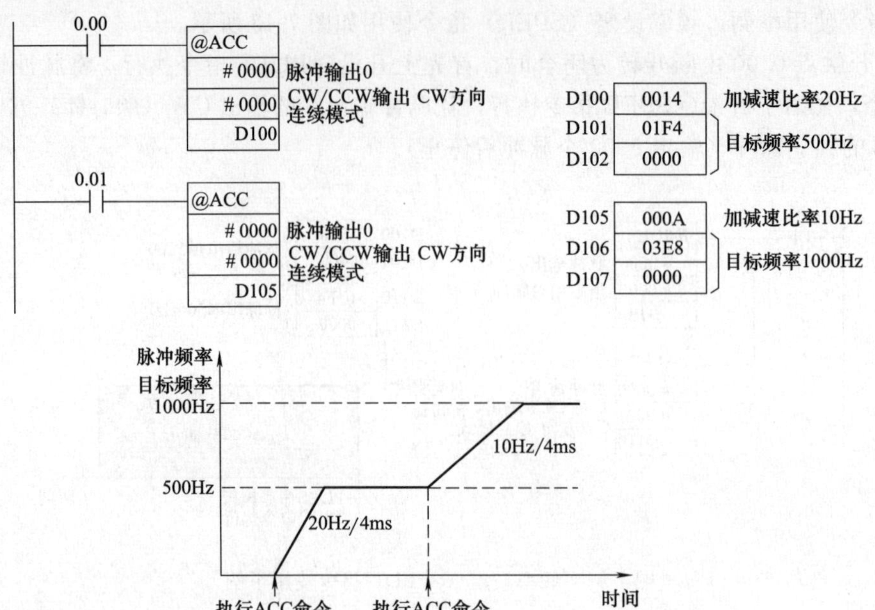

图 7-44 频率加减速控制（ACC）指令使用举例

① 指令说明。定位（PLS2）指令说明如下。

指令名称、格式与符号	功能说明	操作数	
		C1、C2	S1、S2
定位 PLS2 C1 C2 S1 S2 PLS2 C1 C2 S1 S2	按C2指定的模式从C1端口输出由S1、S2设定参数的脉冲信号	C1 指定脉冲输出端口。 0000～0003H：脉冲输出 0～3 C2 指定脉冲输出模式。 C2: 15–12 0H; 11–8; 7–4; 3–0 固定 模式设定 0H:相对脉冲 1H:绝对脉冲 方向指定 0H: CW方向 1H: CCW方向 脉冲+方向输出 0H: CW/CCW方向 1H: 脉冲输出方式	S1 指定脉冲的加减速比率、目标频率和脉冲输出量。 15 … 0 S1 加速比率 S1+1 减速比率 1～65535(0001～FFFF H) 用1Hz单位来分别指定按脉冲控制周期(4ms)的增减量 S1+2 目标频率(低位) S1+3 目标频率(高位) 0～100000Hz (00000000～000186A0 H) 用1Hz单位来指定加速、减速后的频率 S1+4 脉冲输出设定量(低位) S1+5 脉冲输出设定量(高位) 指定相对脉冲时 0～2147483647 (00000000～7FFFFFFF H) 指定绝对脉冲时 −2147483648～+2147483647 (00000000～7FFFFFFF H) S2 指定输出脉冲的启动频率。 15 … 0 S2 启动频率(低位) S2+1 启动频率(高位) 0～100000 Hz (00000000～000186A0 H) 用1Hz单位指定启动时的频率 S1、S2 可为 CIO、W、H、A、T、C、D、@D、* D和常数(仅 S2)

② 指令使用举例。定位（PLS2）指令使用如图 7-45 所示。

当常开触点 0.00 由断开转为闭合时，上升沿@PLS2 指令执行，让脉冲输出 0 端口输出 CW 方向、启动为 200Hz、加速比率为 500Hz/4ms、目标频率为 50kHz 的加速脉冲，当脉冲频率达到目标频率 50kHz 一段时间（时间长短与脉冲量有关）后，开始以 250Hz/4ms 比率减速，达到启动频率 200Hz 时，停止输出脉冲，输出脉冲的总量为 10000 个。

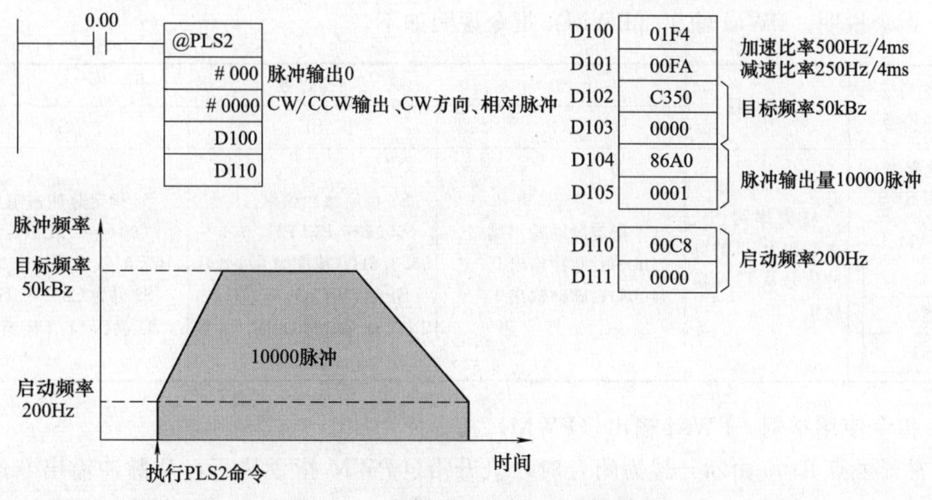

图 7-45 定位（PLS2）指令使用举例

（5）脉冲当前值读取（PRV）指令

① 指令说明。脉冲当前值读取（PRV）指令说明如下。

指令名称、格式与符号	功能说明	操作数		
		C1	C2	D
脉冲当前值读取 PRV C1 C2 D PRV C1 C2 D	按 C2 指定的内容从 C1 端口读取脉冲的当前值,结果保存在 D 通道中	C1 指定读取端口。 其值定义如下： 0000～0003H：脉冲输出 0～3 0010～0013H：高速计数器 0～3 0100～0107H：中断输入 0～7（计数模式） 1000H、1001H：PWM 脉冲输出 0、1	C2 指定读取内容。 其值定义如下： 0000H：读取当前值 0001H：读取状态 0002H：读取区域比较结果 0003H：读取脉冲输出频率 0013H：读取脉冲输出频率（10ms 取样方式） 0023H：读取脉冲频率（100ms 取样方式） 0033H：读取脉冲输出频率（1s 取样方式）	D 用来保存读取值。根据读取内容不同，占用 2 个或 1 个通道 15 0 D 当前值数据 D+1 当前值数据 2通道 读取脉冲输出、高速计数输入的当前值时 读取输入频率(仅限高速计数)时 15 0 D PV 1通道 读取中断输入(计数模式)的当前值时 读取状态时 读出区域比较结果时 D 可为 CIO、W、H、A、T、C、D、@D、*D

② 指令使用举例。脉冲当前值读取（PRV）指令使用如图 7-46 所示。

当常开触点 0.00 由断开转为闭合时，上升沿@PRV 指令执行，读取输入高速计数器 0 的脉冲的频率，频率值保存在 D201、D200 中。

（6）PWM 输出（PWM）指令

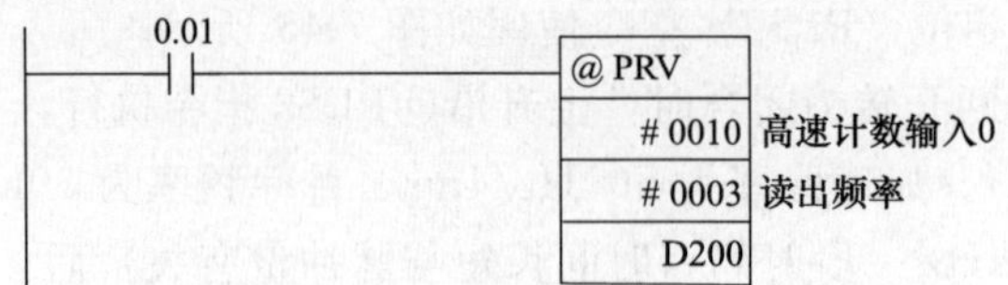

图 7-46 脉冲当前值读取（PRV）指令使用举例

① 指令说明。PWM 输出（PWM）指令说明如下。

指令名称、格式与符号	功能说明	操作数		
		C	S1	S2
PWM 输出 PWM C S1 S2 PWM C S1 S2	将频率为 S1、占空比为 S2 的脉冲信号从 C 端口输出	C1 指定脉冲输出端口。 1000H：脉冲输出 0 1001H：脉冲输出 1	S1 指定脉冲频率。 0001 ～ FFFFH：0.1 ～ 6553.5Hz（精度为 0.1%） S1 可为 CIO、W、H、A、T、C、D、@D、*D、DR、常数	S2 指定脉冲占空比。 0001 ～ 03E8H：0.0 ～ 100.0%（精度为 0.1%） S2 可为 CIO、W、H、A、T、C、D、@D、*D、DR、常数

② 指令使用举例。PWM 输出（PWM）指令使用如图 7-47 所示。

当常开触点 0.00 由断开转为闭合时，上升沿@PWM 指令执行，从脉冲输出 0 端口输出频率为 200Hz、占空比为 50%的脉冲，当常开触点 0.01 由断开转为闭合时，第二个上升沿@PWM 指令执行，脉冲输出 0 端口输出频率为 200Hz、占空比为 25%的脉冲。

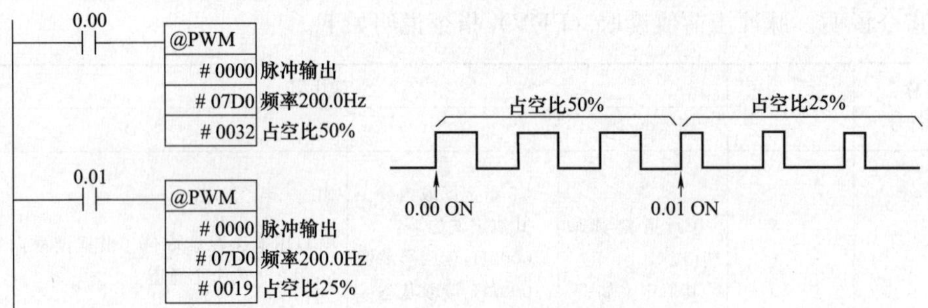

图 7-47 PWM 输出（PWM）指令使用举例

（7）原点搜索（ORG）指令

① 指令说明。原点搜索（ORG）指令说明如下。

指令名称、格式与符号	功能说明	操作数	
		C1	S2
原点搜索 ORG C1 C2 ORG C1 C2	按 C2 设定的方式从 C1 端口输出脉冲信号来进行原点搜索或原点复位	C1 指定脉冲输出端口。 0000～0003H：脉冲输出 0～3	S1指定脉冲输出模式。 15 12 11 8 7 4 3 0 C2 0H 0H 固定 固定 脉冲输出方式 0H: CW/CCW输出 1H: 脉冲+方向输出 模式指定 0H: 原点搜索 1H: 原点复位

② 关于原点搜索与原点复位。CP1H PLC 通过输出脉冲信号去驱动电机（如步进电机），使之带动执行部件产生移动，工作完成后要求运动部件返回到初始位置，该初始位置称为原点。让执行部件返回原点有两种方法：一是原点搜索；二是原点复位。

原点搜索过程如图 7-48（a）所示，ORG 指令执行时，从指定的端口输出脉冲，先从启动频率加速到最高频率（见①、②、③段），电机带动执行部件快速返回，当接近原点时，由传感器送来的原点附近信号输入 PLC，PLC 输出减速脉冲开始减速（见④段），当减速到近段速度时保持该速度（见⑤段）让执行部件慢慢靠近原点，当到达原点时，由传感器送来的原点信号输入 PLC，PLC 停止输出脉冲，执行部件停止在原点处。

原点复位过程如图 7-48（b）所示，ORG 指令执行时，从指定的端口输出脉冲，脉冲先从启动速度加速到目标速度，保持一定时间后再减速到启动速度，然后停止输出脉冲，执行部件停止原点位置。

原点复位与原点搜索的区别在于，原点复位不需要原点附近输入信号和原点输入信号。

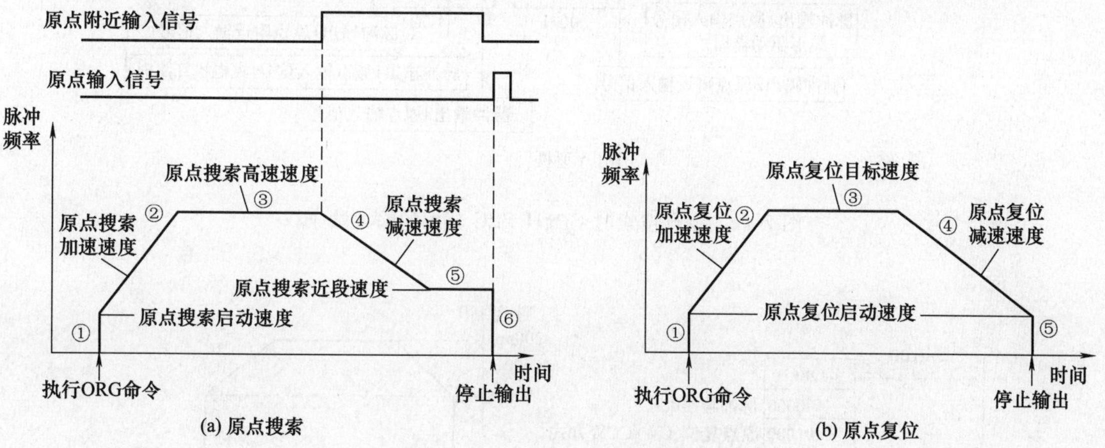

图 7-48 原点搜索与原点复位说明

③ 原点搜索分配的输入端子。当使用原点搜索（ORG）指令进行原点搜索操作时，需要 PLC 输入原点附近输入信号和原点输入信号。原点搜索时 CP1H PLC 分配的输入端子如图 7-49 所示。

④ 指令使用举例。原点搜索（ORG）指令使用如图 7-50 所示，在使用 ORG 指令时需要按表 7-14 进行 PLC 系统设定。

当常开触点 0.00 由断开转为闭合时，上升沿@ORG 指令执行，先从脉冲输出 0 端口输出启动速度为 100pps（pulse per second：脉冲每秒，相当于 Hz）的原点复位脉冲，然后以 50Hz/4ms 比率加速到目标速度 200pps，速度保持一定时间后以 50Hz/4ms 比率减速到目标速度 100pps，再停止输出脉冲。

表 7-14 原点复位的 PLC 系统设定内容

脉冲输出 0 原点搜索/原点复位启动速度	00000064 H：100pps
脉冲输出 0 原点复位目标速度	000000C8 H：200pps
脉冲输出 0 原点复位加速比率	0032 H：50Hz/4ms
脉冲输出 0 原点复位减速比率	0032 H：50Hz/4ms

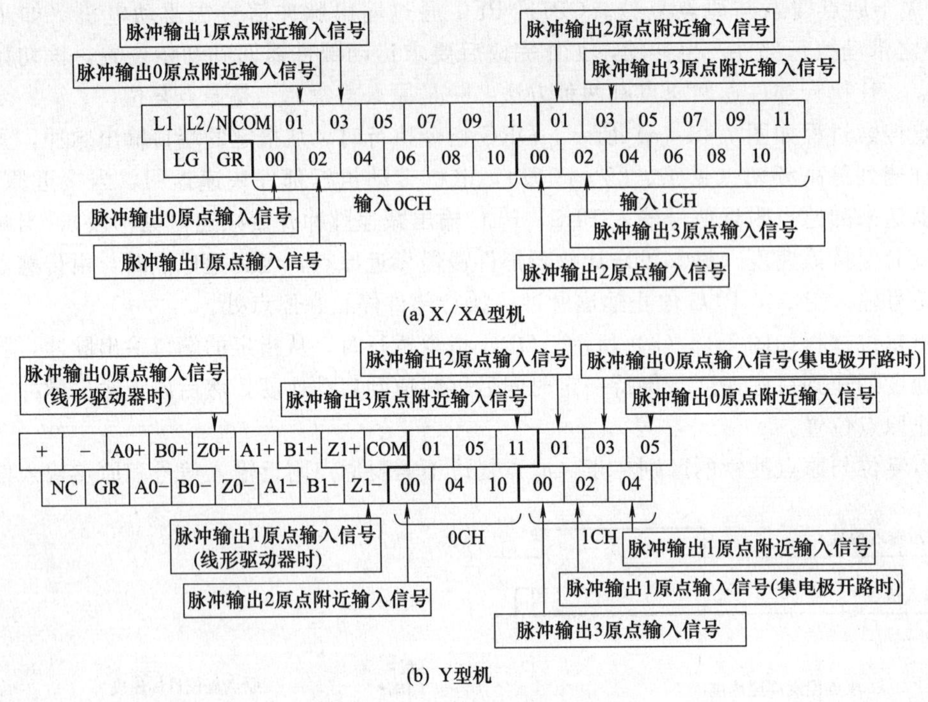

图 7-49 原点搜索时 CP1H PLC 分配的输入端子

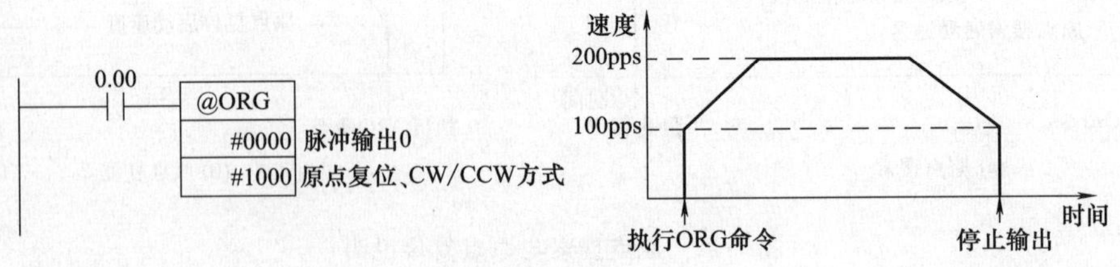

图 7-50 原点搜索（ORG）指令使用举例

7.8 模拟量输入输出功能的使用

一些场合常常需要 PLC 连接温度、湿度、流量和压力等传感器，以压力传感器为例，当压力逐渐增大时，压力传感器输出的电压不断升高，这种不断变化的电压或电流就是模拟量。PLC 的各种指令只能处理由 1、0 组成的数字量，无法直接处理模拟量，利用 PLC 的模拟量输入功能，可以将外界输入的大小不同的电压或电流转换成不同的数字量，再由内部程序进行处理，处理得到的结果仍是数字量，利用 PLC 的模拟量输出功能，可以将不同的数字量转换成大小不同的电压或电流输出。

CP1H-XA 型 PLC 具有模拟量输入输出功能，如图 7-51 所示，它包括模拟量输入、输出端子和模拟量输入端子切换开关。CP1H PLC 的 X 型、Y 型机本身不具备该功能，但可以通过连接模拟量输入模块（如 CPM1A-AD041 模块）和模拟量输出模块（如 CPM1A-DA041）来获得该功能。

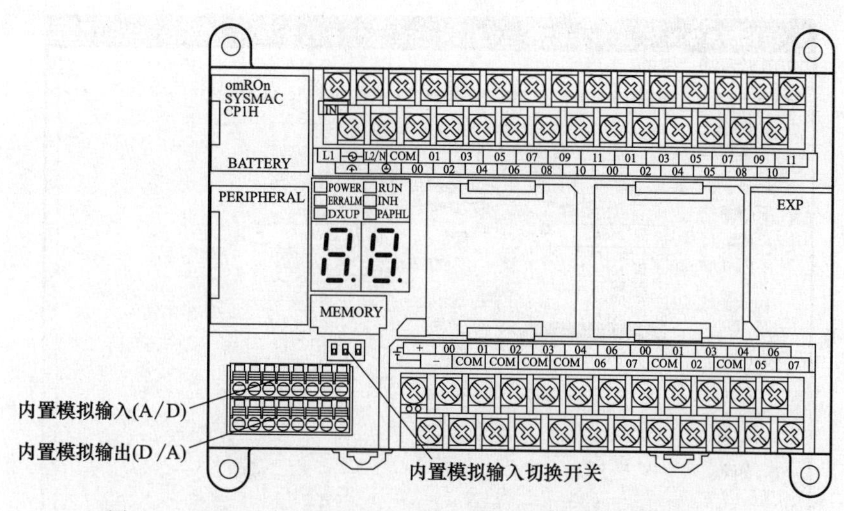

图 7-51　CP1H-XA 型 PLC 的模拟量输入输出端子及切换开关

7.8.1　内置模拟量输入输出功能的使用

（1）模拟量输入输出端子及切换开关

CP1H-XA 型 PLC 的模拟量输入输出端子及功能说明如图 7-52 所示，上方为模拟量输入端子，可输入 4 路模拟量，电压和电流共用端子，下方为模拟量输出端子，可输出 2 路模拟量，电压和电流端子独立。

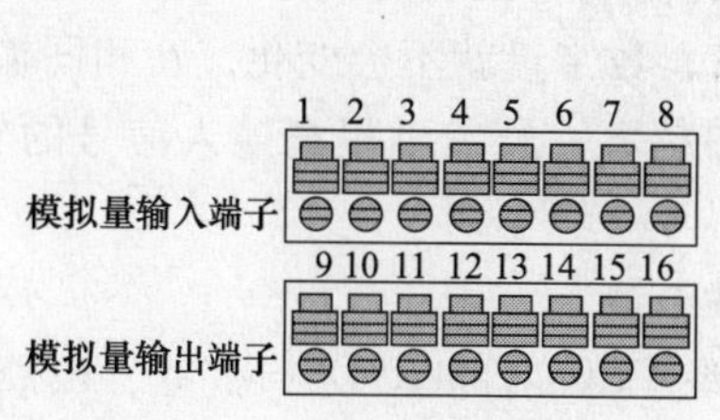

模拟量输入端子	1	VIN0/IIN0	模拟输入1电压/电流输入
	2	COM0	模拟输入1COM
	3	VIN1/IIN1	模拟输入2电压/电流输入
	4	COM1	模拟输入2COM
	5	VIN2/IIN2	模拟输入3电压/电流输入
	6	COM2	模拟输入3COM
	7	VIN3/IIN3	模拟输入4电压/电流输入
	8	COM3	模拟输入4COM
模拟量输出端子	9	VOUT1	模拟输出1电压输出
	10	I OUT1	模拟输出1电流输出
	11	COM1	模拟输出1COM
	12	VOUT2	模拟输出2电压输出
	13	I OUT2	模拟输出2电流输出
	14	COM2	模拟输出2COM
	15	AG	模拟0V
	16	AG	模拟0V

图 7-52　CP1H-XA 型 PLC 的模拟量输入输出端子及功能说明

CP1H-XA 型 PLC 有 4 路模拟量输入端子，每路都采用电压电流共用端子方式，端子用作电压输入或是电流输入受切换开关控制。模拟量输入切换开关如图 7-53 所示，例如将 1 号开关拨至 ON 位置，将模拟量输入 1 设为电流输入方式。

（2）模拟量输入输出的 PLC 设置

在 CX-P 软件的工程区中双击“设置”，弹出“PLC 设定”对话框，如图 7-54 所示，切换到“内建 AD/DA”选项卡，进行如下设置。

① 选择使用的模拟量输入。将 AD 0CH、AD 1CH 选择“使用”，则第 1、2 路模拟量输入设为有效。

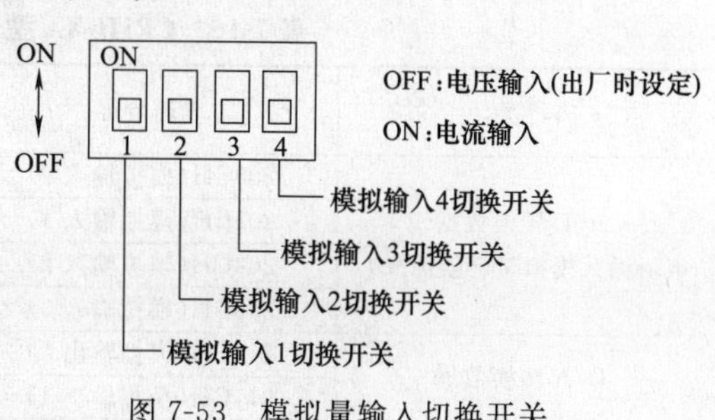

图 7-53　模拟量输入切换开关

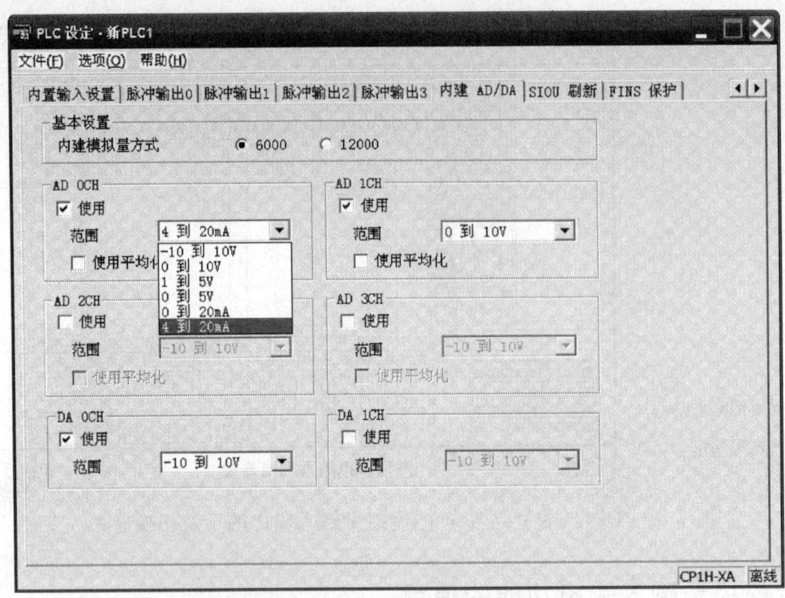

图 7-54 在 CX-P 软件中设置模拟量输入输出功能

② 选择模拟量输入种类及范围。将 AD 0CH 输入范围设为 4～20mA，将 AD 1CH 输入范围设为－10～10V。

③ 选择使用的模拟量输出及输出范围。将 DA 0CH 选择“使用”，则第 1 路模拟量输出设为有效，再将其输出范围设为－10～10V。

④ 选择分辨率。将模拟量输入输出的分辨率设为 6000，这样就将输入（或输出）范围分作 6000 份，以输入范围为 4～20mA 为例，只要输入电流变化大于（20－4）/6000mA，转换得到的数字量就会变化，若电流变化小于该值，数字量就不会变化。在相同输入范围的情况下，分辨率越高，转换得到的数字量变化范围越大，虽然可提高输入信号的转换精度，但会降低转换速度，并且得到的数字量位数较多。

（3）模拟量输入输出的存储通道和特殊辅助继电器

① 存储通道。模拟量输入端子送入的模拟量经 PLC 内部 A/D（模/数）电路转换成数字量，该数字量会存入特定通道；模拟量输出端子送出的模拟量是由特定通道的数字量经 D/A 电路转换而来。

CP1H-XA 型 PLC 的模拟量存储通道分配见表 7-15。例如当模拟量输入输出范围均设为－10～10V、分辨率设为 6000 时，若模拟量输入 0 端子输入－10～10V 范围内的模拟量，经 A/D 电路会转换成 F448～0BB8H（－3000～3000）的数字量，存入 200CH；210CH 中的 F448～0BB8H 的数字量经 D/A 电路转换成－10～10V 的模拟量，从模拟量输出 0 端子输出。

表 7-15 CP1H-XA 型 PLC 的模拟量存储通道分配

种类	通道分配	数据范围	
		6000 分辨率	12000 分辨率
A/D 转换数据（由输入模拟量转换而来）	200CH(模拟输入 0)	－10～＋10V 量程 F448～0BB8H 其他量程： 0000～1770H	－10～＋10V 量程： E890～1770H 其他量程： 0000～2EE0H
	201CH(模拟输入 1)		
	202CH(模拟输入 2)		
	203CH(模拟输入 3)		
D/A 转换数据	210CH(模拟输出 0)		
	211CH(模拟输出 1)		

② 特殊辅助继电器。模拟量输入输出的特殊辅助继电器用来检测输入是否断线和转换工作是否完成。模拟量输入输出的特殊辅助继电器功能见表 7-16 。例如当模拟量输出 4 端子发生断线故障，A434.03 状态会变为 1，在模拟量转换过程中，A434.04 为 0，转换结束 A434.04 变为 1。

表 7-16 模拟量输入输出的特殊辅助继电器功能

继电器编号	内容	
A434.00	模拟输入 1 断线检测标志	0:无异常 1:发生断线异常
A434.01	模拟输入 2 断线检测标志	
A434.02	模拟输入 3 断线检测标志	
A434.03	模拟输入 4 断线检测标志	
A434.04	内置模拟初始处理结束标志	0:初始处理中 1:初始处理结束

(4) 模拟量输入输出功能的使用

模拟量输入输出功能的使用步骤如图 7-55 所示。

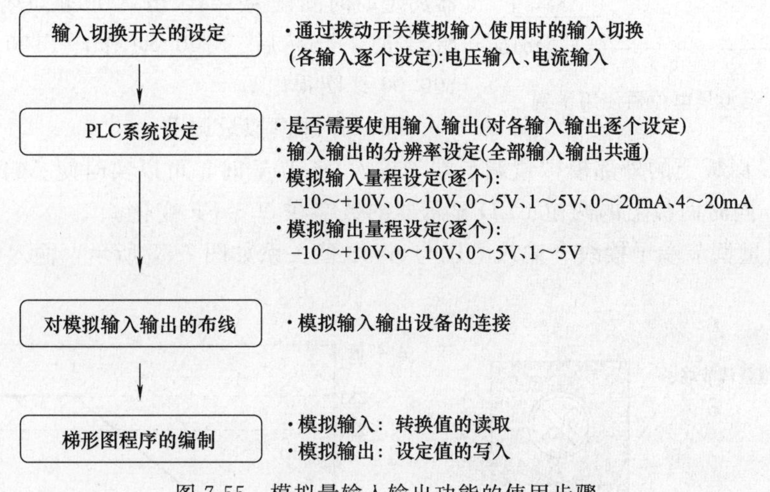

图 7-55 模拟量输入输出功能的使用步骤

在编制梯形图程序时，可采用 MOV 指令读取 200～203CH 中的数字量（由输入模拟量转换而来），再用其他指令对该数字量进行处理，在输出模拟量时，可用 MOV 指令将有关数字量送入 210CH、211CH，PLC 会自动将这些数字量转换成模拟量，并从模拟量输出端子输出。

7.8.2 模拟量电位器及外部模拟量调节的使用

由于 CP1H PLC 只有 XA 型机具有模拟量输入输出功能，X 型、Y 型机不具备该功能，如果不用模拟量输出且仅需输入一路模拟量，可使用 PLC 面板上的模拟电位器和外部模拟量调节端子，如图 7-56 所示。

(1) 模拟量电位器

调节 PLC 面板上的模拟量电位器，可以实时使 A642 通道的值在 0～255 变化，同时面板上的两位 LED 显示器的数字在 00～FF 变化。

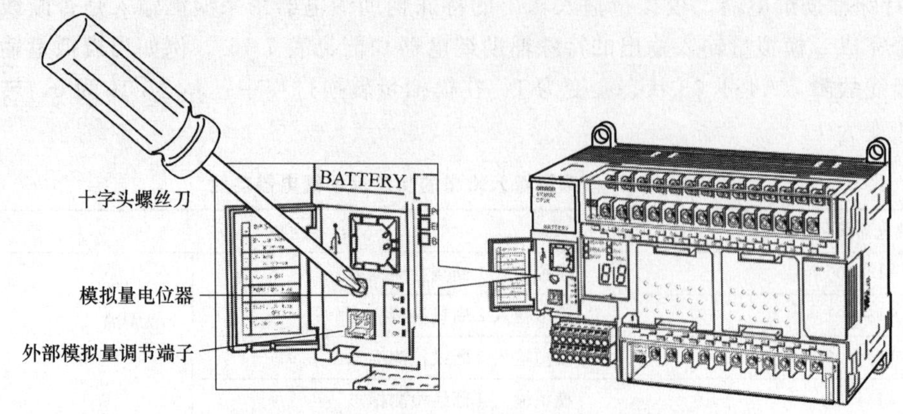

图 7-56　PLC 面板上的模拟电位器和外部模拟量调节端子

模拟量电位器使用如图 7-57 所示。调节模拟量电位器可以使 A642 的值在 0～255 变化，即可以通过调节电位器将定时器 T100 的定时时间设为 0～25.5s，例如将 A642 的值调到 150，就将定时器的定时时间设为 15s，当 0.00 触点闭合后 T100 开始计时，15s 后 T100 动作，T100 触点闭合，100.00 线圈得电。

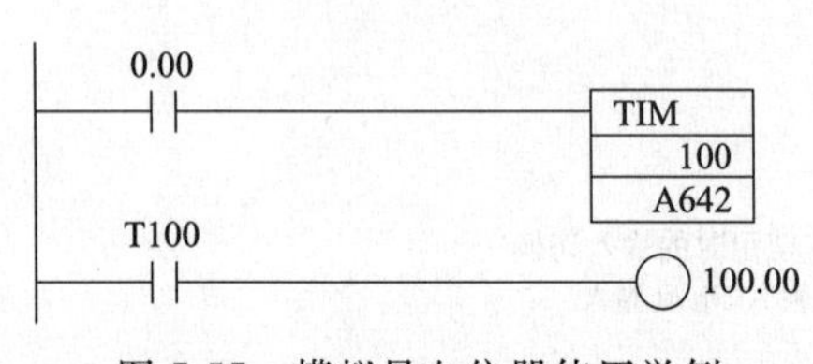

图 7-57　模拟量电位器使用举例

（2）外部模拟量调节

当给 PLC 面板上的外部模拟量调节端子输入 0～10V 时，可以实时使 A643 通道的值在 0～255 变化，同时面板上的两位 LED 显示器的数字在 00～FF 变化。

外部模拟量调节端子接线、输入电压与 A643 值关系如图 7-58 所示，输入电压最大允许值为 11V。

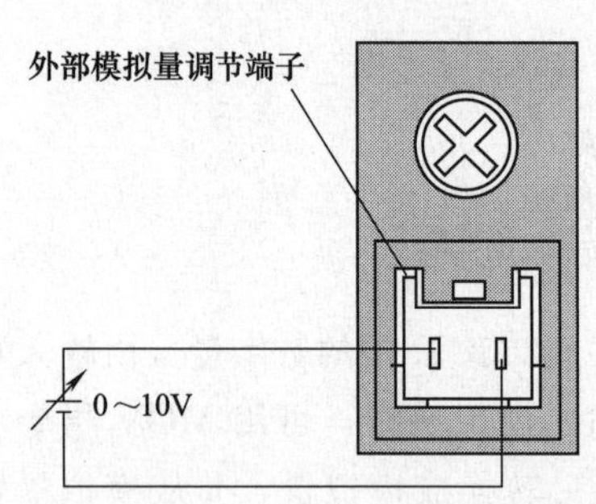

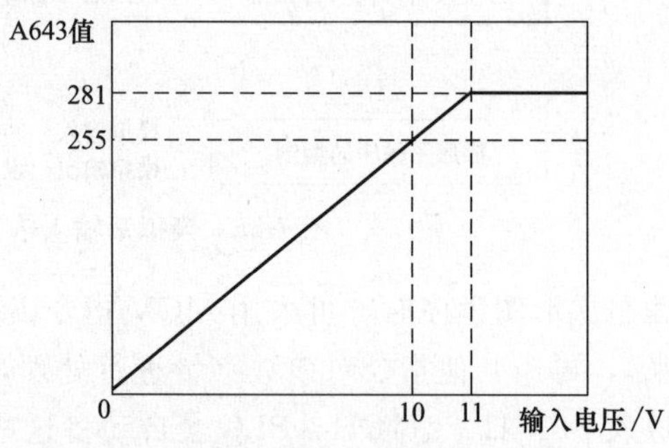

图 7-58　外部模拟量调节端子接线、输入电压与 A643 值关系

外部模拟量调节使用如图 7-59 所示。让外部模拟量调节端子的电压在 0～10V 变化，可让 A643 的值在 0～255 变化，即可将定时器 T101 的定时时间设为 0～25.5s，例如将 A643 的值调到 100，就将定时器定时时间设为 10s，当 0.01 触点闭合后 T101 开始计时，10s 后 T101 动作，T101 触点闭合，100.01 线圈得电。

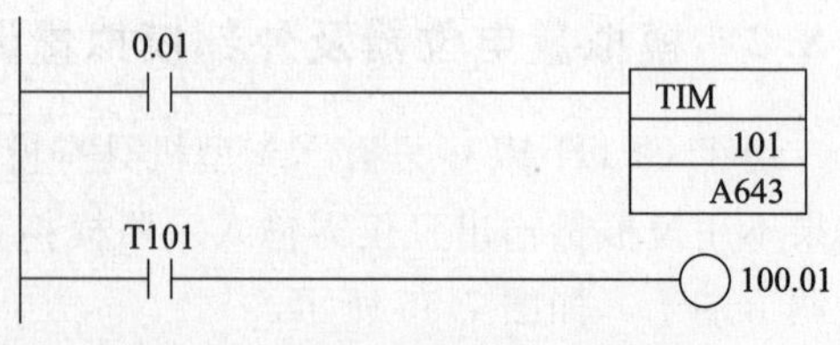

图 7-59　外部模拟量调节使用举例

其他功能指令的使用

CP1H 型 PLC 的指令非常丰富，达到几百条，目前指令功能号范围为 000～891，丰富的指令使 PLC 具有更多的功能。在前面的章节已介绍了一些指令的使用，本章再介绍余下的大部分指令。由于本章介绍的指令很多，虽然讲解时力争通俗易懂，但在学习时也可能会枯燥无味，读者可先花少量时间粗略了解这些指令，待以后需要用到时再认真研读。

8.1 数据传送指令的使用

指令名称	助记符	功能号
传送	MOV	021
倍长传送	MOVL	498
否定传送	MVN	022
否定倍长传送	MVNL	499
位传送	MOVB	082
数字传送	MOVD	083
多位传送	XFRB	062
块传送	XFER	070
块设定	BSET	071
数据交换	XCHG	073
数据倍长交换	XCGL	562
数据分配	DIST	080
数据抽取	COLL	081
变址寄存器设定	MOVR	560
变址寄存器设定	MOVRW	561

(1) 传送（MOV）、倍长传送（MOVL）指令

指令说明如下。

指令名称、格式与符号	功能说明	操作数		使用举例
		S	D	
传送 MOV S D MOV S D	将 S 通道中的 16 位数据送入 D 通道	CIO、W、H、A、T、C、D、@D、*D、DR 和常数	CIO、W、H、A、T、C、D、@D、*D、DR	0.00 MOV 1000 D100 1000 CH → D100 当常开触点 0.00 闭合时，MOV 指令执行，将 1000CH 中的数据送入 D100 中

续表

指令名称、格式与符号	功能说明	操作数		使用举例
		S	D	
倍长传送 MOVL S D MOVL / S / D	将S、S+1通道共32位数据送入D、D+1通道	CIO、W、H、A、T、C、D、@D、*D、IR和常数	CIO、W、H、A、T、C、D、@D、*D、IR	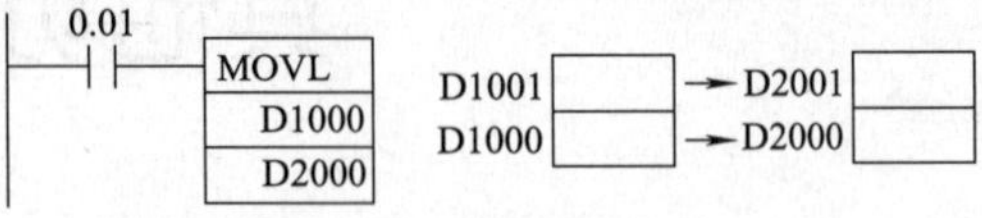 0.01 MOVL D1000 D2000 D1001 → D2001 D1000 → D2000 当常开触点0.01闭合时，MOVL指令执行，将D1001、D1000通道中的数据分别送入D2001、D2000通道

(2) 否定传送（MVN）、否定倍长传送（MVNL）指令

指令说明如下。

指令名称、格式与符号	功能说明	操作数		使用举例
		S	D	
否定传送 MVN S D MVN / S / D	将S通道中的16位数据各位取反后送入D通道	CIO、W、H、A、T、C、D、@D、*D、DR和常数	CIO、W、H、A、T、C、D、@D、*D、DR	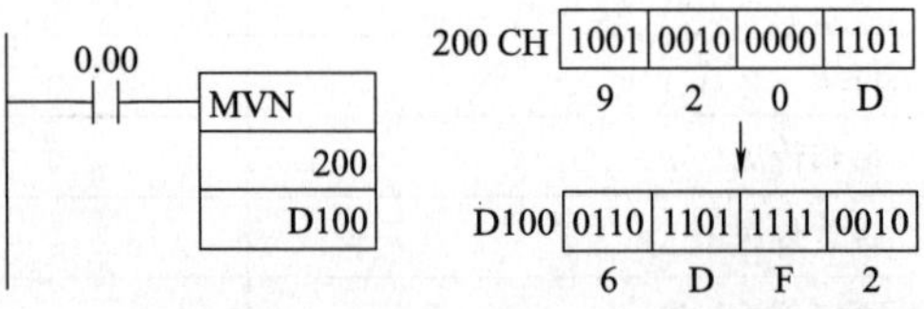 0.00 MVN 200 D100 200 CH 1001 0010 0000 1101 (9 2 0 D) ↓ D100 0110 1101 1111 0010 (6 D F 2) 当常开触点0.00闭合时，MVN指令执行，将200CH中的数据各位取反后送入D100通道
否定倍长传送 MVNL S D MVNL / S / D	将S、S+1通道共32位数据各位取反后送入D、D+1通道	CIO、W、H、A、T、C、D、@D、*D和常数	CIO、W、H、A、T、C、D、@D、*D	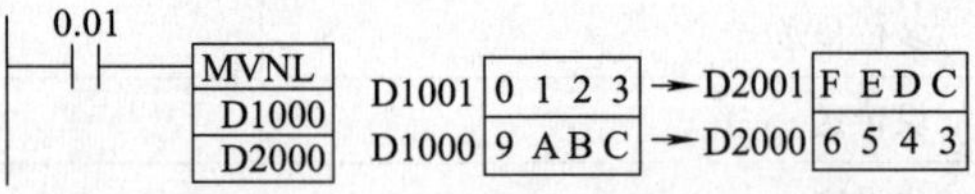 0.01 MVNL D1000 D2000 D1001 0 1 2 3 → D2001 F E D C D1000 9 A B C → D2000 6 5 4 3 当常开触点0.01闭合时，MVNL指令执行，将D1001、D1000通道中的数据各位取反后分别送入D2001、D2000通道

(3) 位传送（MOVB）指令

① 指令说明。指令说明如下。

指令名称、格式与符号	功能说明	操作数		
		S	C	D
位传送 MOVB S C D MOVB / S / C / D	将S通道中的某位(由C通道低8位数值指定)数据送入D通道的某位中(由C通道高8位数值指定)	CIO、W、H、A、T、C、D、@D、*D、DR和常数	CIO、W、H、A、T、C、D、@D、*D、DR	CIO、W、H、A、T、C、D、@D、*D、DR

② 指令使用举例。位传送（MOVB）指令使用如图8-1所示。当0.00常开触点闭合时，MOVB指令执行，将D0通道中的第5位（D200通道的低8位数值为5）数据送入D1000通道的第12位（D200通道的高8位数值为0C，即12）。

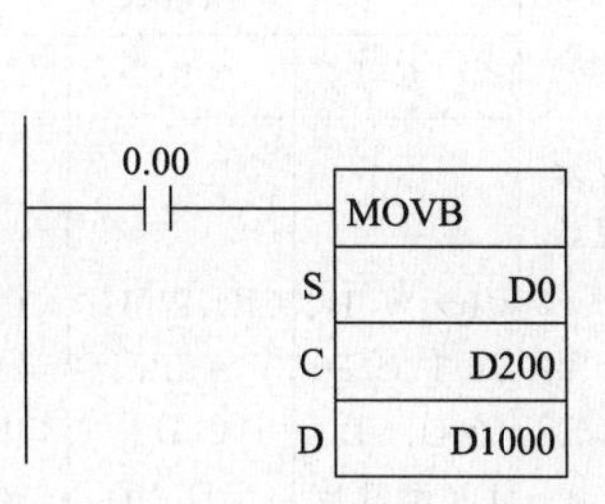

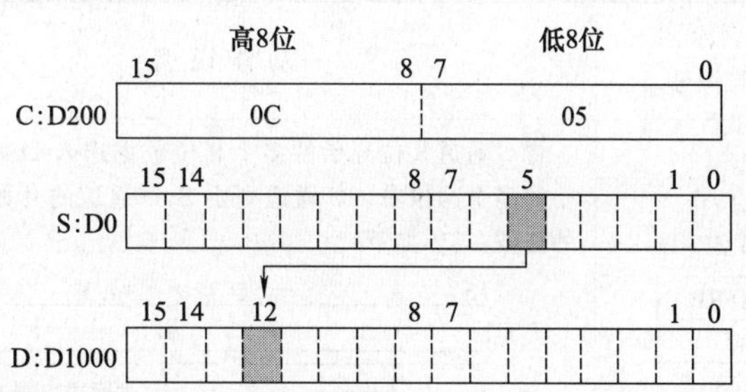

图 8-1 位传送（MOVB）指令使用举例

(4) 数字传送（MOVD）指令

① 指令说明。指令说明如下。

指令名称、格式与符号	功能说明	操作数		
		S	C	D
数字传送 MOVD S C D MOVD S C D	将S通道某组开始的一组(4位)或多组数据送到D通道某组开始的一组或多组存储空间中。 S、C、D通道从高位到低位按4位一组，依次定义为组3、组2、组1、组0。C通道指定S通道待传送的开始组、组数及D通道存入的开始组，具体如下： 15 12 11 8 7 4 3 0 S 组3 组2 组1 组0 D 组3 组2 组1 组0 C 组3 组2 组1 组0 组0：S通道开始组编号 组1：S通道传送的组数 0:1组(4位) 1:2组(8位) 2:3组(12位) 3:4组(4位) 组2：D通道开始组编号 组3：固定为0	CIO、W、H、A、T、C、D、@D、*D、DR和常数	CIO、W、H、A、T、C、D、@D、*D、DR	CIO、W、H、A、T、C、D、@D、*D、DR

② 指令使用举例。数字传送（MOVD）指令使用如图 8-2 所示。当 0.00 常开触点闭合时，MOVD 指令执行，如果 D300 通道（C 通道）中的数据为 0211H（十六进制），则将 200 通道（S 通道）中的组 1 开始的两组数据送到 300CH（D 通道）的组 2 及后续高组中，如果 D 通道后续高组不够，则会依次送入 D 通道低组中，如图中 C 通道数据为 0312、0230 时的情况。

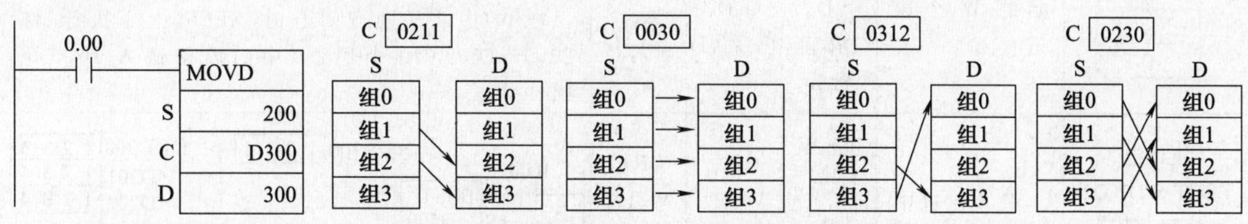

图 8-2 数字传送（MOVD）指令使用举例

(5) 多位传送（XFRB）指令

① 指令说明。指令说明如下。

指令名称、格式与符号	功能说明	操作数		
		C	S	D
多位传送 XFRB C S D XFRB / C / S / D	将S通道某位开始的多个高位数据送入D通道某位开始的多个高位中。C通道规定S、D通道的开始位和传送的位数，具体如下： C：15~8 n（传送位数）；7~4 m（D通道开始位编号(0～15)）；3~0 l（S通道开始位编号(0～15)）	CIO、W、H、A、T、C、D、@D、*D、DR和常数	CIO、W、H、A、T、C、D、@D、*D	CIO、W、H、A、T、C、D、@D、*D

② 指令使用举例。多位传送（XFRB）指令使用如图8-3所示。D100通道（C通道）中的数据为1406H（十六进制），高8位指定的传送位数为14H，即十进制20，次高4位指定的D通道开始位编号为0，低4位指定的S通道开始位编号为6。当0.00常开触点闭合时，XFRB指令执行，将200通道第6位开始的20位数据（位数不够时取邻高通道的数据）送入300通道第0位开始的20位中（位数不够时存邻高通道中）。

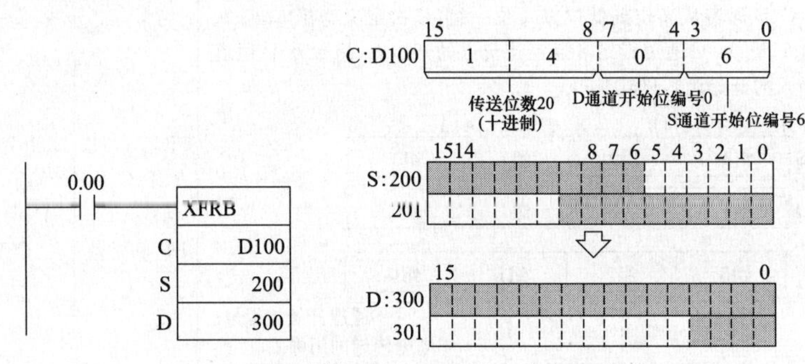

图8-3　多位传送（XFRB）指令使用举例

（6）块传送（XFER）、块设定（BSET）指令

指令说明如下。

指令名称、格式与符号	功能说明	操作数			使用举例
		W/S	S/D1	D/D2	
块传送 XFER W S D XFER / W / S / D	将S开始的W个通道中的数据送入D开始的W个通道中	CIO、W、H、A、T、C、D、@D、*D、DR和常数	CIO、W、H、A、T、C、D、@D、*D	CIO、W、H、A、T、C、D、@D、*D	0.00 — XFER &10 D100 D200；D100、D101、D102 … D109 → D200、D201、D202 … D209 当0.00常开触点闭合时，XFER指令执行，将D100～D109（10个通道）中的数据送入D200～D209中
块设定 BSET S D1 D2 BSET / S / D1 / D2	将S通道中的数据同时送到D1～D2各个通道中	CIO、W、H、A、T、C、D、@D、*D、DR和常数	CIO、W、H、A、T、C、D、@D、*D	CIO、W、H、A、T、C、D、@D、*D	0.00 — BSET S D100 D1 D200 D2 D209；S:D100 1234 → D1:D200 1234、D201 1234、D202 1234 … D208 1234、D2:D209 1234 当0.00常开触点闭合时，BSET指令执行，将D100中的数据1234送到D200～D209各个通道中

(7) 数据交换(XCHG)、数据倍长交换(XCGL)指令

指令说明如下。

指令名称、格式与符号	功能说明	操作数		使用举例
		D1	D2	
数据交换 XCHG D1 D2 XCHG D1 D2	将 D1、D2 通道中的数据相互交换	CIO、W、H、A、T、C、D、@D、*D、DR	CIO、W、H、A、T、C、D、@D、*D、DR	0.00 XCHG D100 D200 交换前 D100 1 2 3 4 D200 A B C D 交换后 D100 A B C D D200 1 2 3 4 当 0.00 常开触点闭合时,XCHG 指令执行,将 D100、D200 通道中的数据相互交换
数据倍长交换 XCGL D1 D2 XCGL D1 D2	将 D1+1、D1 中的数据与 D2+1、D2 通道中的数据相互交换	CIO、W、H、A、T、C、D、@D、*D、IR	CIO、W、H、A、T、C、D、@D、*D、IR	0.01 XCGL D100 D200 交换前 D100 1 2 3 4 D101 5 6 7 8 D200 9 A B C D201 D E F 0 交换后 D100 9 A B C D101 D E F 0 D200 1 2 3 4 D201 5 6 7 8 当 0.00 常开触点闭合时,XCGL 指令执行,将 D101、D100 中的数据与 D201、D200 中的数据相互交换

(8) 数据分配(DIST)、数据抽取(COLL)指令

指令说明如下。

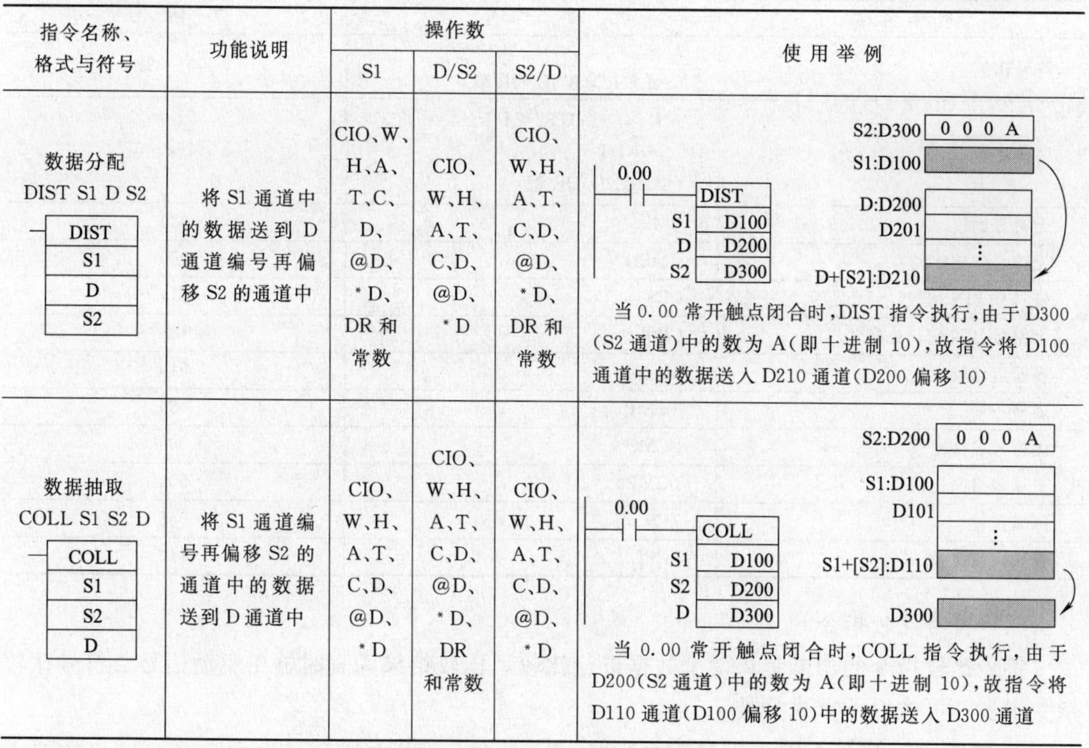

指令名称、格式与符号	功能说明	操作数			使用举例
		S1	D/S2	S2/D	
数据分配 DIST S1 D S2 DIST S1 D S2	将 S1 通道中的数据送到 D 通道编号再偏移 S2 的通道中	CIO、W、H、A、T、C、D、@D、*D、DR 和常数	CIO、W、H、A、T、C、D、@D、*D	CIO、W、H、A、T、C、D、@D、*D、DR 和常数	0.00 DIST S1 D100 D D200 S2 D300 S2:D300 0 0 A S1:D100 D:D200 D201 ⋮ D+[S2]:D210 当 0.00 常开触点闭合时,DIST 指令执行,由于 D300(S2 通道)中的数为 A(即十进制 10),故指令将 D100 通道中的数据送入 D210 通道(D200 偏移 10)
数据抽取 COLL S1 S2 D COLL S1 S2 D	将 S1 通道编号再偏移 S2 的通道中的数据送到 D 通道中	CIO、W、H、A、T、C、D、@D、*D	CIO、W、H、A、T、C、D、@D、*D、DR 和常数	CIO、W、H、A、T、C、D、@D、*D	0.00 COLL S1 D100 S2 D200 D D300 S2:D200 0 0 0 A S1:D100 D101 ⋮ S1+[S2]:D110 D300 当 0.00 常开触点闭合时,COLL 指令执行,由于 D200(S2 通道)中的数为 A(即十进制 10),故指令将 D110 通道(D100 偏移 10)中的数据送入 D300 通道

(9) 变址寄存器设定(MOVR、MOVRW)指令

变址寄存器设定有 MOVR、MOVRW 两条指令,MOVR 指令用于设定常规通道、触点、定时器/计数器状态位的变址寄存器地址,MOVRW 指令用于设定定时器/计数器当前值的变址寄存器地址。

指令说明如下。

指令名称、格式与符号	功能说明	操作数		使用举例
		S	D	
变址寄存器设定 MOVR S D MOVR S D	将S指定的通道或触点的地址送入D变址寄存器	CIO、W、H、A、D和T、C的状态位	IR0～IR15	0.00 MOVR S 200 D IR0 200CH的地址 S:200CH 0C014 D:IR0 0000C014 当0.00常开触点闭合时，MOVR指令执行，将200CH通道的地址送入变址寄存器IR0
变址寄存器设定 MOVRW S D MOVRW S D	将S指定的定时器或计数器当前值的地址送入D变址寄存器	T、C的当前值	IR0～IR15	0.00 MOVRW S T0 D IR1 T0当前值存放地址 S:T0 当前值 0E000 D:IR1 0000E000 当0.00常开触点闭合时，MOVRW指令执行，将定时器T0当前值的存放地址送入变址寄存器IR1

8.2 数据比较指令的使用

指令名称	助记符	功能号
符号比较	=、＜＞、＜、＜=、＞、＞=(S、L)(LD/AND/OR型)	300～328
时刻比较	=DT、＜＞DT、＜DT、＜=DT、＞DT、＞=DT(LD/AND/OR型)	341～346
无符号比较	CMP	020
无符号倍长比较	CMPL	060
带符号BIN比较	CPS	114
带符号BIN倍长比较	CPSL	115
多通道比较	MCMP	019
表格一致	TCMP	085
无符号表格比较	BCMP	068
扩展表格间比较	BCMP2	502
区域比较	ZCP	088
倍长区域比较	ZCPL	116

（1）符号比较指令

符号比较指令的功能是将两个数据进行比较，比较结果为真时输出驱动信号。符号比较指令很多，可按以下方式分类。

a. 根据比较符号不同，可分为=(等于)、＜＞(不等于)、＜(小于)、＜=(小于或等于)、＞(大于)、＞=(大于或等于) 共六种。

b. 根据指令的连接方式不同，可分为LD型、AND型和OR型，这三种类型梯形图指令是相同的。

c. 根据比较数据长度不同，可分为普通型（16位）和倍长型（32位）。

d. 根据比较数据有无符号，可分为无符号型和有符号型。对于有符号数，其最高位为1表示本数为负数，最高位为0表示本数为正数。

① 指令符号。符号比较指令的符号格式如下。

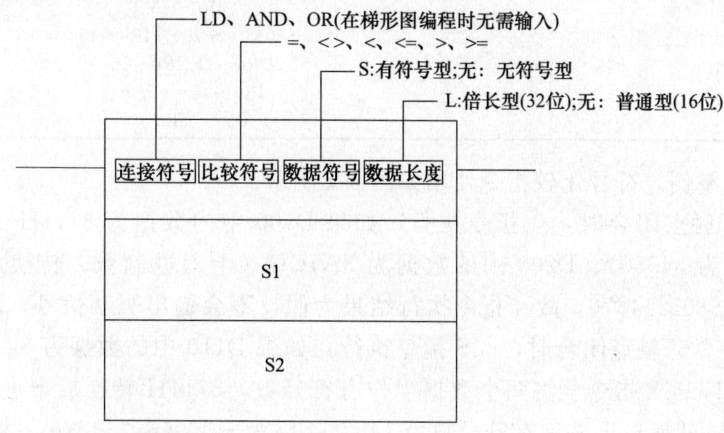

例如，32位有符号数据的比较指令如下。

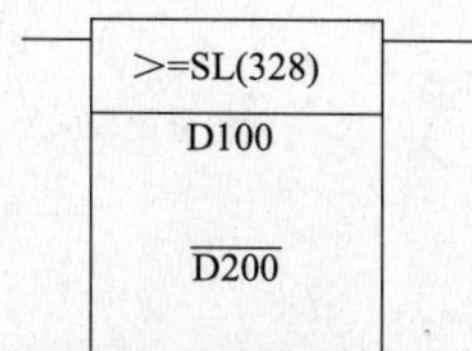

指令符号中的功能号328由编程软件自动生成，要得到上方的指令符号，既可在CX-P软件中输入“＞＝SL D100 D200”，也可输入“328 D100 D200”。上述指令在执行时，如果D101、D100＞＝D201、D200时，指令会输出驱动信号，使输出端连接的元件或指令工作。

② 指令操作数范围。符号比较指令的操作数S1、S2的选择范围如下。

<table>
<tr><th rowspan="2">区　域</th><th colspan="2">16位比较指令</th><th colspan="2">32位比较指令</th></tr>
<tr><th>S1</th><th>S2</th><th>S1</th><th>S2</th></tr>
<tr><td>CIO(输入输出继电器等)</td><td colspan="2">0000～6143</td><td colspan="2">0000～6142</td></tr>
<tr><td>内部辅助继电器</td><td colspan="2">W000～511</td><td colspan="2">W000～510</td></tr>
<tr><td>保持继电器</td><td colspan="2">H000～511</td><td colspan="2">H000～510</td></tr>
<tr><td>特殊辅助继电器</td><td colspan="2">A000～959</td><td colspan="2">A000～958</td></tr>
<tr><td>定时器</td><td colspan="2">T0000～4095</td><td colspan="2">T0000～4094</td></tr>
<tr><td>计数器</td><td colspan="2">C0000～4095</td><td colspan="2">C0000～4094</td></tr>
<tr><td>数据存储器</td><td colspan="2">D00000～32767</td><td colspan="2">D00000～32766</td></tr>
<tr><td>DM间接(BIN)</td><td colspan="2">@D00000～32767</td><td colspan="2">@D00000～32767</td></tr>
<tr><td>DM间接(BCD)</td><td colspan="2">*D00000～32767</td><td colspan="2">*D00000～32767</td></tr>
<tr><td>常数</td><td colspan="2">#0000～FFFF
(BIN数据)
&0～65535
(无符号十进制数)</td><td colspan="2">#00000000～FFFFFFFF
(BIN数据)
&0～4294967295
(无符号十进制数)</td></tr>
<tr><td>数据寄存器</td><td colspan="2">DR0～15</td><td colspan="2">—</td></tr>
<tr><td>变址寄存器(直接)</td><td colspan="2">—</td><td colspan="2">IR0～15(无符号时可以)</td></tr>
</table>

续表

区　域	16 位比较指令		32 位比较指令	
	S1	S2	S1	S2
变址寄存器(间接)	,IR0～15 −2048～+2047,IR0～15 DR0～15,IR0～15 ,IR0～15+(++) −(−−)IR0～15			

③ 指令使用举例。符号比较指令使用如图 8-4 所示。

当 0.00 常开触点闭合时，<指令执行，如果 D100 中的数据为 8714H（十六进制数，转换成十进制数为 34580）、D200 中的数据为 3A1CH（十六进制数，转换成十进制数为 14876），由于 34580>14876，故<指令执行结果为假，不会输出驱动信号，100.00 线圈处于失电；当 0.01 常开触点闭合时，<S 指令执行，如果 D110 中的数据为 8714H、D210 中的数据为 3A1CH，<S 指令会将两个数据当作有符号数，8714H 转换成十进制有符号数为 −30956，3A1CH 转换成十进制有符号数为 14876，因为 −30956<14876，故<S 指令执行结果为真，会输出驱动信号，100.01 线圈得电。

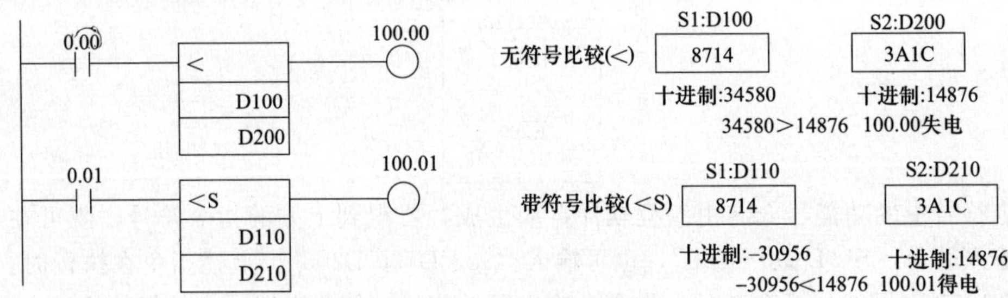

图 8-4　符号比较指令使用举例

（2）时刻比较指令

时刻比较指令的功能是将两个时刻进行比较，比较结果为真时输出驱动信号。时刻比较指令很多，可按以下方式分类。

a. 根据比较符号不同，可分为=DT（等于）、<>DT（不等于）、<DT（小于）、<=DT（小于或等于）、>DT（大于）、>= DT（大于或等于）共六种。

b. 根据指令的连接方式不同，可分为 LD 型、AND 型和 OR 型，这三种类型梯形图指令是相同的。

① 指令符号。时刻比较指令符号说明如下。

符 号 格 式	功 能 说 明	符 号 举 例
LD、AND、OR(在梯形图编程时无需输入) =、<>、<、<=、>、>= 连接符号 比较符号 DT C S1 S2	按 C 通道低 6 位数据的定义，将 S1、S1+1、S1+2 通道中的数据（分秒、日时、年月）与 S2、S2+1、S2+2 通道中的数据比较，比较结果为真则输出驱动信号	=DT(341) D100 D200 D300

② 指令操作数。时刻比较指令操作数说明如下。

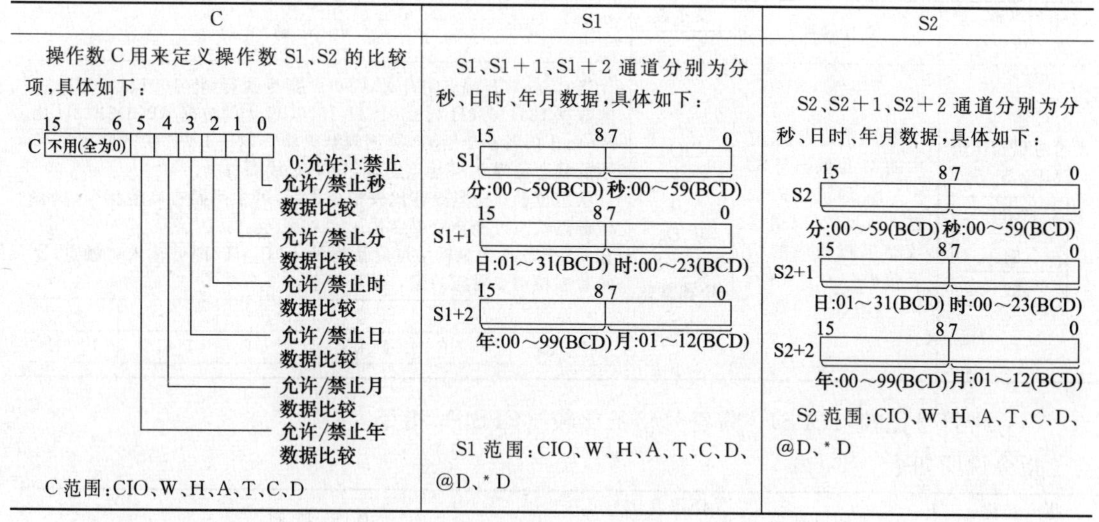

C	S1	S2
操作数C用来定义操作数S1、S2的比较项，具体如下： 15 6 5 4 3 2 1 0 C 不用(全为0) 0:允许;1:禁止 允许/禁止秒数据比较 允许/禁止分数据比较 允许/禁止时数据比较 允许/禁止日数据比较 允许/禁止月数据比较 允许/禁止年数据比较 C范围：CIO、W、H、A、T、C、D	S1、S1＋1、S1＋2通道分别为分秒、日时、年月数据，具体如下： S1 15 8 7 0 分:00～59(BCD) 秒:00～59(BCD) S1+1 15 8 7 0 日:01～31(BCD) 时:00～23(BCD) S1+2 15 8 7 0 年:00～99(BCD) 月:01～12(BCD) S1范围：CIO、W、H、A、T、C、D、@D、*D	S2、S2＋1、S2＋2通道分别为分秒、日时、年月数据，具体如下： S2 15 8 7 0 分:00～59(BCD) 秒:00～59(BCD) S2+1 15 8 7 0 日:01～31(BCD) 时:00～23(BCD) S2+2 15 8 7 0 年:00～99(BCD) 月:01～12(BCD) S2范围：CIO、W、H、A、T、C、D、@D、*D

③ 指令使用举例。时刻比较指令使用如图8-5所示。

当0.00常开触点闭合时，＝DT指令执行，由于D0中的数据为0038H，其低6位为111000，即允许时分秒比较，禁止年月日比较，＝DT指令执行时将D100、D101、D102中的时刻数据与A351、A352、A353中的时刻比较，如果两者允许比较的数据相等，指令则输出驱动信号使100.00得电。A351、A352、A353中的时刻数据为PLC内置时钟数据，它会像钟表显示的时间一样随时变化。

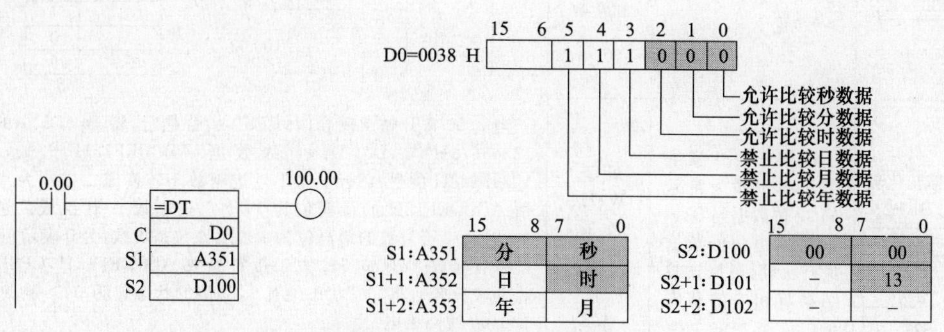

图8-5 时刻比较指令使用举例

(3) 无符号比较(CMP)、无符号倍长比较(CMPL)指令

指令说明如下。

指令名称、格式与符号	功能说明	操作数 S1、S2	使用举例
无符号比较 CMP S1 S2 CMPL S1 S2	将S1、S2通道中的16位数据进行比较，根据比较结果将相应的状态位(=、<>、<、<=、>、>=)置1	CIO、W、H、A、T、C、D、@D、*D、DR和常数	0.00 CMPL 1000 1500 > 100.00 = 100.01 < 100.02 S1+1:1001CH 1234 S1:1000CH 5678 S2+1:1501CH ABCD S2:1500CH EF12 比较结果 状态标志位 值 > 0 = 0 < 1

续表

指令名称、格式与符号	功能说明	操作数 S1、S2	使用举例
无符号倍长比较 CMPL S1 S2 CMPL S1 S2	将 S1+1、S1 通道中的 32 位数据与 S2+1、S2 通道中的数据进行比较，根据比较结果将相应的状态位（=、<>、<、<=、>、>=）置 1	CIO、W、H、A、T、C、D、@D、*D、IR 和常数	当 0.00 常开触点闭合时，CMPL 指令执行，将 1001、1000CH 中的数据 12345678H 与 1501CH、1500CH 中的数据 ABCDEF12H 比较，由于前者小于后者，故比较结果将“<(P_LT)”状态位置 1，其他的状态位为 0，<触点闭合，100.02 线圈得电。 状态位触点应紧跟在比较指令之后，若中间插有其他指令，状态位触点状态可能会发生变化。 在 CX-P 软件的编辑接点对话框输入“P_LT”即可输入<触点，比较状态位触点对应的输入符号如下： = : P_EQ；<> : P_NE；< : P_LT；<= : P_LE；> : P_GT；>= : P_GE

=	<>	<	<=	>	>=
P_EQ	P_NE	P_LT	P_LE	P_GT	P_GE

（4）带符号比较（CPS）、带符号倍长比较（CPSL）指令

指令说明如下。

指令名称、格式与符号	功能说明	操作数 S1、S2	使用举例
带符号比较 CPS S1 S2 CPS S1 S2	将 S1、S2 通道中最高位作为符号的 16 位数据进行比较，根据比较结果将相应的状态位（=、<>、<、<=、>、>=）置 1	CIO、W、H、A、T、C、D、@D、*D、DR 和常数	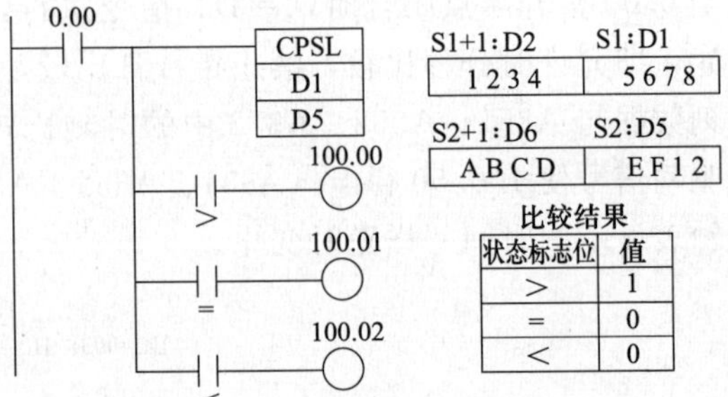 0.00 CPSL D1 D5；> 100.00；= 100.01；< 100.02 S1+1:D2 1234，S1:D1 5678 S2+1:D6 ABCD，S2:D5 EF12 比较结果：状态标志位 值；> 1；= 0；< 0
带符号倍长比较 CPSL S1 S2 CPSL S1 S2	将 S1+1、S1 通道中最高位作为符号的 32 位数据与 S2+1、S2 通道中的数据进行比较，根据比较结果将相应的状态位（=、<>、<、<=、>、>=）置 1	CIO、W、H、A、T、C、D、@D、*D 和常数	当 0.00 常开触点闭合时，CPSL 指令执行，将 D2、D1 中的数据 12345678H 与 D6、D5 中的数据 ABCDEF12H 比较，由于 12345678H 的最高位为 0（十六进制数 1 转换成二进制为 0001），而 ABCDEF12H 的最高位为 1（十六进制数 A 转换成二进制为 1100），带符号数的最高位为 1 表示该数是负数，为 0 表示正数，因此带符号数 12345678H 大于带符号数 ABCDEF12H，CPSL 指令将两者比较后将“>”状态位置 1，其他的状态位为 0，>触点闭合，100.00 线圈得电。 状态位触点应紧跟在比较指令之后，若中间插有其他指令，状态位触点状态可能会发生变化

（5）多通道比较（MCMP）指令

① 指令说明。指令说明如下。

指令名称、格式与符号	功能说明	操作数 S1	操作数 S2	操作数 D
多通道比较 MCMP S1 S2 D MCMP S1 S2 D	将 S1 为起始的 16 个通道（S1～S1+16）的数据分别与 S2 为起始的 16 个通道（S2～S2+16）的数据一一比较，若某通道的数据相同，则将 D 通道中对应的位（0～15）置 0，数据不同时对应位为 1。 S1、S2 必须为同一类型通道	CIO、W、H、A、T、C、D、@D、*D	CIO、W、H、A、T、C、D、@D、*D	CIO、W、H、A、T、C、D、@D、*D、DR

② 指令使用举例。多通道比较（MCMP）指令使用如图 8-6 所示。当 0.00 常开触点闭合时，MCMP 指令执行，将 D100～D115 通道的数据一一与 D200～D215 通道的数据进行比较，若某通道相同，则将 D300 通道中的对应位置 0，数据不同时对应位为 1，如 D100、D112 的数据分别与 D200、D212 的数据相同，则 D300 的第 0 位、第 12 位均被置 0。

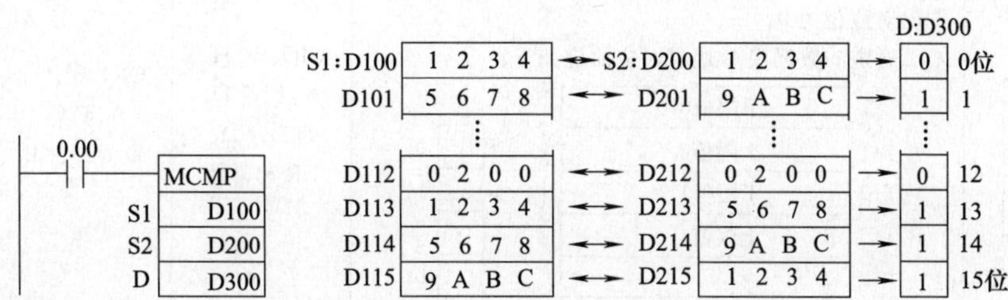

图 8-6 多通道比较（MCMP）指令使用举例

(6) 表格一致（TCMP）指令

① 指令说明。指令说明如下。

指令名称、格式与符号	功能说明	操作数		
		S1	S2	D
表格一致 TCMP S T D TCMP S T D	将 S 通道中的数据与 T 为起始的 16 个通道（T～T＋15）中的数据逐个比较，如果与某通道的数据相同，则将 D 通道中对应的位（0～15）置 1，数据不同时对应位为 0	CIO、W、H、A、T、C、D、@D、* D、DR 和常数	CIO、W、H、A、T、C、D、@D、* D	CIO、W、H、A、T、C、D、@D、* D、DR

② 指令使用举例。表格一致（TCMP）指令使用如图 8-7 所示。当 0.00 常开触点闭合时，TCMP 指令执行，将 D100 通道的数据与 D200～D215 通道的数据进行比较，若与某通道数据相同，则将 D300 通道中的对应位置 1，数据不同时对应位为 0，如 D100 中的数据与 D203、D215 中的数据相同，则 D300 的第 3 位、第 15 位均被置 1。

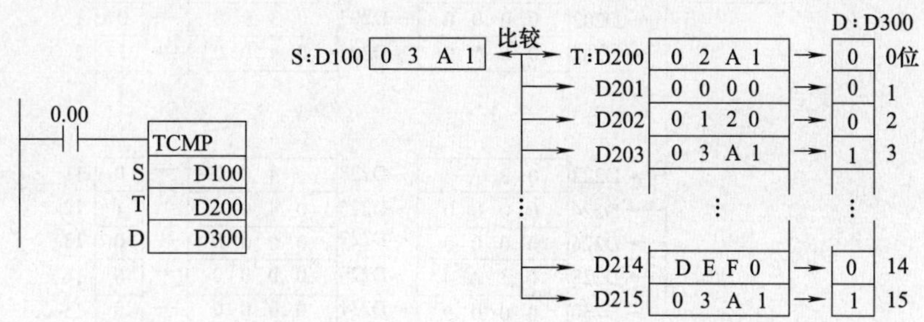

图 8-7 表格一致（TCMP）指令使用举例

(7) 无符号表格比较（BCMP）指令

① 指令说明。指令说明如下。

指令名称、格式与符号	功能说明	操作数		
		S1	S2	D
无符号表格比较 BCMP S T D BCMP S T D	将T为起始的32个通道两两一组，共分成16组，每组的两个通道依次存储数据下限值和上限值，然后检查S通道的数据是否在某组数据范围内，若在某组范围内，则将D通道中对应的位(0～15)置1，数据不同时对应位为0。 T通道的数据及D通道对应的位如下： T 下限值0；T+1 上限值0 → D 0 T+2 下限值1；T+3 上限值1 → D 1 ⋮ T+30 下限值15；T+31 上限值15 → D 15	CIO、W、H、A、T、C、D、@D、*D、DR和常数	CIO、W、H、A、T、C、D、@D、*D	CIO、W、H、A、T、C、D、@D、*D、DR

② 指令使用举例。无符号表格比较（BCMP）指令使用如图8-8所示。

当0.00常开触点闭合时，BCMP指令执行，将D100通道的数据与D200～D231通道中的16组数据进行比较，若在某组数据范围内，则将D300通道的对应位置1，不在某组数据范围内时对应位为0。图中D100的数据03A0H在第2组（D204、D205）和第12组数据范围内，则D300的第2位、第12位均被置1。

如果T的某组通道的下限值大于上限值，D通道对应位为0，例如第14组D228的下限值为03A1、D229的上限值为0000，虽然数据03A0H在其范围内，但对应的D通道14位仍为0。

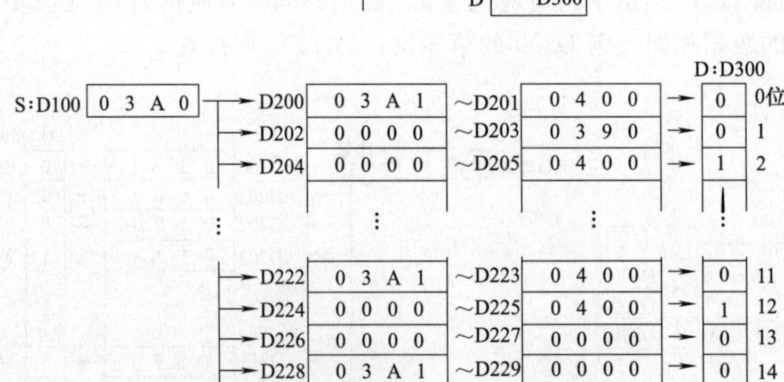

图8-8 无符号表格比较（BCMP）指令使用举例

(8) 扩展表格间比较（BCMP2）指令

① 指令说明。指令说明如下。

<table>
<tr><th rowspan="2">指令名称、
格式与符号</th><th rowspan="2">功 能 说 明</th><th colspan="3">操作数</th></tr>
<tr><th>S1</th><th>S2</th><th>D</th></tr>
<tr><td>无符号表格比较
BCMP2 S T D
BCMP2
S
T
D</td><td>将 T+1～T+1+2N+1 个通道两两一组(N=0～255)，共分成N+1 组，每组的两个通道依次存储数据下限值和上限值，然后检查 S 通道的数据是否在某组数据范围内，若在某组范围内(上、下限值之间)，则将 D～D+m 通道对应位置 1(m=0～15)，数据不同时对应位为 0。
N 值由 T 通道的低 8 位数据规定，如下图所示：
15 8 7 0
T: 00H | N:00～FFH(0～255)
T+1: 组0上限值
T+2: 组0下限值
⋮
T+35: 组17上限值
T+36: 组17下限值
T+37: 组18上限值
T+38: 组18下限值
⋮
T+1+2N: 组N上限值
T+1+2N+1: 组N下限值</td><td>CIO、W、H、A、T、C、D、@D、*D、DR 和常数</td><td>CIO、W、H、A、T、C、D、@D、*D</td><td>CIO、W、H、A、T、C、D、@D、*D</td></tr>
</table>

② 指令使用举例。扩展表格间比较（BCMP2）指令使用如图 8-9 所示。

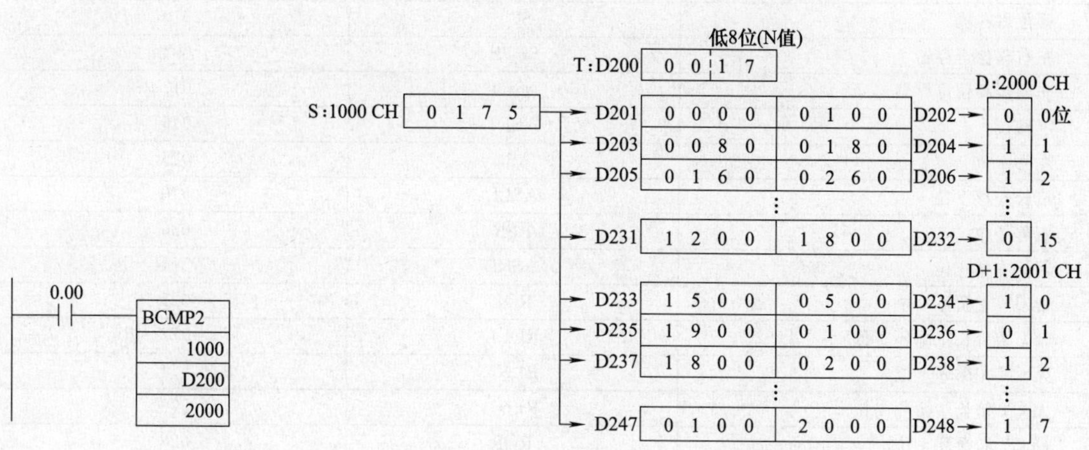

图 8-9 扩展表格间比较（BCMP2）指令使用举例

当 0.00 常开触点闭合时，BCMP2 指令执行，由于 D200 的低 8 位值为 17H（十进制为 23），故将 D201～D248 通道分作 24 组，再将 1000CH 中的数据与 D201～D248 通道中的 24 组数据进行比较，若在某组数据范围内，则将 2000 通道的对应位置 1，否则对应位为 0。图中 100CH 中的数据 0175H 在第 1 组（D203、D204）、第 2 组（D205、D206）、第 16 组（D233、D234）、第 18 组（D237、D238）和第 23 组（D247、D248）的数据范围内，则 2000CH 的第 1、2 位、2001CH 的第 0、2、7 位均被置 1。

(9) 区域比较（ZCP）、倍长区域比较（ZCPL）指令

指令说明如下。

指令名称、格式与符号	功能说明	操作数 S、T1、T2	使用举例
区域比较 ZCP ST1 T2 ZCP S T1 T2	将S通道中的16位数据与T1、T2通道中的下、上限值进行比较，根据比较结果将相应的状态位(>、<、=)置1	CIO、W、H、A、T、C、D、@D、*D、DR和常数	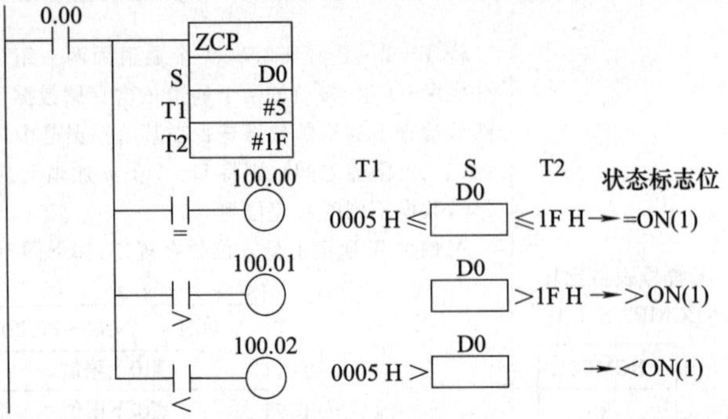 0.00 ZCP S D0 T1 #5 T2 #1F 100.00 = 100.01 > 100.02 < T1 S T2 状态标志位 0005 H ≤ D0 ≤ 1F H → =ON(1) D0 > 1F H → >ON(1) 0005 H > D0 → <ON(1)
倍长区域比较 ZCPL ST1 T2 ZCPL S T1 T2	将S通道(2CH)中的32位数据与T1(2CH)、T2(2CH)通道中的下、上限值进行比较，根据比较结果将相应的状态位(>、<、=)置1	CIO、W、H、A、T、C、D、@D、*D、IR和常数	当0.00常开触点闭合时，ZCP指令执行，将D0中的数据与常数5H、1FH比较，如果5H≤D0的数据≤1FH，“=”状态位置1，=触点闭合，100.00线圈得电，如果D0的数据>1FH，“>”状态位置1，如果D0的数据<5H，“<”状态位置1。 状态位触点应紧跟在比较指令之后，若中间插有其他指令，状态位触点状态可能会发生变化

8.3 数据移位指令的使用

指令名称	助记符	功能号
移位寄存器	SFT	010
左右移位寄存器	SFTR	084
非同步移位寄存器	ASFT	017
字移位	WSFT	016
左移1位	ASL	025
倍长左移1位	ASLL	570
右移1位	ASR	026
倍长右移1位	ASRL	571
带CY左循环1位	ROL	027
带CY倍长左循环1位	ROLL	572
无CY左循环1位	RLNC	574
无CY倍长左循环1位	RLNL	576
带CY右循环1位	ROR	028
带CY倍长右循环1位	RORL	573
无CY右循环1位	RRNC	575
无CY倍长右循环1位	RRNL	577
左移1位	SLD	074
右移1位	SRD	075
N位数据左移	NSFL	578
N位数据右移	NSFR	579
N位左移	NASL	580
N位倍长左移	NSLL	582
N位右移	NASR	581
N位倍长右移	NSRL	583

(1) 移位寄存器(SFT)指令

① 指令说明。指令说明如下。

指令名称、格式与符号	功能说明	操作数 D1、D2
移位寄存器 SFT D1 D2 数据输入 → SFT 移位信号输入 → D1 复位输入 → D2	当移位信号输入上升沿时,D1～D2 所有通道中的数据都往左移一位(即低位往高位移一位),数据输入端送来的数据移入 D1 通道的最低位,D2 通道最高位数据被移出而删除,具体如下图所示: D2 ---- D1 移出删除 15 ------ 0 15 ------ 0 ---- 15 ------ 0 数据输入 当复位输入为 ON 时,将 D1 到 D2 所有通道位复位清 0。D1、D2 通道要求同为一个区域类型,在设置时通常要求 D1≤D2,若出现 D1≥D2,则只会对 D1 一个通道移位	CIO、W、H、A

② 指令使用举例。移位寄存器(SFT)指令使用如图 8-10 所示。

当 P_1s 脉冲触点由 OFF→ON(上升沿)时,SFT 指令执行,将 1000～1002CH 的数据都往左移 1 位,1002CH(最高通道)的最高位被移出清除,若这时常开触点 0.05 触点处于闭合,则 0.05 的内容为 1,它被移入 1000CH(最低通道)的最低位。P_1s 脉冲触点每 1 秒钟输入一个上升沿,输入的数据就会往左移一位,48 个秒脉冲过后,输入的数据就被移到 1002CH 的最高位。当常开触点 0.06 闭合时,1000～1002CH 所有位被清 0。

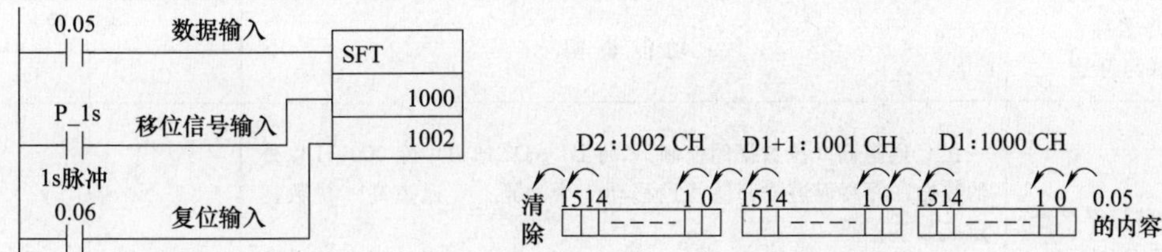

图 8-10 移位寄存器(SFT)指令使用举例

(2) 左右移位寄存器(SFTR)指令

① 指令说明。指令说明如下。

指令名称、格式与符号	功能说明	操作数 C	操作数 D1、D2
左右移位寄存器 SFTR C D1 D2 SFTR C D1 D2	在 C 通道高 4 位数据的控制下,将 D1～D2 通道中的数据按低位→高位(左移)或高位→低位(右移)方向移动 1 位数据。C 通道高 4 位数据定义如下: C 15 14 13 12 … 0 移位方向设定 {0:高位→低位(右移) 1:低位→高位(左移)} 数据输入值 移位信号输入值 复位输入值 当 C 通道的移位信号输入值(第 14 位)为 1 时进行移位,移位方向设定位(第 12 位)为 0 时右移位,为 1 时左移位。 在移位时,数据输入值会被移入 D1 通道最低位(左移位时)或 D2 通道最高位(右移位),被移出的最高位或最低位数据会移入进位标志(CY)位中。 当复位输入值为 1 时,D1～D2 所有位均被复位	CIO、W、H、A、T、C、D、@D、*D、DR	CIO、W、H、A、T、C、D、@D、*D

② 指令使用举例。左右移位寄存器（SFTR）指令使用如图 8-11 所示。

当常开触点 0.00 触点闭合时，由于 H0 通道的复位输入位（H0.15）为 0、移位信号输入位为 1、移位方向位为 1，故 SFTR 指令执行时会进行左移位，D100～D102 通道的数据都往左移一位，H0 通道的数据输入位的数据会移入 D100 的最低位，D102 的最高位数据会移入进位标志（CY）位中。

如果复位输入位 H0.15 为 1，移位信号输入位为 1，当 0.00 触点闭合时，D100～D102 所有位及 CY 位全被复位为 0。

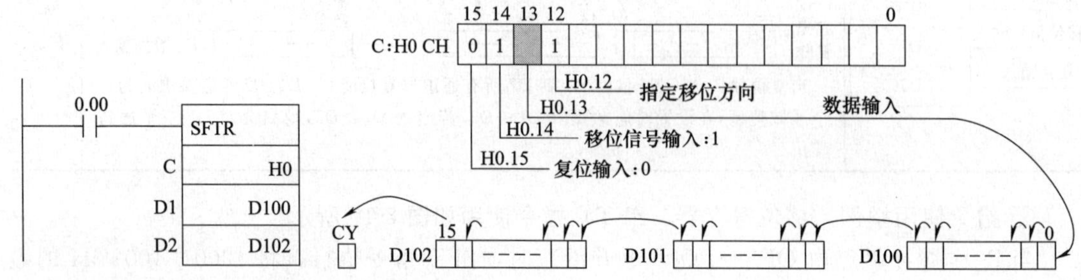

图 8-11　左右移位寄存器（SFTR）指令使用举例

(3) 非同步移位寄存器（ASFT）指令

① 指令说明。指令说明如下。

指令名称、格式与符号	功能说明	操作数	
		C	D1、D2
非同步移位寄存器 ASFT C D1 D2 ASFT C D1 D2	在 C 通道高 3 位数据的控制下，将 D1～D2 通道中除 0000H 以外的数据往邻高通道或邻低通道移动 1 个通道。C 通道高 3 位数据定义如下： C：15 14 13 12 … 0 位 12 移位方向标志 {0:低通道→高通道；1:高通道→低通道} 位 13 移位执行标志 {0:不移位；1:执行移位} 位 14 清除标志 {0:不清除；1:D1～D2的内容全部清除}	CIO、W、H、A、T、C、D、@D、*D、DR	CIO、W、H、A、T、C、D、@D、*D

② 指令使用举例。非同步移位寄存器（ASFT）指令使用如图 8-12 所示。

当常开触点 0.00 触点闭合时，由于 H0 通道的清除标志位（H0.15）为 0、移位执行标志位为 1、移位方向标志位为 1，故 SFTR 指令会对数据进行高通道→低通道移位，D100～D109 通道中所有非 0000H 的数据都往邻低通道移动一个通道，如 D102 的数据 5678H 移到 D101 中，D104 的数据 9ABCH 移到 D103 中。如果 0.00 触点再闭合一次，SFTR 指令会再次执行，D100～D109 通道中所有非 0000H 的数据都往邻低通道再移动一个通道，这样做可将非 0000H 数据排到一起。

(4) 字移位（WSFT）指令

① 指令说明。指令说明如下。

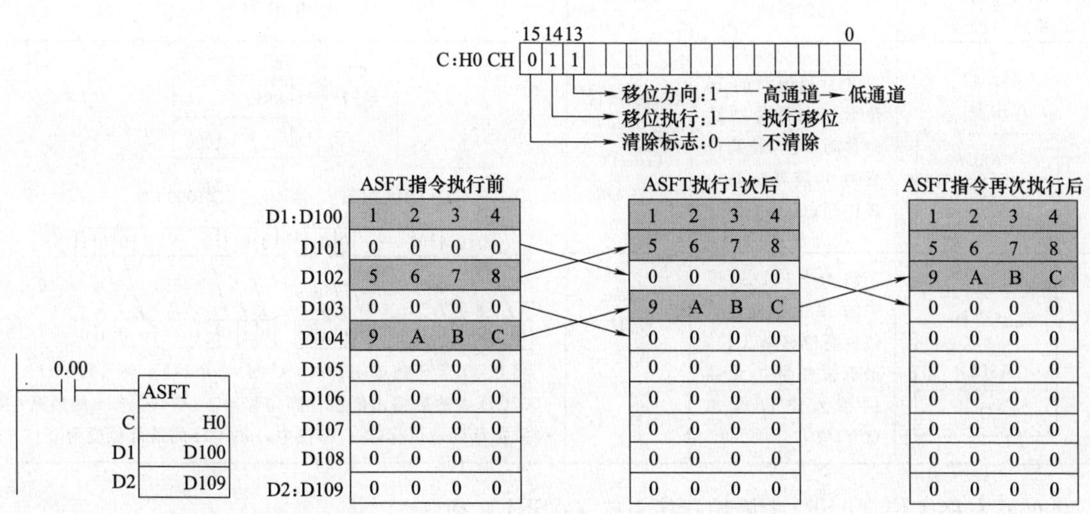

图 8-12 非同步移位寄存器（ASFT）指令使用举例

指令名称、格式与符号	功能说明	操作数	
		S	D1、D2
字移位 WSFT S D1 D2 WSFT S D1 D2	将 D1～D2 通道中的数据以字(16 位)为单位由低往高移动一个通道，S通道中的数据移到 D1 通道中，D2 通道中的数据被移出删除，具体如下图所示： D2 D1 删除 15 0 15 0 15 0 S 15 0	CIO、W、H、A、T、C、D、@D、* D、DR、常数	CIO、W、H、A、T、C、D、@D、* D

② 指令使用举例。字移位（WSFT）指令使用如图 8-13 所示。

当常开触点 0.00 触点闭合时，WSFT 指令执行，将 D100～D102 通道中的数据以字(16 位) 为单位由低往高移动一个通道，H0 通道中的数据移到 D101 通道中，D102 通道中的数据被移出删除。

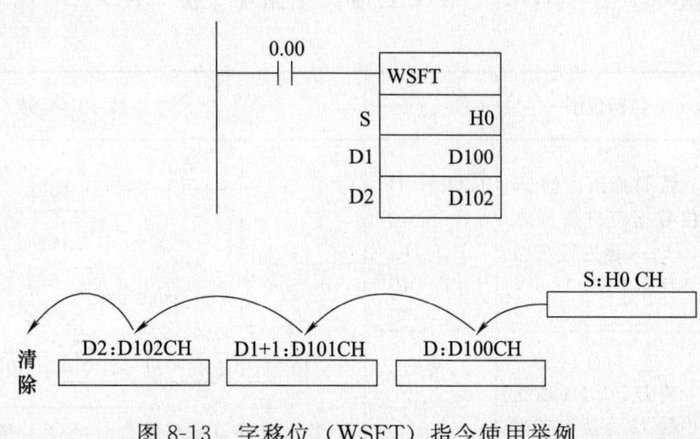

图 8-13 字移位（WSFT）指令使用举例

(5) 左移 1 位（ASL）、倍长左移 1 位（ASLL）指令

指令说明如下。

指令名称、格式与符号	功能说明	操作数 D	使用举例
左移1位 ASL D ASL D	将D通道中的16位数据由低位往高位移动1位，最低位变为0，最高位移入进位标志(CY)位	CIO、W、H、A、T、C、D、@D、*D、DR	0.01 ASLL D 1000 D+1:1001 CH　D:1000 CH 15 0 15 0 0 0 1 0 … 0 0 1　0 0 1 0 … 0 0 1 CY 0 0　0 1 0 … 0 0 1 0　0 1 0 … 0 0 1 0
倍长左移1位 ASLL D ASLL D	将D＋1、D通道中的32位数据由低位往高位移动1位，最低位变为0，最高位移入进位标志(CY)位	CIO、W、H、A、T、C、D、@D、*D	当0.00常开触点闭合时，ASLL指令执行，将1001CH、1000CH中的数据由低位往高位移动1位，1001CH的最高位数据移到进位标志(CY)位中，1000CH的最低位变为0

(6) 右移1位（ASR）、倍长右移1位（ASRL）指令

指令说明如下。

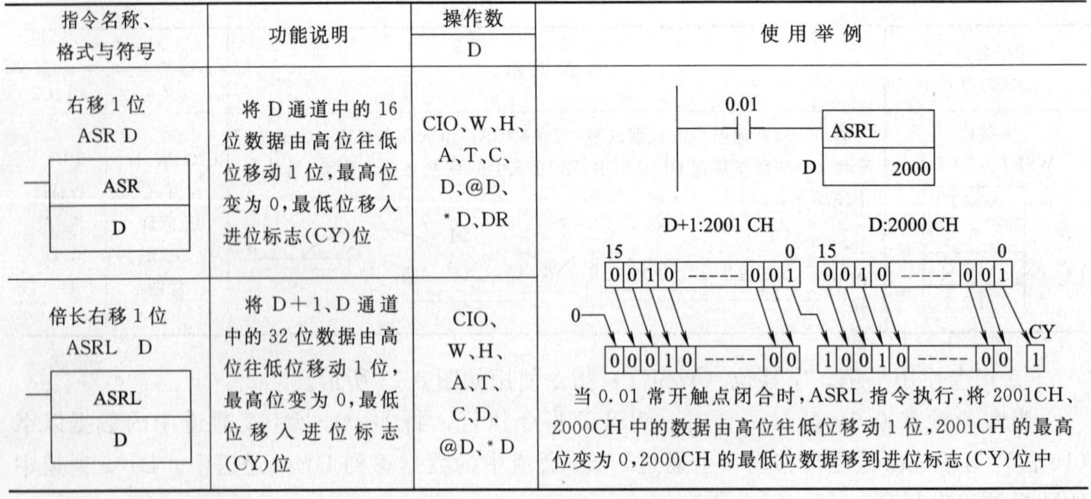

指令名称、格式与符号	功能说明	操作数 D	使用举例
右移1位 ASR D ASR D	将D通道中的16位数据由高位往低位移动1位，最高位变为0，最低位移入进位标志(CY)位	CIO、W、H、A、T、C、D、@D、*D、DR	0.01 ASRL D 2000 D+1:2001 CH　D:2000 CH 15 0 15 0 0 0 1 0 ----- 0 0 1　0 0 1 0 ----- 0 0 1 0　CY 0 0 0 1 0 ----- 0 0　1 0 0 1 0 ----- 0 0　1
倍长右移1位 ASRL D ASRL D	将D＋1、D通道中的32位数据由高位往低位移动1位，最高位变为0，最低位移入进位标志(CY)位	CIO、W、H、A、T、C、D、@D、*D	当0.01常开触点闭合时，ASRL指令执行，将2001CH、2000CH中的数据由高位往低位移动1位，2001CH的最高位变为0，2000CH的最低位数据移到进位标志(CY)位中

(7) 带CY左循环1位（ROL）、带CY倍长左循环1位（ROLL）指令

指令说明如下。

指令名称、格式与符号	功能说明	操作数 D	使用举例
带CY左循环1位 ROL D ROL D	将D通道中的16位数据带进位标志(CY)一起进行左循环移动1位	CIO、W、H、A、T、C、D、@D、*D、DR	0.01 ROLL D 2000 D+1:2001 CH　D:2000 CH CY 15 0 15 0 0　1 0 0 1 ----- 1 0 0　1 0 0 1 ----- 0 0 1
带CY倍长左循环1位 ROLL D ROLL D	将D＋1、D1通道中的32位数据带进位标志(CY)一起进行左循环移动1位	CIO、W、H、A、T、C、D、@D、*D	当0.01常开触点闭合时，ROLL指令执行，将2001CH、2000CH中的数据带CY标志一起进行左循环移动1位，2001CH最高位数据移入CY位，CY标志移入2000CH的最低位

(8) 无 CY 左循环 1 位 (RLNC)、无 CY 倍长左循环 1 位 (RLNL) 指令

指令说明如下。

<table>
<tr><th rowspan="2">指令名称、格式与符号</th><th rowspan="2">功能说明</th><th>操作数</th><th rowspan="2">使用举例</th></tr>
<tr><th>D</th></tr>
<tr><td>无 CY 左循环 1 位
RLNC D
RLNC
D</td><td>将 D 通道中的 16 位数据进行左循环移动 1 位，最高位数据除了移到最低位外，同时会移入 CY 位</td><td>CIO、W、H、A、T、C、D、@D、*D、DR</td><td rowspan="2"> 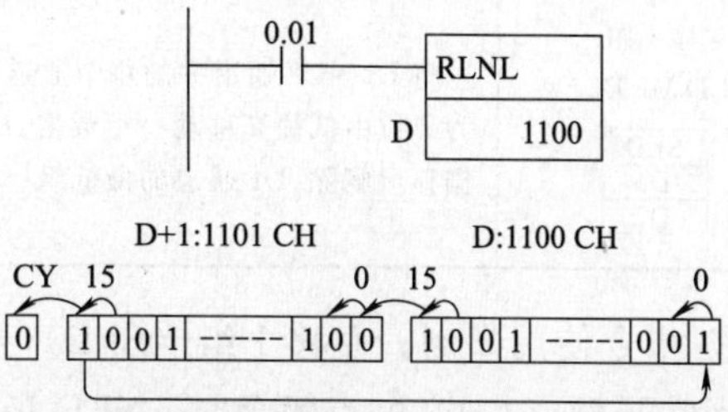0.01 RLNL D 1100
D+1:1101 CH　D:1100 CH
CY 15 0 15 0
0 | 1001 ----- 100 | 1001 ----- 001
当 0.01 常开触点闭合时，RLNL 指令执行，将 1101CH、1100CH 中的数据进行左循环移动 1 位，1101CH 最高位数据除了移到 1100CH 的最低位外，还会移入 CY 位</td></tr>
<tr><td>无 CY 倍长左循环 1 位
RLNL D
RLNL
D</td><td>将 D+1、D1 通道中的 32 位数据进行左循环移动 1 位，D+1 通道最高位数据除了移到 D 通道最低位外，同时会移入 CY 位</td><td>CIO、W、H、A、T、C、D、@D、*D</td></tr>
</table>

(9) 带 CY 右循环 1 位 (ROR)、带 CY 倍长右循环 1 位 (RORL) 指令

指令说明如下。

<table>
<tr><th rowspan="2">指令名称、格式与符号</th><th rowspan="2">功能说明</th><th>操作数</th><th rowspan="2">使用举例</th></tr>
<tr><th>D</th></tr>
<tr><td>带 CY 右循环 1 位
ROR D
ROR
D</td><td>将 D 通道中的 16 位数据带进位标志 (CY) 一起进行右循环移动 1 位</td><td>CIO、W、H、A、T、C、D、@D、*D、DR</td><td rowspan="2"> 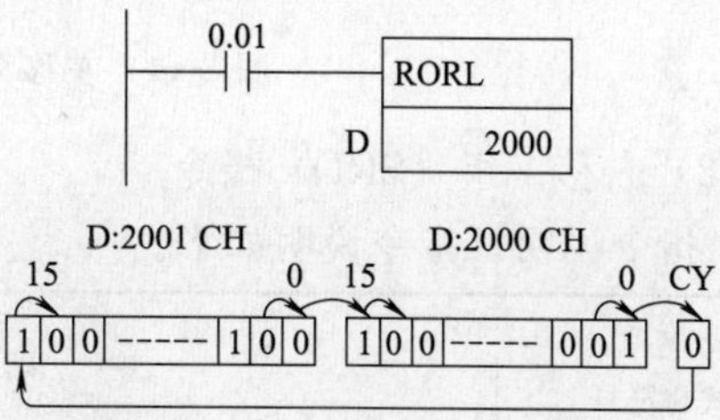0.01 RORL D 2000
D:2001 CH　D:2000 CH
15 0 15 0 CY
100 ----- 100 | 100 ----- 001 | 0
当 0.01 常开触点闭合时，RORL 指令执行，将 2001CH、2000CH 中的数据带 CY 标志一起进行右循环移动 1 位，2000CH 最低位数据移入 CY 位，CY 标志移入 2001CH 的最高位</td></tr>
<tr><td>带 CY 倍长右循环 1 位
RORL D
RORL
D</td><td>将 D+1、D1 通道中的 32 位数据带进位标志 (CY) 一起进行右循环移动 1 位</td><td>CIO、W、H、A、T、C、D、@D、*D</td></tr>
</table>

(10) 无 CY 右循环 1 位 (RRNC)、无 CY 倍长右循环 1 位 (RRNL) 指令

指令说明如下。

<table>
<tr><th rowspan="2">指令名称、格式与符号</th><th rowspan="2">功能说明</th><th>操作数</th><th rowspan="2">使用举例</th></tr>
<tr><th>D</th></tr>
<tr><td>无 CY 右循环 1 位
RRNC D
RRNC
D</td><td>将 D 通道中的 16 位数据进行右循环移动 1 位，最低位数据除了移到最高位外，同时会移入 CY 位</td><td>CIO、W、H、A、T、C、D、@D、*D、DR</td><td rowspan="2"> 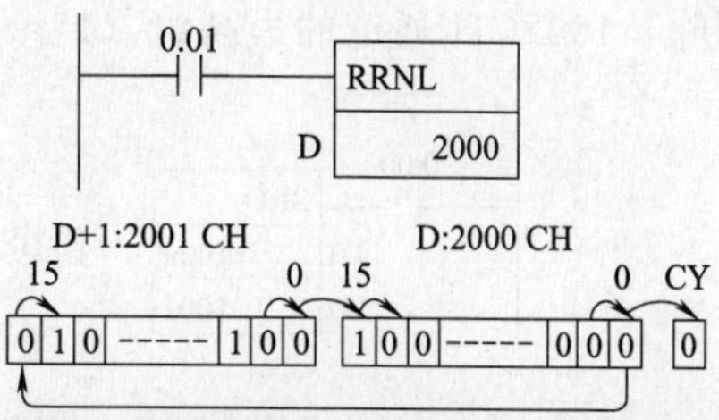0.01 RRNL D 2000
D+1:2001 CH　D:2000 CH
15 0 15 0 CY
010 ----- 100 | 100 ----- 000 | 0
当 0.01 常开触点闭合时，RRNL 指令执行，将 2001CH、2000CH 中的数据进行右循环移动 1 位，2000CH 最低位数据除了移到 2001CH 的最高位外，还会移入 CY 位</td></tr>
<tr><td>无 CY 倍长右循环 1 位
RRNL D
RRNL
D</td><td>将 D+1、D1 通道中的 32 位数据进行右循环移动 1 位，D 通道最低位数据除了移到 D+1 通道最高位外，同时会移入 CY 位</td><td>CIO、W、H、A、T、C、D、@D、*D</td></tr>
</table>

(11) 左移1组 (SLD) 指令

① 指令说明。指令说明如下。

指令名称、格式与符号	功能说明	操作数
		D1、D2
左移1组 SLD D1 D2 SLD D1 D2	将D1～D2通道中的每个通道分成4组(4位为1组),然后以组为单位由低往高移动一组数据,D2通道中的最高组(15～12位)数据移出删除,D1通道的最低组(3～0)用0000(0H)填充	CIO、W、H、A、T、C、D、@D、*D

② 指令使用举例。左移1组 (SLD) 指令使用如图8-14所示。

当常开触点0.00触点闭合时，SLD指令执行，将1000～1002CH通道中的每个通道分成4组，然后以组为单位由低往高移动一组数据，1002CH通道中的最高组 (15～12位) 数据移出删除，1000CH通道的最低组 (3～0) 变为0H (即用0000填充)。

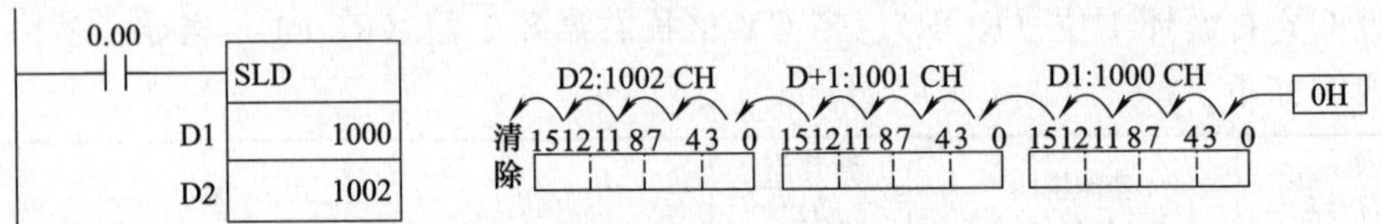

图8-14 左移1组 (SLD) 指令使用举例

(12) 右移1组 (SRD) 指令

① 指令说明。指令说明如下。

指令名称、格式与符号	功能说明	操作数
		D1、D2
右移1组 SRD D1 D2 SRD D1 D2	将D1～D2通道中的每个通道分成4组(4位为1组),然后以组为单位由高往低移动一组数据,D1通道中的最低组(3～0位)数据移出删除,D2通道的最高组(15～12)用0000(0H)填充	CIO、W、H、A、T、C、D、@D、*D

② 指令使用举例。右移1组 (SRD) 指令使用如图8-15所示。

当常开触点0.00触点闭合时，SRD指令执行，将1000～1002CH通道中的每个通道分成4组，然后以组为单位由高往低移动一组数据，1000CH通道中的最低组 (3～0位) 数据移出删除，1002CH通道的最高组 (15～12) 变为0H (即用0000填充)。

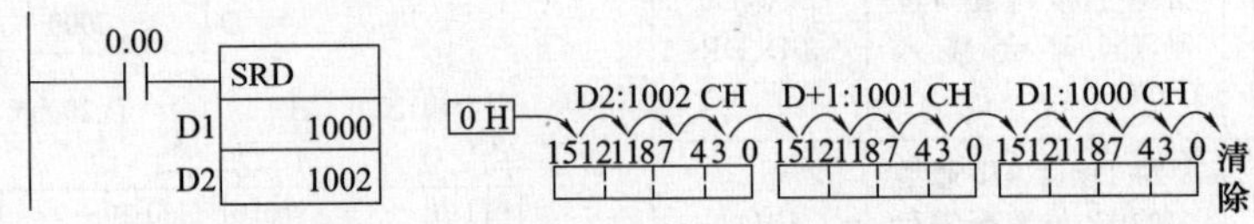

图8-15 右移1组 (SRD) 指令使用举例

(13) N位数据左移 (NSFL) 指令

① 指令说明。指令说明如下。

指令名称、格式与符号	功能说明	操作数		
		D	C	N
N位数据左移 NSFL D C N NSFL D C N	将D通道C位开始的N个数据左移1位,C位(最低移动位)由0填充,最高移动位的数据移入进位标志CY位	CIO、W、H、A、T、C、D、@D、*D	CIO、W、H、A、T、C、D、@D、*D、常数(#00～0F或&0～15)	CIO、W、H、A、T、C、D、@D、*D、常数(#0000～FFFF或&0～65535)

② 指令使用举例。N位数据左移（NSFL）指令使用如图8-16所示。

当常开触点0.00触点闭合时，NSFL指令执行，将100CH通道第3位开始的11个数据左移1位，第3位填入0，最高移动位（第13位）数据移入CY位。

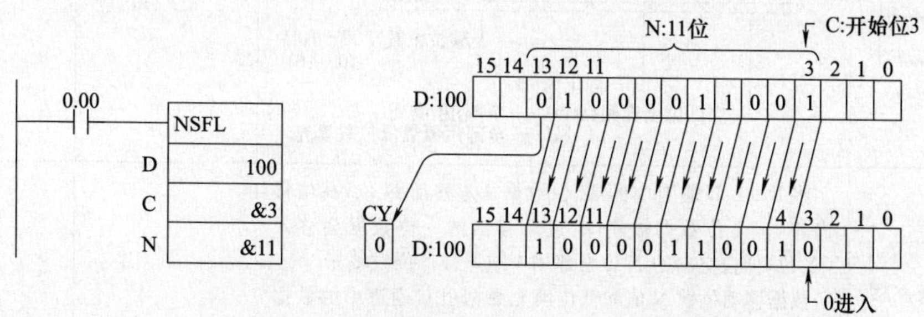

图8-16 N位数据左移（NSFL）指令使用举例

(14) N位数据右移（NSFR）指令

① 指令说明。指令说明如下。

指令名称、格式与符号	功能说明	操作数		
		D	C	N
N位数据右移 NSFR D C N NSFR D C N	将D通道C位开始的N个数据右移1位,C位(最低移动位)的数据移入进位标志CY位,最高移动位用0填充	CIO、W、H、A、T、C、D、@D、*D	CIO、W、H、A、T、C、D、@D、*D、常数(#00～0F或&0～15)	CIO、W、H、A、T、C、D、@D、*D、常数(#0000～FFFF或&0～65535)

② 指令使用举例。N位数据右移（NSFR）指令使用如图8-17所示。

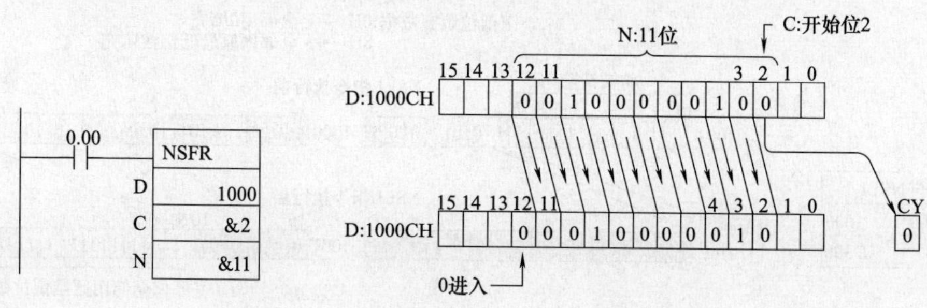

图8-17 N位数据右移（NSFR）指令使用举例

当常开触点 0.00 触点闭合时，NSFR 指令执行，将 1000CH 通道第 2 位开始的 11 个数据右移 1 位，第 2 位数据移入 CY 位，最高移动位（第 12 位）用 0 填充。

(15) 单字 N 位左移（NASL）、双字 N 位倍长左移（NSLL）指令

① 指令说明。指令说明如下。

指令名称、格式与符号	功能说明	操作数 D	操作数 C
单字 N 位左移 NASL D C NASL D C	将 D 通道中的 16 位数据往左移动 N 位，高位移出的 N－1 位数据被删除，最后移出的一位数据会移入 CY 位，低位空出的 N 位全部用 1 或原最低位数填充。 数据移动位数 N 值和低位填充数据由 C 通道中的数据规定，具体如下： C：15 12 11 8 7 0（0） 移位位数N:00～10H (0～16) 固定为0H 空低位填充数据:0H——全部用0填充 8H——全部用原最低位数填充	CIO、W、H、A、T、C、D、@D、* D、DR	CIO、W、H、A、T、C、D、@D、* D、DR、常数
双字 N 位倍长左移 NSLL D C NSLL D C	将 D+1、D 通道中的 32 位数据往左移动 N 位，高位移出的 N－1 位数据被删除，最后移出的一位数据会移入 CY 位，低位空出的 N 位全部用 1 或原最低位数填充。 数据移动位数 N 值和低位填充数据由 C 通道中的数据规定，具体如下： C：15 12 11 8 7 0（0） 移位位数N:00～20H (0～32) 固定为0H 空低位填充数据:0H——全部用0填充 8H——全部用原最低位数填充	CIO、W、H、A、T、C、D、@D、* D	CIO、W、H、A、T、C、D、@D、* D、DR、常数

② 指令使用举例。双字 N 位倍长左移（NSLL）指令使用如图 8-18 所示。

当常开触点 0.00 触点闭合时，NSLL 指令执行，将 1001CH、1000CH 通道 32 位数据往左移动 10 位，高位移出的 9 位数据被删除，最后移出的一位数据 1 移入 CY 位，低位空出的 10 位全部用原最低位数 1 填充。

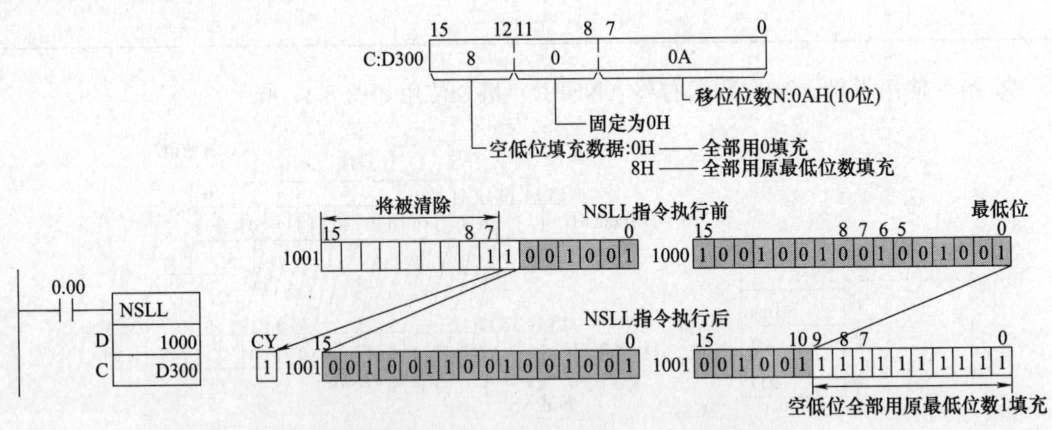

图 8-18 双字 N 位倍长左移（NSLL）指令使用举例

(16) 单字N位右移（NASR）、双字N位倍长右移（NSRL）指令

① 指令说明。单字N位右移（NASR）、双字N位倍长右移（NSRL）指令说明如下。

指令名称、格式与符号	功能说明	操作数 D	操作数 C
单字N位右移 NASR D C [NASR / D / C]	将D通道中的16位数据往右移动N位，低位移出的N－1位数据被删除，最后移出的一位数据移入CY位，高位空出的N位全部用1或原最高位数填充。 数据移动位数N值和高位填充数据由C通道中的数据规定，具体如下： C：15～12位：空高位填充数据：0H——全部用0填充；8H——全部用原最高位数填充 11～8位：0（固定为0H） 7～0位：移位位数N:00～10H（0～16）	CIO、W、H、A、T、C、D、@D、*D、DR	CIO、W、H、A、T、C、D、@D、*D、DR、常数
双字N位倍长右移 NSRL D C [NSRL / D / C]	将D＋1、D通道中的32位数据往右移动N位，低位移出的N－1位数据被删除，最后移出的一位数据移入CY位，高位空出的N位全部用1或原最高位数填充。 数据移动位数N值和高位填充数据由C通道中的数据规定，具体如下： C：15～12位：空高位填充数据：0H——全部用0填充；8H——全部用原最高位数填充 11～8位：0（固定为0H） 7～0位：移位位数N:00～20H（0～32）	CIO、W、H、A、T、C、D、@D、*D	CIO、W、H、A、T、C、D、@D、*D、DR、常数

② 指令使用举例。双字N位倍长右移（NSRL）指令使用如图8-19所示。

当常开触点0.00触点闭合时，NSRL指令执行，将1001CH、1000CH通道32位数据往右移动10位，低位移出的9位数据被删除，最后移出的一位数据1移入CY位，高位空出的10位全部用原最高位数1填充。

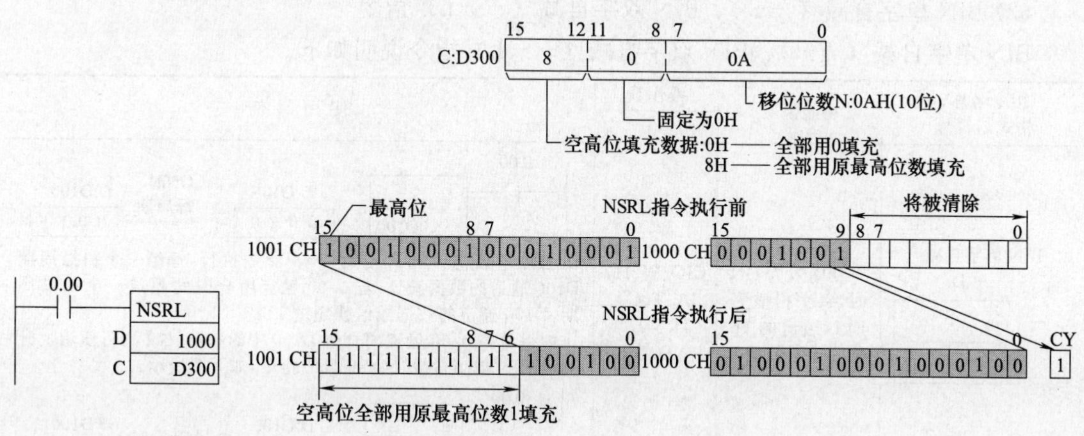

图8-19 双字N位倍长右移（NSRL）指令使用举例

8.4 自加/自减指令的使用

指令名称	助记符	功能号
二进制单字自加	＋＋	590
二进制双字自加	＋＋L	591
二进制单字自减	－－	592
二进制双字自减	－－L	593
BCD单字自加	＋＋B	594
BCD双字自加	＋＋BL	595
BCD单字自减	－－B	596
BCD双字自减	－－BL	597

(1) BIN单字自加（＋＋）、BIN双字自加（＋＋L）指令

BIN单字自加（＋＋）、BIN双字自加（＋＋L）指令说明如下。

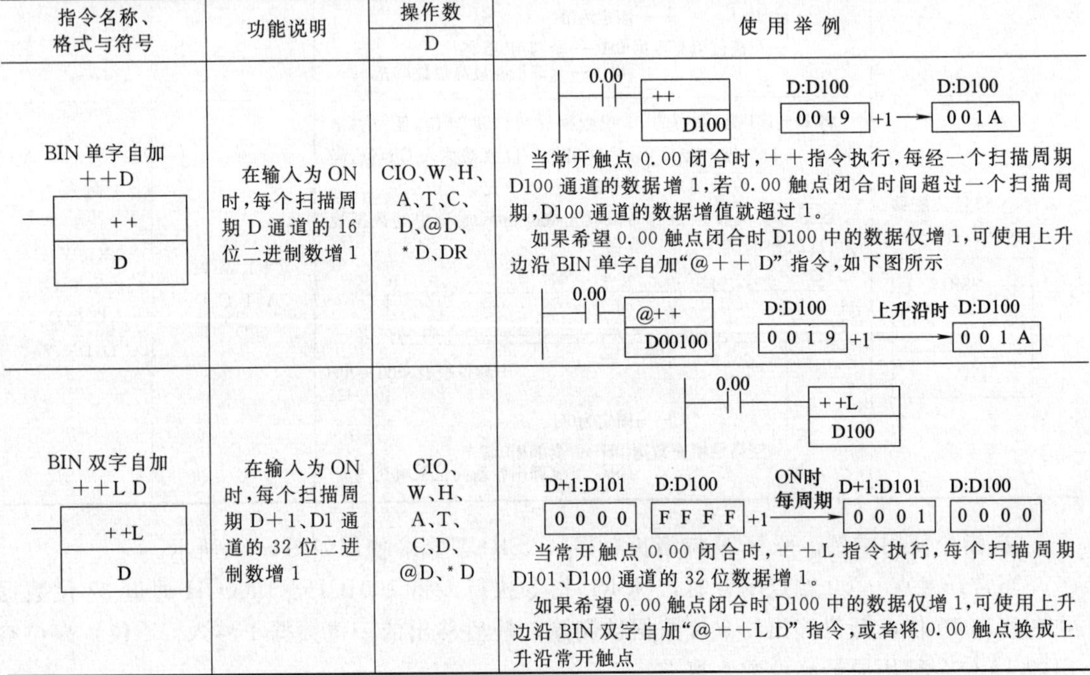

指令名称、格式与符号	功能说明	操作数 D	使用举例
BIN单字自加 ＋＋D [++ / D]	在输入为ON时，每个扫描周期D通道的16位二进制数增1	CIO、W、H、A、T、C、D、@D、*D、DR	0.00 [++ D100]　D:D100 0019 +1 → D:D100 001A 当常开触点0.00闭合时，＋＋指令执行，每经一个扫描周期D100通道的数据增1，若0.00触点闭合时间超过一个扫描周期，D100通道的数据增值就超过1。 如果希望0.00触点闭合时D100中的数据仅增1，可使用上升沿BIN单字自加"@＋＋ D"指令，如下图所示 0.00 [@++ D00100]　D:D100 0019 +1 上升沿时 → D:D100 001A
BIN双字自加 ＋＋L D [++L / D]	在输入为ON时，每个扫描周期D＋1、D1通道的32位二进制数增1	CIO、W、H、A、T、C、D、@D、*D	0.00 [++L D100] D+1:D101 0000　D:D100 FFFF +1 ON时每周期 → D+1:D101 0001　D:D100 0000 当常开触点0.00闭合时，＋＋L指令执行，每个扫描周期D101、D100通道的32位数据增1。 如果希望0.00触点闭合时D100中的数据仅增1，可使用上升沿BIN双字自加"@＋＋L D"指令，或者将0.00触点换成上升沿常开触点

(2) BIN单字自减（－－）、BIN双字自减（－－L）指令

BIN单字自减（－－）、BIN双字自减（－－L）指令说明如下。

指令名称、格式与符号	功能说明	操作数 D	使用举例
BIN单字自减 －－ D [-- / D]	在输入为ON时，每个扫描周期D通道的16位二进制数减1	CIO、W、H、A、T、C、D、@D、*D、DR	0.00 [-- D100]　D:D100 0020 -1 ON时每周期 → D:D100 001F 当常开触点0.00闭合时，－－指令执行，每经一个扫描周期D100通道的数据减1，若0.00触点闭合时间超过一个扫描周期，D100通道的数据减值就超过1。 如果希望0.00触点闭合时D100中的数据仅减1，可使用上升沿BIN单字自减"@－－ D"指令，如下图所示： 0.00 [@-- D100]　D:D100 0020 -1 上升沿时 → D:D100 001F

续表

指令名称、格式与符号	功能说明	操作数 D	使用举例
BIN 双字自减 －－L D [－－L / D] 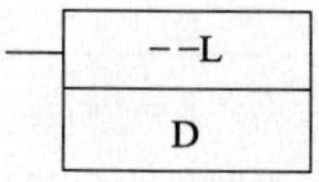	在输入为 ON 时，每个扫描周期 D－1、D1 通道的 32 位二进制数减 1	CIO、W、H、A、T、C、D、@D、* D	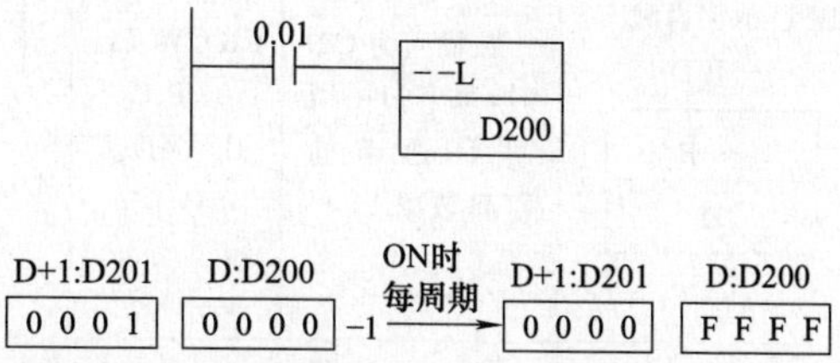 梯形图：0.01 常开触点 → [－－L / D200] D+1:D201 [0 0 0 1] D:D200 [0 0 0 0] －1 —ON时每周期→ D+1:D201 [0 0 0 0] D:D200 [F F F F] 当常开触点 0.00 闭合时，－－L 指令执行，每个扫描周期 D101、D100 通道的 32 位数据减 1。 如果希望 0.00 触点闭合时 D100 中的数据仅减 1，可使用上升边沿 BIN 双字自减“@－－L D” 指令，或者将 0.00 触点换成上升沿常开触点

(3) BCD 单字自加（＋＋B)、BCD 双字自加（＋＋BL）指令

BCD 数采用 4 位二进制数来表示 1 位十进制数（0～9)。在 BCD 数中，4 位二进制数最大值为 1001（9)，1001 加 1 时会产生进位（变成 10000)，对于 BIN 数，4 位二进制数最大值为 1111（F)，1001 加 1 时会变成 1010，1111 加 1 时才会变成 10000。16 位二进制数表示 BCD 数的范围是 0000～9999，表示 BIN 数的范围是 0000～FFFF。

BCD 单字自加（＋＋B)、BCD 双字自加（＋＋BL）指令说明如下。

指令名称、格式与符号	功能说明	操作数 D	使用举例
BCD 单字自加 ＋＋B D 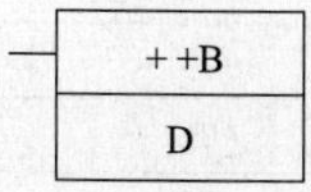 [＋＋B / D]	在输入为 ON 时，每个扫描周期 D 通道的 BCD 数增 1	CIO、W、H、A、T、C、D、@D、* D、DR	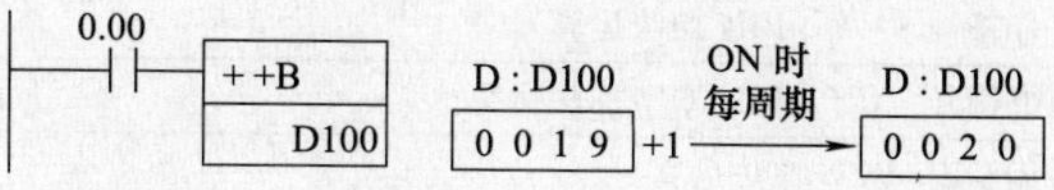 梯形图：0.00 常开触点 → [＋＋B / D100] D : D100 [0 0 1 9] +1 —ON 时每周期→ D : D100 [0 0 2 0] 当常开触点 0.00 闭合时，＋＋B 指令执行，每经一个扫描周期 D100 通道的 BCD 数增 1 使用上升边沿 BCD 单字自加“@＋＋B D” 指令，在指令输入为 ON 时仅增 1
BCD 双字自加 ＋＋BL D 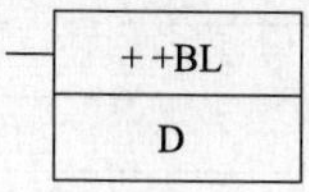 [＋＋BL / D]	在输入为 ON 时，每个扫描周期 D＋1、D1 通道的 BCD 数增 1	CIO、W、H、A、T、C、D、@D、* D	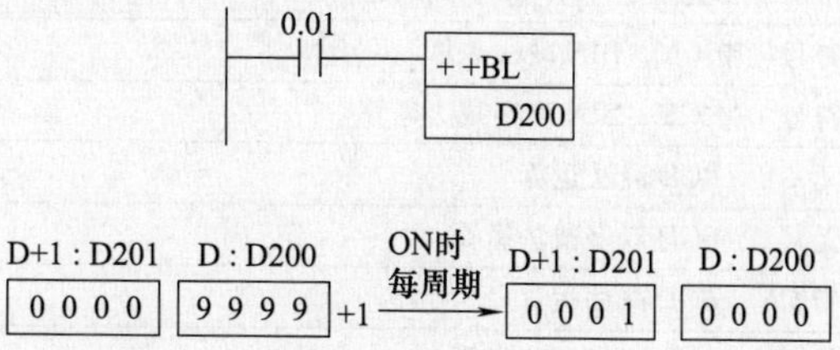 梯形图：0.01 常开触点 → [＋＋BL / D200] D+1 : D201 [0 0 0 0] D : D200 [9 9 9 9] +1 —ON时每周期→ D+1 : D201 [0 0 0 1] D : D200 [0 0 0 0] 当常开触点 0.00 闭合时，＋＋BL 指令执行，每个扫描周期 D201、D200 通道的 BCD 数据增 1。 使用上升边沿 BCD 单字自加“@＋＋BL D” 指令，在指令输入为 ON 时仅增 1

(4) BCD 单字自减（－－B)、BCD 双字自减（－－BL）指令

指令说明如下。

指令名称、格式与符号	功能说明	操作数 D	使用举例
BCD单字自减 －－B D --B D	在输入为ON时，每个扫描周期D通道的BCD数减1	CIO、W、H、A、T、C、D、@D、*D、DR	0.00 --B D1000 D：D1000 0020 -1 ON时 每周期 → D：D1000 0019 当常开触点0.00闭合时，－－B指令执行，每经一个扫描周期D1000通道的BCD数减1。 使用上升边沿BCD单字自减"@－－B D"指令，在指令输入为ON时仅减1
BCD双字自减 －－BL D --BL D	在输入为ON时，每个扫描周期D－1、D1通道的BCD数减1	CIO、W、H、A、T、C、D、@D、*D	0.01 --BL D2000 D：D2001 0001 D：D2000 0000 -1 ON时 每周期 → D：D2001 0000 D：D2000 9999 当常开触点0.00闭合时，－－BL指令执行，每个扫描周期D2001、D2000通道的BCD数减1。 使用上升边沿BCD双字自减"@－－BL D"指令，在指令输入为ON时仅减1

8.5 四则运算指令的使用

指令名称	助记符	功能号
带符号·无CY BIN加法运算	＋	400
带符号·无CY BIN双字加法运算	＋L	401
带符号·CY BIN加法运算	＋C	402
带符号·CY BIN双字加法运算	＋CL	403
无CY BCD加法运算	＋B	404
无CY BCD双字加法运算	＋BL	405
带CY BCD加法运算	＋BC	406
带CY BCD双字加法运算	＋BCL	407
带符号·无CY BIN减法运算	－	410
带符号·无CY BIN双字减法运算	－L	411
符号·带CY BIN减法运算	－C	412
符号·带CY BIN双字减法运算	－CL	413
无CY BCD减法运算	－B	414
无CY BCD双字减法运算	－BL	415
带CY BCD减法运算	－BC	416
带CY BCD双字减法运算	－BCL	417
带符号BIN乘法运算	*	420
带符号BIN双字乘法运算	*L	421
无符号BIN乘法运算	*U	422
无符号BIN双字乘法运算	*UL	423
BCD乘法运算	*B	424
BCD双字乘法运算	*BL	425

续表

指令名称	助记符	功能号
带符号 BIN 除法运算	/	430
带符号 BIN 双字除法运算	/L	431
无符号 BIN 除法运算	/U	432
无符号 BIN 双字除法运算	/UL	433
BCD 除法运算	/B	434
BCD 双字除法运算	/BL	435

(1) 带符号无 CY BIN 加法运算（+）、带符号无 CY BIN 倍长加法运算（+L）指令

指令说明如下。

指令名称、格式与符号	功能说明	操作数		使用举例
		S1、S2	D	
带符号无 CY BIN 加法运算 + S1 S2 D [+ / S1 / S2 / D]	将 S1、S2 通道中的 16 位带符号数据相加，结果存入 D 通道，相加时若最高位产生进位 1，1 送入 CY 位。具体如下： S1（带符号BIN） + S2（带符号BIN） CY D（带符号BIN） 进位时1送入CY位	CIO、W、H、A、T、C、D、@D、*D、DR、常数	CIO、W、H、A、T、C、D、@D、*D、DR	0.00 [+ / D100 / D110 / D120] 当常开触点 0.00 闭合时，+指令执行，将 D100、D110 通道中的 16 位带符号数据相加，结果存入 D120 通道
带符号无 CY BIN 倍长加法运算 +L S1 S2 D [+L / S1 / S2 / D]	将 S1+1、S1 通道与 S2+1、S2 通道中的 32 位带符号数据相加，结果存入 D+1、D 通道，加法运算结果若有进位，进位 1 送入 CY 位。具体如下： S1+1 S1（带符号BIN） + S2+1 S2（带符号BIN） CY D+1 D（带符号BIN） 进位时1送入CY位	CIO、W、H、A、T、C、D、@D、*D、IR、常数	CIO、W、H、A、T、C、D、@D、*D、IR、	0.01 [+L / D200 / D210 / D220] 当常开触点 0.01 闭合时，+L 指令执行，将 D201、D200 通道与 D211、D210 通道中的 32 位带符号数据相加，结果存入 D221、D220 通道

(2) 带符号及 CY BIN 加法运算（+C）、带符号及 CY BIN 倍长加法运算（+CL）指令

指令说明如下。

指令名称、格式与符号	功能说明	操作数		使用举例
		S1、S2	D	
带符号及 CY BIN 加法运算 + C S1 S2 D [+C / S1 / S2 / D]	将 S1、S2 通道中的 16 位带符号数据及 CY 位值三者相加，结果存入 D 通道，加法运算结果若有进位，进位 1 送入 CY 位。具体如下： S1（带符号BIN） S2（带符号BIN） + CY CY D（带符号BIN） 进位时1送入CY位	CIO、W、H、A、T、C、D、@D、*D、DR、常数	CIO、W、H、A、T、C、D、@D、*D、DR	0.00 [+C / D200 / D210 / D220] 当常开触点 0.00 闭合时，+C 指令执行，将 D200、D210 通道中的 16 位带符号数据及 CY 位值三者相加，结果存入 D220 通道

续表

指令名称、格式与符号	功能说明	操作数		使用举例
		S1、S2	D	
带符号及 CY BIN 倍长加法运算 +CL S1 S2 D [+CL / S1 / S2 / D] 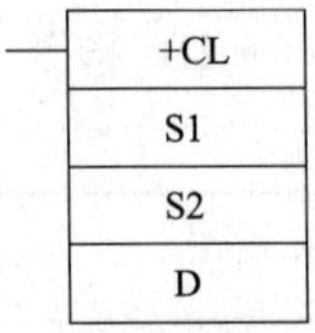	将 S1+1、S1 通道与 S2+1、S2 通道中的 32 位带符号数据及 CY 位值三者相加，结果存入 D+1、D 通道，加法运算结果若有进位，进位 1 送入 CY 位。具体如下： 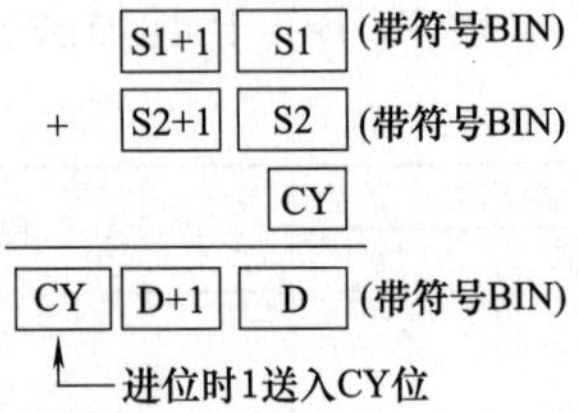 [S1+1][S1] (带符号BIN) + [S2+1][S2] (带符号BIN) [CY] [CY][D+1][D] (带符号BIN) 进位时1送入CY位	CIO、W、H、A、T、C、D、@D、* D、IR、常数	CIO、W、H、A、T、C、D、@D、* D、	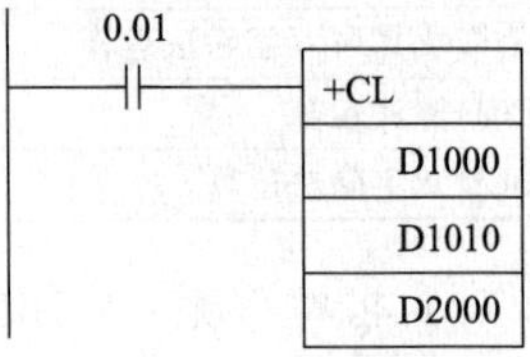 0.01 [+CL / D1000 / D1010 / D2000] 当常开触点 0.01 闭合时，+CL 指令执行，将 D1001、D1000 通道与 D1011、D1010 通道中的 32 位带符号数据及 CY 位值三者相加，结果存入 D2001、D2000 通道

(3) 无 CY BCD 加法运算（+B）、无 CY BCD 倍长加法运算（+BL）指令

指令说明如下。

指令名称、格式与符号	功能说明	操作数		使用举例
		S1、S2	D	
无 CY BCD 加法运算 +B S1 S2 D [+B / S1 / S2 / D] 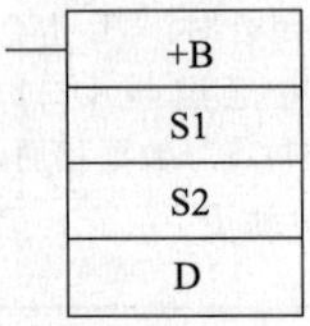	将 S1、S2 通道中的 BCD 数相加，结果存入 D 通道，加法运算结果若有进位，进位 1 送入 CY 位。具体如下： 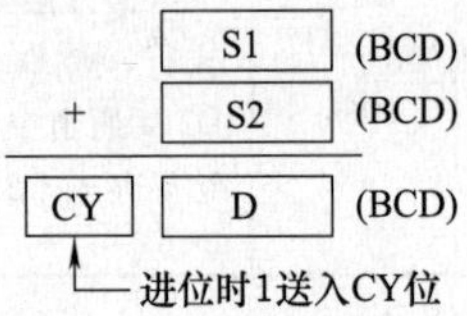 [S1] (BCD) + [S2] (BCD) [CY] [D] (BCD) 进位时1送入CY位	CIO、W、H、A、T、C、D、@D、* D、DR、常数	CIO、W、H、A、T、C、D、@D、* D、DR	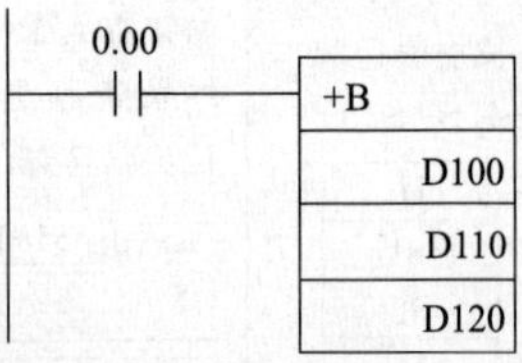 0.00 [+B / D100 / D110 / D120] 当常开触点 0.00 闭合时，+B 指令执行，将 D100、D110 通道中的 BCD 数相加，结果存入 D120 通道
无 CY BCD 倍长加法运算 +BL S1 S2 D [+BL / S1 / S2 / D] 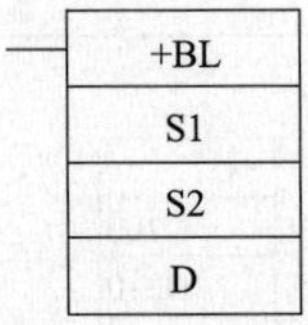	将 S1+1、S1 通道与 S2+1、S2 通道中的 BCD 数相加，结果存入 D+1、D 通道，加法运算结果若有进位，进位 1 送入 CY 位。具体如下： 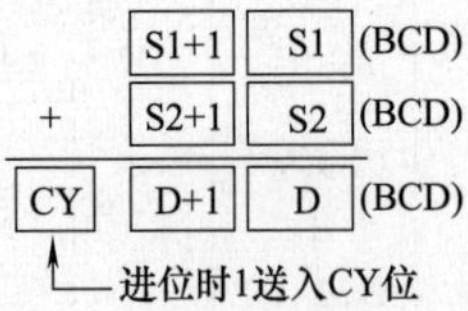 [S1+1][S1] (BCD) + [S2+1][S2] (BCD) [CY][D+1][D] (BCD) 进位时1送入CY位	CIO、W、H、A、T、C、D、@D、* D、常数	CIO、W、H、A、T、C、D、@D、* D	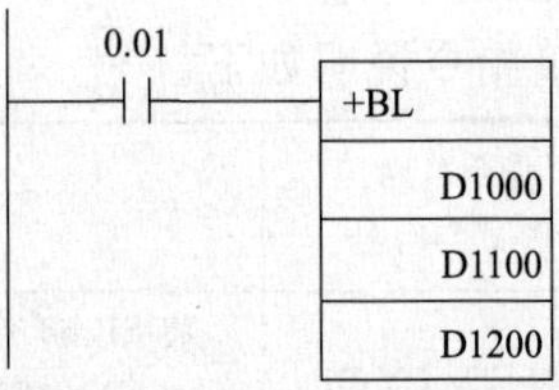 0.01 [+BL / D1000 / D1100 / D1200] 当常开触点 0.01 闭合时，+BL 指令执行，将 D1001、D1000 通道与 D1101、D1100 通道中的 BCD 数相加，结果存入 D1201、D1200 通道

(4) 带 CY BCD 加法运算（+BC）、带 CY BCD 倍长加法运算（+BCL）指令

指令说明如下。

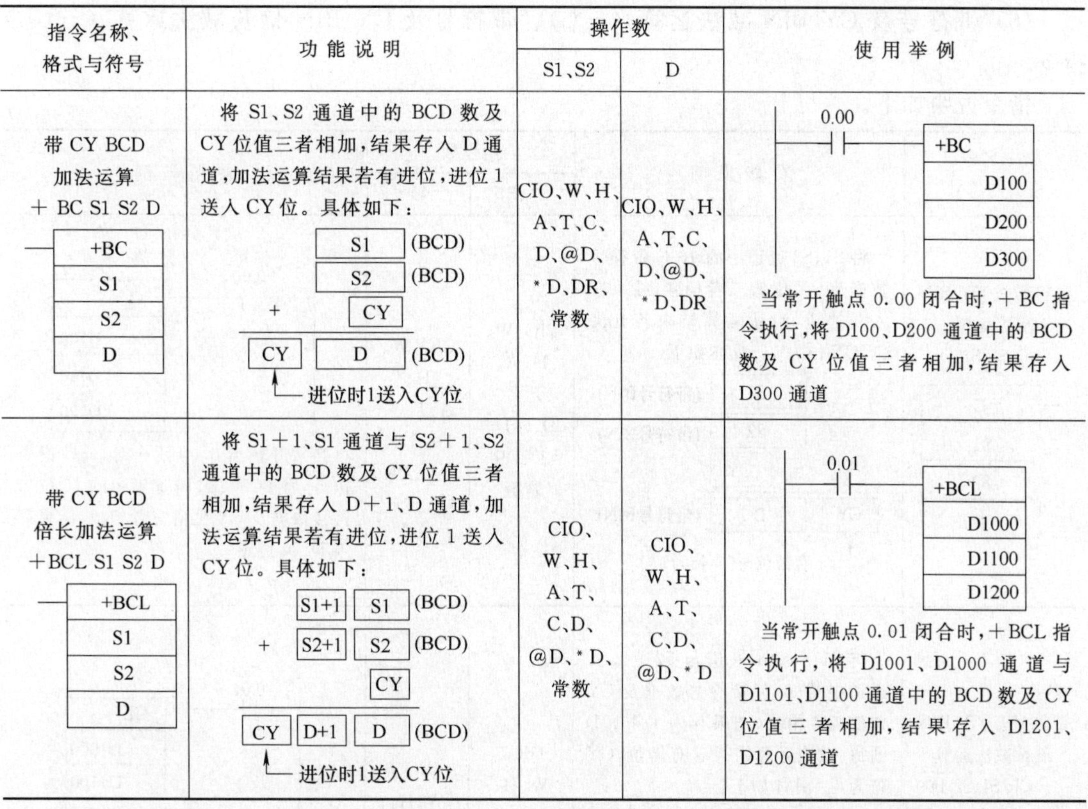

<table>
<tr><th rowspan="2">指令名称、
格式与符号</th><th rowspan="2">功能说明</th><th colspan="2">操作数</th><th rowspan="2">使用举例</th></tr>
<tr><th>S1、S2</th><th>D</th></tr>
<tr><td>带 CY BCD
加法运算
＋BC S1 S2 D
+BC
S1
S2
D</td><td>将 S1、S2 通道中的 BCD 数及 CY 位值三者相加，结果存入 D 通道，加法运算结果若有进位，进位 1 送入 CY 位。具体如下：
S1 (BCD)
S2 (BCD)
+ CY
CY D (BCD)
进位时1送入CY位</td><td>CIO、W、H、A、T、C、D、@D、*D、DR、常数</td><td>CIO、W、H、A、T、C、D、@D、*D、DR</td><td>0.00
+BC
D100
D200
D300
当常开触点 0.00 闭合时，＋BC 指令执行，将 D100、D200 通道中的 BCD 数及 CY 位值三者相加，结果存入 D300 通道</td></tr>
<tr><td>带 CY BCD
倍长加法运算
＋BCL S1 S2 D
+BCL
S1
S2
D</td><td>将 S1＋1、S1 通道与 S2＋1、S2 通道中的 BCD 数及 CY 位值三者相加，结果存入 D＋1、D 通道，加法运算结果若有进位，进位 1 送入 CY 位。具体如下：
S1+1 S1 (BCD)
+ S2+1 S2 (BCD)
CY
CY D+1 D (BCD)
进位时1送入CY位</td><td>CIO、W、H、A、T、C、D、@D、*D、常数</td><td>CIO、W、H、A、T、C、D、@D、*D</td><td>0.01
+BCL
D1000
D1100
D1200
当常开触点 0.01 闭合时，＋BCL 指令执行，将 D1001、D1000 通道与 D1101、D1100 通道中的 BCD 数及 CY 位值三者相加，结果存入 D1201、D1200 通道</td></tr>
</table>

(5) 带符号无 CY BIN 减法运算（－）、带符号无 CY BIN 倍长减法运算（－L）指令

指令说明如下。

<table>
<tr><th rowspan="2">指令名称、
格式与符号</th><th rowspan="2">功能说明</th><th colspan="2">操作数</th><th rowspan="2">使用举例</th></tr>
<tr><th>S1、S2</th><th>D</th></tr>
<tr><td>带符号无 CY BIN
减法运算
－ S1 S2 D
—
S1
S2
D</td><td>将 S1、S2 通道中的 16 位带符号数据相减，结果存入 D 通道，减法运算结果若有借位，CY 位为 1。具体如下：
S1 (带符号BIN)
－ S2 (带符号BIN)
CY D (带符号BIN)
有借位时CY位为1</td><td>CIO、W、H、A、T、C、D、@D、*D、DR、常数</td><td>CIO、W、H、A、T、C、D、@D、*D、DR</td><td>0.00
－
D100
D200
D300
当常开触点 0.00 闭合时，－指令执行，将 D100、D200 通道中的 16 位带符号数据相减，结果存入 D300 通道</td></tr>
<tr><td>带符号无 CY BIN
倍长减法运算
－L S1 S2 D
-L
S1
S2
D</td><td>将 S1＋1、S1 通道与 S2＋1、S2 通道中的 32 位带符号数据相减，结果存入 D＋1、D 通道，减法运算结果若有借位，CY 位为 1。具体如下：
S1+1 S1 (带符号BIN)
－ S2+1 S2 (带符号BIN)
CY D+1 D (带符号BIN)
有借位时CY位为1</td><td>CIO、W、H、A、T、C、D、@D、*D、IR、常数</td><td>CIO、W、H、A、T、C、D、@D、*D、IR、</td><td>0.01
-L
D1000
D1200
D1500
当常开触点 0.01 闭合时，－L 指令执行，将 D1001、D1000 通道与 D1201、D1200 通道中的 32 位带符号数据相减，结果存入 D1501、D1500 通道</td></tr>
</table>

(6) 带符号及 CY BIN 减法运算 (－C)、带符号及 CY BIN 倍长减法运算 (－CL) 指令

指令说明如下。

指令名称、格式与符号	功能说明	操作数 S1、S2	操作数 D	使用举例
带符号及 CY BIN 减法运算 －C S1 S2 D [－C / S1 / S2 / D]	将 S1、S2 通道中的 16 位带符号数据及 CY 位值三者相减，结果存入 D 通道，减法运算结果若有借位，CY 位为 1。具体如下： S1 (带符号BIN) － S2 (带符号BIN) CY CY D (带符号BIN) 有借位时CY位为1	CIO、W、H、A、T、C、D、@D、*D、DR、常数	CIO、W、H、A、T、C、D、@D、*D、DR	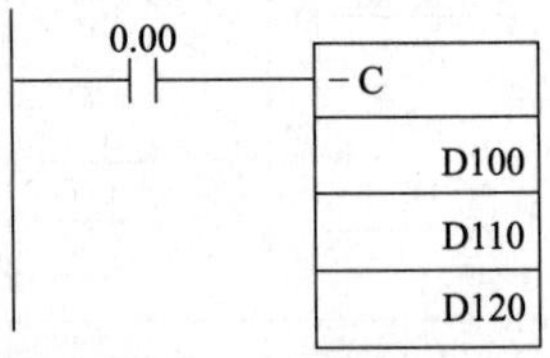 0.00 [－C / D100 / D110 / D120] 当常开触点 0.00 闭合时，－C 指令执行，将 D100、D110 通道中的 16 位带符号数据及 CY 位值三者相减，结果存入 D120 通道
带符号及 CY BIN 倍长减法运算 －CL S1 S2 D [－CL / S1 / S2 / D]	将 S1＋1、S1 通道与 S2＋1、S2 通道中的 32 位带符号数据及 CY 位值三者相减，结果存入 D＋1、D 通道，减法运算结果若有借位，CY 位为 1。具体如下： S1+1 S1 (带符号BIN) － S2+1 S2 (带符号BIN) CY CY D+1 D (带符号BIN) 有借位时CY位为1	CIO、W、H、A、T、C、D、@D、*D、IR、常数	CIO、W、H、A、T、C、D、@D、*D、	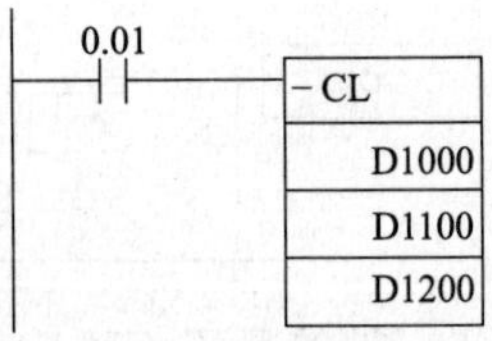 0.01 [－CL / D1000 / D1100 / D1200] 当常开触点 0.01 闭合时，－CL 指令执行，将 D1001、D1000 通道与 D1101、D1100 通道中的 32 位带符号数据及 CY 位值三者相减，结果存入 D1201、D1200 通道

(7) 无 CY BCD 减法运算 (－B)、无 CY BCD 倍长减法运算 (－BL) 指令

指令说明如下。

指令名称、格式与符号	功能说明	操作数 S1、S2	操作数 D	使用举例
无 CY BCD 减法运算 －B S1 S2 D [－B / S1 / S2 / D]	将 S1、S2 通道中的 BCD 数相减，结果存入 D 通道，减法运算结果若有借位，CY 位为 1。具体如下： S1 (BCD) － S2 (BCD) CY D (BCD) 有借位时CY位为1	CIO、W、H、A、T、C、D、@D、*D、DR、常数	CIO、W、H、A、T、C、D、@D、*D、DR	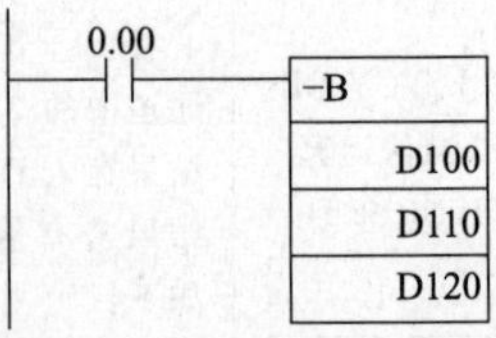 0.00 [－B / D100 / D110 / D120] 当常开触点 0.00 闭合时，－B 指令执行，将 D100、D110 通道中的 BCD 数相减，结果存入 D120 通道

续表

指令名称、格式与符号	功能说明	操作数 S1、S2	操作数 D	使用举例
无 CY BCD 倍长减法运算 −BL S1 S2 D [−BL / S1 / S2 / D]	将 S1＋1、S1 通道与 S2＋1、S2 通道中的 BCD 数相减，结果存入 D−1、D 通道，减法运算结果若有借位，CY 位为 1。具体如下： [S1+1] [S1] (BCD) − [S2+1] [S2] (BCD) [CY] [D+1] [D] (BCD) 有借位时CY位为1	CIO、W、H、A、T、C、D、@D、* D、常数	CIO、W、H、A、T、C、D、@D、* D	0.01 —‖— [−BL / D1000 / D1100 / D1200] 当常开触点 0.01 闭合时，−BL 指令执行，将 D1001、D1000 通道与 D1101、D1100 通道中的 BCD 数相减，结果存入 D1201、D1200 通道

(8) 带 CY BCD 减法运算（−BC）、带 CY BCD 倍长减法运算（−BCL）指令

指令说明如下。

指令名称、格式与符号	功能说明	操作数 S1、S2	操作数 D	使用举例
带 CY BCD 减法运算 − BC S1 S2 D [−BC / S1 / S2 / D]	将 S1、S2 通道中的 BCD 数及 CY 位值三者相减，结果存入 D 通道，减法运算结果若有借位，CY 位为 1。具体如下： [S1] (BCD) [S2] (BCD) − [CY] [CY] [D] (BCD) 有借位时CY位为1	CIO、W、H、A、T、C、D、@D、* D、DR、常数	CIO、W、H、A、T、C、D、@D、* D、DR	0.00 —‖— [−BC / D100 / D200 / D300] 当常开触点 0.00 闭合时，−BC 指令执行，将 D100、D200 通道中的 BCD 数及 CY 位值三者相减，结果存入 D300 通道
带 CY BCD 倍长减法运算 −BCL S1 S2 D [−BCL / S1 / S2 / D]	将 S1＋1、S1 通道与 S2＋1、S2 通道中的 BCD 数及 CY 位值三者相减，结果存入 D＋1、D 通道，减法运算结果若有借位，CY 位为 1。具体如下： [S1+1] [S1] (BCD) [S2+1] [S2] (BCD) − [CY] [CY] [D+1] [D] (BCD) 有借位时CY位为1	CIO、W、H、A、T、C、D、@D、* D、常数	CIO、W、H、A、T、C、D、@D、* D	0.01 —‖— [−BCL / D1000 / D1100 / D1200] 当常开触点 0.01 闭合时，−BCL 指令执行，将 D1001、D1000 通道与 D1101、D1100 通道中的 BCD 数及 CY 位值三者相减，结果存入 D1201、D1200 通道

(9) 带符号 BIN 乘法运算（*）、带符号 BIN 倍长乘法运算（*L）指令

指令说明如下。

指令名称、格式与符号	功能说明	操作数		使用举例
		S1、S2	D	
带符号 BIN 乘法运算 * S1 S2 D [*│S1│S2│D]	将 S1、S2 通道中的 16 位带符号数据相乘，结果存入 D＋1、D 通道。具体如下： S1 (带符号BIN) × S2 (带符号BIN) D+1 D (带符号BIN)	CIO、W、H、A、T、C、D、@D、*D、DR、常数	CIO、W、H、A、T、C、D、@D、*D、	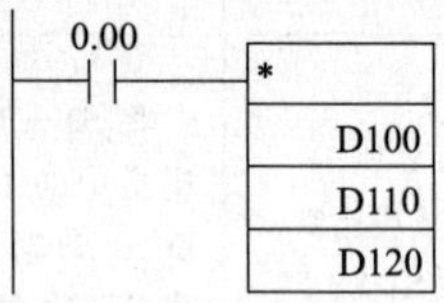 0.00 ─┤├─ [*│D100│D110│D120] 当常开触点 0.00 闭合时，* 指令执行，将 D100、D110 通道中的 16 位带符号数据相乘，结果存入 D121、D120 通道
带符号 BIN 倍长乘法运算 *L S1 S2 D [*L│S1│S2│D]	将 S1＋1、S1 通道与 S2＋1、S2 通道中的 32 位带符号数据相乘，结果存入 D＋3、D＋2、D＋1、D 通道。具体如下： S1+1 S1 (带符号BIN) × S2+1 S2 (带符号BIN) D+3 D+2 D+1 D (带符号BIN)	CIO、W、H、A、T、C、D、@D、*D、常数	CIO、W、H、A、T、C、D、@D、*D	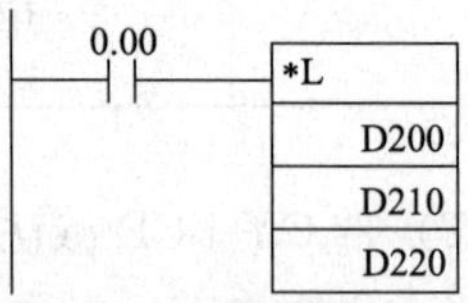 0.00 ─┤├─ [*L│D200│D210│D220] 当常开触点 0.01 闭合时，*L 指令执行，将 D201、D200 通道与 D211、D210 通道中的 32 位带符号数据相乘，结果存入 D223、D222、D221、D220 通道

(10) 无符号 BIN 乘法运算（*U）、无符号 BIN 倍长乘法运算（*UL）指令

指令说明如下。

指令名称、格式与符号	功能说明	操作数		使用举例
		S1、S2	D	
无符号 BIN 乘法运算 *U S1 S2 D [*U│S1│S2│D]	将 S1、S2 通道中的 16 位无符号数据相乘，结果存入 D＋1、D 通道。具体如下： S1 (无符号BIN) × S2 (无符号BIN) D+1 D (无符号BIN)	CIO、W、H、A、T、C、D、@D、*D、DR、常数	CIO、W、H、A、T、C、D、@D、*D、	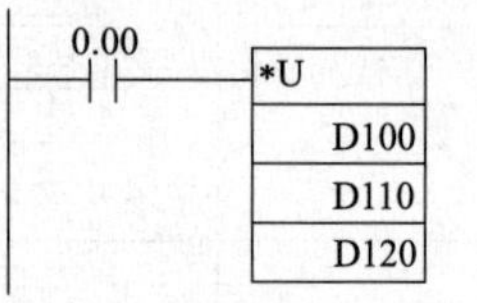 0.00 ─┤├─ [*U│D100│D110│D120] 当常开触点 0.00 闭合时，*U 指令执行，将 D100、D110 通道中的 16 位无符号数据相乘，结果存入 D121、D120 通道
无符号 BIN 倍长乘法运算 *UL S1 S2 D [*UL│S1│S2│D]	将 S1＋1、S1 通道与 S2＋1、S2 通道中的 32 位无符号数据相乘，结果存入 D＋3、D＋2、D＋1、D 通道。具体如下： S1+1 S1 (无符号BIN) × S2+1 S2 (无符号BIN) D+3 D+2 D+1 D (无符号BIN)	CIO、W、H、A、T、C、D、@D、*D、常数	CIO、W、H、A、T、C、D、@D、*D	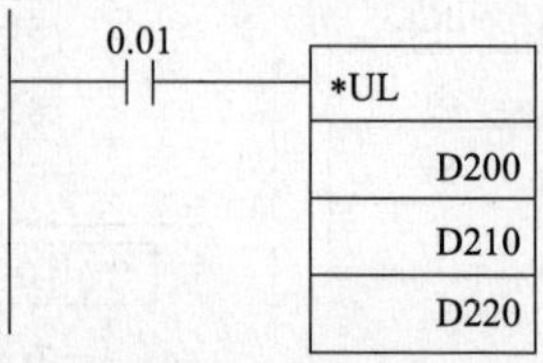 0.01 ─┤├─ [*UL│D200│D210│D220] 当常开触点 0.01 闭合时，*UL 指令执行，将 D201、D200 通道与 D211、D210 通道中的 32 位无符号数据相乘，结果存入 D223、D222、D221、D220 通道

(11) BCD乘法运算(*B)、BCD倍长乘法运算(*BL)指令

指令说明如下。

指令名称、格式与符号	功能说明	操作数		使用举例
		S1、S2	D	
BCD乘法运算 *B S1 S2 D [*B / S1 / S2 / D] 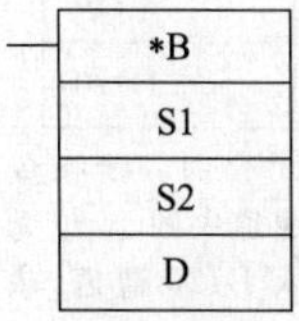	将S1、S2通道中的BCD数相乘,结果存入D+1、D通道。具体如下: S1 (BCD) × S2 (BCD) D+1 D (BCD)	CIO、W、H、A、T、C、D、@D、*D、DR、常数	CIO、W、H、A、T、C、D、@D、*D、	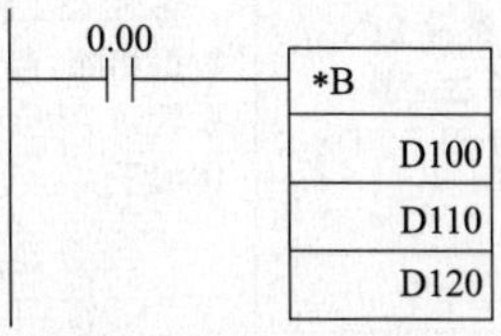 0.00 —[*B / D100 / D110 / D120] 当常开触点0.00闭合时,*B指令执行,将D100、D110通道中的BCD数相乘,结果存入D121、D120通道
BCD倍长乘法运算 *BL S1 S2 D [*BL / S1 / S2 / D] 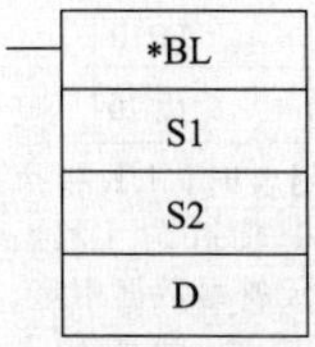	将S1+1、S1通道与S2+1、S2通道中的BCD数相乘,结果存入D+3、D+2、D+1、D通道。具体如下: S1+1 S1 (BCD) × S2+1 S2 (BCD) D+3 D+2 D+1 D (BCD)	CIO、W、H、A、T、C、D、@D、*D、常数	CIO、W、H、A、T、C、D、@D、*D	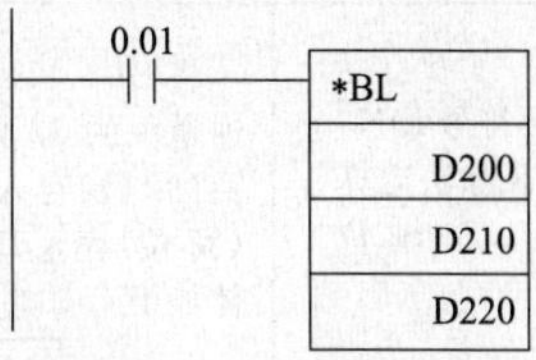 0.01 —[*BL / D200 / D210 / D220] 当常开触点0.01闭合时,*BL指令执行,将D201、D200通道与D211、D210通道中的BCD数相乘,结果存入D223、D222、D221、D220通道

(12) 带符号BIN除法运算(/)、带符号BIN倍长除法运算(/L)指令

指令说明如下。

指令名称、格式与符号	功能说明	操作数		使用举例
		S1、S2	D	
带符号BIN除法运算 / S1 S2 D [/ / S1 / S2 / D] 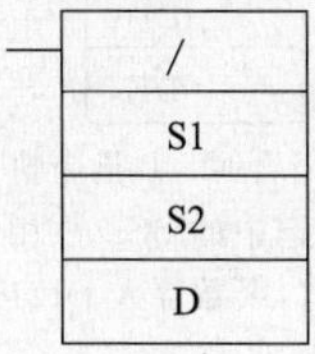	将S1、S2通道中的16位带符号数据相除,商(16位)存入D通道,余数(16位)存入D+1通道。具体如下: S1 (带符号BIN) ÷ S2 (带符号BIN) D+1 D (带符号BIN) 余数 商	CIO、W、H、A、T、C、D、@D、*D、DR、常数	CIO、W、H、A、T、C、D、@D、*D、	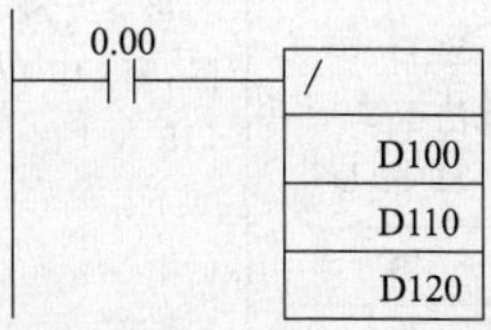 0.00 —[/ / D100 / D110 / D120] 当常开触点0.00闭合时,/指令执行,将D100、D110通道中的16位带符号数据相除,商存入D120通道,余数存入D121通道
带符号BIN倍长除法运算 /L S1 S2 D [/L / S1 / S2 / D] 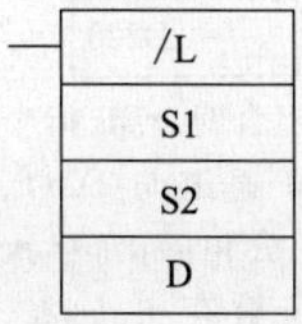	将S1+1、S1通道与S2+1、S2通道中的32位带符号数据相除,商(32位)存入D+1、D通道,余数(32位)存入D+3、D+2通道。具体如下: S1+1 S1 (带符号BIN) ÷ S2+1 S2 (带符号BIN) D+3 D+2 D+1 D (带符号BIN) 余数 商	CIO、W、H、A、T、C、D、@D、*D、常数	CIO、W、H、A、T、C、D、@D、*D	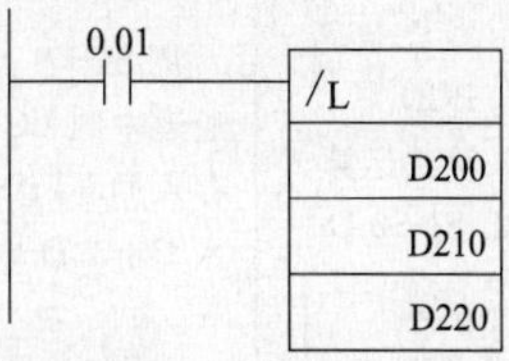 0.01 —[/L / D200 / D210 / D220] 当常开触点0.01闭合时,/L指令执行,将D201、D200通道与D211、D210通道中的32位带符号数据相除,商存入D221、D220通道,余数存入D223、D222通道

(13) 无符号BIN除法运算(/U)、无符号BIN倍长除法运算(/UL)指令

指令说明如下。

指令名称、格式与符号	功能说明	操作数		使用举例
		S1、S2	D	
无符号BIN除法运算 /U S1 S2 D /U S1 S2 D	将S1、S2通道中的16位无符号数据相除,商(16位)存入D通道,余数(16位)存入D+1通道。具体如下: S1 (无符号BIN) ÷ S2 (无符号BIN) D+1 D (无符号BIN) 余数 商	CIO、W、H、A、T、C、D、@D、*D、DR、常数	CIO、W、H、A、T、C、D、@D、*D、	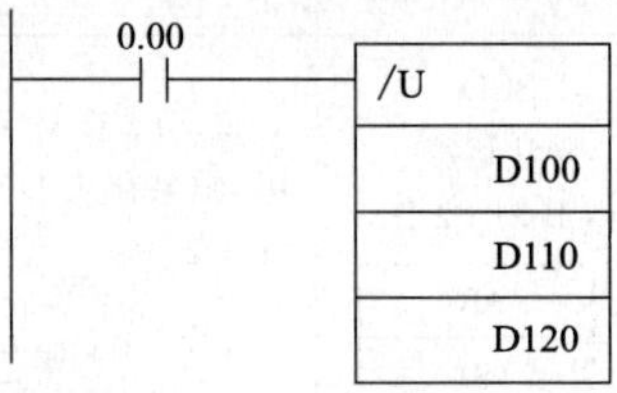 0.00 /U D100 D110 D120 当常开触点0.00闭合时,/U指令执行,将D100、D110通道中的16位无符号数据相除,商存入D120通道,余数存入D121通道
无符号BIN倍长除法运算 /UL S1 S2 D /UL S1 S2 D	将S1+1、S1通道与S2+1、S2通道中的32位无符号数据相除,商(32位)存入D+1、D通道,余数(32位)存入D+3、D+2通道。具体如下: S1+1 S1 (无符号BIN) ÷ S2+1 S2 (无符号BIN) D+3 D+2 D+1 D (无符号BIN) 余数 商	CIO、W、H、A、T、C、D、@D、*D、常数	CIO、W、H、A、T、C、D、@D、*D	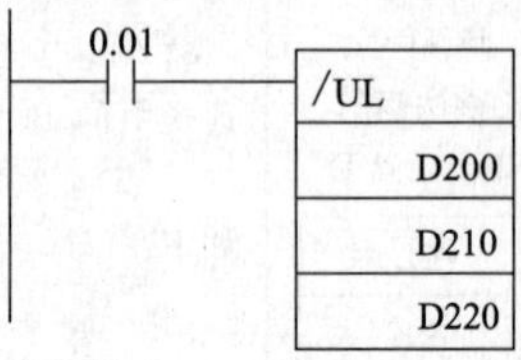 0.01 /UL D200 D210 D220 当常开触点0.01闭合时,/UL指令执行,将D201、D200通道与D211、D210通道中的32位无符号数据相除,商存入D221、D220通道,余数存入D223、D222通道

(14) BCD除法运算(/B)、BCD倍长除法运算(/BL)指令

指令说明如下。

指令名称、格式与符号	功能说明	操作数		使用举例
		S1、S2	D	
BCD除法运算 /B S1 S2 D /B S1 S2 D	将S1、S2通道中的BCD数相除,商(16位)存入D通道,余数(16位)存入D+1通道。具体如下: S1 (BCD) ÷ S2 (BCD) D+1 D (BCD) 余数 商	CIO、W、H、A、T、C、D、@D、*D、DR、常数	CIO、W、H、A、T、C、D、@D、*D、	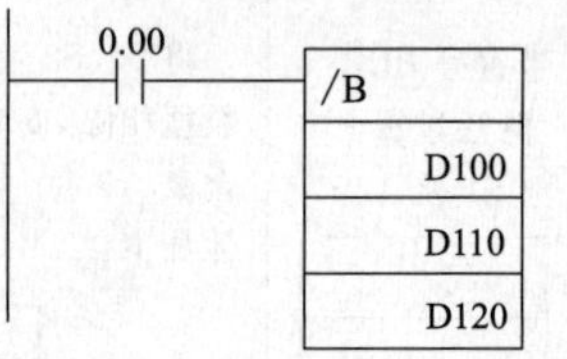 0.00 /B D100 D110 D120 当常开触点0.00闭合时,/B指令执行,将D100、D110通道中的BCD数相除,商存入D120通道,余数存入D121通道
BCD倍长除法运算 /BL S1 S2 D /BL S1 S2 D	将S1+1、S1通道与S2+1、S2通道中的BCD数相除,商(32位)存入D+1、D通道,余数(32位)存入D+3、D+2通道。具体如下: S1+1 S1 (BCD) ÷ S2+1 S2 (BCD) D+3 D+2 D+1 D (BCD) 余数 商	CIO、W、H、A、T、C、D、@D、*D、常数	CIO、W、H、A、T、C、D、@D、*D	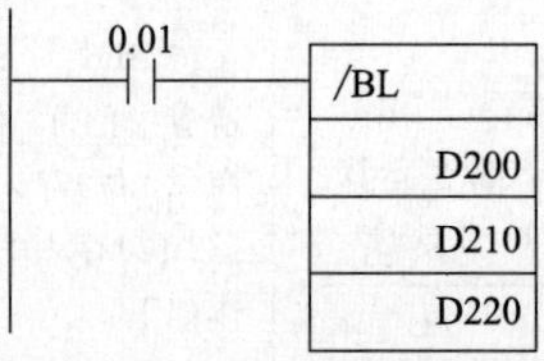 0.01 /BL D200 D210 D220 当常开触点0.01闭合时,/BL指令执行,将D201、D200通道与D211、D210通道中的BCD数相除,商存入D221、D220通道,余数存入D223、D222通道

8.6 数据转换指令的使用

指令名称	助记符	功能号
BCD→BIN 转换	BIN	023
BCD→BIN 双字转换	BINL	058
BIN→BCD 转换	BCD	024
BIN→BCD 双字转换	BCDL	059
2 的补数转换	NEG	160
2 的补数双字转换	NEGL	161
符号扩展	SIGN	600
4→16/8→256 解码器	MLPX	076
16→4/256→8 编码器	DMPX	077
ASCⅡ代码转换	ASC	086
ASCⅡ→HEX 转换	HEX	162
位列→位行转换	LINE	063
位行→位列转换	COLM	064
带符号 BCD→BIN 转换	BINS	470
带符号 BCD→BIN 双字转换	BISL	472
带符号 BIN→BCD 转换	BCDS	471
带符号 BIN→BCD 双字转换	BDSL	473
格雷码转换	GRY	474

(1) BCD→BIN 转换 (BIN)、BCD→BIN 倍长转换 (BINL) 指令

指令说明如下。

指令名称、格式与符号	功能说明	操作数 S、D	使用举例
BCD→BIN 转换 BIN S D BIN S D	将 S 通道中的 16 位 BCD 数(4 组)转换成 16 位 BIN 数,并存入 D 通道	CIO、W、H、A、T、C、D、@D、*D、DR、	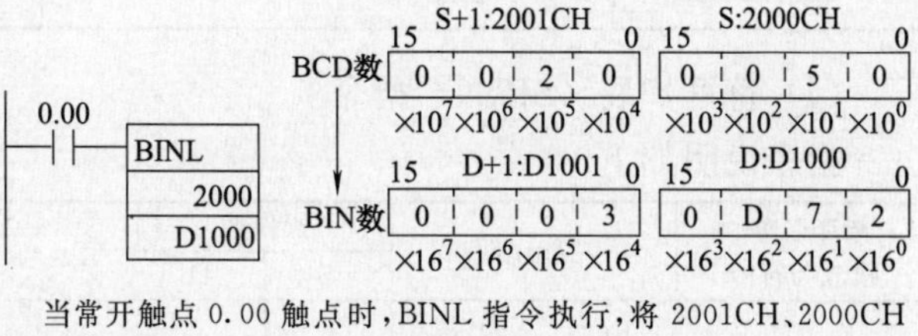 0.00 BINL 2000 D1000 S+1:2001CH 15 0 S:2000CH 15 0 BCD数 0 0 2 0 | 0 0 5 0 $\times10^7\times10^6\times10^5\times10^4$ $\times10^3\times10^2\times10^1\times10^0$ D+1:D1001 15 0 D:D1000 15 0 BIN数 0 0 0 3 | 0 D 7 2 $\times16^7\times16^6\times16^5\times16^4$ $\times16^3\times16^2\times16^1\times16^0$ 当常开触点 0.00 触点时,BINL 指令执行,将 2001CH、2000CH 通道中的 BCD 数 200050 转换成 BIN 数 30D72,并存入 D1001、D1000 通道。 BCD 数转 BIN 数采用 BCD 数除 16 取余法,例如: 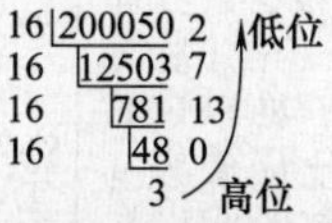 16|200050 2 低位 16|12503 7 16|781 13 16|48 0 3 高位
BCD→BIN 倍长转换 BINL S D BINL S D	将 S+1、S 通道中的 32 位 BCD 数(8 组)转换成 32 位 BIN 数,并存入 D+1、D 通道	CIO、W、H、A、T、C、D、@D、*D	

(2) BIN→BCD 转换 (BCD)、BIN→BCD 倍长转换 (BCDL) 指令

指令说明如下。

指令名称、格式与符号	功能说明	操作数 S、D	使用举例
BIN→BCD 转换 BCD S D BCD S D	将 S 通道中的 16 位 BIN 数转换成 BCD 数(4 组),并存入 D 通道	CIO、W、H、A、T、C、D、@D、* D、DR、	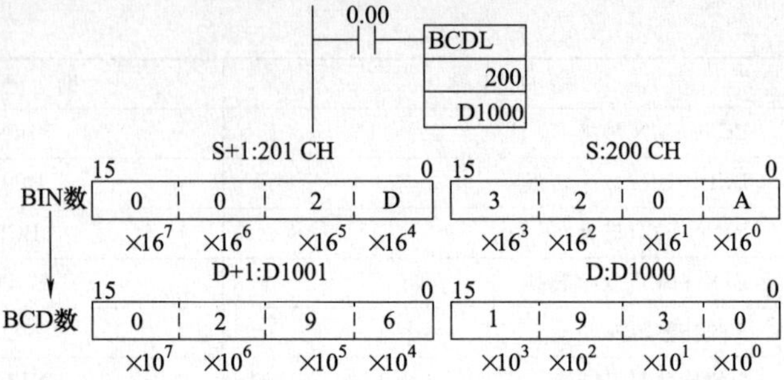 0.00 ─┤├─ BCDL 200 D1000 S+1:201 CH 15…0 / S:200 CH 15…0 BIN数: 0 0 2 D / 3 2 0 A ×16⁷ ×16⁶ ×16⁵ ×16⁴ / ×16³ ×16² ×16¹ ×16⁰ D+1:D1001 15…0 / D:D1000 15…0 BCD数: 0 2 9 6 / 1 9 3 0 ×10⁷ ×10⁶ ×10⁵ ×10⁴ / ×10³ ×10² ×10¹ ×10⁰ 当常开触点 0.00 触点时,BCDL 指令执行,将 201CH、200CH 通道中的 BIN 数 2D320A 转换成 BCD 数 2961930,并存入 D1001、D1000 通道。 BIN 数 2D320A 转换成 BCD 数 2961930 的过程如下: $2D320A(BIN)=2\times16^5+13\times16^4+3\times16^3+2\times16^2+0\times16^1+10\times16^0=2961930(BCD)$
BIN→BCD 倍长转换 BCDL S D BCDL S D	将 S+1、S 通道中的 32 位 BIN 数转换成 BCD 数(8 组),并存入 D+1、D 通道	CIO、W、H、A、T、C、D、@D、* D	

(3) 单字求补码 (NEG)、双字求补码 (NEGL) 指令

指令说明如下。

指令名称、格式与符号	功能说明	操作数 S	操作数 D	使用举例
单字求补码 NEG S D NEG S D	将 S 通道中的 16 位数各位取反后再加 1,得到该数的补码存入 D 通道	CIO、W、H、A、T、C、D、@D、* D、DR、常数	CIO、W、H、A、T、C、D、@D、* D、DR	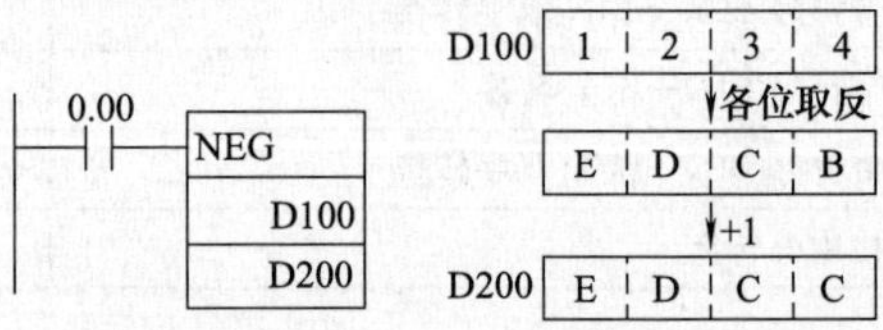 0.00 ─┤├─ NEG D100 D200 D100: 1 2 3 4 ↓各位取反 E D C B ↓+1 D200: E D C C 当常开触点 0.00 触点时,NEG 指令执行,将 D100 中的数据 1234H 各位取反再加 1,得到该数的补码 EDCCH 存入 D200。 S 通道数据的补码也可以看成是 0000H 与 S 通道数据相减得到,例如: 0000 −1234 EDCC
双字求补码 NEGL S D NEGL S D	将 S+1、S 通道中的 32 位数各位取反后再加 1,得到该数的补码存入 D+1、D 通道	CIO、W、H、A、T、C、D、@D、* D、常数	CIO、W、H、A、T、C、D、@D、* D	

(4) 符号扩展 (SIGN) 指令

指令说明如下。

指令名称、格式与符号	功能说明	操作数 S	操作数 D	使用举例
符号扩展 SIGN S D SIGN S D	将 S 通道中的数据送入 D 通道,同时根据该数据的符号位(最高位)值,将 FFFFH(符号位值为 1 时)或 0000H(符号位值为 0 时)送入 D+1 通道	CIO、W、H、A、T、C、D、@D、* D、DR、常数	CIO、W、H、A、T、C、D、@D、* D	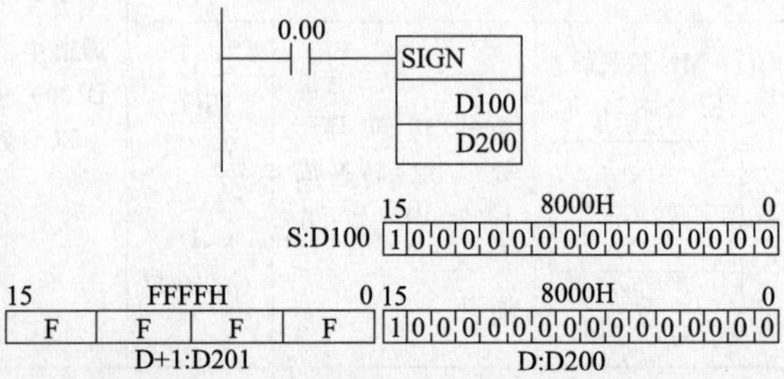 0.00 ─┤├─ SIGN D100 D200 S:D100 15…0 8000H: 1 0 0 0 0 0 0 0 0 0 0 0 0 0 0 0 D+1:D201 15…0 FFFFH: F F F F D:D200 15…0 8000H: 1 0 0 0 0 0 0 0 0 0 0 0 0 0 0 0 当常开触点 0.00 触点时,SIGN 指令执行,将 D100 中的数据 8000H 送入 D200,由于 D100 中数据的符号位值为 1,因此同时将 FFFFH 送入 D201,即 D201 的 16 位全为 1

(5) 4→16/8→256 编码（MLPX）指令

① 指令说明。指令说明如下。

指令名称、格式与符号	功能说明	操作数 S	操作数 K	操作数 D
4→16/8→256 解码 MLPX S K D MLPX S K D	将S通道的16位数据分成4组(4→16解码)或2组(8→256解码)，并根据K通道数据的定义，将与指定组相对应的D及后续通道相应的位(其位号与对应组的值相等)置1。 K通道的数据用来定义解码类型、解码开始组及组数。 当K通道高4位(15～12)为0H时，解码类型为4→16解码，其定义如下： S：15～12 组3；11～8 组2；7～4 组1；3～0 组0 K：15～12 0（4→16解码 0H）；11～8 0（设置为0）；7～4 1（解码组数 0～3H (1～4组)）；3～0 n（开始组编号 0～3H (组0～组3)） 组0～组3解码对应置位分别为D～D+3。 当K通道高4位为1H时，解码类型为8→256解码，其定义如下： S：15～8 组1；7～0 组0 K：15～12 1（8→256解码 1H）；11～8（设置为0）；7～4 1（解码组数 0H:1 1H:2组）；3～0 n（开始组编号 0H:组0 1H:组1） 组0解码对应置位为D+15～D，组1解码置位对应D+31～D+16	CIO、W、H、A、T、C、D、@D、*D、DR	CIO、W、H、A、T、C、D、@D、*D、DR、常数	CIO、W、H、A、T、C、D、@D、*D

② 指令使用举例。4→16/8→256 解码（MLPX）指令使用如图 8-20 所示。

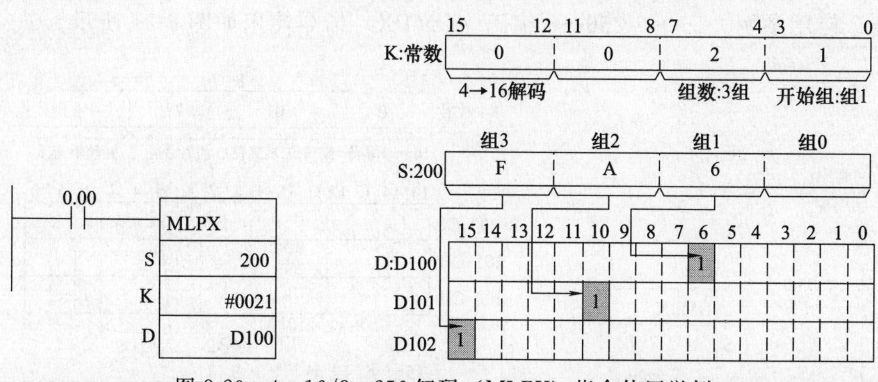

图 8-20 4→16/8→256 解码（MLPX）指令使用举例

当常开触点 0.00 闭合时，MLPX 指令执行，由于 K 为常数 0021H，其定义为：解码类型为 4→16 解码，开始组为组 1，组数为 3 组。MLPX 指令执行时，根据 K 常数的定义，将与S通道组1～组3（组1开始的3组）对应的D及后续通道的相应位（其位号与相应组值相等）置1，200CH（S通道）的组1的值为6，指令将D100的第6位置1（其他位全为0），组2、组3的值分别为A、F，指令将D101的第10位、D102的第15位都置1。

指令执行时，若从开始组到最高组的组数不够，则会自动取低组填够组数。如果图8-20中的K常数为0031H，组数为4，解码时会在组3后取组0。

(6) 16→4/256→8编码（DMPX）指令

① 指令说明。指令说明如下。

指令名称、格式与符号	功能说明	操作数		
		S	K	D
16→4/256→8编码 DMPX S K D DMPX S K D	根据K通道的数据定义，将S及后续通道中的最高位或最低位1的位号值写入D通道对应的组中。 K通道的数据用来定义编码类型、编码位、编码组数及开始组。 当K通道高4位（15～12）为0H时，编码类型为16→4编码，其定义如下： K：15～12：0（编码类型 0H:16→4编码）；11～8：1（编码位 0H:最高位1 1H:最低位1）；7～4：1（编码组数 0～3H:1～4组）；3～0：n（存放的开始组号 0～3H:组0～组3） D：15～12：组3；11～8：组2；7～4：组1；3～0：组0 组0～组3与S～S+3通道一一对应。 当K通道高4位为1H时，编码类型为256→8编码，其定义如下： K：15～12：1（编码类型 1H:256→8编码）；11～8：1（编码位 0H:最高位1 1H:最低位1）；7～4：1（编码组数 0H:1组 1H:2组）；3～0：n（存放的开始组号 0H:第0组 1H:第1组） D：15～8：组1；7～0：组0 组0、组1分别对应S+15～S、S+31～S+16	CIO、W、H、A、T、C、D、@D、*D	CIO、W、H、A、T、C、D、@D、*D、DR、常数	CIO、W、H、A、T、C、D、@D、*D、DR

② 指令使用举例。16→4/256→8编码（DMPX）指令使用如图8-21所示。

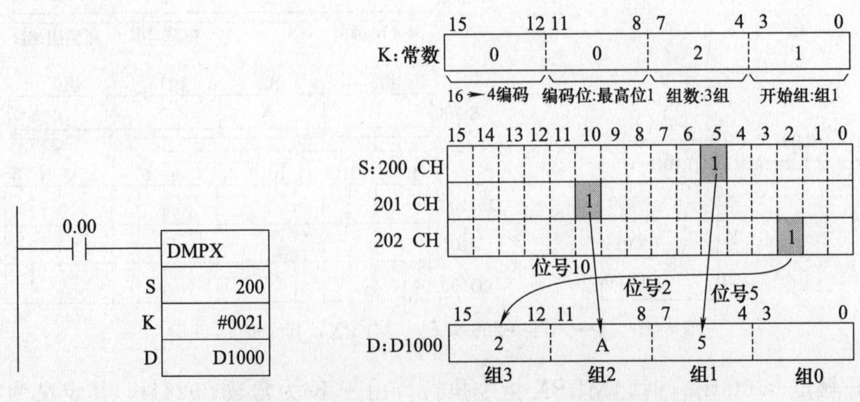

图8-21 16→4/256→8编码（DMPX）指令使用举例

当常开触点 0.00 闭合时，DMPX 指令执行，由于 K 为常数 0021H，其定义为：编码类型为 16→4 编码，编码位为最高位 1，开始组为组 1，组数为 3 组。在 DMPX 指令执行时，会将 200CH 最高位 1 的位号 5 写入 D1000 的组 1，将 201CH 最高位 1 的位号 10 写入 D1000 的组 2，将 202CH 最高位 1 的位号 2 写入 D1000 的组 3。

在编码时，若从开始组到最高组的组数不够，则会自动取低组填够组数。如果图 8-21 中的 K 常数为 0031H，组数为 4，编码时 203CH 最高位 1 的位号会写入组 0。

(7) HEX→ASCII 转换（ASC）指令

① 关于 ASCII 码知识。ASCII 码意为美国标准信息交换码，是一种使用 7 位或 8 位二进制数编码的方案，最多可以对 256 个字符（包括字母、数字、标点符号、控制字符及其他符号）进行编码。ASCII 编码表见表 8-1。计算机等很多数字设备的字符采用 ASCII 编码方式，例如当按下键盘上的"8"键时，键盘内的编码电路就将该键编码成 011 1000，再送入计算机处理，如果在 7 位 ASCII 码最高位加 0 或 1 就构成了 8 位 ASCII 码。

表 8-1 ASCII 编码表

高 3 位 $b_7b_6b_5$ / $b_4b_3b_2b_1$ 低 4 位	000 (0)	001 (1)	010 (2)	011 (3)	100 (4)	101 (5)	110 (6)	111 (7)
0000(0)	nul	dle	sp	0	@	P	、	p
0001(1)	soh	dc1	!	1	A	Q	a	q
0010(2)	stx	dc2	"	2	B	R	b	r
0011(3)	etx	dc3	#	3	C	S	c	s
0100(4)	eot	dc4	$	4	D	T	d	t
0101(5)	enq	nak	%	5	E	U	e	u
0110(6)	ack	svn	&	6	F	V	f	v
0111(7)	bel	etb	'	7	G	W	g	W
1000(8)	bs	can	(	8	H	X	h	x
1001(9)	ht	em	)	9	I	Y	i	y
1010(A)	lf	sub	*	:	J	Z	j	z
1011(B)	vt	esc	+	;	K	[	k	{
1100(C)	ff	fs	,	<	L	\	l	|
1101(D)	cr	gs	—	=	M	]	m	}
1110(E)	so	rs	.	>	N	ˆ	n	~
1111(F)	si	us	/	?	O	_	o	del

② 指令说明。指令说明如下。

指令名称、格式与符号	功能说明	操作数		
		S	K	D
HEX→ASCII 转换 ASC S K D ASC S K D	将 S 通道的 16 位数据分成 4 组，并根据 K 通道数据的定义，将指定组的数(十六进制数)转换成 ASCII 码，再存入 D 通道指定的字节中。 K 通道的数据用来定义奇偶校验类型、转换输出存入起始字节、转换组数及开始组编号。其定义如下：	CIO、W、H、A、T、C、D、@D、*D、DR	CIO、W、H、A、T、C、D、@D、*D、DR、常数	CIO、W、H、A、T、C、D、@D、*D

续表

指令名称、格式与符号	功能说明	操作数		
		S	K	D
HEX→ASCII 转换 ASC S K D ASC S K D	15 12 11 8 7 4 3 0 S 组3 组2 组1 组0 15 12 11 8 7 4 3 0 K 0 n m 开始组编号 0～3H:组0～组3 转换组数 0～3H:1～4组 转换输出存放起始字节 0H:低字节 1H:高字节 奇偶校验指定 0H:无校验 1H:偶校验 2H:奇校验 ASCII 码由 7 位二进制数组成，通常在最高位增加一位就构成一个字节。选择无校验，最高位固定为 0；若选择偶校验，要求 7 位中的 1 与最高位中的 1 总个数为偶数，若 7 位中 1 的个数为偶数，最高位为 0，7 位中 1 的个数为奇数，最高位为 1；选择奇校验时，要求 7 位中的 1 与最高位中的 1 总个数为奇数	CIO、W、H、A、T、C、D、@D、* D、DR	CIO、W、H、A、T、C、D、@D、* D、DR、常数	CIO、W、H、A、T、C、D、@D、* D

③ 指令使用举例。HEX→ASCII 转换（ASC）指令使用如图 8-22 所示。

当常开触点 0.00 闭合时，ASC 指令执行，由于 K 为常数 0121H，其定义为：无奇偶校验，转换输出存放起始字节为高字节，转换组数为 3 组，开始组编号为组 1。在 ASC 指令执行时，会将 D100（S 通道）的组 1～组 3（组 1 开始的 3 组）中的十六进制数 3H、2H、1H 分别转换成 ASCII 码，依次存入 D200 高字节和 D201 低、高字节中，其中 D200 高字节存入 3 的 ASCII 码 00110011（即 33H），若 K 常数为 2121H，则选择奇校验，D200 高字节将存入 3 的 ASCII 码为 10110011（B3H）。

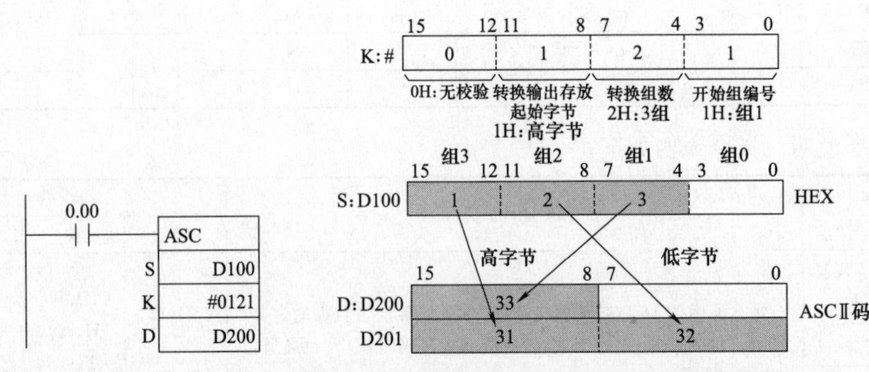

图 8-22 HEX→ASCII 转换（ASC）指令使用举例

(8) ASCII→HEX 转换（HEX）指令

① 指令说明。指令说明如下。

指令名称、格式与符号	功能说明	操作数		
		S	K	D
ASCII→HEX 转换 HEX S C D HEX S C D	根据C通道数据的定义，将S通道指定字节中的ASCII码转换成十六进制数，再存入D通道指定的组中。 K通道的数据用来定义奇偶校验类型、开始转换的起始字节、转换组数及转换输出存放的开始组编号。其定义如下： S: 15 8 7 0 高位字节 低位字节 C: 15 12 11 8 7 4 3 0 0 n m 转换输出存放开始组编号 0～3H:组0～组3 转换组数 0～3H:1～4组 开始转换起始字节 0H:低字节 1H:高字节 奇偶校验指定 0H:无校验 1H:偶校验 2H:奇校验	CIO、W、H、A、T、C、D、@D、*D	CIO、W、H、A、T、C、D、@D、*D、DR、常数	CIO、W、H、A、T、C、D、@D、*D

② 指令使用举例。ASCII→HEX转换（HEX）指令使用如图8-23所示。

当常开触点0.00闭合时，HEX指令执行，由于C为常数0121H，其定义为：无奇偶校验，开始转换的起始字节为高字节，转换组数为3组，转换输出存放的开始组编号为组1。在HEX指令执行时，会将D100（S通道）高字节开始的3个ASCII码（33H、34H、35H）转换成3个十六进制数（3H、4H、5H），分别存入D200的组1～组3中，其中D200的组1存入十六进制数3H（即0011）。

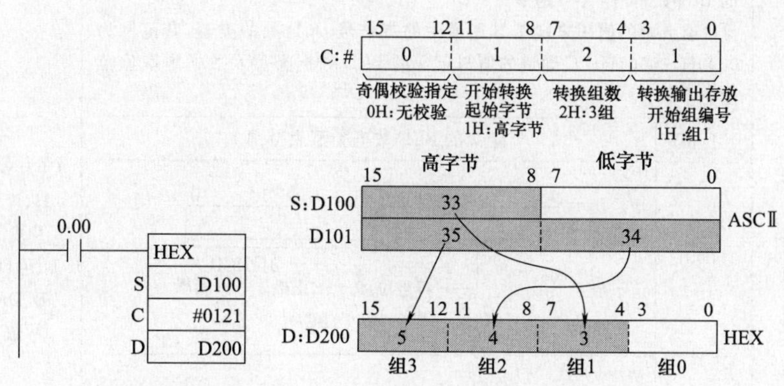

图8-23 ASCII→HEX转换（HEX）指令使用举例

（9）位列→位行转换（LINE）、位行→位列转换（COLM）指令

指令说明如下。

指令名称、格式与符号	功能说明	操作数			使用举例
		S	N	D	
位列→位行转换 LINE S N D LINE / S / N / D	将S～S+15各个通道中的第N位数据按顺序存入D通道的0～15位	CIO、W、H、A、T、C、D、@D、*D	CIO、W、H、A、T、C、D、@D、*D、DR、常数	CIO、W、H、A、T、C、D、@D、*D、DR	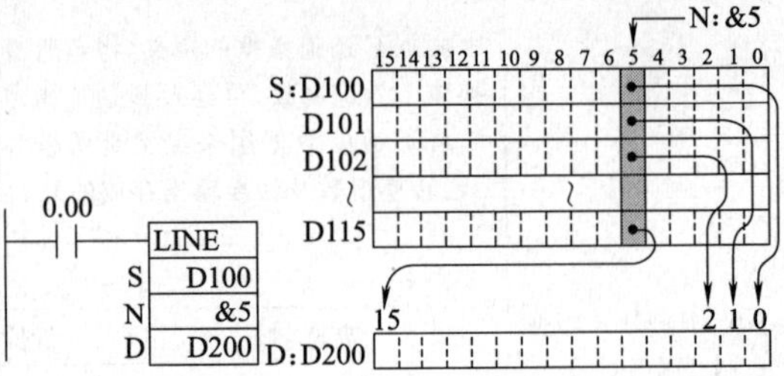 0.00 LINE S D100 N &5 D D200；N:&5；S:D100、D101、D102、D115；D:D200 当常开触点0.00触点时，LINE指令执行，将D100～D115各个通道的第5位数据按顺序依次存入D200通道的0～15位
位行→位列转换 COLM S D N COLM / S / D / N	将S通道中的0～15位数据按顺序依次存入D～D+15各通道的第N位中	CIO、W、H、A、T、C、D、@D、*D、DR、常数	CIO、W、H、A、T、C、D、@D、*D、DR、常数	CIO、W、H、A、T、C、D、@D、*D	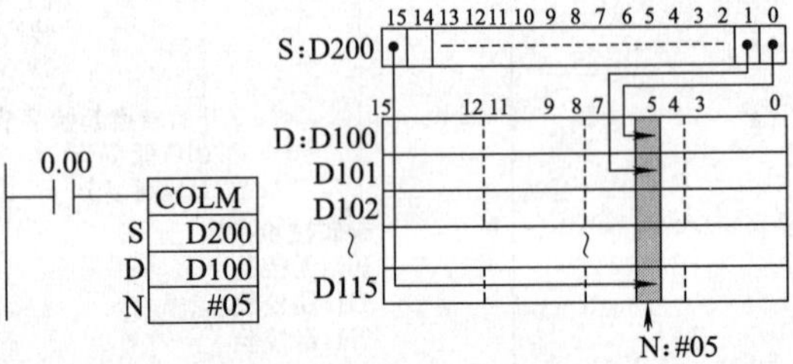 0.00 COLM S D200 D D100 N #05；S:D200；D:D100、D101、D102、D115；N:#05 当常开触点0.00触点时，COLM指令执行，将D200通道的0～15位数据按顺序依次存入D100～D115各通道的第5位中

(10) 带符号BCD→BIN转换（BINS）指令

① 指令说明。指令说明如下。

指令名称、格式与符号	功能说明	操作数	
		C	S、D
带符号 BCD→BIN转换 BINS C S D BINS / C / S / D	将S通道带符号的BCD数（其类型由C通道数据定义）转换成带符号的BIN数，再存入D通道。 C通道中的值用来定义S通道中的带符号BCD数的类型，其范围为0000H～0003H。C通道的值与定义的BCD数据类型及S通道取值范围见下表： C值：0000H — 定义的BCD数据类型及范围：S 0 0 0（15，12 11，8 7，4 3，0）；3位BCD；符号位：0——正数；1——负数；S的值：-999～999 (BCD) C值：0001H — 定义的BCD数据类型及范围：S（15，12 11，8 7，4 3，0）；3位BCD；第4位BCD(0～7)；符号位：0——正数；1——负数；S的值：-7999～7999(BCD)	CIO、W、H、A、T、C、D、@D、*D、DR、常数	CIO、W、H、A、T、C、D、@D、*D、DR

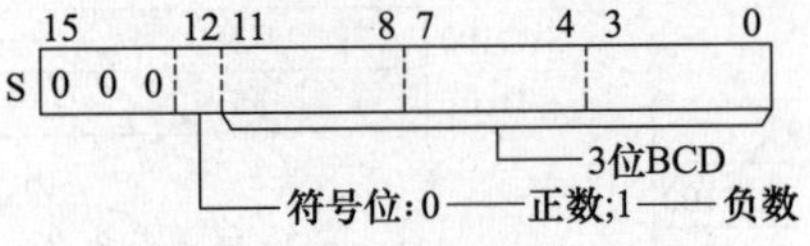

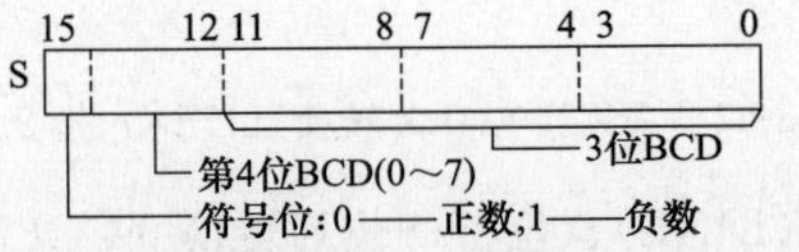

续表

<table>
<tr><th rowspan="2">指令名称、
格式与符号</th><th rowspan="2">功 能 说 明</th><th colspan="2">操作数</th></tr>
<tr><th>C</th><th>S、D</th></tr>
<tr><td>带符号
BCD→BIN 转换
BINS C S D

BINS
C
S
D</td><td>

C值	定义的 BCD 数据类型及范围
0002H	15 12 11 8 7 4 3 0 S 0～9:BCD第4位 F:负数(−) A～E:出错 3位BCD S的值:-999～9999(BCD)
0003H	15 12 11 8 7 4 3 0 S 0～9:BCD第4位 A:负数(−1) F:负数(−) B～E:出错 3位BCD S的值:-1999～9999(BCD)

</td><td>CIO、W、
H、A、
T、C、
D、@D、
* D、DR、
常数</td><td>CIO、W、H、
A、T、C、
D、@D、
* D、DR</td></tr>
</table>

② 指令使用举例。带符号 BCD→BIN 转换（BINS）指令使用如图 8-24 所示。

当常开触点 0.01 闭合时，BINS 指令执行，D300（S 通道）的数据为 A369，其中高 4 位（15～12）的值为 A，由于 C 值为常数 0003H，它将 D300 中的高 4 位值 A 定义为−1，D300 中的 BCD 数则为−1369，BINS 指令执行时将 BCD 数−1369 转换成 BIN 数 FAA7，再存入 D400 通道。

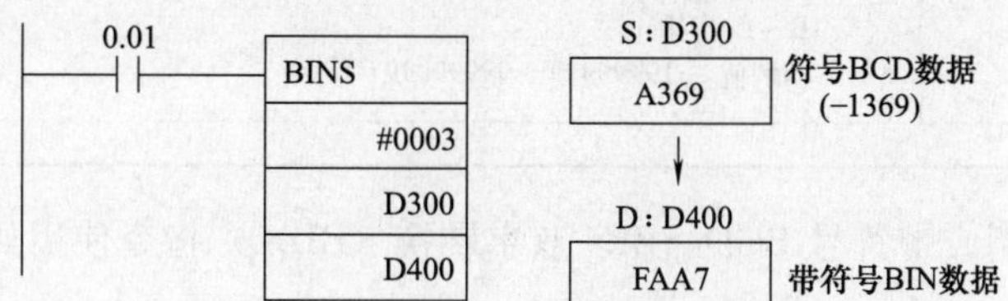

图 8-24 带符号 BCD→BIN 转换（BINS）指令使用举例

（11）带符号 BCD→BIN 双字转换（BISL）指令

① 指令说明。指令说明如下。

<table>
<tr><th rowspan="2">指令名称、
格式与符号</th><th rowspan="2">功 能 说 明</th><th colspan="2">操作数</th></tr>
<tr><th>C</th><th>S、D</th></tr>
<tr><td>带符号
BCD→BIN 双字转换
BISL C S D

BISL
C
S
D</td><td>将 S+1、S 通道带符号的 BCD 数（其类型由 C 通道数据定义）转换成带符号的 BIN 数，再存入 D+1、D 通道。
C 通道中的值用来定义 S 通道中的带符号 BCD 数的类型，其范围为 0000～0003H。C 通道的值与定义的 BCD 数据类型及 S 通道取值范围见下表：</td><td>CIO、W、
H、A、
T、C、
D、@D、
* D、DR、
常数</td><td>CIO、
W、H、
A、T、
C、D、
@D、* D</td></tr>
</table>

续表

指令名称、格式与符号	功能说明		操作数 C	操作数 S、D
	C值	定义的BCD数据类型及S取值范围		
带符号 BCD→BIN 双字转换 BISL C S D BISL C S D	0000H	S+1 (15 12 11 8 7 4 3 0) 0 0 0 ; S (15 12 11 8 7 4 3 0) 符号位:0——正数;1——负数 7位BCD S的值：—9999999～9999999 (BCD)	CIO、W、H、A、T、C、D、@D、* D、DR、常数	CIO、W、H、A、T、C、D、@D、* D
	0001H	S+1 (15 12 11 8 7 4 3 0) ; S (15 12 11 8 7 4 3 0) 第8位BCD(0～7) 7位BCD 符号位:0——正数;1——负数 S的值：-79999999～79999999(BCD)		
	0002H	S+1 (15 12 11 8 7 4 3 0) ; S (15 12 11 8 7 4 3 0) 7位BCD 0～9:BCD第4位 F:负数(–) A～E:出错 S的值：-9999999～99999999(BCD)		
	0003H	S+1 (15 12 11 8 7 4 3 0) ; S (15 12 11 8 7 4 3 0) 0～9:BCD第4位 7位BCD A:负数(–1) F:负数(–) B～E:出错 S的值：-19999999～99999999 (BCD)		

② 指令使用举例。带符号 BCD→BIN 双字转换（BISL）指令使用如图 8-25 所示。

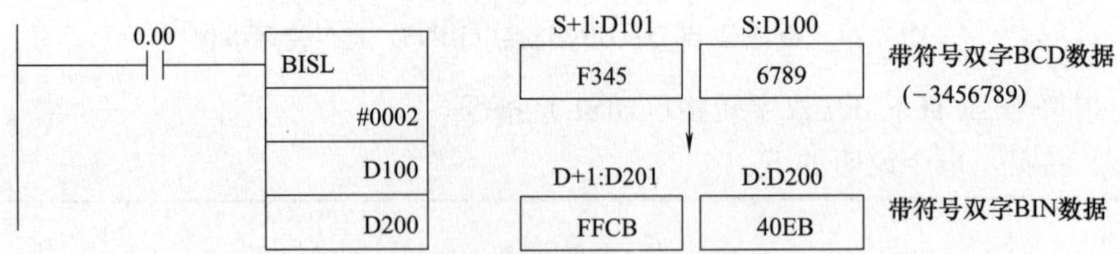

图 8-25　带符号 BCD→BIN 双字转换（BISL）指令使用举例

当常开触点 0.00 闭合时，BISL 指令执行，D101（S+1 通道）的数据为 F345，其中高 4 位（15～12）的值为 F，由于 C 值为常数 0002H，它将 D101 中的高 4 位值 F 定义为－1，D101、D100 中的 BCD 数则为－3456789，BISL 指令执行时将 BCD 数－3456789 转换成 BIN 数 FFCB40EB，再存入 D201、D200 通道。

（12）带符号 BIN→BCD 转换（BCDS）、带符号 BIN→BCD 双字转换（BDSL）指令

① 指令说明。指令说明如下。

<table>
<tr><th rowspan="2">指令名称、格式与符号</th><th rowspan="2">功 能 说 明</th><th colspan="2">操作数</th></tr>
<tr><th>C</th><th>S、D</th></tr>
<tr><td>带符号
BIN→BCD 转换
BCDS C S D
BCDS
C
S
D</td><td>将S通道带符号的BIN数转换成带符号的BCD数(其类型由C通道数据定义),再存入D通道。
C通道的值用来定义D通道中的带符号BCD数的类型,其范围为0000H～0003H。为了确保转换结果能得到指定类型的BCD数,对S通道的BIN数取值有范围要求,超出范围转换会出错。
C通道的值与定义的BCD数据类型及S通道取值范围见下表:
<table>
<tr><th>C值</th><th>定义的BCD数据类型及S、D通道数值范围</th></tr>
<tr><td>0000H</td><td> 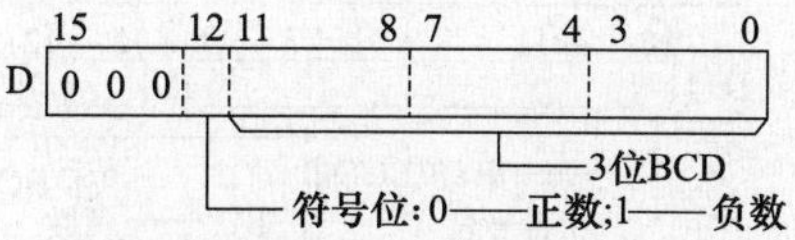15 12 11 8 7 4 3 0
D 0 0 0
3位BCD
符号位:0——正数;1——负数
S取值范围:0000～03E7 Hex
FC19～FFFF Hex
D值范围:-999～999(BCD)</td></tr>
<tr><td>0001H</td><td> 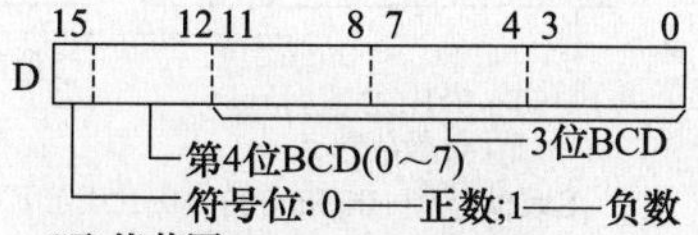15 12 11 8 7 4 3 0
D
第4位BCD(0～7)
3位BCD
符号位:0——正数;1——负数
S取值范围:0000～1F3F Hex
E0C1～FFFF Hex
D值范围:-7999～7999(BCD)</td></tr>
<tr><td>0002H</td><td> 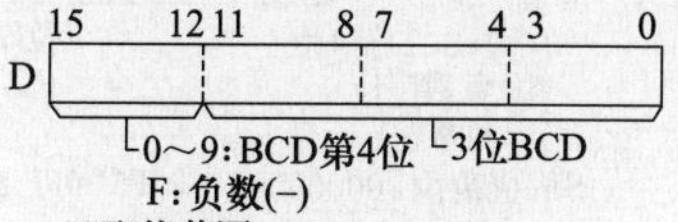15 12 11 8 7 4 3 0
D
0～9:BCD第4位 3位BCD
F:负数(-)
S取值范围:0000～270F Hex
FC19～FFFF Hex
D值范围:-999～9999(BCD)</td></tr>
<tr><td>0003H</td><td> 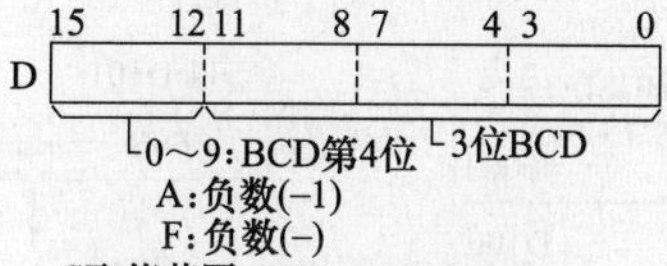15 12 11 8 7 4 3 0
D
0～9:BCD第4位 3位BCD
A:负数(-1)
F:负数(-)
S取值范围:0000～270F Hex
F831～FFFF Hex
D值范围:-1999～9999(BCD)</td></tr>
</table></td><td>CIO、W、H、A、T、C、D、@D、*D、DR、常数</td><td>CIO、W、H、A、T、C、D、@D、*D、DR</td></tr>
<tr><td>带符号
BIN→BCD 双字转换
BDSL C S D
BDSL
C
S
D</td><td>将S+1、S通道带符号的BIN数转换成带符号的BCD数(其类型由C通道数据定义),再存入D+1、D通道。
C通道的值用来定义D通道中的带符号BCD数的类型,其范围为0000H～0003H。为了确保转换结果能得到指定类型的BCD数,对S通道的BIN数有范围要求,超出范围转换会出错。
C通道的值与定义的BCD数据类型及S通道取值范围见下表:</td><td>CIO、W、H、A、T、C、D、@D、*D、DR、常数</td><td>CIO、W、H、A、T、C、D、@D、*D</td></tr>
</table>

续表

指令名称、格式与符号	功能说明		操作数	
	C值	定义的BCD数据类型及S、D通道数值范围	C	S、D
带符号 BIN→BCD双字转换 BDSL C S D BDSL C S D	0000H	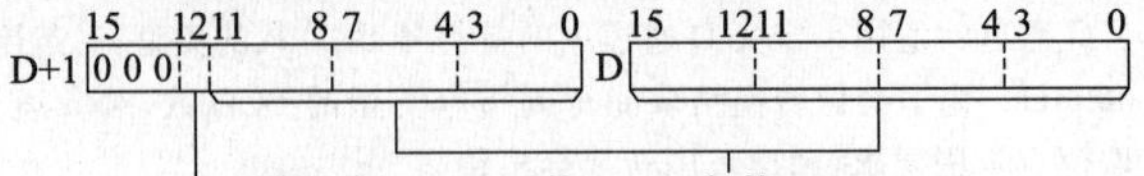 D+1: 15 1211 8 7 4 3 0 (0 0 0) D: 15 1211 8 7 4 3 0 符号位：0——正数；1——负数 7位BCD S取值范围：00000000～0098967F Hex FF676981～FFFF FFFF Hex D值范围：-9999999～9999999(BCD)	CIO、W、H、A、T、C、D、@D、*D、DR、常数	CIO、W、H、A、T、C、D、@D、*D
	0001H	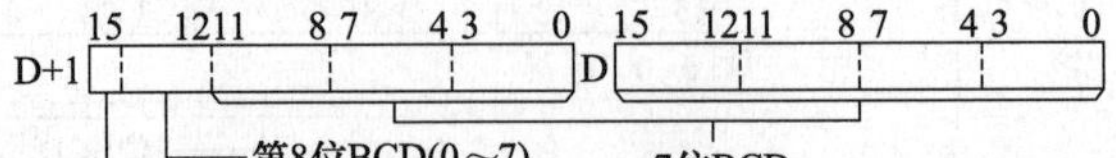 D+1: 15 1211 8 7 4 3 0 D: 15 1211 8 7 4 3 0 第8位BCD(0～7) 7位BCD 符号位：0——正数；1——负数 S取值范围：00000000～04C4B3FF Hex FB3B4C01～FFFFFFFF Hex D值范围：-79999999～79999999(BCD)		
	0002H	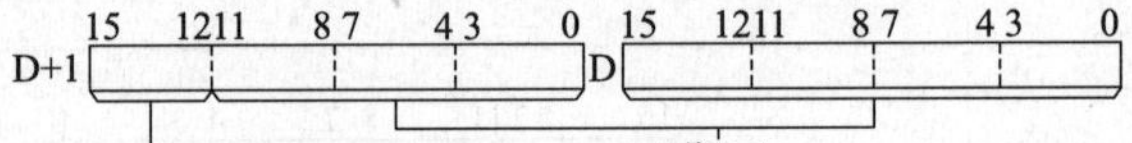 D+1: 15 1211 8 7 4 3 0 D: 15 1211 8 7 4 3 0 7位BC 0～9：BCD第4位 F：负数(-) S取值范围：00000000～05F5E0FF Hex FF676981～FFFFFFFF Hex D值范围：-9999999～99999999(BCD)		
	0003H	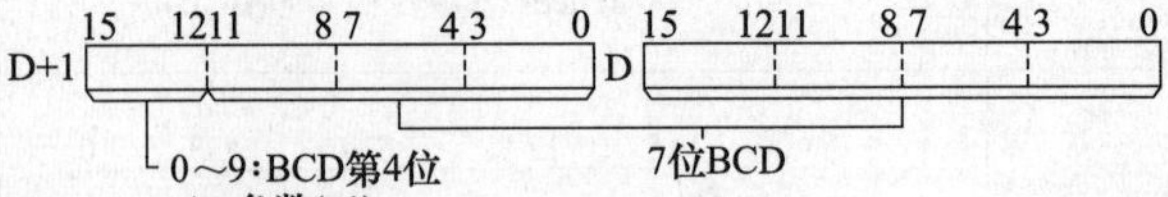 D+1: 15 1211 8 7 4 3 0 D: 15 1211 8 7 4 3 0 0～9：BCD第4位 7位BCD A：负数(-1) F：负数(-) S取值范围：00000000～05F5E0FF Hex FFCED301～FFFFFFFF Hex D值范围：-19999999～99999999(BCD)		

② 指令使用举例。带符号BIN→BCD双字转换（BDSL）指令使用如图8-26所示。

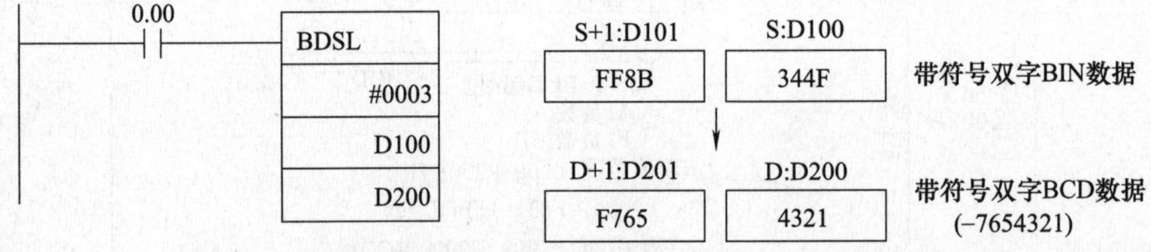

图8-26 带符号BIN→BCD双字转换（BDSL）指令使用举例

当常开触点0.00闭合时，BDSL指令执行，D101、D100（S通道）的BIN数为FF8B344F，C值为常数0003H，BDSL指令执行时，先检查D101、D100（S通道）的取值是否在允许范围内，若在允许范围内，就将D101、D100中的BIN数FF8B344F转换成指定类型的BCD数F7654321，再存入D201、D200通道。

(13) 格雷码转换（GRY）指令

① 关于格雷码。两个相邻代码之间仅有1位数码不同的代码称为格雷码。十进制数、二进制数（BIN）与格雷码的对应关系见表8-2。

表 8-2 十进制数、二进制数与格雷码对照表

十进制数	二进制数	格雷码	十进制数	二进制数	格雷码
0	0000	0000	8	1000	1100
1	0001	0001	9	1001	1101
2	0010	0011	10	1010	1111
3	0011	0010	11	1011	1110
4	0100	0110	12	1100	1010
5	0101	0111	13	1101	1011
6	0110	0101	14	1110	1001
7	0111	0100	15	1111	1000

从表 8-2 中可以看出，相邻的两个格雷码之间仅有 1 位数码不同，如 5 的格雷码是 0111，它与 4 的格雷码 0110 仅最后一位不同，与 6 的格雷码 0101 仅倒数第二位不同。二进制数表示的数码在递增或递减时，往往多位发生变化，3 的二进制数 0011 与 4 的二进制数 0100 同时有 3 位发生变化，这样在数字电路处理中很容易出错，而格雷码在递增或递减时，仅有 1 位发生变化，这样不容易出错，所以格雷码常用于高分辨率的设备中。

二进制数与格雷码相互转换方法如下。

a. 二进制（BIN）→格雷码（GRY）：格雷码最左边一位与 BIN 相同，从 BIN 的左边第二位起，将每位与左边的一位进行异或运算（异或运算：相同得 0，相异得 1），运算结果作为格雷码该位值。

BIN→GRY 转换举例：

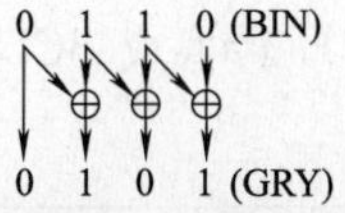

0 1 1 0 (BIN)
0 1 0 1 (GRY)

b. 格雷码（GRY）→二进制（BIN）：BIN 数最左边一位与格雷码相同，从格雷码的左边第二位起，将每位与 BIN 数该位左边的一位进行异或运算，运算结果作为 BIN 数该位值。

GRY→BIN 转换举例：

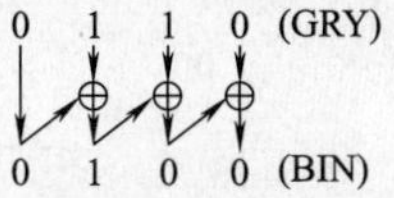

0 1 1 0 (GRY)
0 1 0 0 (BIN)

② 指令说明。指令说明如下。

<table>
<tr><th rowspan="2">指令名称、
格式与符号</th><th rowspan="2">功 能 说 明</th><th colspan="2">操作数</th></tr>
<tr><th>S</th><th>C、D</th></tr>
<tr><td>格雷码转换
GRY C S D
GRY
C
S
D</td><td>根据 C 通道数据的定义，将 S 通道的格雷码转换成指定类型的数据（BIN 数、BCD 数或角度数）后，再存入 D 通道。
C 通道由 C～C+2 三个通道组成，用来定义转换模式、分辨率和补偿值等。
C 通道定义格式如下： 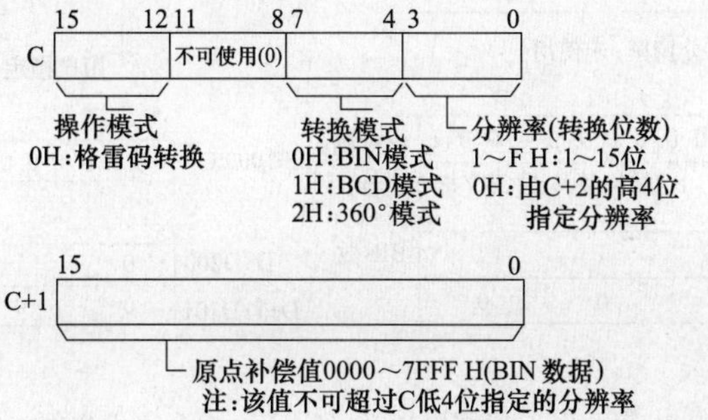
C：15 12 11 8 7 4 3 0
不可使用(0)
操作模式 0H：格雷码转换
转换模式 0H：BIN模式 1H：BCD模式 2H：360°模式
分辨率(转换位数) 1～F H：1～15位 0H：由C+2的高4位指定分辨率
C+1：15 0
原点补偿值0000～7FFF H(BIN 数据)
注：该值不可超过C低4位指定的分辨率</td><td>CIO、W、H、A、T、C、D、@D、*D、DR、常数</td><td>CIO、W、H、A、T、C、D、@D、*D</td></tr>
</table>

续表

指令名称、格式与符号	功能说明	操作数 S	操作数 C、D
格雷码转换 GRY C S D GRY C S D	C+2: 15 12 11 0 编码器余数补偿值(BIN数据) 注:该值不可超过C+2高4位指定的分辨率值 用户指定分辨率 0H:256;1H:360;2H:720;3H:1024;4～F H:未定义 注:C+2的设置仅在C的低4位为0H时才有效	CIO、W、H、A、T、C、D、@D、*D、DR、常数	CIO、W、H、A、T、C、D、@D、*D

③ 指令使用举例。格雷码转换（GRY）指令使用如图8-27所示。当常开触点0.00闭合时，GRY指令执行，根据D0～D2通道的数据的定义，将1000CH的格雷码转换成指定类型数据并进行补正后存入D200、D201通道。

如果C、S、D通道的数据为如图8-27（b）所示的值，在GRY指令执行时，会将1000CH（S通道）中的8位格雷码00101001转换成BIN数00110001（31H），再将该BIN数减以D1（C+1通道）中的原点补正值1AH，所得结果17H存入D200。

如果C、S、D通道的数据为如图8-27（c）所示的值，在GRY指令执行时，先将1000CH（S通道）中小于360的格雷码11100111转换成BIN数10111010（BAH），然后将该BIN数先后减去D1（C+1通道）中的原点补正值0AH和D2（C+2通道）中的编码器余数补偿值4CH，再将所得BIN数4CH转换成BCD数100H，结果存入D200。

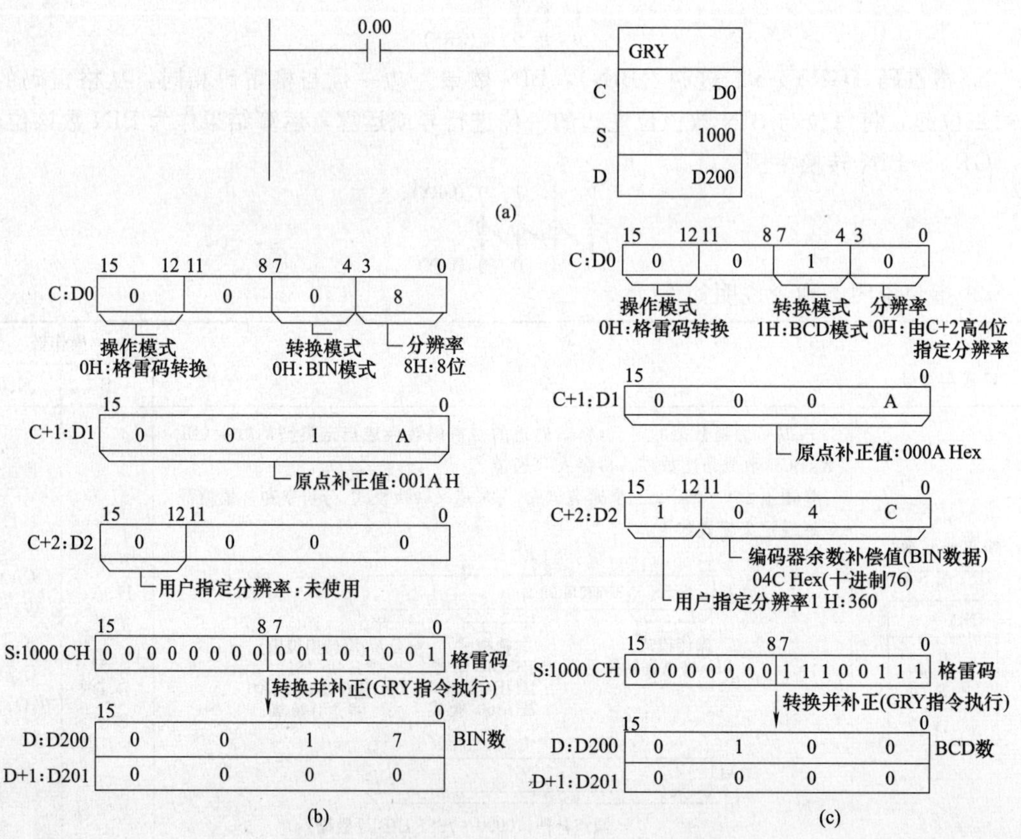

图8-27 格雷码转换（GRY）指令使用举例

8.7 逻辑运算指令的使用

指令名称	助记符	功能号
字逻辑与	ANDW	034
双字逻辑与	ANDL	610
字逻辑或	ORW	035
双字逻辑或	ORWL	611
字异或	XORW	036
双字异或	XORL	612
字同或	XNRW	037
双字同或	XNRL	613
字取反	COM	029
双字取反	COML	614

(1) 字逻辑与（ANDW）、双字逻辑与（ANDL）指令

指令说明如下。

指令名称、格式与符号	功能说明	操作数		使用举例
		S1、S2	D	
字逻辑与 ANDW S1 S2 D ANDW / S1 / S2 / D	将S1、S2通道中的16位数据逐位对应相与，结果存入D通道对应位中	CIO、W、H、A、T、C、D、@D、*D、DR、常数	CIO、W、H、A、T、C、D、@D、*D、DR	0.00 ANDL 1000 2000 D200 当常开触点0.00触点时，ANDL指令执行，将1001CH、1000CH与2001CH、2000CH中的32位数据逐位对应相与，结果存入D201、D200通道对应位中
双字逻辑与 ANDL S1 S2 D ANDL / S1 / S2 / D	将S1+1、S1与S2+1、S2通道中的32位数据逐位对应相与，结果存入D+1、D通道对应位中	CIO、W、H、A、T、C、D、@D、*D、常数	CIO、W、H、A、T、C、D、@D、*D	

(2) 字逻辑或（ORW）、双字逻辑或（ORWL）指令

指令说明如下。

指令名称、格式与符号	功能说明	操作数		使用举例
		S1、S2	D	
字逻辑或 ORW S1 S2 D ORW / S1 / S2 / D	将S1、S2通道中的16位数据逐位对应相或，结果存入D通道对应位中	CIO、W、H、A、T、C、D、@D、*D、DR、常数	CIO、W、H、A、T、C、D、@D、*D、DR	0.00 ORWL 1000 2000 D500 当常开触点0.00触点时，ORWL指令执行，将1001CH、1000CH与2001CH、2000CH中的32位数据逐位对应相或，结果存入D501、D500通道对应位中
双字逻辑或 ORWL S1 S2 D ORWL / S1 / S2 / D	将S1+1、S1与S2+1、S2通道中的32位数据逐位对应相或，结果存入D+1、D通道对应位中	CIO、W、H、A、T、C、D、@D、*D、常数	CIO、W、H、A、T、C、D、@D、*D	

(3) 字异或（XORW）、双字异或（XORL）指令

指令说明如下。

指令名称、格式与符号	功能说明	操作数		使用举例
		S1、S2	D	
字异或 XORW S1 S2 D XORW S1 S2 D	将S1、S2通道中的16位数据逐位对应相异或，结果存入D通道对应位中。 异或运算：相同得0，相异得1	CIO、W、H、A、T、C、D、@D、*D、DR、常数	CIO、W、H、A、T、C、D、@D、*D、DR	0.00 XORL 1000 D1000 D1200 当常开触点0.00触点时，XORL指令执行，将1001CH、1000CH与D1001CH、D1000CH中的32位数据逐位对应相异或，结果存入D501、D500通道对应位中
双字异或 XORL S1 S2 D XORL S1 S2 D	将S1＋1、S1与S2＋1、S2通道中的32位数据逐位对应相异或，结果存入D＋1、D通道对应位中	CIO、W、H、A、T、C、D、@D、*D、常数	CIO、W、H、A、T、C、D、@D、*D	

(4) 字同或（XNRW）、双字同或（XNRL）指令

指令说明如下。

指令名称、格式与符号	功能说明	操作数		使用举例
		S1、S2	D	
字同或 XNRW S1 S2 D XNRW S1 S2 D	将S1、S2通道中的16位数据逐位对应相同或，结果存入D通道对应位中。 同或运算：相同得1，相异得0	CIO、W、H、A、T、C、D、@D、*D、DR、常数	CIO、W、H、A、T、C、D、@D、*D、DR	0.00 XNRL 1000 2000 D500 当常开触点0.00触点时，XNRL指令执行，将1001CH、1000CH与2001CH、2000CH中的32位数据逐位对应相同或，结果存入D501、D500通道对应位中
双字同或 XNRL S1 S2 D XNRL S1 S2 D	将S1＋1、S1与S2＋1、S2通道中的32位数据逐位对应相同或，结果存入D＋1、D通道对应位中	CIO、W、H、A、T、C、D、@D、*D、常数	CIO、W、H、A、T、C、D、@D、*D	

(5) 字取反（COM）、双字取反（COML）指令

指令说明如下。

指令名称、格式与符号	功能说明	操作数 D		使用举例
字取反 COM D COM D	将D通道中的16位数据逐位取反	CIO、W、H、A、T、C、D、@D、*D、DR		0.01 COML D200 当常开触点0.01触点时，COML指令执行，将D201、D200通道的32位数据逐位取反
双字取反 COML D COML D	将D+1、D通道中的32位数据逐位取反	CIO、W、H、A、T、C、D、@D、*D		

8.8 特殊运算指令的使用

指令名称	助记符	功能号
BIN平方根运算	ROTB	620
BCD平方根运算	ROOT	072
数值转换	APR	069
浮点除法运算(BCD)	FDIV	079
位计数器	BCNT	067

(1) BIN平方根运算（ROTB）、BCD平方根运算（ROOT）指令

指令说明如下。

指令名称、格式与符号	功能说明	操作数 S	操作数 D	使用举例
BIN平方根运算 ROTB S D ROTB S D	对S+1、S通道中的32位BIN数求平方根，结果中的整数部分存入D通道，小数部分舍去。 √(S+1 S) ⇨ D 32位BIN数据　16位BIN数据	CIO、W、H、A、T、C、D、@D、*D、常数	CIO、W、H、A、T、C、D、@D、*D、DR	0.00 ROTB 1000 D100 1001 CH 1000 CH 014B 5A91 ↓平方根 D100 1234 整数部分 当常开触点0.00触点时，ROTB指令执行，将1001CH、1000CH中的32位BIN数求平方根，结果中的整数部分存入D100通道，小数部分舍去
BCD平方根运算 ROOT S D ROOT S D	对S+1、S通道中的BCD数求平方根，结果中的整数部分存入D通道，小数部分舍去。 √(S+1 S) ⇨ D BCD数　BCD数	CIO、W、H、A、T、C、D、@D、*D、常数	CIO、W、H、A、T、C、D、@D、*D、DR	0.00 ROOT D100 D200 √(6 3 2 5 | 0 5 6 1) ⟹ 7 9 5 3 S+1:D101　S:D100　7953.02…小数点之后舍去　D:D200 BCD数　BCD数 当常开触点0.00触点时，ROOT指令执行，将D101、D100中的BCD数求平方根，结果中的整数部分存入D200通道，小数部分舍去

（2）数值转换（APR）指令

① 指令符号与功能。指令符号与功能说明如下。

指令名称、格式与符号	功能说明	操作数		
		C	S	D
数值转换 APR C S D APR C S D	按C值定义，将S通道的数据进行SIN、COS或近似折线运算，结果存入D通道	CIO、W、H、A、T、C、D、@D、*D、常数	CIO、W、H、A、T、C、D、@D、*D、DR、常数	CIO、W、H、A、T、C、D、@D、*D、DR

② 操作数说明。APR指令具有SIN、COS和近似折线运算功能，进行何种运算由C值来决定。

a. 当C值=0000H时，APR指令进行SIN运算。有关内容如下：

操作数	值	代表的实际值
C	0000 Hex	—
S	0000～0900(BCD)	0°～90°
D	0000～9999(BCD)	0.0000～0.9999
	9999(BCD)	1.0000

b. 当C值=0001H时，APR指令进行COS运算。有关内容如下：

操作数	值	代表的实际值
C	0001 Hex	—
S	0000～0900(BCD)	0°～90°
D	0000～9999(BCD)	0.0000～0.9999
	9999(BCD)	1.0000

c. 当C值由通道指定时，APR指令进行近似折线运算。C通道定义如下：

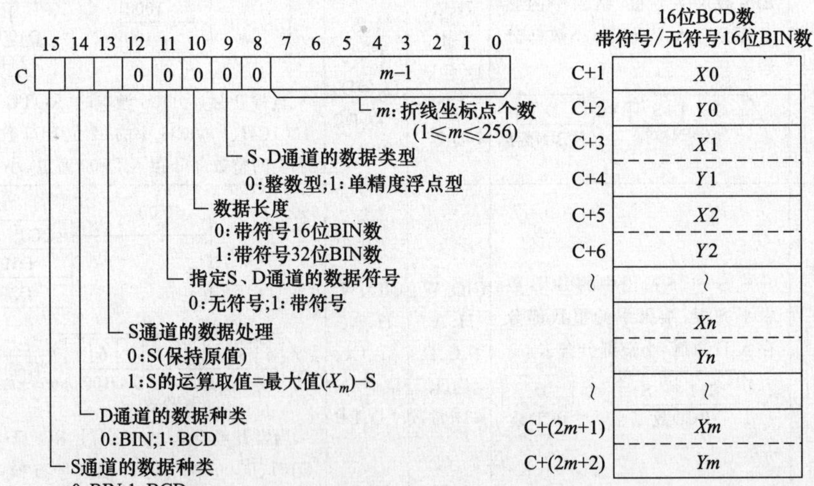

C通道用来定义S、D通道的数据，C+1及后续通道用来存储折线的坐标点X、Y的坐标值。当指定S、D通道为16位数据时，X、Y值也为16位，每个坐标点值点用2个通道，坐标通道范围为C+1～C+(2m+2)，坐标通道中的X值要求$X1<X2<\cdots\cdots<Xm$；如果S、D通道为32位整数或单精度浮点数（即32位带小数点的实数），每个坐标点值占用4个通道，坐标通道范围为C+1～C+(4m+4)，折线的坐标点最多为256个。

当C通道定义为近似折线运算时，APR指令会利用C+1及后续通道的坐标点值绘制出连续的折线，然后以S通道中的值作为X坐标值，从折线上找到相应的Y坐标值，再将Y坐标值存入D通道。

③ 指令使用举例。APR指令可以进行SIN、COS和近拟折线运算，下面分别举例说明。

a. SIN运算。当C=0000H时，APR指令进行SIN运算，如图8-28所示。当常开触点0.00闭合时，APR指令执行，将D0中的数据0300H当作30°，对它进行SIN运算，运算结果为0.5000，将小数点之后的4位BCD数5000存入D100中。

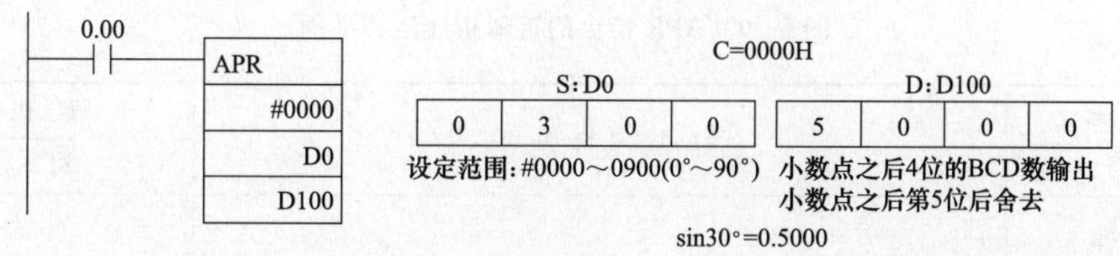

图8-28 APR指令的SIN运算举例

b. COS运算。当C=0001H时，APR指令进行COS运算，如图8-29所示。当常开触点0.00闭合时，APR指令执行，将D10中的数据0300H当作30°，对它进行COS运算，运算结果为0.8660，将小数点之后的4位BCD数8660存入D200中。

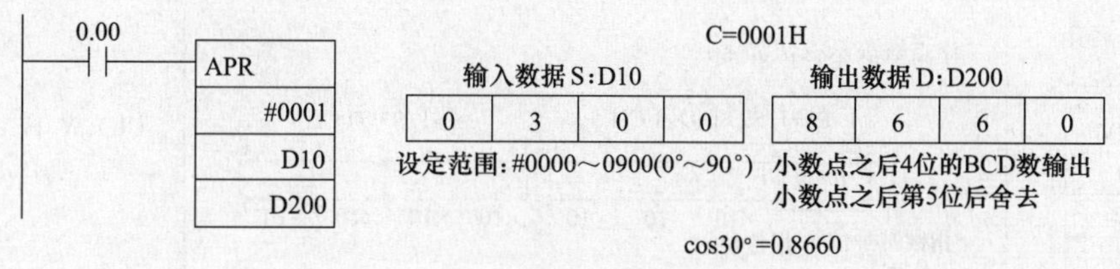

图8-29 APR指令的COS运算举例

c. 近似折线运算。当C值由通道指定时，APR指令进行近似折线运算，如图8-30所示。当常开触点0.00闭合时，APR指令执行，D1000（C通道）的值为000BH，其定义为：S、D通道的数据均为无符号的16位BIN数，运算时S通道的数据不作处理（运算直接取S值），折线坐标点个数为12个。

APR指令在执行时，利用D1001～D1026中的12个坐标点的X、Y值生成一个图示的折线，再以1000CH（S通道）中的数据0014H作为折线上一个点的X值，通过运算获得该点相应Y值0726H，并将Y值存入1001CH。

(3) 浮点除法运算（FDIV）指令

① 指令说明。指令说明如下。

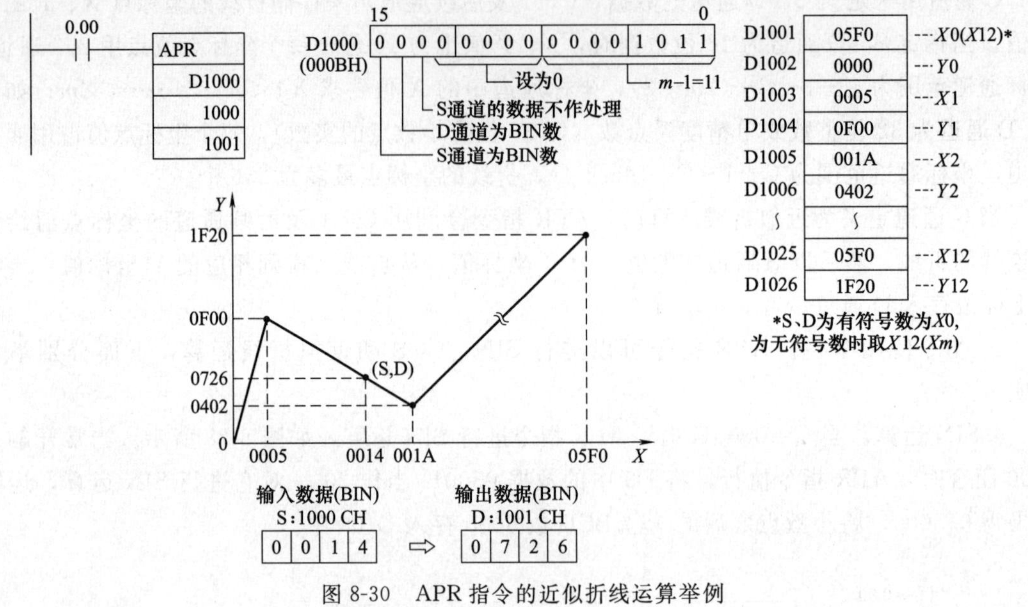

图 8-30　APR 指令的近似折线运算举例

指令名称、格式与符号	功能说明	操作数 S1、S2、D
浮点除法运算 FDIV S1 S2 D FDIV S1 S2 D	将 S1＋1、S1 通道与 S2＋1、S2 通道的数据作为浮点数进行相除，商作为浮点数存入 D＋1、D 通道。 指令操作可表示为： S1+1 CH　S1 CH ÷ S2+1 CH　S2 CH D+1 CH　D CH 浮点数表示方法如下： S1+1/S2+1/D+1 CH：15 14 12 0；0～7；$\times10^{-1}$ $\times10^{-2}$ $\times10^{-3}$ S1/S2/D CH：15 0；$\times10^{-4}$ $\times10^{-5}$ $\times10^{-6}$ $\times10^{-7}$ 指数符号位 0:+;1:−　指数位 例如： D101：B 1 2 3　D100：4 5 6 7　$=0.1234567\times10^{-3}$ B → 1011 → 3	CIO、W、H、A、T、C、D、@D、* D、

② 指令使用举例。浮点除法运算（FDIV）指令使用如图 8-31 所示。当常开触点 0.00 闭合时，FDIV 指令执行，将 D101、D100 中的 A5670000H 作为浮点数除以 201CH、200CH 中的浮点数 B1234567H，得到的商 24592703H 作为浮点数存入 D301、D300。

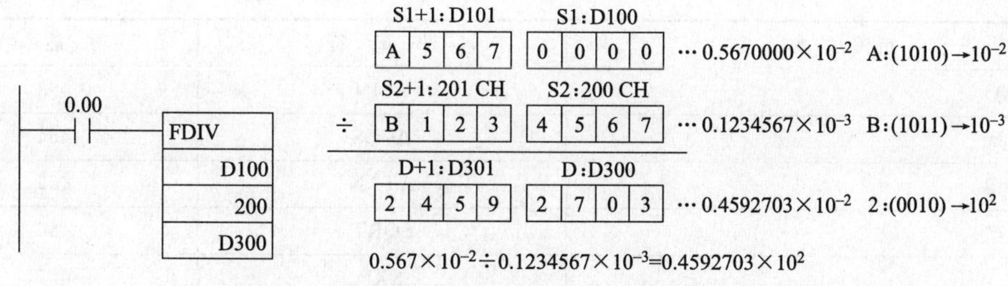

图 8-31 浮点除法运算（FDIV）指令使用举例

(4) 位计数器（BCNT）指令

指令说明如下。

指令名称、格式与符号	功能说明	操作数 W	操作数 S	操作数 D	使用举例
位计数器 BCNT W S D BCNT W S D	计算 S 为首编号的 W 个通道中数据“1”的总数，再将该总数值存入 D 通道中	CIO、W、H、A、T、C、D、@D、* D、DR、常数	CIO、W、H、A、T、C、D、@D、* D	CIO、W、H、A、T、C、D、@D、* D、DR	0.00 — BCNT W &10 S 200 D D1000 15 … 0 10CH { 200 201 … 209 ↓1的个数为35 D: D1000 0 0 2 3 BIN数 0023 Hex=35 当常开触点 0.00 触点时，BCNT 指令执行，计算 200CH 为首编号的 10 个通道中数据“1”的总数，再将该总数值 35 以 BIN 数的形式(0023H)存入 D1000 通道中

8.9 浮点转换运算指令的使用

指令名称	助记符	功能号
浮点→16 位 BIN 转换	FIX	450
浮点→32 位 BIN 转换	FIXL	451
16 位 BIN→浮点转换	FLT	452
32 位 BIN→浮点转换	FLTL	453
浮点加法运算	+F	454
浮点减法运算	−F	455
浮点乘法运算	*F	456
浮点除法运算	/F	457
角度→弧度转换	RAD	458
弧度→角度转换	DEG	459
SIN 运算	SIN	460
COS 运算	COS	461
TAN 运算	TAN	462

续表

指令名称	助记符	功能号
SIN^{-1}运算	ASIN	463
COS^{-1}运算	ACOS	464
TAN^{-1}运算	ATAN	465
平方根运算	SQRT	466
指数运算	EXP	467
对数运算	LOG	468
乘方运算	PWR	840
单精度浮点数据比较	=F、<>F、<F、<=F、>F、>=F (LD/AND/OR型)	329～334
浮点<单>→字符串转换	FSTR	448
字符串→浮点<单>转换	FVAL	449

(1) 有关浮点数的知识

浮点数是指用符号、指数和尾数组合形式表示的实数。根据占用存储空间不同，浮点数可分为单精度浮点数（32位）和双精度浮点数（64位）。

① 单精度浮点数。单精度浮点数表达式为：

$$单精度浮点数=(-1)^{s}2^{e-127}(1.f)$$

式中，s为符号，0为正数，1为负数；e为指数，$e=0\sim255$，$e-127=-127\sim128$；f为尾数，$0\leqslant f<1$。

单精度浮点数占用两个字（32位）存储空间，其存储格式如下：

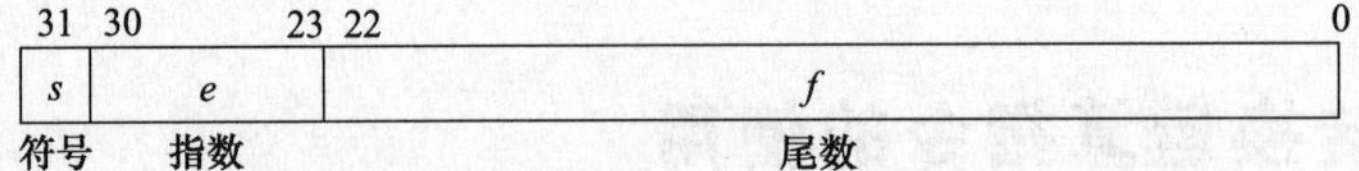

二进制单精度浮点数与十进制数转换举例如图8-32所示。图中第31位（符号位）为1，即$s=1$，表示负数；30～23位（指数位）为10000000，表示指数$e=2^{6}=128$，$e-127=128-127=1$；22～0位（尾数位）为110 0000 0000 0000 0000 0000表示$f=(2^{22}+2^{21})\times2^{-23}=2^{-1}+2^{-2}=0.75$。

图8-32表示的十进制浮点数$=(-1)^{s}2^{e-127}(1.f)=(-1)^{1}\times2^{128-127}\times(1.75)=-3.5$。

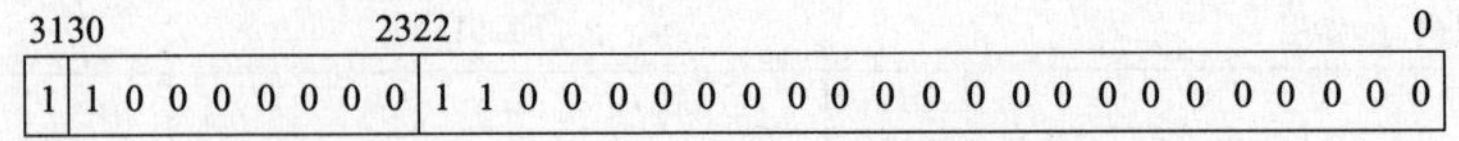

图8-32 二进制单精度浮点数与十进制数转换举例

单精度浮点数的数值范围约为$-3.4\times10^{-38}\sim3.4\times10^{38}$，也可写作$-3.4E-38\sim3.4E+38$。

② 双精度浮点数。双精度浮点数表达式为：

$$双精度浮点数=(-1)^{s}2^{e-1023}(1.f)$$

式中，s为符号，0为正数，1为负数；e为指数，$e=0\sim2047$，$e-1023=-1023\sim1024$；f为尾数，$0\leqslant f<1$。

双精度浮点数占用四个字（64位）存储空间，其存储格式如下：

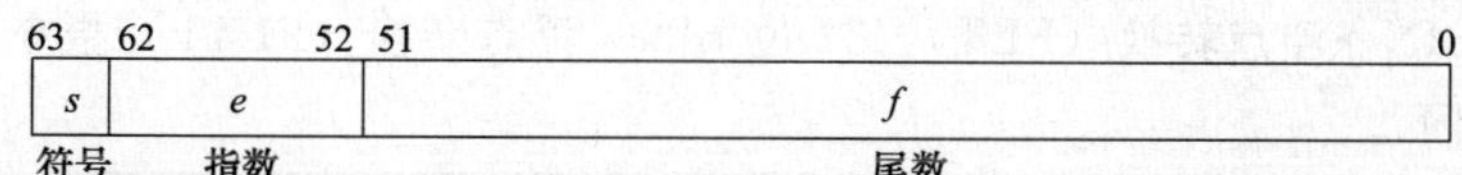

二进制双精度浮点数与十进制数转换举例如图 8-33 所示。图中第 63 位（符号位）为 1，即 $s=1$，表示负数；62～52 位（指数位）表示指数 $e=2^{10}=1024$，$e-1023=1024-1023=1$；51～0 位（尾数位）表示 $f=(2^{51}+2^{50})\times 2^{-52}=2^{-1}+2^{-2}=0.75$。

图 8-33 表示的十进制浮点数 $=(-1)^{s}2^{e-1023}\ (1.f)=(-1)^{1}\times 2^{1024-1023}\times(1.75)=-3.5$。

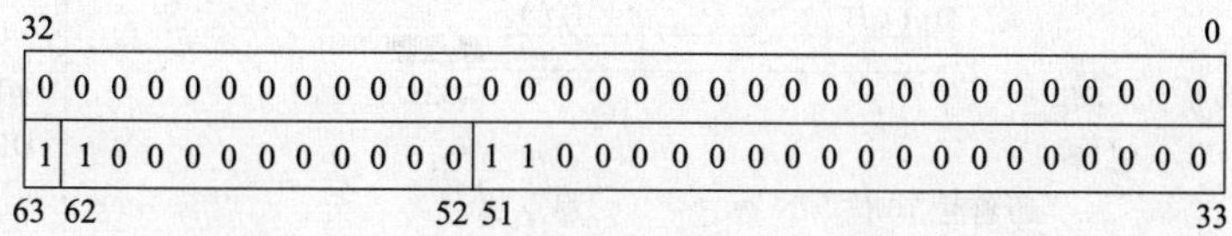

图 8-33　二进制双精度浮点数与十进制数转换举例

双精度浮点数的数值范围约为 $-1.7\times10^{-308}\sim1.7\times10^{308}$，也可写作 $-1.7\mathrm{E}-308\sim1.7\mathrm{E}+308$。

（2）浮点→16 位 BIN 转换（FIX）、浮点→32 位 BIN 转换（FIXL）指令

指令说明如下。

指令名称、格式与符号	功能说明	操作数 S	操作数 D
浮点→16 位 BIN 转换 FIX S D FIX S D	将 S+1、S 通道中的 32 位单精度浮点数的整数部分转换成带符号的 16 位 BIN 数，再存入 D 通道中。 S+1 CH　S CH　浮点数(32位) ↓ D CH　带符号BIN数(16位) 例如： 浮点数　转换结果（带符号 BIN16 位） 3.5 → 3 −3.5 → −3	CIO、W、H、A、T、C、D、@D、*D、常数	CIO、W、H、A、T、C、D、@D、*D、DR
浮点→32 位 BIN 转换 FIXL S D FIXL S D	将 S+1、S 通道中的 32 位单精度浮点数的整数部分转换成带符号的 32 位 BIN 数，结果存入 D+1、D 通道中。 S+1 CH　S CH　浮点数(32位) ↓ D+1 CH　D CH　带符号BIN倍长数(32位) 例如： 浮点数　转换结果（带符号 BIN32 位） 2147483640.5 → 2147483640 −2147483640.5 → −2147483640		CIO、W、H、A、T、C、D、@D、*D、

(3) 16位BIN→浮点转换(FLT)、32位BIN→浮点转换(FLTL)指令

指令说明如下。

指令名称、格式与符号	功能说明	操作数 S	操作数 D
16位BIN→浮点转换 FLT S D FLT / S / D	将S通道中的16位带符号BIN数转换成32位单精度浮点数,结果存入D+1、D通道中。 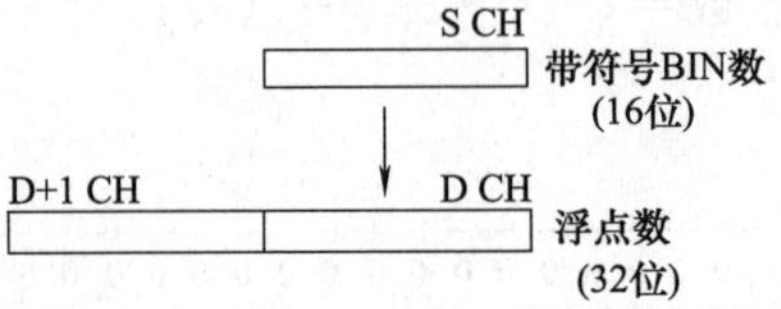 S CH 带符号BIN数(16位) D+1 CH、D CH 浮点数(32位) 例如: 带符号16位BIN数 → 浮点数 3 → 3.0 −3 → −3.0	CIO、W、H、A、T、C、D、@D、*D、DR、常数	CIO、W、H、A、T、C、D、@D、*D
32位BIN→浮点转换 FLTL S D FLTL / S / D	将S+1、S通道中的32位带符号BIN数转换成32位单精度浮点数,结果存入D+1、D通道中。 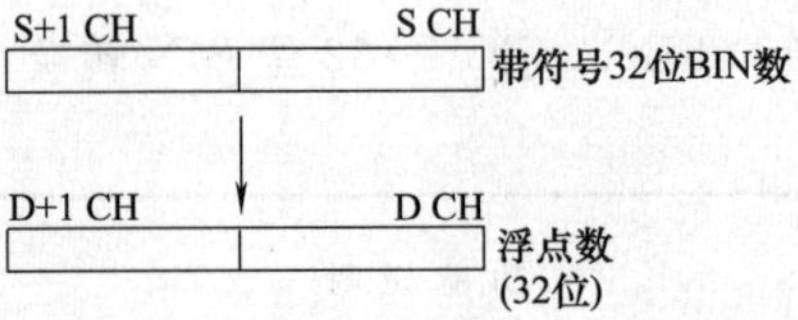 S+1 CH、S CH 带符号32位BIN数 D+1 CH、D CH 浮点数(32位) 例如: 带符号32位BIN数 → 浮点数 16777215 → 16777215.0 −16777215 → −16777215.0	CIO、W、H、A、T、C、D、@D、*D、常数	

(4) 浮点加法运算(+F)、浮点减法运算(−F)指令

指令说明如下。

指令名称、格式与符号	功能说明	操作数 S1、S2	操作数 D
浮点加法运算 +F S1 S2 D +F / S1 / S2 / D	将S1+1、S通道与S2+1、S2中的32位浮点数相加,结果存入D+1、D通道中。 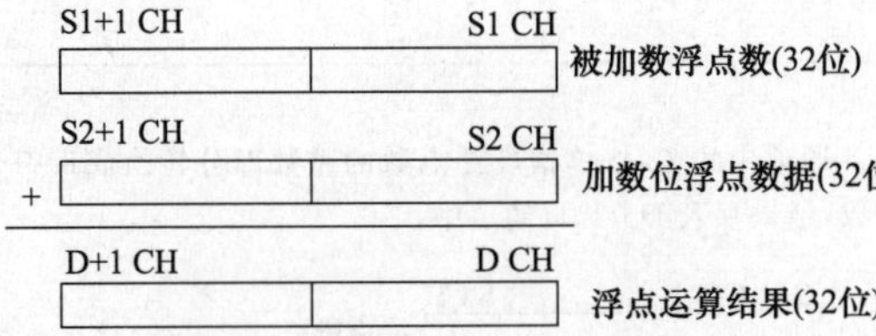 S1+1 CH、S1 CH 被加数浮点数(32位) + S2+1 CH、S2 CH 加数位浮点数据(32位) D+1 CH、D CH 浮点运算结果(32位)	CIO、W、H、A、T、C、D、@D、*D、常数	CIO、W、H、A、T、C、D、@D、*D
浮点减法运算 −F S1 S2 D −F / S1 / S2 / D	将S1+1、S通道与S2+1、S2中的32位浮点数相减,结果存入D+1、D通道中。 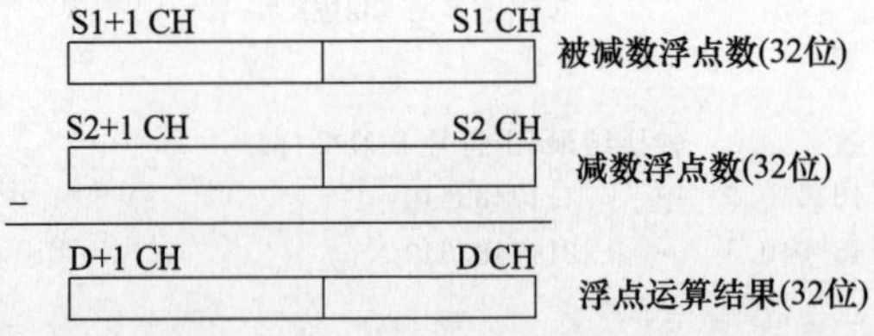 S1+1 CH、S1 CH 被减数浮点数(32位) − S2+1 CH、S2 CH 减数浮点数(32位) D+1 CH、D CH 浮点运算结果(32位)		

（5）浮点乘法运算（＊F）、浮点除法运算（/F）指令

指令说明如下。

指令名称、格式与符号	功能说明	操作数 S1、S2	操作数 D
浮点乘法运算 ＊F S1 S2 D 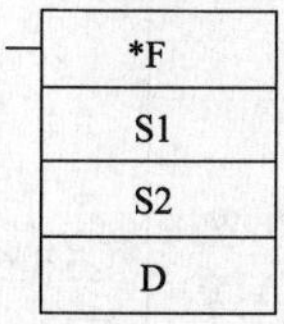 *F / S1 / S2 / D	将 S1＋1、S 通道与 S2＋1、S2 中的 32 位浮点数相乘，结果存入 D＋1、D 通道中。 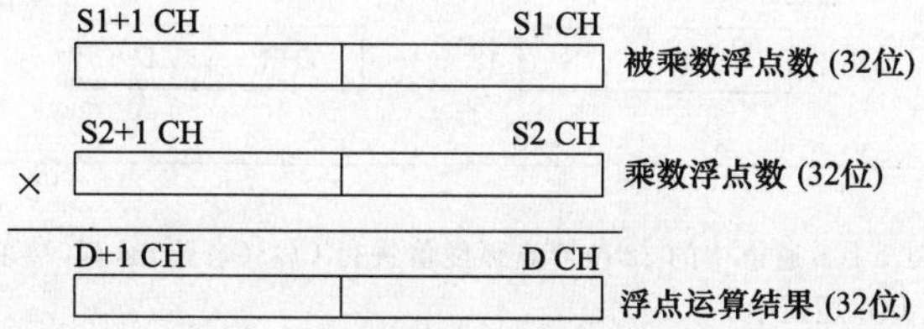 S1+1 CH、S1 CH：被乘数浮点数 (32位) × S2+1 CH、S2 CH：乘数浮点数 (32位) D+1 CH、D CH：浮点运算结果 (32位)	CIO、W、H、A、T、C、D、@D、＊D、常数	CIO、W、H、A、T、C、D、@D、＊D
浮点除法运算 /F S1 S2 D /F / S1 / S2 / D 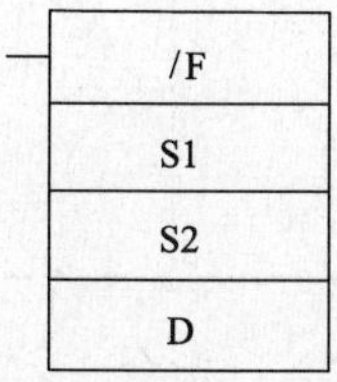	将 S1＋1、S 通道与 S2＋1、S2 中的 32 位浮点数相除，结果存入 D＋1、D 通道中。 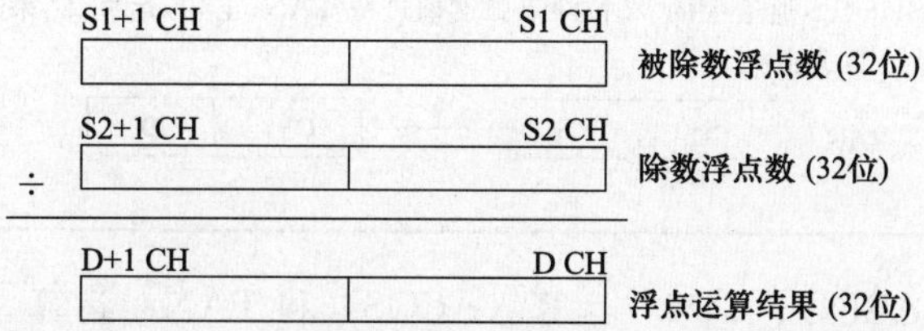 S1+1 CH、S1 CH：被除数浮点数 (32位) ÷ S2+1 CH、S2 CH：除数浮点数 (32位) D+1 CH、D CH：浮点运算结果 (32位)		

（6）角度→弧度转换（RAD）、弧度→角度转换（DEG）指令

指令说明如下。

指令名称、格式与符号	功能说明	操作数 S	操作数 D
角度→弧度转换 RAD S D 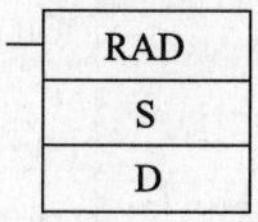 RAD / S / D	将 S1＋1、S 通道中的 32 位角度值转换成弧度值，结果存入 D＋1、D 通道中。转换计算按 S 角度值×π/180＝D 弧度值。 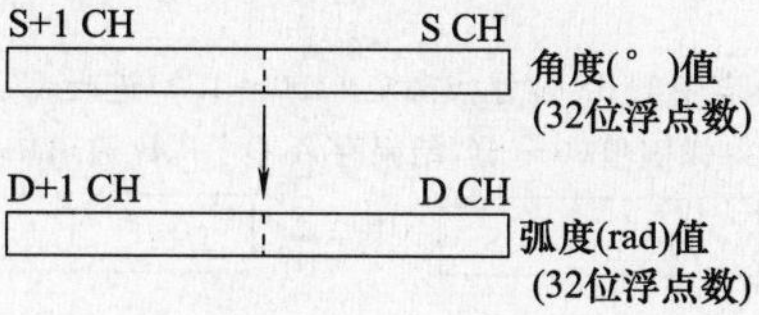 S+1 CH、S CH：角度(°)值 (32位浮点数) ↓ D+1 CH、D CH：弧度(rad)值 (32位浮点数)	CIO、W、H、A、T、C、D、@D、＊D、常数	CIO、W、H、A、T、C、D、@D、＊D、
弧度→角度转换 DEG S D DEG / S / D 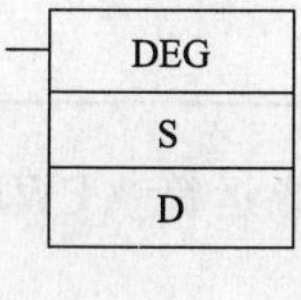	将 S1＋1、S 通道中的 32 位弧度值转换成角度值，结果存入 D＋1、D 通道中。转换计算按 S 弧度值×180/π＝D 角度值。 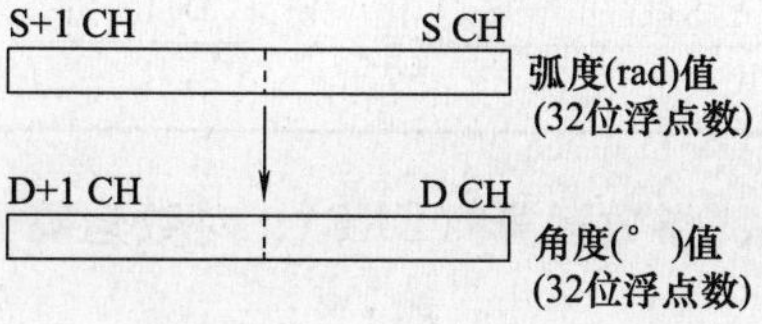 S+1 CH、S CH：弧度(rad)值 (32位浮点数) ↓ D+1 CH、D CH：角度(°)值 (32位浮点数)		

(7) SIN运算 (SIN)、COS运算 (COS) 和 TAN运算 (TAN) 指令

指令说明如下。

指令名称、格式与符号	功能说明	操作数 S	操作数 D
SIN运算 SIN S D SIN / S / D	对S1+1、S通道中的32位浮点弧度值进行SIN(正弦)运算,结果存入D+1、D通道中。 SIN(S+1 | S) → D+1 | D	CIO、W、H、A、T、C、D、@D、*D、常数	CIO、W、H、A、T、C、D、@D、*D、
COS运算 COS S D COS / S / D	对S1+1、S通道中的32位浮点弧度值进行COS(余弦)运算,结果存入D+1、D通道中。 COS(S+1 | S) → D+1 | D		
TAN运算 TAN S D TAN / S / D	对S1+1、S通道中的32位浮点弧度值进行TAN(正切)运算,结果存入D+1、D通道中。 TAN(S+1 | S) → D+1 | D		

(8) SIN^{-1}运算 (ASIN)、COS^{-1}运算 (ACOS) 和 TAN^{-1}运算 (ATAN) 指令

指令说明如下。

指令名称、格式与符号	功能说明	操作数 S	操作数 D
SIN^{-1}运算 ASIN S D ASIN / S / D	对S1+1、S通道中的32位浮点数(−1.0～1.0)进行SIN^{-1}运算(即arcsin运算),求得弧度值(−π/2～π/2),结果存入D+1、D通道中。 SIN^{-1}(S+1 | S) → D+1 | D	CIO、W、H、A、T、C、D、@D、*D、常数	CIO、W、H、A、T、C、D、@D、*D
COS^{-1}运算 ACOS S D ACOS / S / D	对S1+1、S通道中的32位浮点数(−1.0～1.0)进行COS^{-1}运算(即arccos运算),求得弧度值(0～π),结果存入D+1、D通道中。 COS^{-1}(S+1 | S) → D+1 | D		
TAN^{-1}运算 ATAN S D ATAN / S / D	对S1+1、S通道中的32位浮点数(−1.0～1.0)进行TAN^{-1}运算(即arctan运算),求得弧度值(−π/2～π/2),结果存入D+1、D通道中。 TAN^{-1}(S+1 | S) → D+1 | D		

(9) 平方根运算 (SQRT)、指数运算 (EXP)、对数运算 (LOG) 和乘方运算 (PWR) 指令

指令说明如下。

指令名称、格式与符号	功能说明	操作数 S	操作数 D
平方根运算 SQRT S D SQRT / S / D	计算 S1＋1、S 通道中的 32 位浮点数的平方根值，结果存入 D+1、D 通道中。 √(S+1 | S) → D+1 | D	CIO、W、H、A、T、C、D、@D、*D、常数	CIO、W、H、A、T、C、D、@D、*D
指数运算 EXP S D EXP / S / D	以 e(2.718282)为底数，S1＋1、S 通道中的 32 位浮点数为指数，计算其值，结果存入 D+1、D 通道中。 e^(S+1 | S) → D+1 | D		
对数运算 LOG S D LOG / S / D	以 e(2.718282)为底数，计算 S1＋1、S 通道中的 32 位浮点数的对数值，结果存入 D+1、D 通道中。 log_e (S+1 | S) → D+1 | D		
乘方运算 PWR S1 S2 D PWR / S1 / S2 / D	以 S1＋1、S 通道中的 32 位浮点数为底数，S2＋1、S2 通道中的 32 位浮点数为指数，计算其值，结果存入 D+1、D 通道中。 (S1+1 | S)^(S2+1 | S2) → D+1 | D		

(10) 单精度浮点数比较指令

单精度浮点数比较指令的功能是将两个 32 位浮点数进行比较，比较结果为真时输出驱动信号。单精度浮点比较指令很多，可按以下方式分类。

① 根据比较符号不同，可分为＝(等于)、＜＞(不等于)、＜(小于)、＜＝(小于或等于)、＞(大于)、＞＝(大于或等于) 共六种。

② 根据指令的连接方式不同，可分为 LD 型、AND 型和 OR 型，这三种类型梯形图指令是相同的。

单精度浮点数比较指令说明如下。

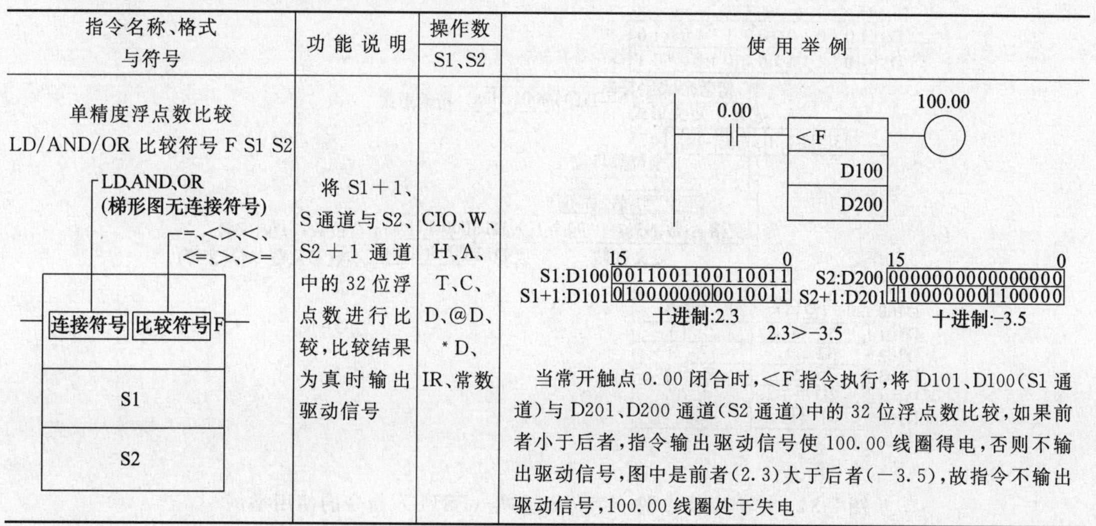

指令名称、格式与符号	功能说明	操作数 S1、S2	使用举例
单精度浮点数比较 LD/AND/OR 比较符号 F S1 S2 LD、AND、OR (梯形图无连接符号) =、<>、<、<=、>、>= 连接符号 | 比较符号 F S1 S2	将 S1＋1、S 通道与 S2、S2＋1 通道中的 32 位浮点数进行比较，比较结果为真时输出驱动信号	CIO、W、H、A、T、C、D、@D、*D、IR、常数	0.00 — <F D100 D200 — 100.00 S1:D100 0011001100110011 S1+1:D101 0100000000010011 十进制:2.3 S2:D200 0000000000000000 S2+1:D201 1100000001100000 十进制:-3.5 2.3>-3.5 当常开触点 0.00 闭合时，<F 指令执行，将 D101、D100(S1 通道)与 D201、D200 通道(S2 通道)中的 32 位浮点数比较，如果前者小于后者，指令输出驱动信号使 100.00 线圈得电，否则不输出驱动信号，图中是前者(2.3)大于后者(－3.5)，故指令不输出驱动信号，100.00 线圈处于失电

（11）单精度浮点数→字符串转换（FSTR）指令

① 指令说明。指令说明如下。

指令名称、格式与符号	功能说明	操作数	
		S	C、D
单精度浮点数→字符串转换 FSTR S C D FSTR / S / C / D	将S+1、S通道中的32位浮点数转换成小数点形式或指数形式的ASCII码字符串，再将指定的总位数和小数位数的浮点数字符串存入D及后续通道中。 C通道中的数据用来指定浮点数字符串的表示形式。C=0000H：小数点形式；C=0001H：指数形式。 C+1通道中的数据用来指定浮点数字符串的存储总位数。总位数值包括符号、空格、数值、小数点。 C+2通道中的数据用来指定浮点数字符串中小数部分的位数	CIO、W、H、A、T、C、D、@D、*D、常数	CIO、W、H、A、T、C、D、@D、*D

② 指令使用举例。单精度浮点数→字符串转换（FSTR）指令的使用如图8-34所示。

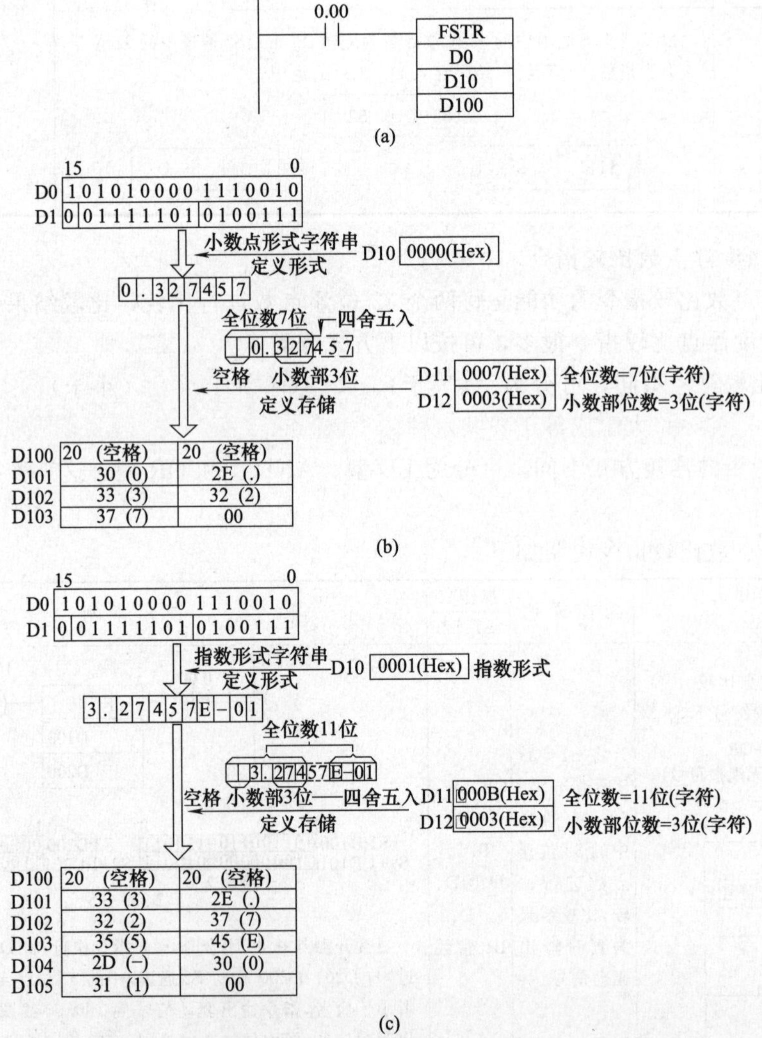

图8-34 单精度浮点数→字符串转换（FSTR）指令的使用举例

当常开触点 0.00 闭合时，FSTR 指令执行，如果 D10 中的数据为 0000H，如图 8-34（b）所示，指令执行时会将 D1、D0 中的 32 位浮点数转换成小数点形式的字符串“0.327457”，然后按 D11、D12 中数据指定的全位数（7 位）和小数部位数（3 位），将字符串“空格 0.327”的 7 个字符的 ASCII 码存入 D100 为首地址的连续通道中。D12 指定小数部为 3 位，存储时将多余小数部数字 457 去掉同时四舍五入，若小数部位数不够，应在右方用 0 补足；D11 指定全位数为 7 位，正符号用空格（ASCII 码为 20H）表示，负符号用－（ASCII 码为 2DH）表示，字符串的全位数不够时，在整数部分的高位处用空格填充。

在 FSTR 指令执行，如果 D10 中的数据为 0001H，如图 8-34（c）所示，指令执行时会将 D1、D0 中的 32 位浮点数转换成指数形式的字符串“3.27457E－01”，然后按 D11、D12 中数据指定的全位数（11 位）和小数部位数（3 位），将字符串“空格 3.275E－01”的 11 个字符的 ASCII 码存入 D100 为首地址的连续通道中。D12 指定小数部为 3 位，存储时将多余小数部数字 57 去掉同时四舍五入；D11 指定全位数为 11 位，总位数不够时在整数部分的高位处用空格填充。

（12）字符串→单精度浮点数转换（FVAL）指令

① 指令说明。指令说明如下。

指令名称、格式与符号	功能说明	操作数 S、D
字符串→单精度浮点数转换 FVAL S D [FVAL / S / D]	将 S 及后续通道中的 ASCII 码字符串转换成 32 位单精度浮点数，结果存入 D+1、D 通道。 S 通道中的 ASCII 码字符串不管是小数点形式或是指数形式，指令均可进行转换	CIO、W、H、A、T、C、D、@D、*D

② 指令使用举例。字符串→单精度浮点数转换（FVAL）指令的使用如图 8-35 所示。

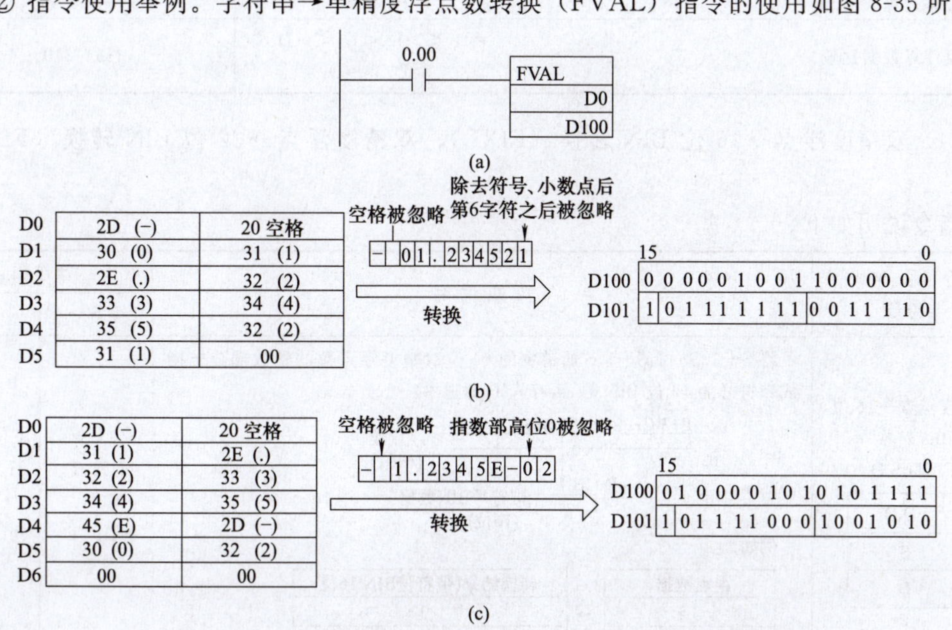

图 8-35 字符串→单精度浮点数转换（FVAL）指令的使用举例

当常开触点 0.00 闭合时，FVAL 指令执行，将 D0 及后续通道中的 ASCII 码字符串转换成 32 位浮点数，存入 D101、D100 通道中。如果 D0 及后续通道中的 ASCII 码字符串为小数点形式，如图 8-35（b）所示，在转换时，空格会被忽略，除符号、小数点外的第 6 位之后的字符也会被忽略。如果 D0 及后续通道中的 ASCII 码字符串为指数形式，如图 8-35（c）所示，在转换时，空格会被忽略，指数部高位 0 也会被忽略。

8.10 双精度浮点转换运算指令的使用

指令名称	助记符	功能号
浮点→16 位 BIN 转换＜倍＞	FIXD	841
浮点→32 位 BIN 转换＜倍＞	FIXLD	842
16 位 BIN→浮点转换＜倍＞	DBL	843
32 位 BIN→浮点转换＜倍＞	DBLL	844
浮点加法运算＜倍＞	＋D	845
浮点减法运算＜倍＞	－D	846
浮点乘法运算＜倍＞	*D	847
浮点除法运算＜倍＞	/D	848
角度→弧度转换＜倍＞	RADD	849
弧度→角度转换＜倍＞	DEGD	850
SIN 运算＜倍＞	SIND	851
COS 运算＜倍＞	COSD	852
TAN 运算＜倍＞	TAND	853
SIN^{-1} 运算＜倍＞	ASIND	854
COS^{-1} 运算＜倍＞	ACOSD	855
TAN^{-1} 运算＜倍＞	ATAND	856
平方根运算＜倍＞	SQRTD	857
双指数运算＜倍＞	EXPD	858
对数运算＜倍＞	LOGD	859
双指数幂运算＜倍＞	PWRD	860
双精度浮点数据比较	＝D、＜＞D、＜D、＜＝D、＞D、＞＝D	335～340

（1）双精度浮点→16 位 BIN 转换（FIXD）、双精度浮点→32 位 BIN 转换（FIXLD）指令

指令说明如下。

指令名称、格式与符号	功能说明	操作数 S	操作数 D
双精度浮点→16 位 BIN 转换 FIXD S D FIXD S D	将 S＋3、S＋2、S＋1、S 通道中的 64 位双精度浮点数的整数部分转换成带符号的 16 位 BIN 数，再存入 D 通道中。 S+3 CH | S+2 CH | S+1 CH | S CH 浮点数(64位) D CH 带符号BIN数据(16位) 例如: 浮点数据 3.5 → 转换结果(带符号BIN 16位) 3 浮点数据 −3.5 → 转换结果(带符号BIN 16位) −3	CIO、W、H、A、T、C、D、@D、*D、常数	CIO、W、H、A、T、C、D、@D、*D、DR

续表

指令名称、格式与符号	功能说明	操作数 S	操作数 D
双精度浮点→32位BIN转换 FIXLD S D FIXLD S D	将S＋3、S＋2、S＋1、S通道中的64位双精度浮点数的整数部分转换成带符号的32位BIN数，结果存入D＋1、D通道中。 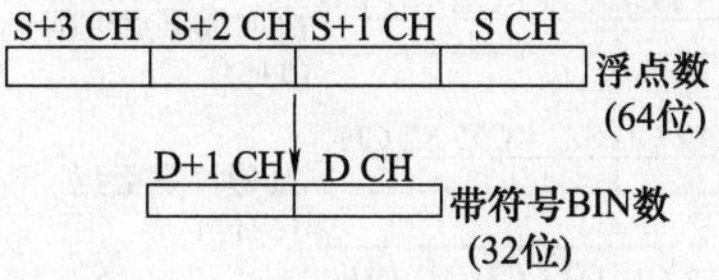 S+3 CH S+2 CH S+1 CH S CH 浮点数(64位) D+1 CH D CH 带符号BIN数(32位) 例如： 浮点数据 → 转换结果(带符号BIN 32位) 2147483640.5 → 2147483640 −2147483640.5 → −2147483640	CIO、W、H、A、T、C、D、@D、*D、常数	CIO、W、H、A、T、C、D、@D、*D

(2) 16位BIN→双精度浮点转换（DBL）、32位BIN→双精度浮点转换（DBLL）指令

指令说明如下。

指令名称、格式与符号	功能说明	操作数 S	操作数 D
16位BIN→双精度浮点转换 DBL S D DBL S D	将S通道中的16位带符号BIN数转换成64位双精度浮点数，结果存入D＋3、D＋2、D＋1、D通道。 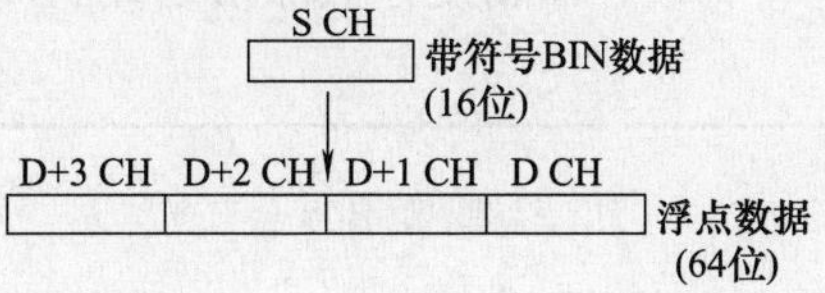 S CH 带符号BIN数据(16位) D+3 CH D+2 CH D+1 CH D CH 浮点数据(64位) 例如： 带符号BIN16位 → 浮点数据 3 → 3.0 −3 → −3.0	CIO、W、H、A、T、C、D、@D、*D、DR、常数	CIO、W、H、A、T、C、D、@D、*D
32位BIN→双精度浮点转换 DBLL S D DBLL S D	将S＋1、S通道中的32位带符号BIN数转换成64位双精度浮点数，结果存入D＋3、D＋2、D＋1、D通道。 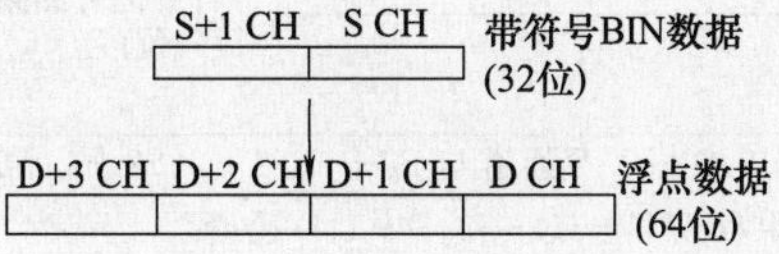 S+1 CH S CH 带符号BIN数据(32位) D+3 CH D+2 CH D+1 CH D CH 浮点数据(64位) 例如： 带符号BIN32位 → 浮点数据 16777215 → 16777215.0 −16777215 → −16777215.0	CIO、W、H、A、T、C、D、@D、*D、常数	（同上）

(3) 双精度浮点加法运算（＋D）、双精度浮点减法运算（－D）指令

指令说明如下。

<table>
<tr><th rowspan="2">指令名称、格式
与符号</th><th rowspan="2">功能说明</th><th>操作数</th></tr>
<tr><th>S1、S2、D</th></tr>
<tr><td>双精度浮点加法运算
+D S1 S2 D
+D
S1
S2
D</td><td>将 S1＋3、S1＋2、S1＋1、S 通道与 S2＋3、S2＋2、S2＋1、S2 中的 64 位浮点数相加，结果存入 D＋3、D＋2、D＋1、D 通道。
S1+3 CH S1+2 CH S1+1 CH S1 CH 被加数浮点数据(64位)
+ S2+3 CH S2+2 CH S2+1 CH S2 CH 加数浮点数据(64位)
D+3 CH D+2 CH D+1 CH D CH 浮点运算结果数据(64位)</td><td rowspan="2">CIO、W、H、A、T、C、D、@D、*D</td></tr>
<tr><td>双精度浮点减法运算
−D S1 S2 D
−D
S1
S2
D</td><td>将 S1＋3、S1＋2、S1＋1、S 通道与 S2＋3、S2＋2、S2＋1、S2 中的 64 位浮点数相减，结果存入 D＋3、D＋2、D＋1、D 通道。
S1+3 CH S1+2 CH S1+1 CH S1 CH 被减数浮点数据(64位)
− S2+3 CH S2+2 CH S2+1 CH S2 CH 减数浮点数据(64位)
D+3 CH D+2 CH D+1 CH D CH 浮点运算结果数据(64位)</td></tr>
</table>

（4）双精度浮点乘法运算（＊D）、双精度浮点除法运算（/D）指令

指令说明如下。

<table>
<tr><th rowspan="2">指令名称、格式
与符号</th><th rowspan="2">功能说明</th><th>操作数</th></tr>
<tr><th>S1、S2、D</th></tr>
<tr><td>双精度浮点乘法运算
*D S1 S2 D
×D
S1
S2
D</td><td>将 S1＋3、S1＋2、S1＋1、S 通道与 S2＋3、S2＋2、S2＋1、S2 中的 64 位浮点数相乘，结果存入 D＋3、D＋2、D＋1、D 通道。
S1+3 CH S1+2 CH S1+1 CH S1 CH 被乘数浮点数据(64位)
× S2+3 CH S2+2 CH S2+1 CH S2 CH 乘数浮点数据(64位)
D+3 CH D+2 CH D+1 CH D CH 浮点运算结果数据(64位)</td><td rowspan="2">CIO、W、H、A、T、C、D、@D、*D</td></tr>
<tr><td>双精度浮点除法运算
/D S1 S2 D
/D
S1
S2
D</td><td>将 S1＋3、S1＋2、S1＋1、S 通道与 S2＋3、S2＋2、S2＋1、S2 中的 64 位浮点数相除，结果存入 D＋3、D＋2、D＋1、D 通道。
S1+1 CH S1+1 CH S1+1 CH S1 CH 被除数浮点数据(64位)
÷ S2+1 CH S2+1 CH S2+1 CH S2 CH 除数浮点数据(64位)
D+1 CH D+1 CH D+1 CH D CH 浮点运算结果数据(64位)</td></tr>
</table>

（5）双精度角度→弧度转换（RADD）、双精度弧度→角度转换（DEGD）指令

指令说明如下。

<table>
<tr><th rowspan="2">指令名称、格式与符号</th><th rowspan="2">功 能 说 明</th><th>操作数</th></tr>
<tr><th>S、D</th></tr>
<tr><td>双精度角度→弧度转换
RADD S D
RADD
S
D</td><td>将 S1＋3、S1＋2、S1＋1、S 通道中的 64 位角度值转换成弧度值，结果存入 D＋3、D＋2、D＋1、D 通道中。转换计算按 S 角度值×π/180＝D 弧度值。
S+3 CH S+2 CH S+1 CH S CH 度(°)数据（浮点数据64位）
D+3 CH D+2 CH D+1 CH D CH 弧度(rad)数据（浮点数据64位）</td><td rowspan="2">CIO、W、H、A、T、C、D、@D、* D</td></tr>
<tr><td>双精度弧度→角度转换
DEGD S D
DEGD
S
D</td><td>将 S1＋3、S1＋2、S1＋1、S 通道中的 64 位弧度值转换成角度值，结果存入 D＋3、D＋2、D＋1、D 通道中。转换计算按 S 弧度值×180/π＝D 角度值。
S+3 CH S+2 CH S+1 CH S CH 弧度(rad)数据（浮点数据64位）
D+3 CH D+2 CH D+1 CH D CH 度(°)数据（浮点数据64位）</td></tr>
</table>

（6）双精度 SIN 运算（SIND）、双精度 COS 运算（COSD）和双精度 TAN 运算（TAND）指令

指令说明如下。

<table>
<tr><th rowspan="2">指令名称、格式与符号</th><th rowspan="2">功 能 说 明</th><th>操作数</th></tr>
<tr><th>S、D</th></tr>
<tr><td>双精度 SIN 运算
SIND S D
SIND
S
D</td><td>对 S1＋3、S1＋2、S1＋1、S 通道中的 64 位双精度弧度值进行 SIN(正弦)运算，结果存入 D＋3、D＋2、D＋1、D 通道中。
SIN (S+3 S+2 S+1 S) → D+3 D+2 D+1 D</td><td rowspan="3">CIO、W、H、A、T、C、D、@D、* D</td></tr>
<tr><td>双精度 COS 运算
COSD S D
COSD
S
D</td><td>对 S1＋3、S1＋2、S1＋1、S 通道中的 64 位双精度弧度值进行 COS(余弦)运算，结果存入 D＋3、D＋2、D＋1、D 通道中。
COS (S+3 S+2 S+1 S) → D+3 D+2 D+1 D</td></tr>
<tr><td>双精度 TAN 运算
TAND S D
TAND
S
D</td><td>对 S1＋3、S1＋2、S1＋1、S 通道中的 64 位双精度弧度值进行 TAN(正切)运算，结果存入 D＋3、D＋2、D＋1、D 通道中。
TAN (S+3 S+2 S+1 S) → D+3 D+2 D+1 D</td></tr>
</table>

(7) 双精度 SIN^{-1}运算（ASIND）、双精度 COS^{-1}运算（ACOSD）和双精度 TAN^{-1}运算（ATAND）指令

指令说明如下。

指令名称、格式 与符号	功能说明	操作数 S、D
双精度 SIN^{-1}运算 ASIND S D ASIND S D	对 S1＋3、S1＋2、S1＋1、S 通道中的 64 位双精度浮点数(－1.0～1.0)进行 SIN^{-1}运算(即 arcsin 运算)，求得弧度值(－π/2～π/2)，结果存入 D＋3、D＋2、D＋1、D 通道中。 SIN^{-1}(S+3 | S+2 | S+1 | S) → D+3 | D+2 | D+1 | D	
双精度 COS^{-1}运算 ACOSD S D ACOSD S D	对 S1＋3、S1＋2、S1＋1、S 通道中的 64 位双精度浮点数(－1.0～1.0)进行 COS^{-1}运算(即 arccos 运算)，求得弧度值(0～π)，结果存入 D＋3、D＋2、D＋1、D 通道中。 COS^{-1}(S+3 | S+2 | S+1 | S) → D+3 | D+2 | D+1 | D	CIO、W、H、A、T、C、D、@D、*D
双精度 TAN^{-1}运算 ATAND S D ATAND S D	对 S1＋3、S1＋2、S1＋1、S 通道中的 64 位双精度浮点数进行 TAN^{-1}运算(即 arctan 运算)，求得弧度值(－π/2～π/2)，结果存入 D＋3、D＋2、D＋1、D 通道中。 TAN^{-1}(S+3 | S+2 | S+1 | S) → D+3 | D+2 | D+1 | D	

(8) 双精度平方根运算（SQRTD）、双精度指数运算（EXPD）、双精度对数运算（LOGD）和双精度乘方运算（PWRD）指令

指令说明如下。

指令名称、格式 与符号	功能说明	操作数 S、D
双精度平方根运算 SQRTD S D SQRTD S D	计算 S1＋3、S1＋2、S1＋1、S 通道中的 64 位双精度浮点数的平方根值，结果存入D＋3、D＋2、D＋1、D 通道中。 √(S+3 | S+2 | S+1 | S) → D+3 | D+2 | D+1 | D	
双精度指数运算 EXPD S D EXPD S D	以 e(2.718282)为底数，S1＋3、S1＋2、S1＋1、S 通道中的 64 位双精度浮点数为指数，计算其值，结果存入 D＋3、D＋2、D＋1、D 通道中。 e^(S+3 | S+2 | S+1 | S) → D+3 | D+2 | D+1 | D	CIO、W、H、A、T、C、D、@D、*D
双精度对数运算 LOGD S D LOGD S D	以 e(2.718282)为底数，计算 S1＋3、S1＋2、S1＋1、S 通道中的 64 位双精度浮点数的对数值，结果存入 D＋3、D＋2、D＋1、D 通道中。 loge(S+3 | S+2 | S+1 | S) → D+3 | D+2 | D+1 | D	

续表

<table>
<tr><th rowspan="2">指令名称、格式与符号</th><th rowspan="2">功能说明</th><th>操作数</th></tr>
<tr><th>S、D</th></tr>
<tr><td>双精度乘方运算
PWRD S1 S2 D
PWRD
S1
S2
D 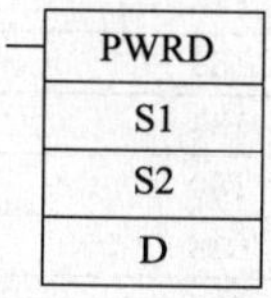</td><td>以 S1＋3、S1＋2、S1＋1、S 通道中的 64 位双精度浮点数为底数，S2＋1、S2 通道中的 64 位双精度浮点数为指数，计算其值，结果存入 D＋3、D＋2、D＋1、D 通道中。 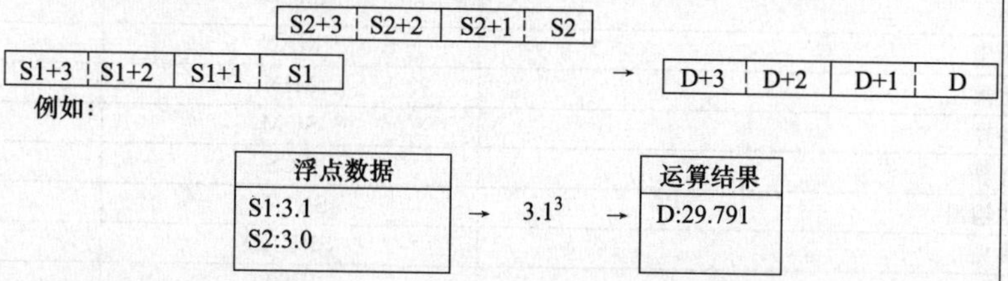
S2+3 ¦ S2+2 ¦ S2+1 ¦ S2
S1+3 ¦ S1+2 ¦ S1+1 ¦ S1 → D+3 ¦ D+2 ¦ D+1 ¦ D
例如：
浮点数据 S1:3.1 S2:3.0 → 3.1^3 → 运算结果 D:29.791</td><td>CIO、W、H、A、T、C、D、@D、*D</td></tr>
</table>

(9) 双精度浮点数比较指令

双精度浮点数比较指令的功能是将两个 64 位浮点数进行比较，比较结果为真时输出驱动信号。双精度浮点比较指令很多，可按以下方式分类。

① 根据比较符号不同，可分为＝(等于)、<>（不等于)、<（小于)、<＝(小于或等于)、>（大于)、>＝(大于或等于）共六种。

② 根据指令的连接方式不同，可分为 LD 型、AND 型和 OR 型，这三种类型梯形图指令是相同的。

双精度浮点数比较指令说明如下。

<table>
<tr><th rowspan="2">指令名称、格式与符号</th><th rowspan="2">功能说明</th><th>操作数</th><th rowspan="2">使用举例</th></tr>
<tr><th>S1、S2</th></tr>
<tr><td>双精度浮点数比较
LD/AND/OR 比较符号 D S1 S2
LD、AND、OR□
(梯形图无连接符号)
＝、<>、<、<＝、>、>＝
连接符号 比较符号 D
S1
S2 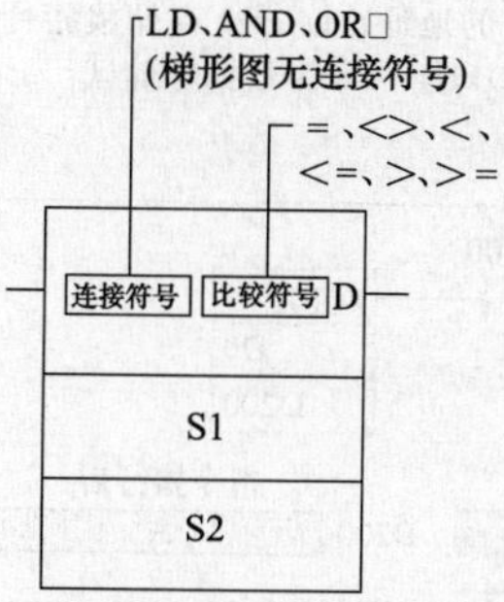</td><td>将 S1＋3、S2＋1、S1＋1、S 通道与 S2＋3、S2＋2、S2＋1、S2 通道中的 64 位浮点数进行比较，比较结果为真时输出驱动信号</td><td>CIO、W、H、A、T、C、D、@D、*D</td><td> 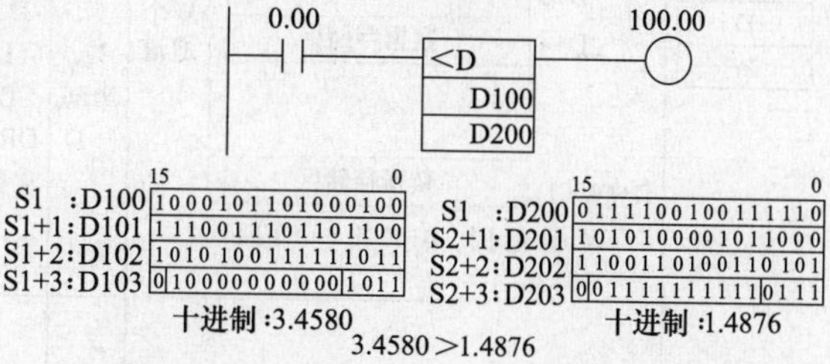0.00 <D D100 D200 100.00
S1 :D100 1000101101000100
S1+1:D101 1110011101101100
S1+2:D102 1010100111111011
S1+3:D103 0 10000000000 1011
十进制:3.4580
S1 :D200 0111100100111110
S2+1:D201 1010100001011000
S2+2:D202 1100110100110101
S2+3:D203 0 01111111111 0111
十进制:1.4876
3.4580＞1.4876
当常开触点 0.00 闭合时，<D 指令执行，将 D103～D100(S1 通道)与 D203～D200 通道(S2 通道)中的 64 位浮点数比较，如果前者小于后者，指令输出驱动信号使 100.00 线圈得电，否则不输出驱动信号，图中是前者(3.4580)大于后者(1.4876)，故指令不会输出驱动信号，100.00 线圈处于失电</td></tr>
</table>

8.11 表格数据处理指令的使用

指令名称	助记符	功能号
栈区域设定	SSET	630
栈数据存储	PUSH	632
后入先出	LIFO	634
先入先出	FIFO	633

续表

指令名称	助记符	功能号
定维记录表	DIM	631
记录位置设定	SETR	635
记录位置读取	GETR	636
数据检索	SRCH	181
字节交换	SWAP	637
最大值检索	MAX	182
最小值检索	MIN	183
总数值计算	SUM	184
FCS值计算	FCS	180
栈数据数输出	SNUM	638
栈数据参见	SREAD	639
栈数据更新	SWRIT	640
栈数据插入	SINS	641
栈数据删除	SDEL	642

(1) 栈区域设定（SSET）、栈数据存储（PUSH）指令

指令说明如下。

指令名称、格式与符号	功能说明	操作数 D	操作数 W	使用举例
栈区域设定 SSET D W SSET D W	将D为首的W个通道[即D～D+(W－1)]设为栈区域。 栈区域的通道定义： 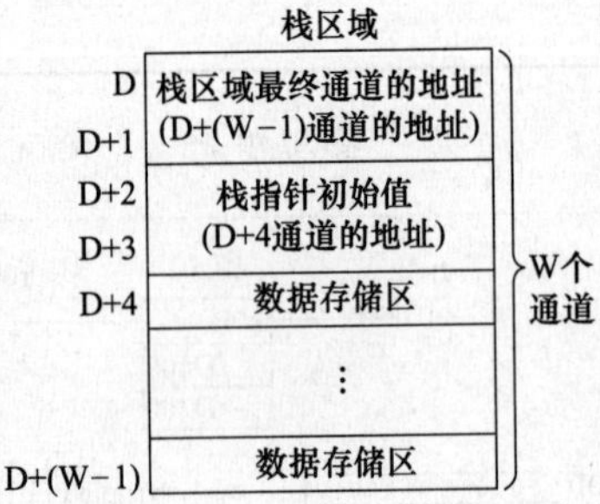 栈区域 D 栈区域最终通道的地址 (D+(W-1)通道的地址) D+1 D+2 栈指针初始值 (D+4通道的地址) D+3 D+4 数据存储区 ⋮ D+(W-1) 数据存储区 W个通道 W值范围：#0005～FFFF或&5～65535	CIO、W、H、A、T、C、D、@D、*D	CIO、W、H、A、T、C、D、@D、*D、DR、常数	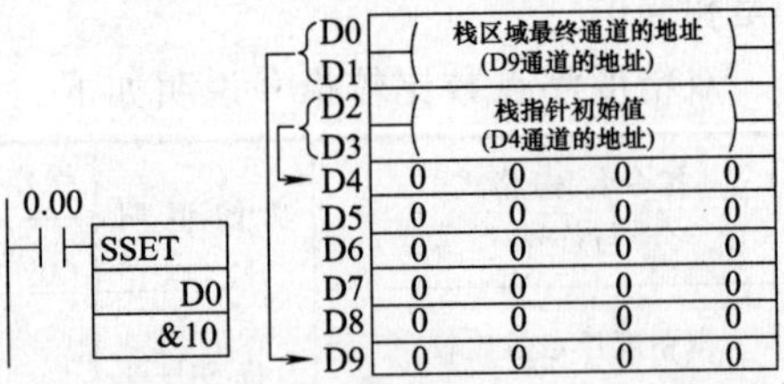 0.00 SSET D0 &10 D0 D1 栈区域最终通道的地址 (D9通道的地址) D2 D3 栈指针初始值 (D4通道的地址) D4 0 0 0 0 D5 0 0 0 0 D6 0 0 0 0 D7 0 0 0 0 D8 0 0 0 0 D9 0 0 0 0 当常开触点0.00闭合时，SSET指令执行，将D0～D9共10个通道设为栈区域，其中D1、D0存储栈区域最终通道的地址（即D9的地址），D3、D2存储栈指针的初始值（即D4的地址），D4～D9为数据存储区
栈数据存储 PUSH D S PUSH D S	将S通道的数据存入栈区域（由D指定）的D+3、D+2中栈指针指定的通道。指令执行后，栈指针值自动加1。 该指令使用前要用SSET指令设定栈区域	CIO、W、H、A、T、C、D、@D、*D	CIO、W、H、A、T、C、D、@D、*D、DR、常数	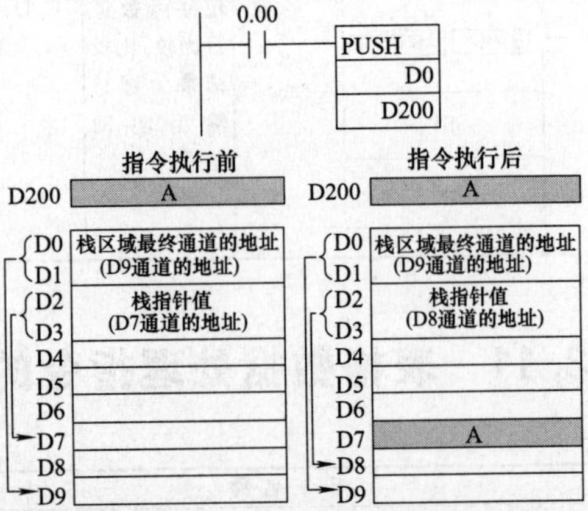 0.00 PUSH D0 D200 指令执行前 D200 A D0 D1 栈区域最终通道的地址 (D9通道的地址) D2 D3 栈指针值 (D7通道的地址) D4 D5 D6 D7 D8 D9 指令执行后 D200 A D0 D1 栈区域最终通道的地址 (D9通道的地址) D2 D3 栈指针值 (D8通道的地址) D4 D5 D6 D7 A D8 D9 当常开触点0.00闭合时，PUSH指令执行，将D200中的数据存入D3、D2中栈指针指定的通道，由于栈指针为D7通道的地址，故指令执行时将D200中的数据存入D7，同时栈指针值自动加1，变成D8的地址

(2) 后入先出(LIFO)、先入先出(FIFO)指令

指令说明如下。

指令名称、格式与符号	功能说明	操作数 D	操作数 W	使用举例
后入先出 LIFO D W LIFO / S / D	将栈区域(由S指定)的S+3、S+2中的栈指针值减1,再将新指针指定的通道中的数据送入D通道。 该指令使用前要用SSET指令设定栈区域	CIO、W、H、A、T、C、D、@D、*D	CIO、W、H、A、T、C、D、@D、*D、DR	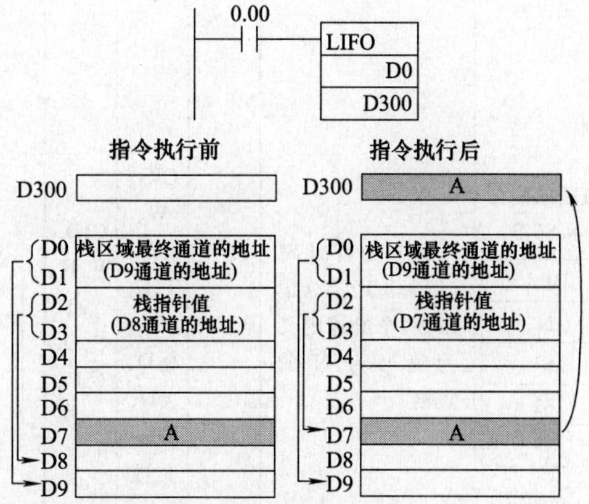 0.00 LIFO D0 D300 指令执行前:D300(空);D0、D1 栈区域最终通道的地址(D9通道的地址);D2、D3 栈指针值(D8通道的地址);D4~D6;D7 A;D8;D9 指令执行后:D300 A;D0、D1 栈区域最终通道的地址(D9通道的地址);D2、D3 栈指针值(D7通道的地址);D4~D6;D7 A;D8;D9 当常开触点0.00闭合时,LIFO指令执行,将栈区域(D0~D9)的D3、D2中的栈指针值减1,再将新指针指定的通道中的数据送入D300。由于原指针值为D8的地址,减1后变为D7的地址,指令执行时将D7中的数据送入D300
先入先出 FIFO S D FIFO / S / D	将栈区域(由S指定)的数据存储首通道S+4中的数据送入D通道,同时栈指针值减1,并清除S+4中读出的数据,再将S+5~指针值指定的通道中的数据往低侧移动一个通道。 该指令使用前要用SSET指令设定栈区域	CIO、W、H、A、T、C、D、@D、*D	CIO、W、H、A、T、C、D、@D、*D、DR	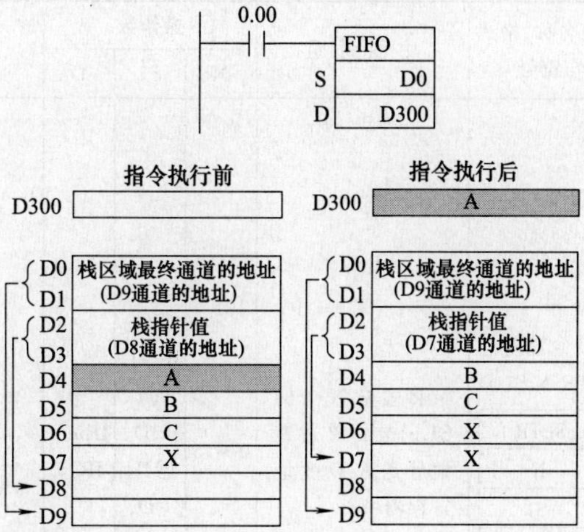 0.00 FIFO S D0 D D300 指令执行前:D300(空);D0、D1 栈区域最终通道的地址(D9通道的地址);D2、D3 栈指针值(D8通道的地址);D4 A;D5 B;D6 C;D7 X;D8;D9 指令执行后:D300 A;D0、D1 栈区域最终通道的地址(D9通道的地址);D2、D3 栈指针值(D7通道的地址);D4 B;D5 C;D6 X;D7 X;D8;D9 当常开触点0.00闭合时,FIFO指令执行,将栈区域(D0~D9)的数据存储首通道D4中的数据A送入D300,同时栈指针值减1,并清除D4中读出的数据A,再将D5~D7中的数据B、C、X往低侧移动一个通道,栈指针指定通道中的数据X保持不变

(3) 表格区域宣言(DIM)指令

指令说明如下。

指令名称、格式与符号	功能说明	操作数			使用举例
		N	S1、S2	D	
表格区域宣言 DIM N S1 S2 D DIM N S1 S2 D	将D为首的S1(记录长)×S2(记录数)个通道定义为编号为N的表格	0～15	CIO、W、H、A、T、C、D、@D、*D、DR、常数	CIO、W、H、A、T、C、D、@D、*D	S1:D100 0 0 0 A 记录长:10字 S2:D200 0 0 0 3 记录数:3 表格编号N:2 记录0 D300 D301 ⋮ D309 10字 记录1 D310 ⋮ D319 10字 记录2 D320 ⋮ D329 10字 0.00 DIM N &2 S1 D100 S2 D200 D D300 当常开触点0.00闭合时,DIM指令执行,将D300为首的10(D100中的记录长)×3(D200中的记录数)个通道定义为编号为2的表格

(4) 记录位置设定(SETR)、记录位置读取(GETR)指令

指令说明如下。

指令名称、格式与符号	功能说明	操作数			使用举例
		N	S1	D	
记录位置设定 SETR N S1 D SETR N S1 D	将表格N中的S1记录的首通道地址送入D变址寄存器中	0～15	CIO、W、H、A、T、C、D、@D、*D、DR、常数	IR0～IR15	表格编号N:10 记录0 D300 D301 ⋮ D309 记录1 D310 ⋮ D319 记录2 D320 ⋮ D329 IR11 D320通道的地址 0.00 SETR N 10 S1 #0002 D IR11 当常开触点0.00闭合时,SETR指令执行,将表格10的记录2的首通道D320的地址送入变址寄存器IR11

续表

指令名称、格式与符号	功能说明	操作数			使用举例
		N	S1	D	
记录位置读取 GETR N S1 D [GETR / N / S1 / D]	将表格 N 中由 S1 指定通道所属记录的编号送入 D 通道。 S1 指定的通道可以不是记录的首通道	0～15	IR0～IR15	CIO、W、H、A、T、C、D、@D、*D、DR	梯形图：0.01 常开触点 — GETR，N 10，S1 IR11，D D1000 表格编号N:10：记录0 D300、D301、…、D309；…；记录2 D320、…、D329 IR11 [D320通道的地址] D1000 [0 0 0 2] 当常开触点 0.00 闭合时，GETR 指令执行，由于 IR11 中存有 D320 通道的地址，该通道属于表格 10 的记录 2，指令执行时将表格 10 的记录 2 的编号 0002H 送入 D 通道

在使用记录位置设定（SETR）、记录位置读取（GETR）指令前，需要先用表格区域宣言（DIM）指令定义表格区域。

（5）数据检索（SRCH）指令

指令说明如下。

指令名称、格式与符号	功能说明	操作数			使用举例
		W	S1	S2	
数据检索 SRCH W S1 S2 [SRCH / W / S1 / S2]	将 S1 为首的 W 个通道组成表格，从表格中查找与 S2 数据相同的通道，并将该通道的地址存入变址寄存器 IR0 中，若有多个通道，则存储低通道地址。 W+1 通道用来设定数据相同的通道个数输出，当 W+1 值为 8000H 时，将数据相同的通道个数值(BIN)送入数据寄存器 DR0；当 W+1 值为 0000H 时无输出	CIO、W、H、A、T、C、D、@D、*D、常数	CIO、W、H、A、T、C、D、@D、*D	CIO、W、H、A、T、C、D、@D、*D、DR、常数	梯形图：0.00 常开触点 — SRCH，W #8000000A，S1 D100，S2 D200 D200 [1 2 3 4] D100 [5 6 7 8] D101 [9 A B C] D102 [D E F 0] D103 [1 2 3 4] D104 [5 6 7 8] D105 [1 2 3 4] D106 [9 A B C] D107 [1 2 3 4] D108 [D E F 0] D109 [9 A B C] IR0 [D103的地址] DR0 [0 0 0 3] 当常开触点 0.00 闭合时，SRCH 指令执行，将 D100 为首的 10(W=000AH)个通道组成表格，从表格中查找与 D200 中数据 1234 相同的通道，再将低通道(多个相同通道时)D103 的地址存入变址寄存器 IR0 中。由于 W+1=8000H，故将数据相同的通道个数值 3 送入数据寄存器 DR0

（6）字节交换（SWAP）指令

指令说明如下。

指令名称、格式与符号	功能说明	操作数 S	操作数 D	使用举例
字节交换 SWAP S D SWAP S D 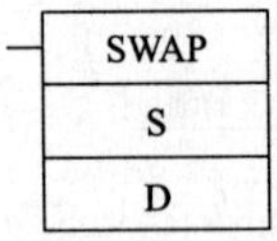	将D为首的S个通道组成表格，并将每个通道的高字节与低字节相互交换	CIO、W、H、A、T、C、D、@D、*D、DR常数	CIO、W、H、A、T、C、D、@D、*D	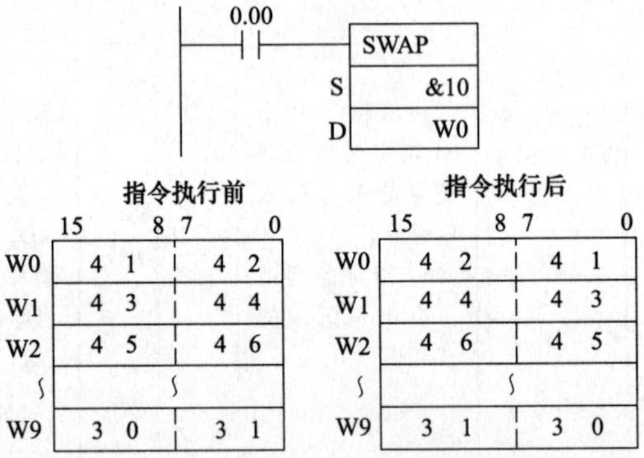 0.00 ─┤├─ SWAP S &10 D W0 指令执行前（15 8 7 0）：W0 4 1 | 4 2；W1 4 3 | 4 4；W2 4 5 | 4 6；…；W9 3 0 | 3 1 指令执行后（15 8 7 0）：W0 4 2 | 4 1；W1 4 4 | 4 3；W2 4 6 | 4 5；…；W9 3 1 | 3 0 当常开触点0.00闭合时，SWAP指令执行，将W0为首的10个通道（W0～W9）组成表格，再将每个通道的高位字节与低位字节相互交换

（7）最大值检索（MAX）、最小值检索（MIN）指令

指令说明如下。

指令名称、格式与符号	功能说明	操作数 C	操作数 S	操作数 D	使用举例
最大值检索 MAX C S D MAX C S D 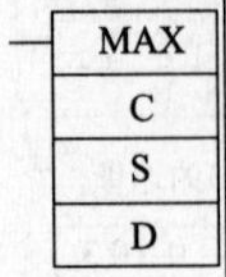	将S为首的C个通道组成表格，从表格中查找出最大值数据，再将该数据送入D通道，如果C+1通道第14位为1，则同时会将最大数据所在通道的地址存入变址寄存器IR0中。 C+1通道的第15、14位用来设置检索。 15位为指定数据符号：1为带符号数；0为无符号数。 14位为指定最大值通道地址是否存入IR0：1为是；0为否	CIO、W、H、A、T、C、D、@D、*D、常数	CIO、W、H、A、T、C、D、@D、*D	CIO、W、H、A、T、C、D、@D、*D、DR	0.00 ─┤├─ MAX C D100 S D200 D D300 C:D100（15…0）：0 0 0 A C+1:D101（15 14 … 0）：1 1 0 --- 0 固定为0；指定数据符号：1为带符号数；指定最大值通道地址是否存入IR0：1为是 S:D200 0 0 0 0（0） D201 0 0 1 A（26） D202 0 0 1 B（27） D203 0 0 0 2（2） D204 F F F E（−2） D205 0 0 0 4（4） D206 F F F F（−1） D207 F F F D（−3） D208 0 0 0 1（1） D209 0 0 0 3（3） D:D300 0 0 1 B IR0 D202通道的地址 当常开触点0.00闭合时，MAX指令执行，将D200为首的10（D100中的值）个通道组成表格，从表格中查找出最大值数据，再将最大值数据001BH（即27）送入D300，由于D101第15位为1，指令则会将最大数据所在通道D202的地址存入变址寄存器IR0中

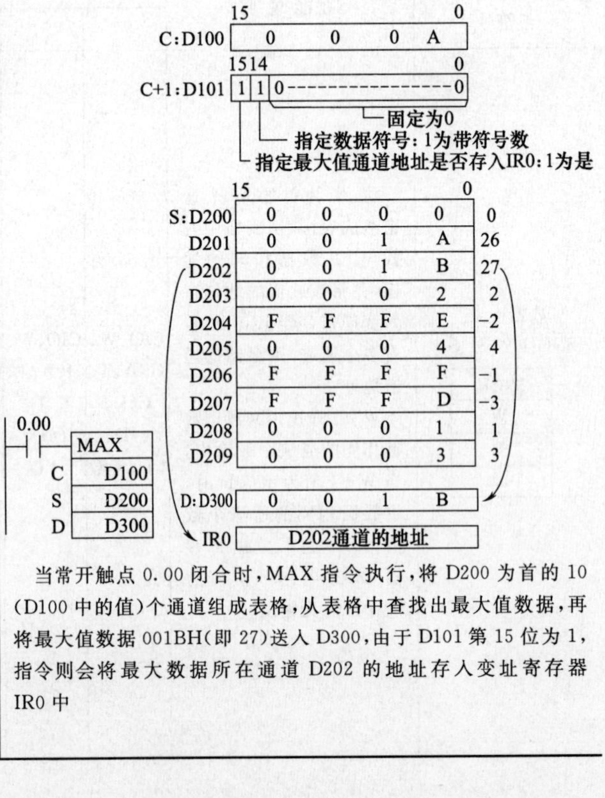

续表

指令名称、格式与符号	功能说明	操作数			使用举例
		C	S	D	
最小值检索 MIN C S D MIN C S D	将S为首的C个通道组成表格，从表格中查找出最小值数据，再将该数据送入D通道，如果C+1通道第14位为1，则同时会将最小数据所在通道的地址存入变址寄存器IR0中。 C+1通道的第15、14位用来设置检索。 15位为指定数据符号：1为带符号数；0为无符号数。 14位为指定最大值通道地址是否存入IR0：1为是；0为否。	CIO、W、H、A、T、C、D、@D、*D、常数	CIO、W、H、A、T、C、D、@D、*D	CIO、W、H、A、T、C、D、@D、*D、DR	C:D100 = 0 0 0 A C+1:D101 = 1 1 0……0（15、14位；0：固定为0；15位：指定数据符号：1为带符号数；14位：指定最大值通道地址是否存入IR0：1为是） S:D200 0 0 0 0 → 0 D201 0 0 1 A → 26 D202 0 0 1 B → 27 D203 0 0 0 2 → 2 D204 F F F E → −2 D205 0 0 0 4 → 4 D206 F F F F → −1 D207 F F F D → −3 D208 0 0 0 1 → 1 D209 0 0 0 3 → 3 D:D300 F F F D IR0 D207通道的地址 梯形图：0.00 — MIX C D100 S D200 D D300 当常开触点0.00闭合时，MIX指令执行，将D200为首的10(D100中的值)个通道组成表格，从表格中查找出最小值数据，再将最小值数据FFFDH(即－3)送入D300，由于D101第15位为1，指令同时会将最小数据所在通道D207的地址存入变址寄存器IR0中

（8）总数值计算（SUM）、FCS值计算（FCS）指令

指令说明如下。

指令名称、格式与符号	功能说明	操作数			使用举例
		C	S	D	
总数值计算 SUM C S D SUM C S D	将S为首的C个字节或字组成表格，并按C+1通道高4位数据的定义，计算表格中数据的总值，再将总值送入D通道。 C+1通道高4位的设置功能如下： 第15位为数据符号(BIN数有效)：1为带符号；0为无符号。 第14位为数据类型：1为BIN；0为BCD。 第13位为计算单位：1为字节；0为字。 第12位为开始字节(字节计算有效)：1为低字节；0为高字节	CIO、W、H、A、T、C、D、@D、*D、常数	CIO、W、H、A、T、C、D、@D、*D	CIO、W、H、A、T、C、D、@D、*D	C:D300 = 0 0 0 A C+1:D301 = 0 0 1 1 0 0 0 0 0 0 0 0 0 0 0 0（第15位：数据符号 0：无符号；第14位：数据类型 0：BIN；第13位：计算单位 1：字节；第12位：计算开始字节 1：低字节；第11～0位：固定为0） S:D100 2 A D101 C 3 2 A D102 9 F 2 0 D103 2 7 2 0 D104 2 A 5 5 D105 D C 计算灰色背景字节总数值 D:D200 0 3 7 8 D+1:D201 0 0 0 0 梯形图：0.00 — SUM C D300 S D100 D D200 当常开触点0.00闭合时，SUM指令执行，由于D300中的值为10，D301高4位的定义为无符号、BIN数、字节单元、低字节开始，指令执行时将D100低字节为首的10个字节组成表格，并计算其总数值，结果存入D200。 若是计算字单元的总数值，结果存入D+1、D通道

续表

指令名称、格式与符号	功能说明	操作数 C	操作数 S	操作数 D	使用举例
FCS值计算 FCS C S D FCS / C / S / D	将S为首的C个字节或字组成表格，通过一定的运算规则计算出表格中数据的FCS值(帧检验序列值)，再将FCS值转换成ASCII码送入D通道。 C＋1通道的0～11、14、15位固定为0，第13、12位的设置功能如下： 第13位为计算单位：1为字节；0为字。 第12位为开始字节(字节计算有效)：1为低字节；0为高字节	CIO、W、H、A、T、C、D、@D、*D、常数	CIO、W、H、A、T、C、D、@D、*D	CIO、W、H、A、T、C、D、@D、*D、DR	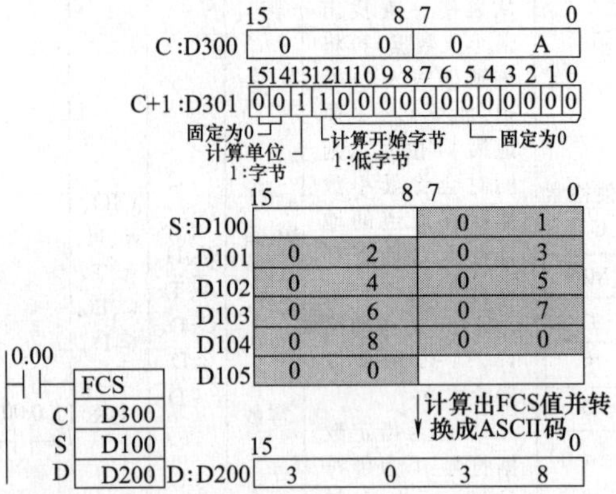 C:D300 = 0 0 0 A；C+1:D301 = 0011 0000 0000 0000（固定为0；计算单位 1:字节；计算开始字节 1:低字节；固定为0）；S:D100 = 01，D101 = 0203，D102 = 0405，D103 = 0607，D104 = 0800，D105 = 00；0.00 ─ FCS C D300 S D100 D D200；计算出FCS值并转换成ASCII码 → D:D200 = 3 0 3 8 当常开触点0.00闭合时，FCS指令执行，由于D300中的值为10，D301的13、12定义为字节单元、低字节开始，指令执行时将D100低字节为首的10个字节组成表格，并计算其FCS值，再将该值转换成ASCII码存入D200

(9) 栈数据数输出（SNUM）指令

指令说明如下。

指令名称、格式与符号	功能说明	操作数 S	操作数 D	使用举例
栈数据数输出 SNUM S D SNUM / S / D	计算栈区域(由S指定)的数据存储区始端S＋4～当前指针－1指定地址之间的通道数，再将通道数送入D通道。 S＋1、S通道指定栈区域最终通道；S＋3、S＋2存放栈指针值；S＋4～最终通道为数据存储区。 该指令执行后，栈区域数据及指针值保持不变	CIO、W、H、A、T、C、D、@D、*D	CIO、W、H、A、T、C、D、@D、*D、DR	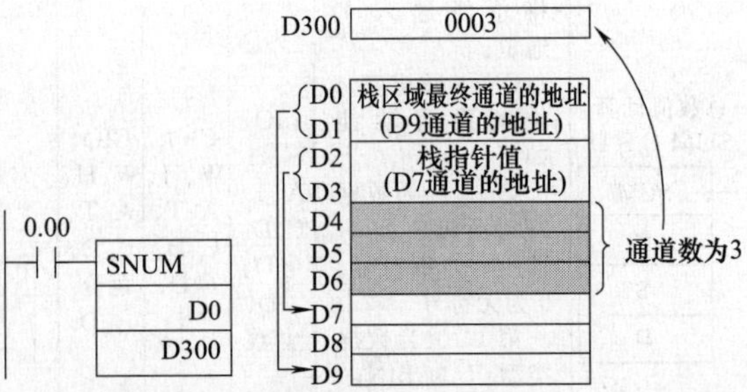 0.00 ─ SNUM D0 D300；D300 = 0003；D0、D1：栈区域最终通道的地址(D9通道的地址)；D2、D3：栈指针值(D7通道的地址)；D4～D6：通道数为3；D7、D8、D9 当常开触点0.00闭合时，SNUM指令执行，计算栈区域的数据存储区始端D4～D6(当前指针－1指定地址)之间的通道数，再将通道数3送入D300

(10) 栈数据参见(SREAD)指令

指令说明如下。

指令名称、格式与符号	功能说明	操作数		使用举例
		S、D	C	
栈数据参见 SREAD SCD SREAD S C D	将栈区域(由S指定)栈指针指定的地址往低偏移C个通道,再将偏移确定的通道中的数据送D通道。 该指令执行后,栈区域数据及指针值保持不变	CIO、W、H、A、T、C、D、@D、*D	CIO、W、H、A、T、C、D、@D、*D、IR	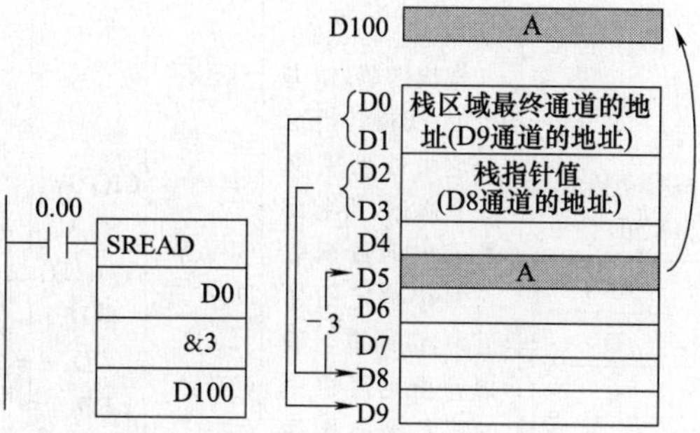 0.00 SREAD D0 &3 D100 D100 A; D0 D1 栈区域最终通道的地址(D9通道的地址); D2 D3 栈指针值(D8通道的地址); D4; D5 A; D6; D7; D8; D9; −3 当常开触点0.00闭合时,SREAD指令执行,将栈区域(D0~D9)栈指针指定的地址(D8通道)往低偏移3个通道,再将偏移确定的通道D5中的数据送D100

(11) 栈数据更新(SWRIT)、栈数据插入(SINS)指令

指令说明如下。

指令名称、格式与符号	功能说明	操作数		使用举例
		D	C、S	
栈数据更新 SWRIT D C S SWRIT D C S	将栈区域(由D指定)栈指针指定的地址往低偏移C个通道,再将S通道中的数据以覆盖方式写入偏移确定的通道中。 该指令执行后,栈区域数据及指针值保持不变	CIO、W、H、A、T、C、D、@D、*D	CIO、W、H、A、T、C、D、@D、*D、DR、常数	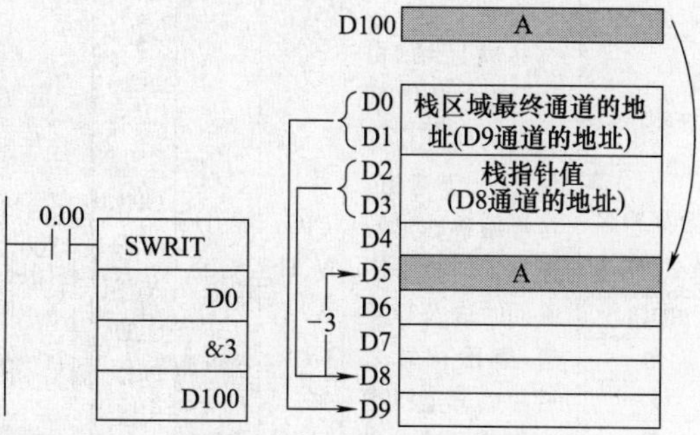 0.00 SWRIT D0 &3 D100 D100 A; D0 D1 栈区域最终通道的地址(D9通道的地址); D2 D3 栈指针值(D8通道的地址); D4; D5 A; D6; D7; D8; D9; −3 当常开触点0.00闭合时,SWRIT指令执行,将栈区域(D0~D9)栈指针指定的地址(D8通道)往低偏移3个通道,再将D100通道中的数据以覆盖方式写入偏移确定的通道D5中

续表

指令名称、格式与符号	功能说明	操作数		使用举例
		D	C、S	
栈数据插入 SINS D C S SINS D C S	将栈区域（由D指定）栈指针指定的地址往低偏移C个通道，再将S通道中的数据插入偏移确定的通道中，该通道至栈指针指定通道中的原数据整体往高侧移动一个通道，同时栈指针值+1	CIO、W、H、A、T、C、D、@D、*D	CIO、W、H、A、T、C、D、@D、*D、DR、常数	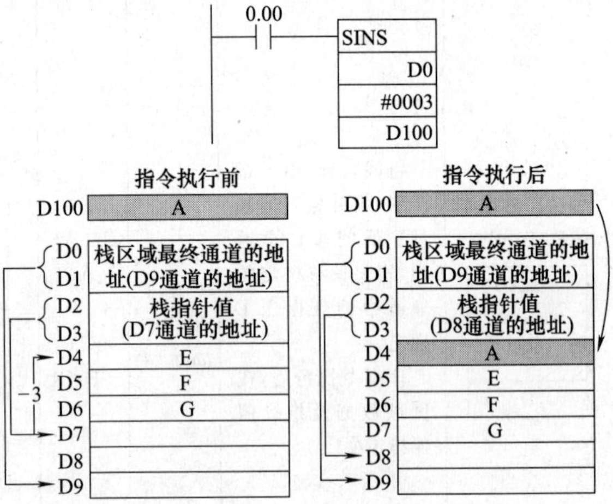 0.00 SINS D0 #0003 D100 指令执行前：D100 A；D0、D1 栈区域最终通道的地址(D9通道的地址)；D2、D3 栈指针值(D7通道的地址)；D4 E；D5 F；D6 G；D7；D8；D9；−3 指令执行后：D100 A；D0、D1 栈区域最终通道的地址(D9通道的地址)；D2、D3 栈指针值(D8通道的地址)；D4 A；D5 E；D6 F；D7 G；D8；D9 当常开触点0.00闭合时，SNIS指令执行，将栈区域（D0～D9）栈指针指定的地址（D7通道）往低偏移3个通道，再将D100通道中的数据插入偏移确定的通道D4中，D4至栈指针指定通道D7中的原数据整体往高侧移动一个通道，同时栈指针值+1，由D7的地址变为D8的地址

(12) 栈数据删除（SDEL）指令

指令说明如下。

指令名称、格式与符号	功能说明	操作数			使用举例
		S	C	D	
栈数据删除 SDEL S C D SDEL S C D	将栈区域（由S指定）栈指针指定的地址往低偏移C个通道，再将偏移确定的通道中的数据删除同时送入D通道，删除位置之后的通道至栈指针指定通道中的原数据整体往低侧移动一个通道，同时栈指针值−1	CIO、W、H、A、T、C、D、@D、*D	CIO、W、H、A、T、C、D、@D、*D、DR、常数	CIO、W、H、A、T、C、D、@D、*D、DR	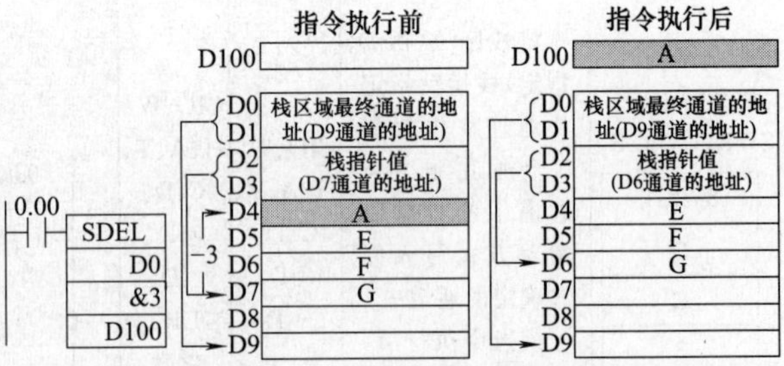 0.00 SDEL D0 &3 D100 指令执行前：D100；D0、D1 栈区域最终通道的地址(D9通道的地址)；D2、D3 栈指针值(D7通道的地址)；D4 A；D5 E；D6 F；D7 G；D8；D9；−3 指令执行后：D100 A；D0、D1 栈区域最终通道的地址(D9通道的地址)；D2、D3 栈指针值(D6通道的地址)；D4 E；D5 F；D6 G；D7；D8；D9 当常开触点0.00闭合时，SDEL指令执行，将栈区域（D0～D9）栈指针指定的地址（D7通道）往低偏移3个通道，再将偏移得到的通道（D4）中的数据删除同时送入D100，D5至栈指针指定通道D7中的原数据整体往低侧移动一个通道，同时栈指针值−1，由D7的地址变为D6的地址

8.12 数据控制指令的使用

指令名称	助记符	功能号
PID运算	PID	190
带自整定PID运算	PIDAT	191
上下限限位控制	LMT	680
死区控制	BAND	681
静区控制	ZONE	682
时分割比例输出	TPO	685
缩放	SCL	194
缩放2	SCL2	486
缩放3	SCL3	487
数据平均化	AVG	195

数据控制指令中的PID运算（PID）指令和带自整定PID运算（PIDAT）指令已在第7章介绍过。

(1) 上下限限位控制（LMT）、死区控制（BAND）和静区控制（ZONE）指令

指令说明如下。

指令名称、格式与符号	功能说明	操作数			使用举例
		S	C	D	
上下限限位控制 LMT S C D LMT S C D	如果C值≤S值≤C+1值，将S值送入D通道。 如果S值＜C值，将C值送入D通道。 如果S值＞C+1值，将C+1值送入D通道。 C值为下限限位数据，C+1值为上限限位数据，S值为带符号BIN数	CIO、W、H、A、T、C、D、@D、*D、DR、常数	CIO、W、H、A、T、C、D、@D、*D	CIO、W、H、A、T、C、D、@D、*D、DR	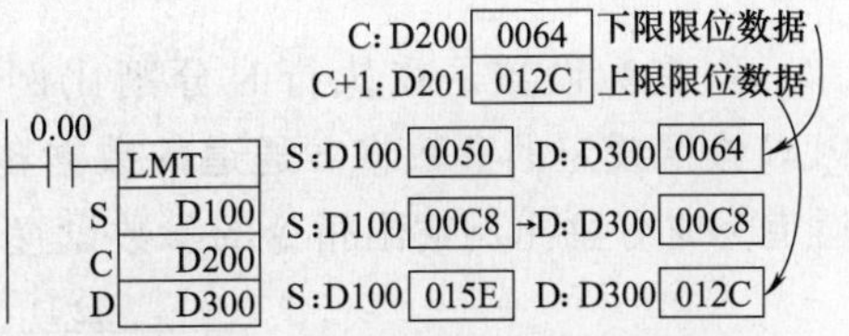 C: D200 0064 下限限位数据 C+1: D201 012C 上限限位数据 0.00 LMT S D100 C D200 D D300 S:D100 0050 D: D300 0064 S:D100 00C8 →D: D300 00C8 S:D100 015E D: D300 012C 当常开触点0.00闭合时，LMT指令执行，C、C+1通道中的下、上限限位数据分别为0064H和012CH，如果D100中的数据为0050H，它小于下限限位数据0064H，指令将下限限位数据0064H送入D300。 若D100值处于下、上限限位数据范围之内，D300值＝D100值，若D100值大于上限限位数据时，D300值＝D201值
死区控制 BAND S C D BAND S C D	如果C值＜S值＜C+1值，将0000H送入D通道。 如果S值＜C值，将S值－C值，结果送入D通道。 如果S值＞C+1值，将S值－C+1值，结果送入D通道。 C值为下限限位数据，C+1值为上限限位数据，S值为带符号BIN数				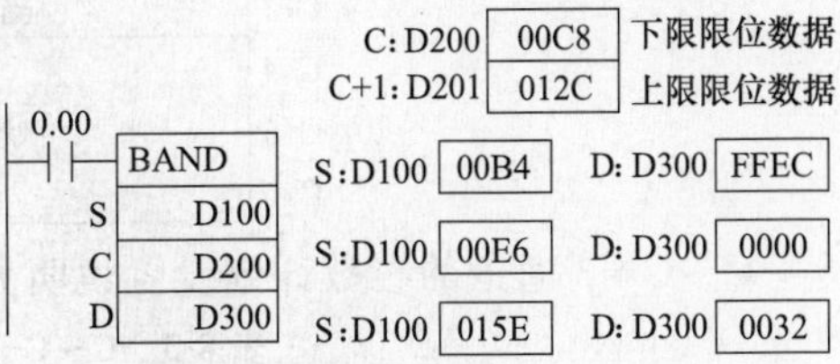 C: D200 00C8 下限限位数据 C+1: D201 012C 上限限位数据 0.00 BAND S D100 C D200 D D300 S:D100 00B4 D: D300 FFEC S:D100 00E6 D: D300 0000 S:D100 015E D: D300 0032 当常开触点0.00闭合时，BAND指令执行，C、C+1通道中的下、上限限位数据分别为00C8H和012CH，如果D100中的数据为00B4H，它小于下限限位数据00C8H，指令将00B4H－00C8H＝FFEC0064H送入D300。 若D100值处于下、上限限位数据范围之内，D300值＝0000H，若D100值大于上限限位数据时，D300值＝015EH－012CH＝0032H

续表

指令名称、格式与符号	功能说明	操作数			使用举例
		S	C	D	
静区控制 ZONE S C D ZONE S C D	如果S值<0，将S值+C值，结果送入D通道。 如果S值>0，将S值+C+1值，结果送入D通道。 如果S值=0，将0000H送入D通道。 C值为负偏置值，C+1值为正偏置值，S值为带符号BIN数	CIO、W、H、A、T、C、D、@D、*D、DR、常数	CIO、W、H、A、T、C、D、@D、*D	CIO、W、H、A、T、C、D、@D、*D、DR	0.00 ZONE S D100 C D200 D D300 C: D200 F F 9 C 十进制数 -100 负的偏置值 C+1: D201 0 0 6 4 100 正的偏置值 当常开触点0.00闭合时，ZONE指令执行，如果D100值<0，将D100值+(-100)，结果送入D300；如果S值>0，将D100值+100，结果送入D300；如果S值=0，将0000H送入D300

（2）时分割比例输出（TPO）指令

① 符号、格式与功能。TPO指令的符号、格式与功能说明如下。

指令名称、格式与符号	功能说明	操作数		
		S	C	R
时分割比例输出 TPO S C R TPO S C R	按C～C+3通道中设定的参数，将S通道的数据作为任务比或操作量转换成相应的脉冲信号，输出给R继电器	CIO、W、H、A、T、C、D、@D、*D、DR、常数	CIO、W、H、A、T、C、D、@D、*D	CIO、W、H、A

② 参数设置。在执行时分割比例输出指令前，需要设置有关参数，在执行指令时，PLC按照设定的参数将S通道的数据转换成相应的脉冲信号，输出给R继电器。C～C+3通道为时分割比例输出指令的参数设置区，其设置内容如下。

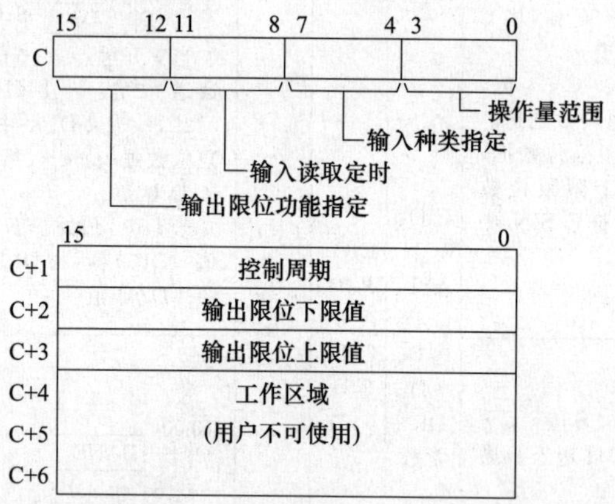

C～C+3通道的参数详细设置说明见表8-3。

表8-3　C～C+3通道的参数详细设置说明

控制数据	项目	内容	设定范围	输入条件为ON时能否变更
C的位0～3	操作量范围	输入数据的位数	(十六进制1位) 0:8位　1:9位　2:10位 3:11位　4:12位　5:13位 6:14位　7:15位　8:16位	可以

续表

控制数据	项目	内　容	设定范围	输入条件为ON时能否变更
C的位4～7	输入种类指定	输入(S)内的数据选择是任务比还是操作量	0:任务比 注:S值的范围:任务比:0000～2710Hex(0～100.00%) 1.操作量 注:S值的范围:0000～FFFF Hex(0～65535) ※上限根据操作量范围(C的位0～3)	可以
C的位8～11	输入读取定时指定	指定输入读取定时	0:每个控制周期 1:下方优先 2:上方优先 3:常时	
C的位12～15	输出限位功能指定	指定输出限位功能的有效/无效	0:无效(不进行限位控制) 1:有效(进行限位控制)(注)	可以
C+1	控制周期	控制周期(改变ON和OFF的时间比的周期)	0064～270F Hex(1.00～99.99s) 注:例如,1秒不是0001Hex,请注意设定为0064Hex的点。	可以
C+2	输出限位下限值	对输出进行限位控制时的限位下限值	0000～2710Hex(0～100.00%)	可以
C+3	输出限位上限值	对输出进行限位控制时的限位上限值	0000～2710Hex(0～100.00%)	可以
C+4 C+5 C+6	工作区域	系统使用的区域 用户无法使用该通道	不可使用	—

③ 指令使用举例。时分割比例输出（TPO）指令使用如图8-36所示。

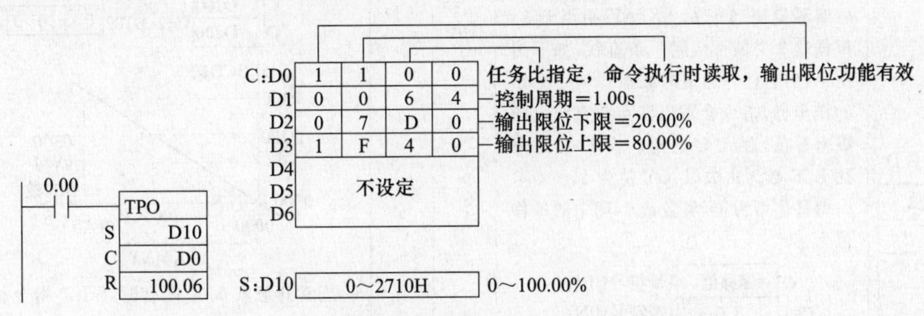

图8-36　时分割比例输出（TPO）指令使用举例

当常开触点0.00闭合时，TPO指令执行，按D0～D3通道中设定的参数，将D10通道的数据作为任务比转换成相应的脉冲信号，输出给线圈100.06，即让脉冲信号从100.06端子输出。例如D10中的数据为1355H，表示的任务比为50%，由于D1通道指定的脉冲周期为1s，故TPO指令执行时会从100.06端子输出周期为1s、占空比为50%的脉冲信号，D10中的数据发生变化，脉冲信号的占空比就会变化，占空比变化范围限制在20%～80%。

如果D0的7～4位为1H（0001），则将D10中的数据指定为操作量，TPO指令执行时会将操作量与最大操作量的比值作为脉冲的占空比，最大操作量由 D0 的 3～0 位确定，如 D0 的 3～0 位为 4H（0100），则指定操作量位数为 12 位，操作量范围为 0～0FFFH，最大操作量为 0FFFH。

（3）缩放（SCL）、缩放 2（SCL2）和缩放 3（SCL3）指令

指令说明如下。

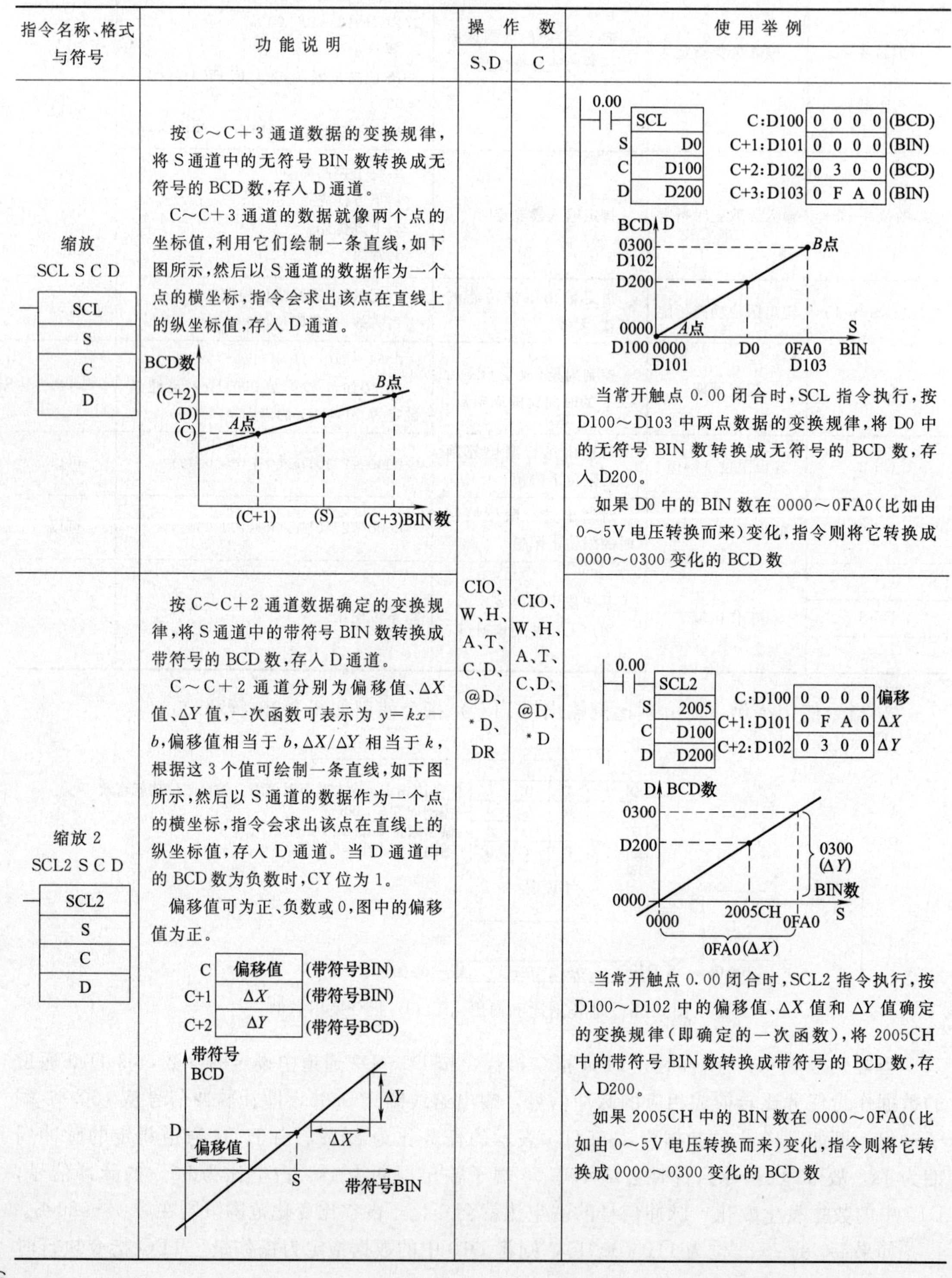

指令名称、格式与符号	功能说明	操作数 S、D	操作数 C	使用举例
缩放 SCL S C D [SCL / S / C / D]	按 C～C＋3 通道数据的变换规律，将 S 通道中的无符号 BIN 数转换成无符号的 BCD 数，存入 D 通道。 C～C＋3 通道的数据就像两个点的坐标值，利用它们绘制一条直线，如下图所示，然后以 S 通道的数据作为一个点的横坐标，指令会求出该点在直线上的纵坐标值，存入 D 通道。 （图：BCD数；(C+2)、(D)、(C)；A点、B点；(C+1)、(S)、(C+3)BIN数）			0.00 ─┤├─ SCL S D0 C D100 D D200 C:D100 0 0 0 0 (BCD) C+1:D101 0 0 0 0 (BIN) C+2:D102 0 3 0 0 (BCD) C+3:D103 0 F A 0 (BIN) （图：BCD D；0300 D102；D200；0000 A点；B点；D100 0000 D101；D0；0FA0 D103；S BIN） 当常开触点 0.00 闭合时，SCL 指令执行，按 D100～D103 中两点数据的变换规律，将 D0 中的无符号 BIN 数转换成无符号的 BCD 数，存入 D200。 如果 D0 中的 BIN 数在 0000～0FA0（比如由 0～5V 电压转换而来）变化，指令则将它转换成 0000～0300 变化的 BCD 数
缩放 2 SCL2 S C D [SCL2 / S / C / D]	按 C～C＋2 通道数据确定的变换规律，将 S 通道中的带符号 BIN 数转换成带符号的 BCD 数，存入 D 通道。 C～C＋2 通道分别为偏移值、ΔX 值、ΔY 值，一次函数可表示为 $y=kx-b$，偏移值相当于 b，$\Delta X/\Delta Y$ 相当于 k，根据这 3 个值可绘制一条直线，如下图所示，然后以 S 通道的数据作为一个点的横坐标，指令会求出该点在直线上的纵坐标值，存入 D 通道。当 D 通道中的 BCD 数为负数时，CY 位为 1。 偏移值可为正、负数或 0，图中的偏移值为正。 C 偏移值 (带符号BIN) C+1 ΔX (带符号BIN) C+2 ΔY (带符号BCD) （图：带符号BCD；D；偏移值；ΔX；ΔY；S；带符号BIN）	CIO、W、H、A、T、C、D、@D、*D、DR	CIO、W、H、A、T、C、D、@D、*D	0.00 ─┤├─ SCL2 S 2005 C D100 D D200 C:D100 0 0 0 0 偏移 C+1:D101 0 F A 0 ΔX C+2:D102 0 3 0 0 ΔY （图：D BCD数；0300；D200；0000；0300 (ΔY)；BIN数；0000；2005CH；0FA0；S；0FA0(ΔX)） 当常开触点 0.00 闭合时，SCL2 指令执行，按 D100～D102 中的偏移值、ΔX 值和 ΔY 值确定的变换规律（即确定的一次函数），将 2005CH 中的带符号 BIN 数转换成带符号的 BCD 数，存入 D200。 如果 2005CH 中的 BIN 数在 0000～0FA0（比如由 0～5V 电压转换而来）变化，指令则将它转换成 0000～0300 变化的 BCD 数

续表

<table>
<tr><th rowspan="2">指令名称、格式与符号</th><th rowspan="2">功能说明</th><th colspan="2">操作数</th><th rowspan="2">使用举例</th></tr>
<tr><th>S、D</th><th>C</th></tr>
<tr><td>缩放3
SCL3 S C D
SCL3
S
C
D</td><td>按C～C+4通道数据确定的变换规律，将S通道中的带符号BCD数转换成带符号的BIN数，存入D通道。
C～C+4通道分别为偏移值、ΔX值、ΔY值、最大转换值和最大转换值，根据前3个值可绘制一条直线，后2个值用于限定转换范围，如下图所示，然后以S通道的数据作为一个点的横坐标，指令会求出该点在直线上的纵坐标值，存入D通道。
S通道为BCD绝对值，其正负由CY位来决定，CY=1，BCD数为负数。 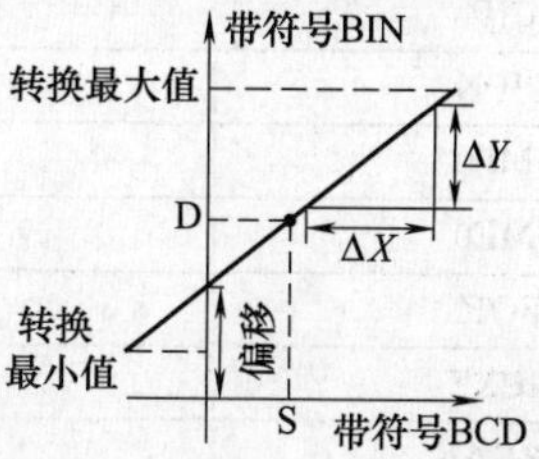
带符号BIN 转换最大值 ΔY D ΔX 转换最小值 偏移 S 带符号BCD</td><td>CIO、W、H、A、T、C、D、@D、*D、DR</td><td>CIO、W、H、A、T、C、D、@D、*D</td><td> 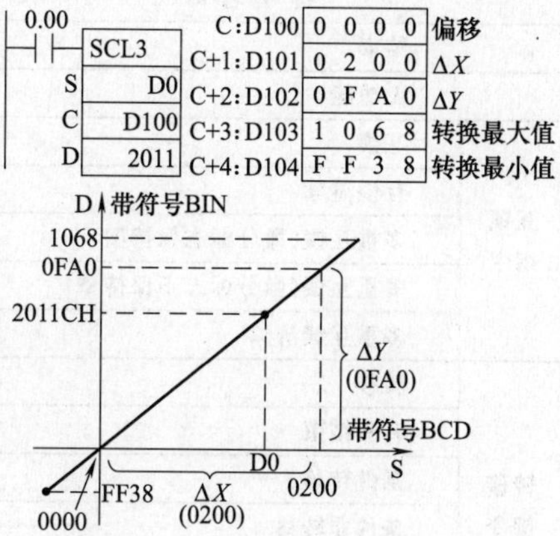0.00 SCL3 S D0 C D100 D 2011
C:D100 0 0 0 0 偏移
C+1:D101 0 2 0 0 ΔX
C+2:D102 0 F A 0 ΔY
C+3:D103 1 0 6 8 转换最大值
C+4:D104 F F 3 8 转换最小值
D 带符号BIN 1068 0FA0 2011CH ΔY (0FA0) 带符号BCD D0 0200 S FF38 0000 ΔX (0200)
当常开触点0.00闭合时，SCL3指令执行，按D100～D104中的偏移值、ΔX值、ΔY值、最大转换值和最小转换值确定的变换规律（即确定的一次函数），将D0中的带符号BCD数转换成带符号的BIN数，存入2011CH</td></tr>
</table>

(4) 数据平均化（AVG）指令

指令说明如下。

<table>
<tr><th rowspan="2">指令名称、格式与符号</th><th rowspan="2">功能说明</th><th colspan="2">操作数</th><th rowspan="2">使用举例</th></tr>
<tr><th>S1、S2</th><th>C</th></tr>
<tr><td>数据平均化
AVG S1 S2 D
AVG
S1
S2
D</td><td>按每个扫描周期递增一个通道的方式，将S1通道中的无符号数逐次送入D+2～D+S2值+1通道中，S2次扫描过后，计算D+2～D+S2值+1通道中数据的平均值，结果存入D通道。
每经一个扫描周期，D+1中的指针值（7～0位）增1，当扫描次数大于或等于S2次时，D+1的第15位变为1。S2值最大为64 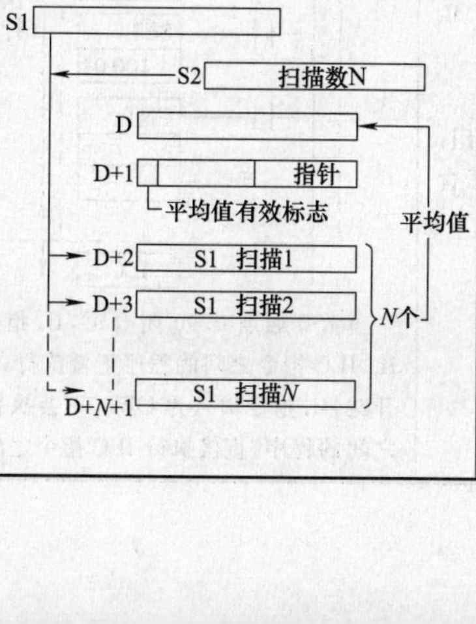
S1 S2 扫描数N D D+1 指针 平均值有效标志 平均值 D+2 S1 扫描1 D+3 S1 扫描2 N个 D+N+1 S1 扫描N</td><td>CIO、W、H、A、T、C、D、@D、*D、DR、常数</td><td>CIO、W、H、A、T、C、D、@D、*D</td><td> 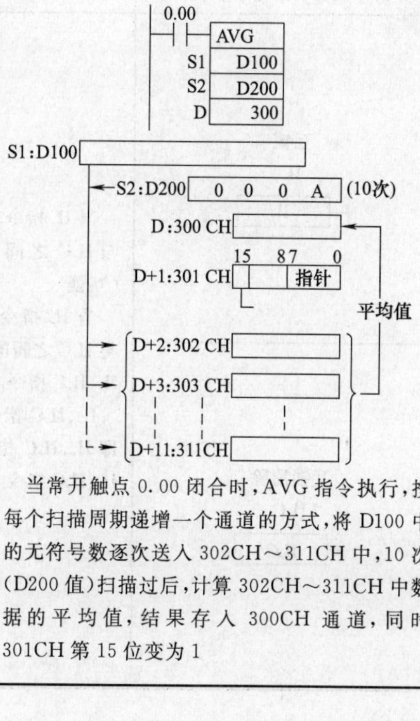0.00 AVG S1 D100 S2 D200 D 300
S1:D100
S2:D200 0 0 0 A (10次)
D:300 CH
15 8 7 0
D+1:301 CH 指针
平均值
D+2:302 CH
D+3:303 CH
D+11:311CH
当常开触点0.00闭合时，AVG指令执行，按每个扫描周期递增一个通道的方式，将D100中的无符号数逐次送入302CH～311CH中，10次（D200值）扫描过后，计算302CH～311CH中数据的平均值，结果存入300CH通道，同时301CH第15位变为1</td></tr>
</table>

8.13 时序控制指令的使用

指令名称		助记符	功能号
结束		END	001
无功能		NOP	000
互锁指令	互锁	IL	002
	互锁清除	ILC	003
	多重互锁(微分标志保持型)	MILH	517
	多重互锁(微分标志不保持型)	MILR	518
	多重互锁清除	MILC	519
转移指令	转移	JMP	004
	转移结束	JME	005
	条件转移	CJP	510
	条件非转移	CJPN	511
	多重转移	JMP0	515
	多重转移结束	JME0	516
循环指令	循环开始	FOR	512
	循环结束	NEXT	513
	循环中断	BREAK	514

(1) 互锁指令

互锁指令包括互锁、互锁清除、多重互锁（微分标志保持型）、多重互锁（微分标志不保持型）和多重互锁清除指令。

① 互锁（IL）、互锁清除（ILC）指令。指令说明如下。

指令名称、格式与符号	功能说明	使用举例
互锁 IL [IL]	当IL指令输入为OFF时，IL与ILC之间的程序不会执行（互锁）。 当IL指令输入为ON时，IL与ILC之间的程序执行。 IL、ILC指令应配套使用。 IL、ILC指令不可嵌套使用，即IL、ILC指令之间不能再含IL、ILC指令	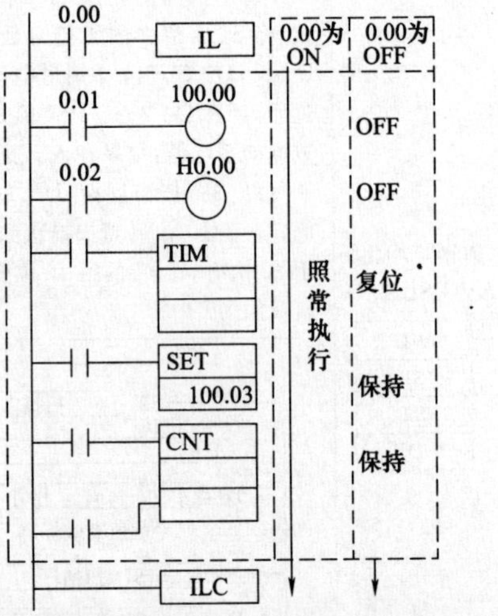 0.00 IL；0.01 100.00；0.02 H0.00；TIM；SET 100.03；CNT；ILC 0.00为ON：照常执行 0.00为OFF：OFF、OFF、复位、保持、保持 当常开触点0.00闭合时，IL指令输入为ON，IL、ILC指令之间的程序正常执行，当0.00触点断开时，IL指令输入为OFF，不会执行IL、ILC指令之间的程序，直接执行ILC指令之后的程序
互锁清除 ILC [ILC]		

② 微分标志保持型多重互锁（MILH）、微分标志不保持型多重互锁（MILR）和多重互锁清除（MILC）指令。指令说明如下。

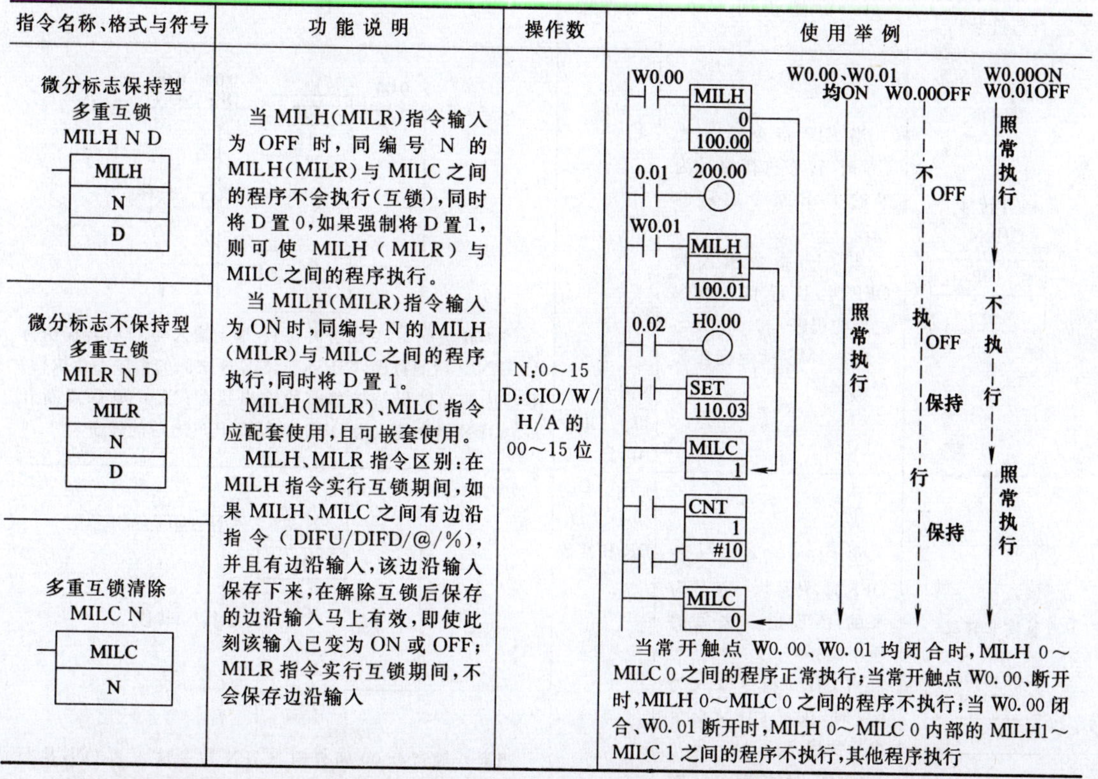

指令名称、格式与符号	功能说明	操作数	使用举例
微分标志保持型 多重互锁 MILH N D [MILH / N / D] 微分标志不保持型 多重互锁 MILR N D [MILR / N / D] 多重互锁清除 MILC N [MILC / N]	当MILH(MILR)指令输入为OFF时，同编号N的MILH(MILR)与MILC之间的程序不会执行(互锁)，同时将D置0，如果强制将D置1，则可使MILH（MILR）与MILC之间的程序执行。 当MILH(MILR)指令输入为ON时，同编号N的MILH(MILR)与MILC之间的程序执行，同时将D置1。 MILH(MILR)、MILC指令应配套使用，且可嵌套使用。 MILH、MILR指令区别：在MILH指令实行互锁期间，如果MILH、MILC之间有边沿指令（DIFU/DIFD/@/%），并且有边沿输入，该边沿输入保存下来，在解除互锁后保存的边沿输入马上有效，即使此刻该输入已变为ON或OFF；MILR指令实行互锁期间，不会保存边沿输入	N:0～15 D:CIO/W/H/A的00～15位	W0.00 [MILH 0 100.00]；0.01 200.00；W0.01 [MILH 1 100.01]；0.02 H0.00；[SET 110.03]；[MILC 1]；[CNT 1 #10]；[MILC 0] W0.00、W0.01均ON：照常执行 W0.00OFF：不OFF执OFF保持行保持 W0.00ON W0.01OFF：照常执行 不执行 照常执行 当常开触点W0.00、W0.01均闭合时，MILH 0～MILC 0之间的程序正常执行；当常开触点W0.00、断开时，MILH 0～MILC 0之间的程序不执行；当W0.00闭合、W0.01断开时，MILH 0～MILC 0内部的MILH1～MILC 1之间的程序不执行，其他程序执行

（2）转移指令

转移指令包括转移、转移结束、条件转移、条件非转移、多重转移和多重转移结束指令。

① 转移（JMP）、转移结束（JME）指令。指令说明如下。

指令名称、格式与符号	功能说明	使用举例
转移 JMP N [JMP / N] 转移结束 JME N [JME / N]	当JMP指令输入为OFF时，转移执行编号为N的JME指令之后的程序。 当JMP指令输入为ON时，执行JMP指令之后的程序。 JMP、JME指令应配套使用。 N:0～255，可为CIO、W、H、A、T、C、D、@D、*D、DR和常数	0.00 [JMP &1]；[TIM]；[SET]；[CNT]；[JME &1] 0.00均ON：照常执行 0.00均OFF：指令不执行（输出保持） 当常开触点0.00闭合时，JMP指令输入为ON，执行JMP 1之后的程序，当0.00触点断开时，JMP指令输入为OFF，转移执行JME 1之后的程序，即JMP 1～JME 1之间的程序不会执行，程序中的元件保持转移前的输出状态

② 条件转移（CJP）、条件非转移（CJPN）指令。指令说明如下。

指令名称、格式与符号	功能说明	操作数	使用举例
条件转移 CJP N CJP N	当CJP指令输入为ON时，转移执行编号为N的JME指令之后的程序。 当CJP指令输入为OFF时，执行CJP指令之后的程序。 CJP、JME指令应配套使用	N:0～255，可为CIO、W、H、A、T、C、D、@D、*D、DR和常数	0.00 CJP N —— 0.00 OFF 0.00 ON 执行 转移 JME N 当常开触点0.00闭合时，CJP指令输入为ON，转移执行JME N之后的程序，CJP N～JME N之间的程序不会执行，程序中的元件保持转移前的输出状态；当0.00触点断开时，CJPN指令输入为OFF，执行CJP N之后的程序
条件非转移 CJPN N CJPN N	当CJPN指令输入为OFF时，转移执行编号为N的JME指令之后的程序。 当CJPN指令输入为ON时，执行CJPN指令之后的程序。 CJPN、JME指令应配套使用		0.00 CJPN N —— 0.00 ON 0.00 OFF 执行 转移 JME N 当常开触点0.00闭合时，CJPN指令输入为ON，执行CJPN N之后的程序；当0.00触点断开时，CJPN指令输入为OFF，转移执行JME N之后的程序，CJPN N～JME N之间的程序不会执行，程序中的元件保持转移前的输出状态

③ 多重转移（JMP0）、多重转移结束（JME0）指令。指令说明如下。

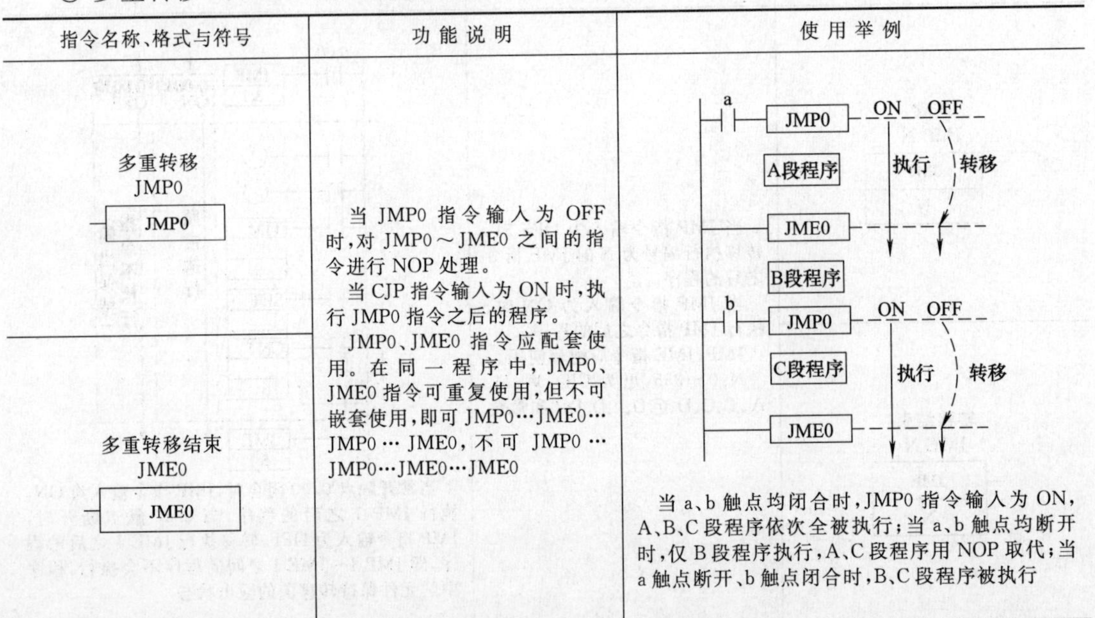

指令名称、格式与符号	功能说明	使用举例
多重转移 JMP0 JMP0	当JMP0指令输入为OFF时，对JMP0～JME0之间的指令进行NOP处理。 当CJP指令输入为ON时，执行JMP0指令之后的程序。 JMP0、JME0指令应配套使用。在同一程序中，JMP0、JME0指令可重复使用，但不可嵌套使用，即可JMP0…JME0…JMP0…JME0，不可JMP0…JMP0…JME0…JME0	a JMP0 —— ON OFF 执行 转移 A段程序 JME0 B段程序 b JMP0 —— ON OFF 执行 转移 C段程序 JME0 当a、b触点均闭合时，JMP0指令输入为ON，A、B、C段程序依次全被执行；当a、b触点均断开时，仅B段程序执行，A、C段程序用NOP取代；当a触点断开、b触点闭合时，B、C段程序被执行
多重转移结束 JME0 JME0		

(3) 循环指令

循环指令包括循环开始(FOR)、循环结束(NEXT)和循环中断(BREAK)指令。循环指令说明如下。

指令名称、格式与符号	功能说明	使用举例
循环开始 FOR N [FOR / N]	无条件重复执行FOR～NEXT指令之间的程序N次后,再执行NEXT下一条指令 FOR、NEXT指令应配套使用。 N:0～65535,可为CIO、W、H、A、T、C、D、@D、*D、DR和常数	FOR &3；P_On ++ D100（重复执行3次）；NEXT；0.00 MOV D100 D200 程序运行时,FOR、NEXT之间的程序段(虚线框内部分)重复执行3次,每执行一次,D100中的数值加1,3次后D100值增加3,然后执行NEXT之后的指令,如果0.00触点闭合,将D100中的数据送入D200
循环结束 NEXT [NEXT]		
循环中断 BREAK [BREAK]	当指令输入为ON时,强行停止当前的循环,对本指令与NEXT之间的指令进行NOP处理,然后执行NEXT之后的指令	FOR N；A段程序；a BREAK；B段程序；NEXT；C段程序 如果a触点始终断开时,A、B段程序会重复执行N次,再执行C段程序,如果A、B段程序执行m(m<N)次后a触点闭合,那么A段程序执行$m+1$次后BREAK指令执行,对B段程序进行NOP处理,再执行C段程序

8.14 显示功能指令的使用

指令名称	助记符	功能号
消息显示	MSG	046
7段LED通道数据显示	SCH	047
7段LED控制	SCTRL	048

(1) 消息显示(MSG)指令

指令说明如下。

<table>
<tr><th rowspan="2">指令名称、格式与符号</th><th rowspan="2">功能说明</th><th colspan="2">操作数</th><th rowspan="2">使用举例</th></tr>
<tr><th>N</th><th>S</th></tr>
<tr><td>消息显示
MSG N S
MSG
N
S</td><td>将消息编号为N的S～S+16通道中的ASCII码发送给外围显示工具，以显示这些ASCII码代表的字符。
将S设为0000～FFFFH中任一数据时，取消消息显示</td><td>CIO、W、H、A、T、C、D、@D、*D、DR、#0000～0007H或&0～7</td><td>CIO、W、H、A、T、C、D、@D、*D、DR、#0000～FFFFH</td><td> 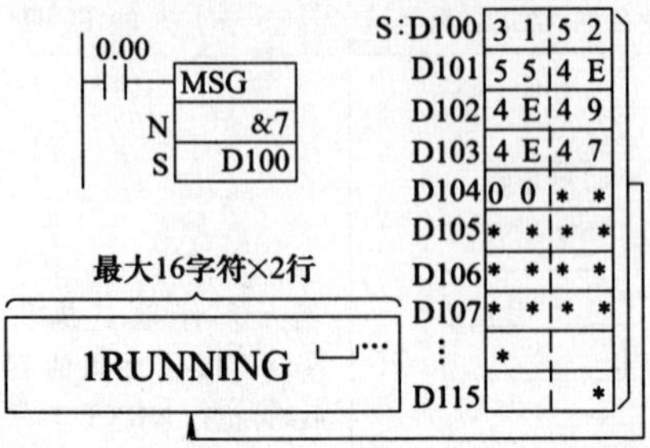0.00 MSG N &7 S D100
S:D100 3 1 5 2
D101 5 5 4 E
D102 4 E 4 9
D103 4 E 4 7
D104 0 0 * *
D105 * * * *
D106 * * * *
D107 * * * *
⋮ *
D115 *
最大16字符×2行
1RUNNING ␣…
当常开触点0.00闭合时，MSG指令执行，将消息编号为7的D100～D115通道中的ASCII码发送给外围显示工具，以显示这些ASCII码代表的字符，00H之后所有的ASCII码均会当作空格显示</td></tr>
</table>

(2) 7段LED通道数据显示（SCH）、7段LED控制（SCTRL）指令

指令说明如下。

<table>
<tr><th rowspan="2">指令名称、格式与符号</th><th rowspan="2">功能说明</th><th>操作数</th><th rowspan="2">使用举例</th></tr>
<tr><th>S、C</th></tr>
<tr><td>7段LED通道数据显示
SCH S C
SCH
S
C</td><td>让PLC主机单元面板上的两位数码管显示S通道高字节数或低字节数(以十六进制数形式显示)。
C值用来规定显示字节：0000H——显示低字节，0001H——显示高字节。</td><td rowspan="2">CIO、W、H、A、T、C、D、@D、*D、DR</td><td rowspan="2"> 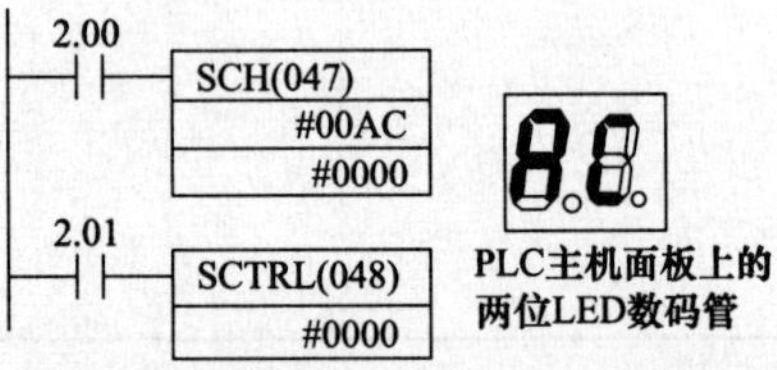2.00 SCH(047) #00AC #0000
2.01 SCTRL(048) #0000
8.8.
PLC主机面板上的两位LED数码管
当常开触点2.00闭合时，SCH指令执行，由于C值为0000H，指令让PLC主机单元面板上的两位数码管显示数据00ACH中的低字节“AC”。
当常开触点2.01闭合时，SCTRL指令执行，指令让PLC主机单元面板上的两位数码管所有段熄灭</td></tr>
<tr><td>7段LED控制
SCTRL C
SCTRL
C</td><td>根据C通道数据的规定，控制PLC主机面板上的两位数码管相应段亮或灭。
C值：0000H——所有段灭，0001H——所有段亮，C为其他值时各段状态如下： 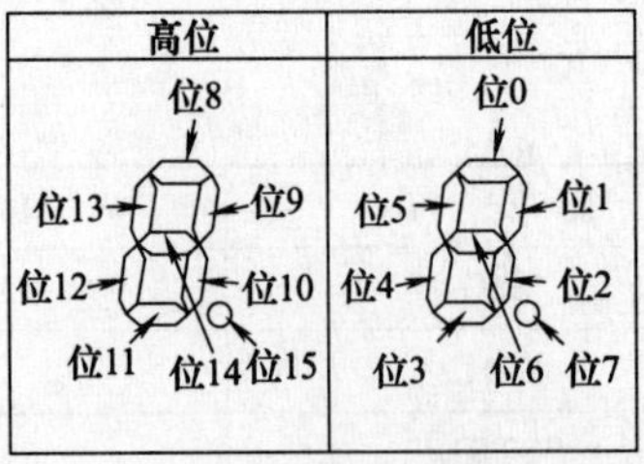
高位：位8、位9、位10、位11、位12、位13、位14、位15
低位：位0、位1、位2、位3、位4、位5、位6、位7
例如C值为764FH时，两位数码管显示“H3”</td></tr>
</table>

8. 15 时钟功能指令的使用

指令名称	助记符	功能号
日历加法	CADD	730
日历减法	CSUB	731
时分秒→秒转换	SEC	065
秒→时分秒转换	HMS	066
时钟补正	DATE	735

(1) 日历加法 (CADD)、日历减法 (CSUB) 指令

指令说明如下。

指令名称、格式与符号	功能说明	操作数		使用举例
		S1、D	S2	
日历加法 CADD S1 S2 D 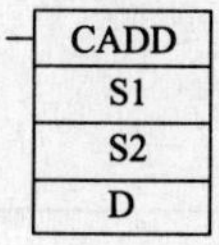 CADD S1 S2 D	将S1通道中的年月日时分秒值与S2通道中的时分秒值相加，结果存入D通道。 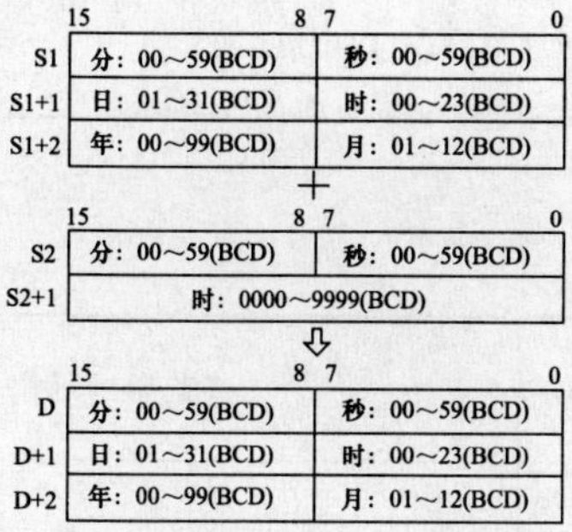 15 8 7 0 S1 分：00～59(BCD) 秒：00～59(BCD) S1+1 日：01～31(BCD) 时：00～23(BCD) S1+2 年：00～99(BCD) 月：01～12(BCD) + S2 分：00～59(BCD) 秒：00～59(BCD) S2+1 时：0000～9999(BCD) ⇩ D 分：00～59(BCD) 秒：00～59(BCD) D+1 日：01～31(BCD) 时：00～23(BCD) D+2 年：00～99(BCD) 月：01～12(BCD)	CIO、W、H、A、T、C、D、@D、*D	CIO、W、H、A、T、C、D、@D、*D、常数	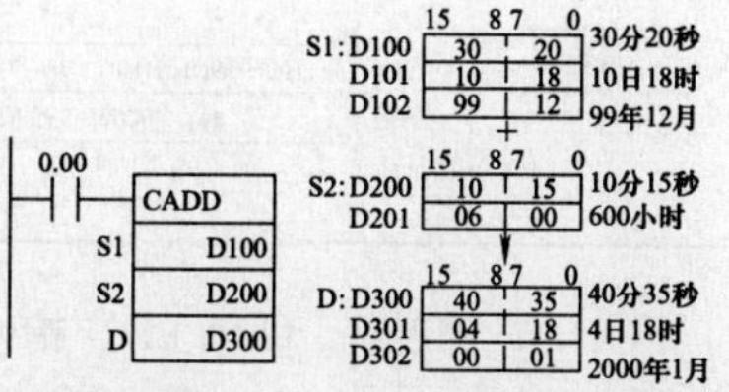 0.00 CADD S1 D100 S2 D200 D D300 S1:D100 30 20 30分20秒 D101 10 18 10日18时 D102 99 12 99年12月 + S2:D200 10 15 10分15秒 D201 06 00 600小时 ↓ D:D300 40 35 40分35秒 D301 04 18 4日18时 D302 00 01 2000年1月 当常开触点0.00闭合时，CADD指令执行，将D102～D100中的年月日时分秒值与D201、D200中的时分秒值相加，结果存入D302～D300
日历减法 CSUB S1 S2 D 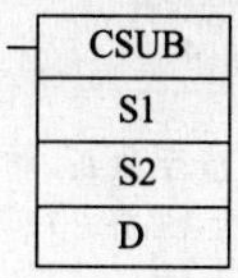 CSUB S1 S2 D	将S1通道中的年月日时分秒值减去S2通道中的时分秒值，结果存入D通道。 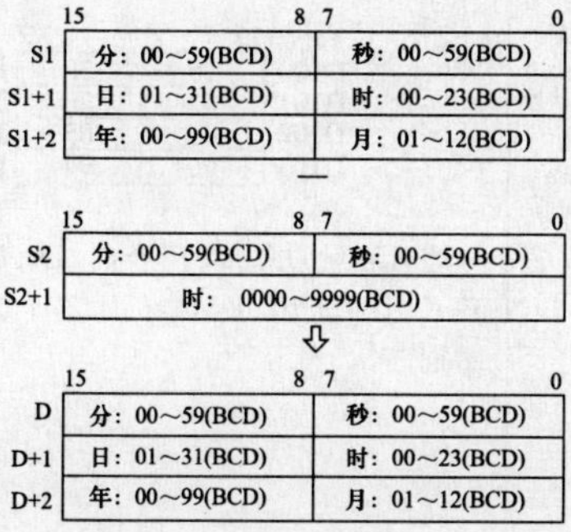 15 8 7 0 S1 分：00～59(BCD) 秒：00～59(BCD) S1+1 日：01～31(BCD) 时：00～23(BCD) S1+2 年：00～99(BCD) 月：01～12(BCD) — S2 分：00～59(BCD) 秒：00～59(BCD) S2+1 时：0000～9999(BCD) ⇩ D 分：00～59(BCD) 秒：00～59(BCD) D+1 日：01～31(BCD) 时：00～23(BCD) D+2 年：00～99(BCD) 月：01～12(BCD)			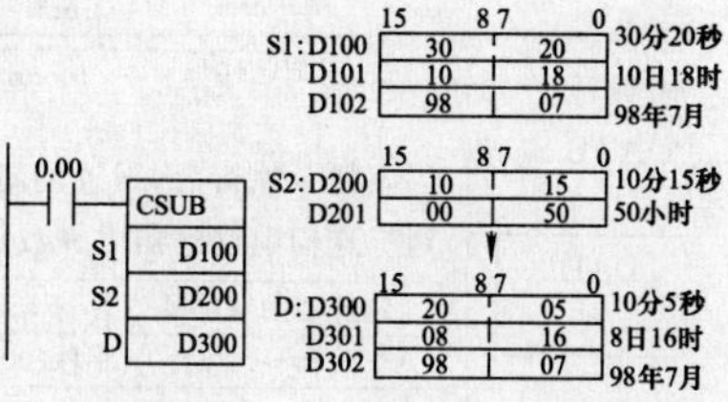 0.00 CSUB S1 D100 S2 D200 D D300 S1:D100 30 20 30分20秒 D101 10 18 10日18时 D102 98 07 98年7月 S2:D200 10 15 10分15秒 D201 00 50 50小时 ↓ D:D300 20 05 10分5秒 D301 08 16 8日16时 D302 98 07 98年7月 当常开触点0.00闭合时，CSUB指令执行，将D102～D100中的年月日时分秒值减去D201、D200中的时分秒值，结果存入D302～D300

(2) 时分秒→秒转换(SEC)、秒→时分秒转换(HMS)指令

指令说明如下。

指令名称、格式与符号	功能说明	操作数 S	操作数 D	使用举例
时分秒→秒转换 SEC S D SEC / S / D	将S通道中的时分秒值转换成秒值,结果存入D通道。 S(15~8):分:00~59(BCD);S(7~0):秒:00~59(BCD) S+1:时:0000~9999(BCD) ↓ D:低位 秒:0000~9999(BCD) D+1:高位 秒:0000~3599(BCD)	CIO、W、H、A、T、C、D、@D、*D、常数	CIO、W、H、A、T、C、D、@D、*D	0.00 —SEC S D200 D D100 S:D200 17 36 17分36秒 D201 00 34 34小时 ↓时分秒→秒 D:D100 34 56 D101 00 12 123456秒 当常开触点0.00闭合时,SEC指令执行,将D201、D200中的时分秒值转换成秒值,结果存入D101、D100
秒→时分秒转换 HMS S D HMS / S / D	将S通道中的秒值转换成时分秒值,结果存入D通道。 S:低位 秒:0000~9999(BCD) S+1:高位 秒:0000~3599(BCD) D(15~8):分:00~59(BCD);D(7~0):秒:00~59(BCD) D+1:时:0000~9999(BCD)			0.00 —HMS S D100 D D200 S:D100 34 56 D101 00 12 123456秒 ↓秒→时分秒 D:D200 17 36 17分36秒 D201 00 34 34小时 当常开触点0.00闭合时,HMS指令执行,将D101、D100中的秒值转换成时分秒值,存入D201、D100

(3) 时钟补正(DATE)指令

指令说明如下。

指令名称、格式与符号	功能说明	操作数 S	使用举例
时钟补正 DATE S DATE / S	将PLC的时钟设为S值。 S1:分:00~59(BCD) / 秒:00~59(BCD) S+1:日:01~31(BCD) / 时:00~23(BCD) S+2:年:00~99(BCD) / 月:01~12(BCD) S+3:00(固定为00H) / 星期:00~06(BCD)(00~06:星期日~星期六) 该指令执行后,设置的时钟马上反映到特殊辅助继电器时钟数据区: 特殊辅助继电器 — 内容 A351.00~A351.07 — 秒(00~59)(BCD) A351.08~A351.15 — 分(00~59)(BCD) A352.00~A352.07 — 点(00~23)(BCD) A352.08~A352.15 — 日(01~31)(BCD) A353.00~A353.07 — 月(01~12)(BCD) A353.08~A353.15 — 年(00~99)(BCD) A354.00~A354.07 — 星期(00~06)(BCD) A354.08~A354.15 — 00Hex固定	CIO、W、H、A、T、C、D、@D、*D	0.00 —DATE S D100 S:D100 15 30 15分30秒 D101 02 20 2日20时 D102 05 05 2005年5月 D103 00 04 星期四 当常开触点0.00闭合时,DATE指令执行,将PLC时钟设为2005年5月2日20时15分30秒星期四

8.16 特殊功能指令的使用

指令名称	助记符	功能号
置进位	STC	040
清除进位	CLC	041
周期时间的监视时间设定	WDT	094
状态标志保存	CCS	282
状态标志加载	CCL	283

（1）置进位（STC）、清除进位（CLC）指令

指令说明如下。

指令名称、格式与符号	功能说明
置进位 STC STC	将CY位(进位标志位)置1。 使用本指令将CY位置1后,其他有关指令执行时仍可改变CY位状态
清除进位 CLC CLC	将CY位(进位标志位)清0。 使用本指令将CY位置0后,其他有关指令执行时仍可改变CY位状态

（2）周期时间的监视时间设定（WDT）指令

周期时间的监视时间设定（WDT）指令又称看门狗指令，如果某些原因（如程序过长）使扫描周期超过规定的时间（默认为1s），PLC会停止工作，使用WDT指令可以人为PLC的延长扫描周期。

指令说明如下。

指令名称、格式与符号	功能说明	使用举例
周期时间的监视时间设定 WDT S WDT S	将PLC扫描周期延长S值×10ms(即0～39990ms)。PLC扫描周期最长为40000ms。 S:＃0000～0F9F或&0～3999	0.00 WDT &30 0.01 WDT &3900 0.02 WDT &100 当常开触点0.00闭合时,第一个WDT指令执行,将PLC的扫描周期延长30×10ms＝300ms,由于PLC默认的扫描周期为1000ms,WDT指令执行后,扫描周期为1300ms;当常开触点0.01闭合时,第二个WDT指令执行,将PLC的扫描周期延长3900×10ms＝39000ms,多出的300ms忽略;当常开触点0.02闭合时,由于实际扫描周期已达到40000ms,故第三个WDT指令不执行

(3) 状态标志保存(CCS)、状态标志加载(CCL)指令

指令说明如下。

<table>
<tr><th>指令名称、格式与符号</th><th>功能说明</th><th>使用举例</th></tr>
<tr><td>状态标志保存
CCS
CCS</td><td>将该指令执行前的状态标志位保存下来。
可保存的状态标志位有:ER、CY、N、OF、UF、>、=、<、>=、<=、<>。
CCS保存的状态标志位只能用CCL指令读取,即使CCL指令后面的其他指令执行时改变了状态标志位,CCS保存的状态标志位仍不变</td><td rowspan="2"> 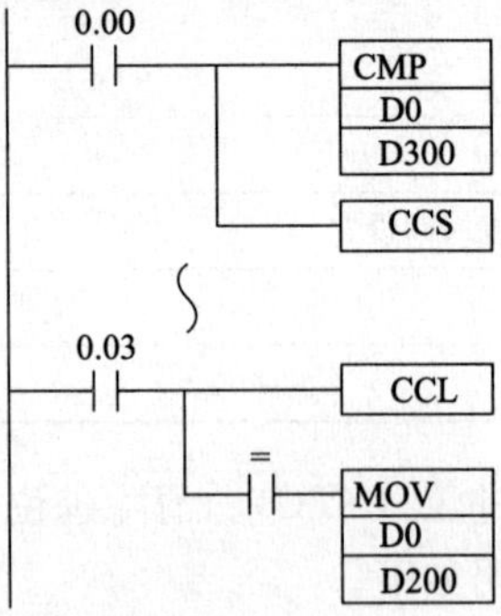0.00 CMP D0 D300 CCS
0.03 CCL = MOV D0 D200
当常开触点0.00闭合时,首先CMP指令执行,将D0、D300中的数据进行比较,如果两者相等,则=标志为ON,然后CCS指令执行,将=标志状态保存下来,然后往下执行其他指令,即使其他指令执行时使=标志变为OFF,但CCS保存的=标志仍为ON;当常开触点0.03闭合时,CCL指令执行,读取CCS保存的=标志状态,=触点闭合,MOV指令执行,将D0中的数据送入D200。</td></tr>
<tr><td>状态标志加载
CCL
CCL</td><td>读取CCS指令保存下来的状态标志位。
单独使用该指令时,会清除该指令执行前的状态标志位</td></tr>
</table>

8.17 字符串处理指令的使用

指令名称	助记符	功能号
字符串・传送	MOV$	664
字符串・连接	+$	656
字符串・从左读出	LEFT$	652
字符串・从右读出	RGHT$	653
字符串・从任意位置读出	MID$	654
字符串・搜索	FIND$	660
字符串・长度检测	LEN$	650
字符串・置换	RPLC$	661
字符串・删除	DEL$	658
字符串・交换	XCHG$	665
字符串・清除	CLR$	666
字符串・插入	INS$	657
字符串・比较	=$、<>$、<$、<=$、>$、>=$(LD/AND/OR型)	670～675

字符串是指由ASCII码组成并以NUL代码(00H)结束的数据。ASCII码意为美国标准信息交换码,是一种使用7位或8位(在7位的最高位补0)二进制数编码的方案,最多可以对256个字符(包括字母、数字、标点符号、控制字符及其他符号)进行编码。ASCII编码表见表8-1。

在存储时，两个 ASCII 码占用一个通道，多位存储时采用“之”字形方式，例如存储字符串“ABCDE”时，A、B 分别存入一个通道的高字节和低字节，C 存入后续高通道的高字节中，如图 8-37（a）所示。字符串以 NUL 代码（00H）结束，当字符数为奇数个时，在最终通道低字节放入 NUL 代码，如图 8-37（a）所示；当字符数为偶数个时，在最终通道的后一个通道中放入两个 NUL 代码（0000H），如图 8-37（b）所示。

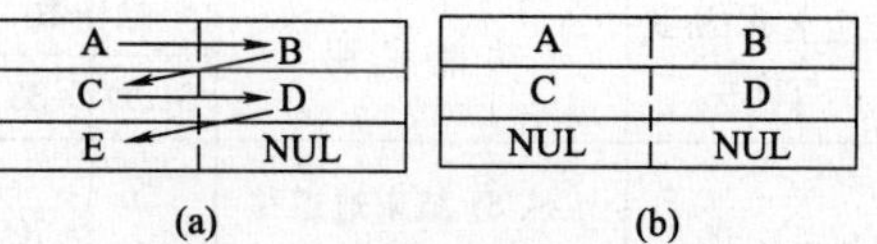

图 8-37 字符串的存储规律

（1）字符串传送（MOV$）指令

指令说明如下。

指令名称、格式与符号	功能说明	操作数 S、D	使用举例
字符串传送 MOV$ S D MOV$ S D	将 S 通道中的字符串及末尾的 NUL(00H)传送到 D 通道中。 S、D 范围：S～S+2047 和 D～D+2047	CIO、W、H、A、T、C、D、@D、*D	0.00 MOV$ S D0 D D100 15 8 7 0 S:D0 41 42 → D:D100 41 42 D1 43 44　D101 43 44 D2 45 46　D102 45 46 D3 00 00　D103 00 00 当常开触点 0.00 闭合时，MOV$ 指令执行，将 D0～D3 中的字符串及 NUL(00H)传送到 D100～D103 中

（2）字符串连接（+$）指令

指令说明如下。

指令名称、格式与符号	功能说明	操作数 S1、S2、D	使用举例
字符串连接 +$ S1 S2 D +$ S1 S2 D	将 S1、S2 通道中的字符串连接起来，再送入 D 通道。 S1、S2、D 范围：S1～S1+2047、S2～S2+2047、D～D+2047	CIO、W、H、A、T、C、D、@D、*D	0.00 +$ S1 D100 S2 D200 D D300 15 0 S1:D100 41 42　D101 43 44　D102 00 00 S2:D200 45 46　D201 47 00 D:D300 41 42　D301 43 44　D302 45 46　D303 00 00 当常开触点 0.00 闭合时，+$ 指令执行，将 D100～D102 中的字符串与 D200～D202 中的字符串连接起来，送入 D300～D302 中

（3）字符串从左读出（LEFT$）、字符串从右读出（RGHT$）指令

指令说明如下。

指令名称、格式与符号	功能说明	操作数 S1、D	操作数 S2	使用举例
字符串从左读出 LEFT$ S1 S2 D LEFT$ S1 S2 D	从 S1 起始通道往高通道方向读出连续 S2 个字符，送入 D 通道。 S1、D 范围：S1～S1+2047，D～D+2047 S2 范围：0000～0FFFH 或&0～4095	CIO、W、H、A、T、C、D、@D、*D	CIO、W、H、A、T、C、D、@D、*D、DR、常数	LEFT$ S1 D100 S2 D200 D D300 15 0 S1:D100 41 42　D101 43 44　D102 45 46　D103 00 00 S2:D200 00 04　读出4个字符 D:D300 41 42　43 44　00 00 当常开触点 0.00 闭合时，LEFT$ 指令执行，从 D100～D103 的起始通道往高通道方向读出 4(D200 值)个字符，送入 D300 及后续通道中

续表

指令名称、格式与符号	功能说明	操作数		使用举例
		S1、D	S2	
字符串从右读出 RGHT＄ S1 S2 D RGHT$ S1 S2 D	从S1结束通道往低通道方向读出连续S2个字符，送入D通道。 S1、D范围：S1～S1＋2047、D～D＋2047 S2范围：0000～0FFFH或&0～4095	CIO、W、H、A、T、C、D、@D、＊D	CIO、W、H、A、T、C、D、@D、＊D、DR、常数	RGHT$ S1 D100 S2 D200 D D300 15 0 S:D100 41 42 D101 43 44 D102 45 46 D103 00 00 读出4个字符 S2:D200 00 04 15 0 D:D300 43 44 45 46 00 00 当常开触点0.00闭合时，RGHT＄指令执行，从D100～D103的结束通道往低通道方向读出4(D200值)个字符，送入D300及后续通道中

（4）字符串从任意位置读出（MID＄）指令

指令说明如下。

指令名称、格式与符号	功能说明	操作数		使用举例
		S1、D	S2、S3	
字符串从任意位置读出 MID＄ S1 S2 S3 D MID$ S1 S2 S3 D	将S1通道中第S3个字符开始的S2个字符读入D通道。 S1、D范围：S1～S1＋2047、D～D＋2047 S2范围：0000～0FFFH或&0～4095 S3范围：0001～0FFFH或&1～4095	CIO、W、H、A、T、C、D、@D、＊D	CIO、W、H、A、T、C、D、@D、＊D、DR、常数	0.00 MID$ S1 D100 S2 D200 S3 D400 D D300 15 0 S1:D100 41 42 D101 43 44 D102 45 46 D103 47 48 D104 49 4A D105 00 00 S2:D200 00 03 读出3个字符 从第5个字符开始 S3:D400 00 05 15 0 D:D300 45 46 47 00 当常开触点0.00闭合时，MID＄指令执行，将D100～D105中第5(D400值)字符开始的3(D200值)个字符读入D300及后续通道

（5）字符串检索（FIND＄）指令

指令说明如下。

指令名称、格式与符号	功能说明	操作数	使用举例
		S1、S2、D	
字符串检索 FIND＄ S1 S2 D FIND$ S1 S2 D	从S1通道的字符串中查找与S2通道相同的字符串，然后将相同字符串的第一个字符位置号以BIN数的形式存入D通道。 若无相同字符串，则往D通道写入0000H。 S1、S2范围：S1～S1＋2047、S2～S2＋2047	CIO、W、H、A、T、C、D、@D、＊D	0.00 FIND$ S1 D100 S2 D200 D D300 15 0 S2:D200 43 00 15 0 S1:D100 41 42 43 44 45 46 00 00 查找与“43”相同的字符串，将其位置存入D300 15 0 D:D300 00 03 当常开触点0.00闭合时，FIND＄指令执行，从D100为首通道的字符串中查找与D200中相同的字符串，然后将相同字符串的第一个字符位置号以BIN数的形式存入D300

(6) 字符串长度检测(LEN $)指令

指令说明如下。

指令名称、格式与符号	功能说明	操作数		使用举例
		S	D	
字符串长度检测 LEN $ S D [LEN$ / S / D]	计算S为起始通道至NUL之间的字符个数,将个数值以BIN数形式存入D通道。 若起始通道为NUL,则往D通道写入0000H。 S范围:S~S1+2047	CIO、W、H、A、T、C、D、@D、*D	CIO、W、H、A、T、C、D、@D、*D、DR	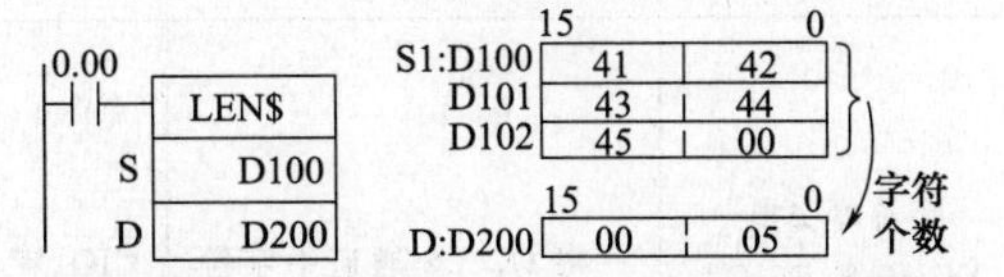 0.00 LEN$ S D100 D D200 S1:D100 41 42; D101 43 44; D102 45 00 (15…0) 字符个数 D:D200 00 05 当常开触点0.00闭合时,LEN $指令执行,计算D100为起始通道至NUL之间的字符个数,将个数值以BIN数形式存入D200

(7) 字符串置换(RPLC $)指令

指令说明如下。

指令名称、格式与符号	功能说明	操作数		使用举例
		S1、S2、D	S3、S4	
字符串置换 RPLC $ S1 S2 S3 S4 D [RPLC$ / S1 / S2 / S3 / S4 / D]	将S1通道中第S4个字符开始的S3个字符用S2通道中的字符置换,再将置换后的字符串送入D通道。 S1、S2、D范围:0~2047个CH S3范围:0000~0FFFH或& 0~4095 S4范围:0001~0FFFH或& 1~4095	CIO、W、H、A、T、C、D、@D、*D	CIO、W、H、A、T、C、D、@D、*D、DR、常数	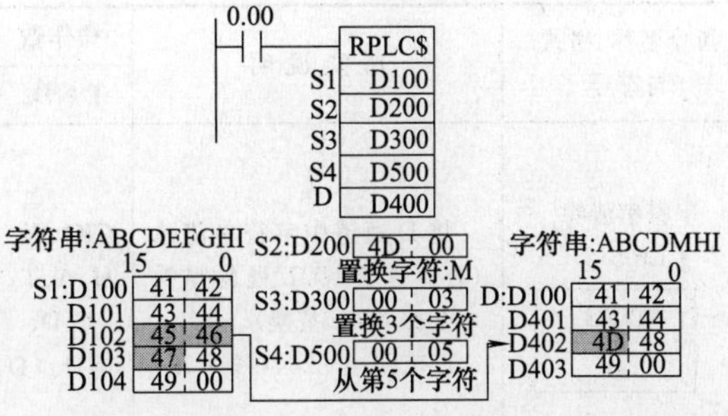 0.00 RPLC$ S1 D100 S2 D200 S3 D300 S4 D500 D D400 字符串:ABCDEFGHI S1:D100 41 42; D101 43 44; D102 45 46; D103 47 48; D104 49 00 S2:D200 4D 00 置换字符:M S3:D300 00 03 置换3个字符 S4:D500 00 05 从第5个字符 字符串:ABCDMHI D:D100 41 42; D401 43 44; D402 4D 48; D403 49 00 当常开触点0.00闭合时,RPLC $指令执行,将D100为首通道的第5(D500值)个字符开始的3(D300值)个字符用D200中的字符置换,再将置换后的字符串送入D400及后续通道

(8) 字符串删除(DEL $)指令

指令说明如下。

指令名称、格式与符号	功能说明	操作数		使用举例
		S1、D	S2、S3	
字符串删除 DEL $ S1 S2 S3 D [DEL$ / S1 / S2 / S3 / D]	将S1通道中第S3个字符开始的S2个字符删除,再将删除后剩下的字符串送入D通道。 S1、D范围:0~2047个CH S2范围:0000~0FFFH或& 0~4095 S3范围:0001~0FFFH或& 1~4095	CIO、W、H、A、T、C、D、@D、*D	CIO、W、H、A、T、C、D、@D、*D、DR、常数	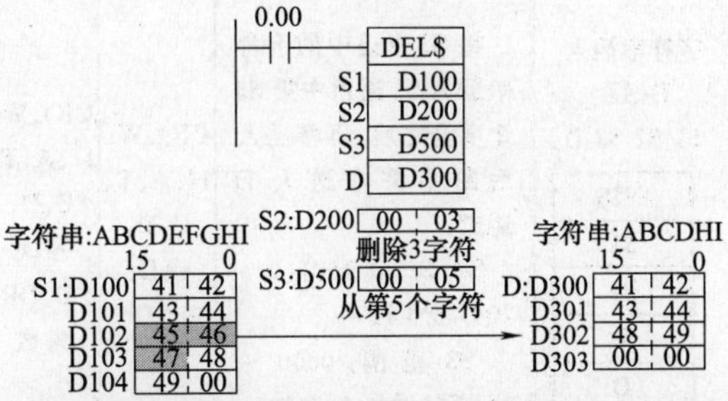 0.00 DEL$ S1 D100 S2 D200 S3 D500 D D300 字符串:ABCDEFGHI S1:D100 41 42; D101 43 44; D102 45 46; D103 47 48; D104 49 00 S2:D200 00 03 删除3字符 S3:D500 00 05 从第5个字符 字符串:ABCDHI D:D300 41 42; D301 43 44; D302 48 49; D303 00 00 当常开触点0.00闭合时,DEL $指令执行,将D100为首通道的第5(D500值)个字符开始的3(D200值)个字符删除,再将删除后剩下的字符串送入D300及后续通道

(9) 字符串交换（XCHG$）指令

指令说明如下。

指令名称、格式与符号	功能说明	操作数 D1、D2	使用举例
字符串交换 XCHG$ D1 D2 XCHG$ / D1 / D2 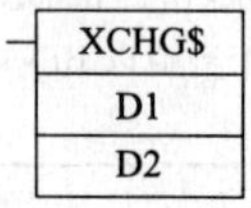	将D1、D2通道中字符串交换。 D1、D2范围：0～2047个CH	CIO、W、H、A、T、C、D、@D、*D	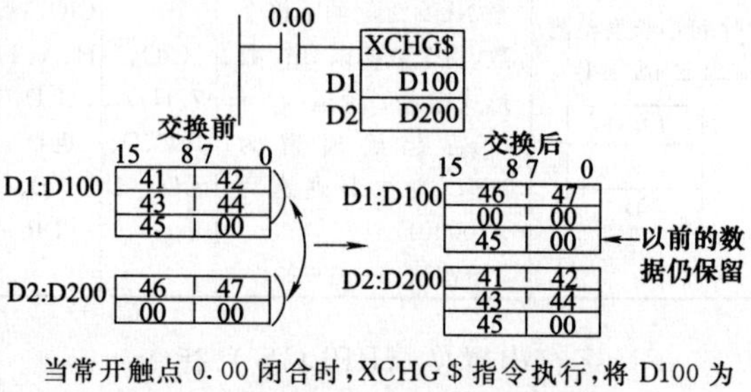 0.00 — XCHG$ D1 D100 D2 D200 交换前 D1:D100 41 42 / 43 44 / 45 00；D2:D200 46 47 / 00 00 交换后 D1:D100 46 47 / 00 00 / 45 00（以前的数据仍保留）；D2:D200 41 42 / 43 44 / 45 00 当常开触点0.00闭合时，XCHG$指令执行，将D100为首通道的字符串与D200为首通道的字符串交换

(10) 字符串清除（CLR$）指令

指令说明如下。

指令名称、格式与符号	功能说明	操作数 D1、D2	使用举例
字符串清除 CLR$ D CLR$ / D 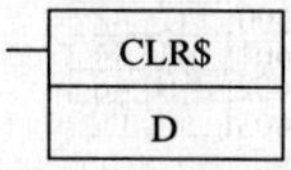	将D通道中字符串清除（首通道至NUL处的字符串全被NUL替换）。 D范围：0～2047个CH	CIO、W、H、A、T、C、D、@D、*D	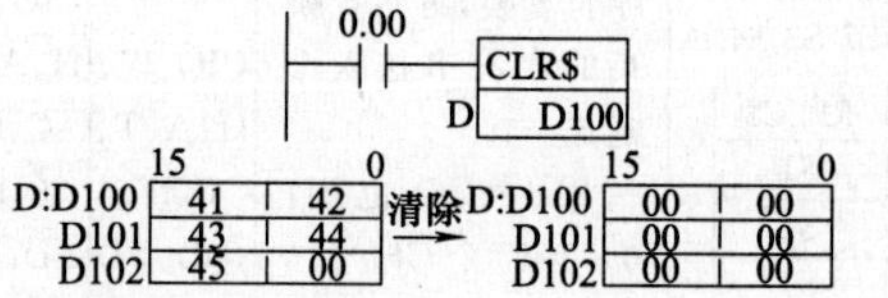 0.00 — CLR$ D D100 D:D100 41 42 / D101 43 44 / D102 45 00 —清除→ D:D100 00 00 / D101 00 00 / D102 00 00 当常开触点0.00闭合时，CLR$指令执行，将D100为首通道的字符串清除

(11) 字符串插入（INS$）指令

指令说明如下。

指令名称、格式与符号	功能说明	操作数 S1、S2、D	操作数 S3	使用举例
字符串插入 INS$ S1 S2 S3 D INS$ / S1 / S2 / S3 / D 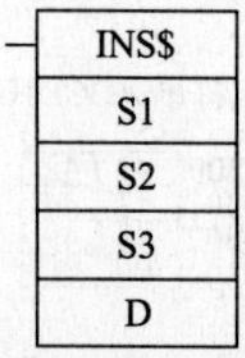	将S2通道中的字符串插入S1通道中第S3个字符之后，再将插入后的字符串送入D通道。 S1、S2、D范围：0～2047个CH S3范围：0000～0FFFH或&0～4095	CIO、W、H、A、T、C、D、@D、*D	CIO、W、H、A、T、C、D、@D、*D、DR、常数	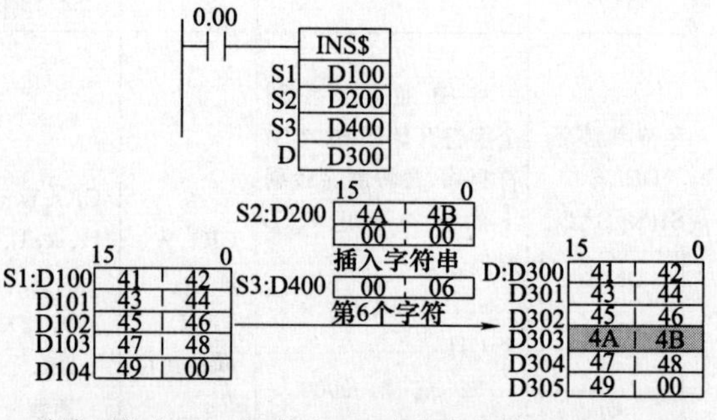 0.00 — INS$ S1 D100 S2 D200 S3 D400 D D300 S2:D200 4A 4B / 00 00（插入字符串） S3:D400 00 06（第6个字符） S1:D100 41 42 / D101 43 44 / D102 45 46 / D103 47 48 / D104 49 00 D:D300 41 42 / D301 43 44 / D302 45 46 / D303 4A 4B / D304 47 48 / D305 49 00 当常开触点0.00闭合时，INS$指令执行，将D200中的字符串插入D100为首通道的第6(D400值)个字符之后，再将插入后的字符串送入D300及后续通道中

(12) 字符串比较指令

字符串比较指令的功能是将两组字符串进行比较，比较结果为真时输出驱动信号。字符串比较指令很多，可按以下方式分类。

① 根据比较符号不同，可分为=(等于)、<>(不等于)、<(小于)、<=(小于或等于)、>(大于)、>=(大于或等于) 共六种。

② 根据指令的连接方式不同，可分为 LD 型、AND 型和 OR 型，这三种类型梯形图指令是相同的。

字符串比较指令说明如下。

指令名称、格式与符号	功能说明	操作数 S1、S2	使用举例
字符串比较 LD/AND/OR 比较符号 $ S1 S2 LD、AND、OR (梯形图无连接符号) =、<>、<、<=、>、>= 连接符号 比较符号 $ S1 S2	将 S1 通道与 S2 通道中的字符串进行比较，比较结果为真时输出驱动信号。	CIO、W、H、A、T、C、D、@D、*D	>$ D100 D200 — 200.00 0.01 — =$ D100 D200 — 200.02 0.03 / <>$ D100 D200 — 200.04 字符串:ABDC D100 41 42 D101 44 43 D102 00 00 字符串:ABC D200 41 42 D201 43 00 D100～D102 中的字符串为 ABDC、D200、D201 中的字符串为 ABC。 当>$指令执行时，比较结果为真，输出驱动信号，200.00 线圈得电。 当常开触点 0.01 闭合时，=$指令执行，比较结果为假，无驱动信号输出，200.02 线圈失电。 当<>$指令执行，比较结果为真，输出驱动信号，200.04 线圈得电

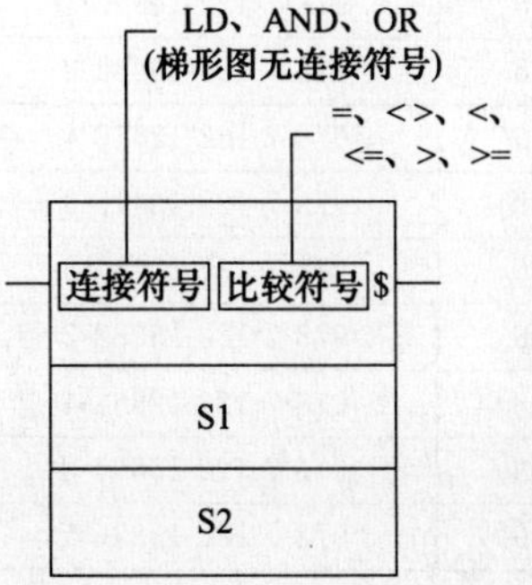

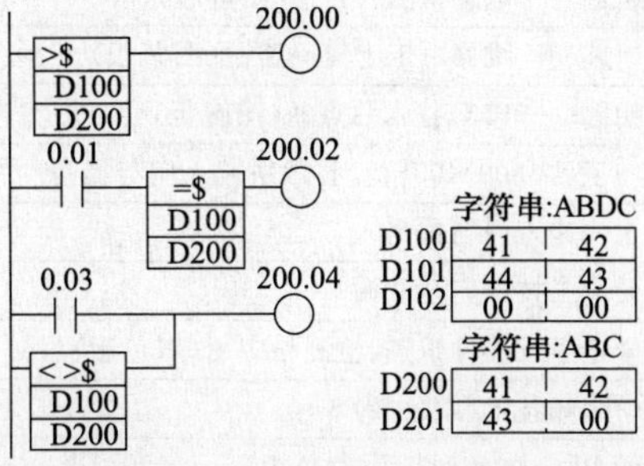

相关图书推荐

书　　名	定价/元	书　　号
精选实用电工线路260例	39	978-7-122-13626-8
12天学通电子元器件及电路	29	978-7-122-15379-1
图解家装电工技能完全掌握	38	978-7-122-16432-2
电动机绕组全彩色图集:嵌线·布线·接线展开图	78	978-7-122-16490-2
就业金钥匙——家装电工上岗一路通	29	978-7-122-15160-5
就业金钥匙——电工上岗一路通(图解版)	29	978-7-122-15161-2
就业金钥匙——变频器技术一点通(图解版)	29	978-7-122-15257-2
就业金钥匙——水电工上岗一路通(图解版)	36	978-7-122-15187-2
就业金钥匙——电工识图一点通(图解版)	26	978-7-122-13449-3
就业金钥匙——维修电工上岗一路通(图解版)	26	978-7-122-13596-4
就业金钥匙——PLC技术一点通(图解版)	26	978-7-122-13560-5
图解西门子S7-300/400PLC技术快速入门与提高	48	978-7-122-15253-4
图解电工快速入门与提高	48	978-7-122-15340-1
图解家装电工技能完全掌握	38	978-7-122-16432-2
图解易学电子元器件识别、检测与应用(双色版)	46	978-7-122-12816-4
图解易学变频技术(双色版)	48	978-7-122-13415-8
图解易学PLC技术及应用(双色版)	46	978-7-122-12185-8
完全图解电工技能从入门到精通	48	978-7-122-13082-2
水电工实用手册	68	978-7-122-12564-4
西门子PLC工业通信完全精通教程(附光盘)	68	978-7-122-16005-8
西门子S7-200PLC完全精通教程(附光盘)	49	978-7-122-13836-1
三菱FX系列PLC完全精通教程(附光盘)	48	978-7-122-13007-5
电工电子技术全图解丛书——电工识图速成全图解	39	978-7-122-10812-8
电工电子技术全图解丛书——家电维修技能速成全图解	46	978-7-122-10807-4
电工电子技术全图解丛书——变频技术速成全图解	46	978-7-122-10808-1
电工电子技术全图解丛书——电工技能速成全图解	39	978-7-122-10827-2
电工电子技术全图解丛书——电子电路识图速成全图解	38	978-7-122-10818-0
电工电子技术全图解丛书——家装电工技能速成全图解	38	978-7-122-10811-1
电工电子技术全图解丛书——示波器使用技能速成全图解	38	978-7-122-10806-7
电工电子技术全图解丛书——电子技术速成全图解	46	978-7-122-10817-3
电工电子技术全图解丛书——PLC技术速成全图解	38	978-7-122-12416-2
西门子PLC S7-200/300/400/1200应用案例精讲(附光盘)	56	978-7-122-10896-8